高等学校导航工程专业规划教材

导航学

张小红　李征航　乔俊军　闫　利　黄劲松 等　编著

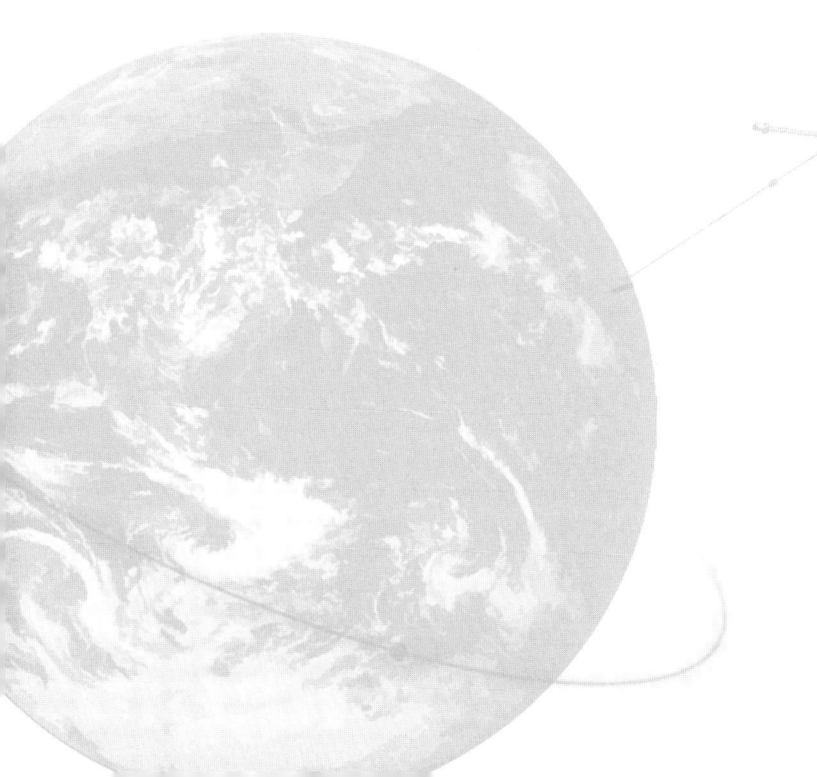

图书在版编目(CIP)数据

导航学/张小红等编著.—武汉：武汉大学出版社,2017.5
高等学校导航工程专业规划教材
ISBN 978-7-307-18864-8

Ⅰ.导… Ⅱ.张… Ⅲ.导航—高等学校—教材 Ⅳ.TN96

中国版本图书馆 CIP 数据核字(2016)第 280197 号

责任编辑:王金龙　　责任校对:李孟潇　　版式设计:马　佳

出版发行：**武汉大学出版社**　（430072　武昌　珞珈山）
（电子邮件：cbs22@ whu. edu. cn　网址：www. wdp. com. cn）
印刷：武汉中科兴业印务有限公司
开本：787×1092　1/16　印张:21　字数:495 千字　插页:1
版次：2017 年 5 月第 1 版　2017 年 5 月第 1 次印刷
ISBN 978-7-307-18864-8　定价:45.00 元

前　言

导航既是一门技术，当前更是发展成了一门新兴交叉学科，其外延和内涵越来越丰富。学界已出版了大量与导航有关的教材和著作。但是，纵观现有的教材和著作，各具特色且各有侧重，有部分是针对某一种导航技术的系统介绍和论述，有部分是针对某一类导航系统或导航方法的论述；大部分的教材和著作具有很强的行业或方向针对性，有些是面向航海的，有些是面向航空的，有些是面向航天的。

武汉大学 2012 年新增设了“导航工程”专业，专业建设的指导思想是：依托测绘学科，办有自身特色的导航工程专业。其目标是培养从事导航工程设计、技术研发、系统集成和工程应用的复合型高层次人才。北京航空航天大学、南京航空航天大学和哈尔滨工业大学等高校开设有多年的“探测制导与控制技术”本科专业，其课程设置及教材为我们建设新的“导航工程”专业提供了很好的借鉴和参考，但考虑到本专业的办学定位和人才培养目标，需要编写一本适合“导航工程”专业学生使用的“导航学”教材。

导航涉及的内容比较多，范围也很宽，不同的导航系统或技术基本自成体系。因此，在编写时，我们并不是简单地将现有的这些导航系统或技术的原理和方法进行介绍，而是力图从这些系统和技术中提炼归纳出共性的导航学知识点，进行系统化、体系化的描述。在编写过程中，尽量涵盖导航有关的各个方面，让学生对导航学科有个全局的了解和认知，重点对坐标系统、时间系统、导航图及其投影、导航定位的基本数学模型进行较为全面的介绍。本书侧重于基本概念、基础理论、普适性的方法和技术，准确地说，本书称为“导航学基础”似乎更为合适。

本书系统阐述了导航学的内涵、导航的基本概念、导航学的基础理论(包括坐标系统、时间系统、导航图及其投影等)、导航定位的基本数学模型、导航的基本技术方法以及导航应用等。学生通过本课程的学习，掌握导航学的基础理论和方法，为今后进一步深入学习具体的导航系统原理和方法打下基础。

本书共分为 11 章。第 1 章，第 2 章，第 3 章的 3.1 节、3.4 节，第 6 章的 6.5 节，第 8 章的 8.5 节和 8.6 节，第 10 章，第 11 章由张小红编写；第 3 章 3.2 节和 3.3 节，第 4 章，第 5 章，第 6 章 6.1~6.4 节，第 8 章 8.1~8.3 节由李征航负责编写，第 7 章由乔俊军编写；第 9 章由黄劲松编写，第 8 章的第 8.7 节、8.8 节和第 10 章的 10.7 节、10.8 节由闫利编写。全书由张小红负责统稿，朱智勤和郭斐参与了书稿的编辑排版和校对工作。

考虑到不同编者的编写风格上的差异，本书的系统性和一致性有待于今后进一步完善。由于时间比较仓促，编者能力和水平所限，书中难免还存在不少疏漏，恳请读者批评指正。

编者

2016 年 8 月于武汉

目　录

第1章 绪　　论

本章主要阐述导航学的内涵、导航定位的基本概念，介绍导航发展简史、常用的几种导航定位技术以及导航技术的发展趋势等内容。

1.1 导航学的内涵

1.1.1 导航的起源

人们形容自己熟悉的地方，会说："我闭着眼也找得到……"换句话说，人类只要不离开自己熟悉的社区，就没有看地图和使用指南针的必要，孤岛居民是不可能迷路的。不过，相对于人类日常生活所熟悉的空间来说，地球表面实在太广阔，大部分区域的地理环境都超出了个人经验所能覆盖的范围。因此，长途旅行必须要解决两个问题：我在哪里？目的地在哪个方向？这就是导航问题。

不过，普通人长途旅行的机会毕竟不多。相对于平民来说，军队是经常要远征的群体，需要在陌生的地区寻找敌人、选择战场，比平民更需要导航服务。早期神话和历史在包含大量战争内容的同时，也常有和导航(迷路)相关的内容。比如，传说中为中国文明奠基的涿鹿之战，炎黄族的胜利就和指南车的使用相关。希腊文明的《荷马史诗》，有一半内容都是记录特洛伊之战后希腊军人返乡旅程的故事。

早期神话包含大量和"寻路"、"导航"相关的内容并非偶然，这反映的是文明成长的必经历程。从封闭的农业村落、城邦到占有整个流域甚至整个地理区域的庞大国家，只有掌握导航技术的文明才可能征服更广阔的土地，投放军事力量，集中经济力量，从而发展发达的文化，掌握史诗的创作权。阿拉伯人掌握了季风规律，所以统治了欧亚大陆中南部分，辛巴达航海的故事一直流传到今天；欧洲人学会了制造指南针，才能走出地中海，定义全世界的地理名词，让历来自称"中央之国"的国家承认自己地处"远东"。

随着人类社会的发展，人们的活动区域不断扩大，无论是在浩瀚的海洋上还是在茫茫的沙漠中，还是在茂密的山林里或是在冰封的雪原上，甚至是浩渺的外太空都印上了人类的足迹。当人们离开了自己熟悉的土地后，能否顺利到达自己的目的地，就显得非常重要。

在古代，人们利用太阳、北极星和指南针确定方向，利用特定的建筑物和地理特征(如已命名的山峰、河流、湖泊等)来确定位置的行为，这就是导航。

1.1.2 导航学科的形成

导航随人类政治、经济和军事活动的产生而产生，随人类政治、经济和军事活动发展而不断从低级到高级发展。随着人类活动范围的不断扩大，所使用的交通工具的不断改进，二者相互促进，而且随着人类活动范围的扩大，对导航的要求越来越高。

古代人们大多是沿河而居的，人类最初的活动范围主要限于远古的黄河流域、印度河流域、地中海以及波斯湾沿岸。随着火和石斧的应用，为了适应捕鱼和渡河的需要，人类便创造出最早的水上交通工具——独木舟。有了独木舟，人们的活动范围扩大了，从此可以跨越水域向远处探险，开拓新天地，促进生产进一步发展。随着生产力的不断发展，使人类的活动范围从远古的黄河流域、印度河流域、地中海和波斯湾沿岸区域逐渐向邻近区域扩展。14世纪末叶新大陆的发现和从欧洲绕过好望角到东方海上航路的开辟，使人类的活动从凭借陆路、内河、近海延伸到全世界。以至于到了今天，人类的活动领域不仅包括了地球表面的五大洲、三大洋、南北极、陆上、水上、空中，还包括水下和外层空间。随着人类活动范围的不断扩大，促进了交通工具的发展，同时对航行可靠性要求不断提高，促进了导航技术的发展。

交通工具从最初的独木舟和竹筏满足人们下水捕鱼，逐渐向大型船只或战舰过渡满足探险家的远航和战争的需求。然而，直到19世纪中叶以前，交通运输总体来说依然主要依靠人力、畜力和风力，因此发展相对缓慢。19世纪初，蒸汽动力的出现，设计出火车和轮船，使海上运输和铁路运输得到极大发展，19世纪末，大量汽车投入使用使陆路运输进一步繁荣起来。20世纪初航空运输兴起，大大加快了人类经济和军事活动的节奏。为了满足人类可以在水下、水上、陆上、空中、太空和外层空间开展经济、军事和科学研究活动，需要各式各样的运载体，例如车辆、舰船、飞机、火箭、卫星、航天器。为保证运载体和人安全准确地到达目的地，需要精准的导航信息来引导航行。

在20世纪80年代以前，人类已经建立的导航系统主要还是为航空和航海提供服务，因为它们是除了陆路运输之外的两种主要运输形式。其中，航空对导航提出了尤为严格的要求，这是由于飞机在空中必须保持运动，而且运动速度相对较快，留空时间有限，事故后果严重；而飞行器所能容纳的载荷与体积小，使导航设备的选择受到了较大的限制。因此，人类活动范围的扩大，导致交通工具的不断发展，同时推动了导航技术的不断发展。

随着人类社会活动范围和领域的扩大，越来越多的人类活动依赖于导航，导航的内涵不再局限于早期的确定方位，已经从相对简单的一些导航技术(如指南针、天文等)逐步发展到更加复杂、更为精准和全天候的全球卫星导航系统。在古代，人类就通过观察星座的位置变化来确定自己的方位，这种古老的导航方法就是一直沿用到现在的天文导航。后来，人类又发明了指南针、反射象限仪、六分仪、航海表等导航仪器来进行导航和定位。进入20世纪以后，随着科技的发展，又出现了许多新的导航技术，主要包括航位推算(DR)、惯性导航、地基无线电导航、全球卫星导航(GNSS)、重力/磁力匹配导航、景观导航以及组合导航等。其中，以GPS为代表的GNSS技术的出现给导航定位带来了革命性的变化，极大地推动了导航定位技术的发展，被广泛应用于军事、测绘、交通、国土、渔业、石油物探、公安等部门，已经渗透到国民经济诸多领域和人们的日常生活中，对人类活动的各个方面都产生了深远的影响。

在应用导航、发展导航的过程中，积累了越来越多的与导航有关的知识，逐步形成了一套与导航有关的理论和方法，由此便产生了一门新兴的学科——导航学，正在成为世界上最热门的学科之一。

1.1.3　导航学定义

导航学是研究确定运动载体位置、速度、方位、姿态，记录、规划并控制其行为路径的理论、技术和方法的学科。它是航空航天、通信与电子、计算机和大地测量等交叉的产物，并逐渐成为一门具有独特研究对象的工程学科，有一套比较完整的理论和技术体系。随着科学技术的发展和进步，其内涵和外延不断丰富和发展，是一门有广阔发展前景和应用需求的新兴学科。

导航的基本任务包括：

(1)引导运载体进入并沿预定航线航行。

(2)引导运载体在夜间和各种气象条件下安全着陆或进港。

(3)为运载体准确、安全地完成航行任务提供所需要的其他导引及情报咨询服务。

(4)确定运载体当前所处的位置及其航行参数。

能够完成上述导航任务的系统就称为导航系统。

1.1.3.1　什么是定位

要理解导航，首先要了解什么是定位。

定位(Positioning)是确定载体的空间位置，而不包括速度和姿态。许多导航系统，严格地讲是定位系统，但工作时频率足够高，可以根据位置变化率推导出速度。因此，我们把利用某一种技术确定空间目标在一个给定参考下的绝对或相对位置的过程，就称为定位。

通过测量待定点到已知点的距离、方位可以实现定位。对于二维情况，定位可以通过图 1-1 进行说明，图中 X 代表未知的用户位置，A 和 B 代表位置已知的两个参考点。

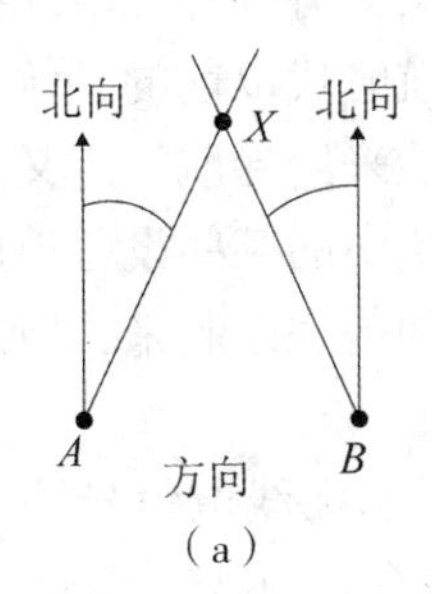

(a)

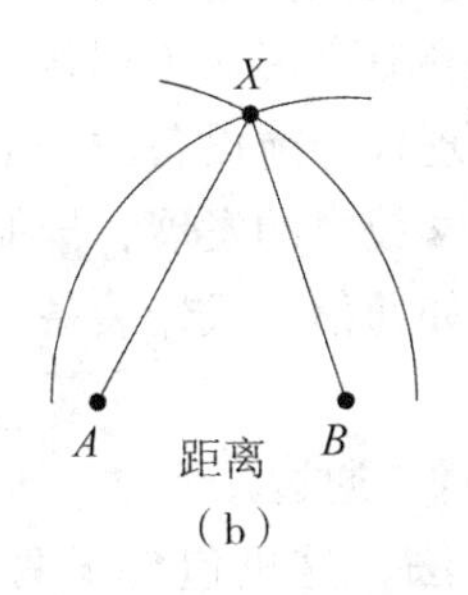

(b)

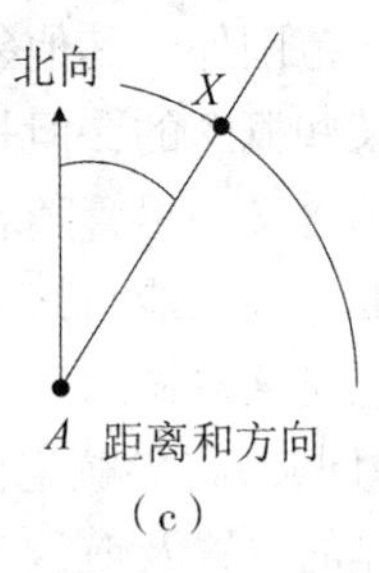

(c)

图 1-1　二维定位示意图

二维定位可以通过测量相对两个已知点的方向实现(图 1-1(a))，这里方向是指到已知参考点的视线方向与北向(真北方向或磁北方向)的夹角，则用户位于到已知参考点的方向测量线的交点上。通过测量到其中一个已知点的仰角，定位也可以扩展到三维情况。仰角是指到参考点的视线方向与水平面的夹角。对于给定的角度测量精度，随着到参考点距离的增加，定位精度会逐步降低。

如果两个已知参考点与用户近似位于同一平面，用户到两点的距离可测量，则用户位于以两个已知点为圆心的圆弧交点上，圆半径对应距离测量值(图1-1(b))。不过，两圆通常有两个交点，一般可采用先验信息确定正确的位置点，否则(二维情况下)另外需要用到第三个参考点的距离测量值。如果距离测量精度是恒定的，定位精度不会随着到参考点的距离不同而变化。对于三维定位，通常需要三个距离测量值，(三个球面)仍会有两个交点，不过通常其中一个点在用户工作区之外。但是当用户和已知参考点均位于同一平面内时，只能获得二维定位结果。这对于地面测距系统，将很难获得用户在垂直方向的位置。如果距离和方向均可测量得到，只需要一个参考点即可以实现定位(图1-1(c))。

方向和仰角测量可通过相对简单的技术实现，如经纬仪和磁罗盘。与地面的地标类似，太阳、月亮和恒星也可以用作参考对象。例如，太阳在水平面之上最高点的太阳高度角可提供纬度信息，而相对于一个已知点的日出日落时间用来确定经度。越洋航行中对经度的测量在18世纪60年代实际应用。一些无线电导航系统也可以实现方向测量。

距离测量可通过无线电信号、激光或雷达实现，在被动测距系统中，用户接收无线电导航台的发射信号；而对于主动测距系统，用户向参考对象发射信号，接收发射信号或者参考对象发射的应答信号。

定位系统中用户设备之外的部分称为辅助导航设施(Aid to Navigation，AtoN)，辅助导航设施可包括地标(如航标灯)及无线电导航台。获得具体方向测量值后，还需要参考点的位置从而确定用户位置。在参考点是无线电导航发射机的情况下，可直接广播其位置，或者通过无线电频率得到识别；在参考点不是专门的发射台的情况下，则参考点必须通过人工参与或自动特征匹配技术得到识别，如地形参考导航。

1.1.3.2　什么是导航

导航(Navigation)，从字面上理解，就是“引导航行”的意思。

导航的定义至今世界上各国各学派及各人均各有异说。学界并没有关于导航的普遍认同的严格定义。有的囿于陈旧的导航概念使定义无现代含义，有的却无限地把导航的领域扩大到导航领域范围外的其他领域。有学者认为用普通导航时代以前的导航定义是包含不了现代导航的某些概念的，但是用现代导航设备的全部功能来给导航下定义，却又超出了导航本身真正的含义。尽管随着科学技术的发展，导航系统中的某些设备很可能完成导航以外的许多功能，甚至能与其他类如通信、武器装备、管理等联系起来，但是导航的定义也不该无限地包笼这些概念。

《简明牛津词典》将导航定位为：“通过几何学、天文学、无线电信号等任何手段确定或规划运动载体的位置及航线的方法。”这里包含了两个概念：首先，确定运动物体相对已知参考系的位置和速度；其次，由一个地方到另一地方航线的规划与保持，采用最有效的方法并以规定的所需导航性能，引导运载体航行的过程(引导运动载体按一定航线从一个地点(出发点)到另一个地点(目的地)的过程)，回避障碍并避免碰撞，有时也称为导航方法，针对不同的运动载体也可称为制导、领航或航线规划。

本书将导航定义为：利用几何、天文、无线电信号、特征匹配等方法中的一种或几种方法的组合，确定移动载体的位置、速度和姿态并规划其航路的技术。导航过程中需要用来完成导航任务的参数，这些参数包括载体的位置、速度、姿态(角度)等，其中最重要的参数是确定载体的位置。

导航是一种广义的动态定位，所需最基本的导航参数为运载体的航向、航速和航迹。它的基本作用是引导飞机、船舰、车辆等(总的称作运载体)，还有个人，沿着所选定的路线，安全准时地到达目的地。能够提供运载体运动状态，完成引导任务的设备则称为导航定位系统。导航由导航系统完成。任何导航系统中都包括有装在运载体上的导航设备。

按照导航的定义，导航由两个部分构成：

(1)定位；

(2)引导。

导航需要回答三个基本问题：

(1)我现在在哪儿？

(2)我要去哪儿？

(3)我如何去？

确定我在哪儿是定位，引导我如何去目的地的过程就是导航，在此过程中，也需要实时地进行定位。

1.1.3.3　什么是制导

制导(Guidance)指的是导引和控制飞行器按一定规律飞向目标或预定轨道的技术和方法。制导过程中，导引系统不断测定飞行器与目标或预定轨道的相对位置关系，发出制导信息传递给飞行器控制系统，以控制飞行。分有线制导、无线电制导、雷达制导、红外制导、激光制导、音响制导、地磁制导、惯性制导和天文制导等。

1.1.3.4　导航与制导的区别

导航与制导没有本质的区别。两者的概念本就已交叉，随着科学的发展，更是相互融合。实行导航时，要确定飞行器的位置，并且航迹是事先确定的，导航要实时、连续地给出飞行器的位置、速度、加速度、航向等导航参数。制导则是利用导航系统输出的加速度、速度、位置和航向姿态等信息，形成指令信号，控制载体的姿态、航向或发动机，使其按预定轨道航行并到达目的地。通俗地说，导航相当于给人指路，制导相当于给人带路。

此外，导航的对象通常指运动载体或人，制导的对象更多为武器系统。

1.1.4　导航与大地测量的关系

大地测量学是以研究地球形状与大小及其外部重力场为目的的基础性学科。其中，建立并维持坐标参考系是大地测量的重要内容，从这一点讲，大地测量学是导航学的基础。

就卫星导航定位而言，大地测量侧重于精密定位。近 40 年来卫星导航定位技术的发展，是导航的阶段性进展，也是大地测量的阶段性的进展。就卫星导航而言，除了大幅度提高精度和可用于高动态用户，还从二维导航发展为三维导航；不仅用于航海，还可用于陆地、航空和近地空间目标。就大地测量精密定位而言，空间大地测量的高精度、高效率和远距离使大地测量具有了新的高效手段；卫星大地测量技术已成为动态大地测量主要技术手段。不论建设卫星导航定位系统的初始目的如何，其效果是两个学科同时取得飞跃式发展；其内在因素是他们都以测距为基本手段，以定位为主要目的，只是应用条件和要求不尽相同。

从技术上讲，不论是导航还是大地测量中的精密定位，它们的目的都是确定一点的几何位置，其基本技术手段都是借助观测量建立未知点(待测量点或导航用户)和已知点间的数学关系。从已知点位求定未知的点位。这种观测量可以是方向(光学技术)，可以是距离或距离差；其中已知点可以是恒星(方向)，可以是地面点(控制点或导航台站)。已知点、未知点和观测量间的数学关系，也可称为数学模型，通常是建立在几何学基础上的数学关系式(观测方程)，通过观测取得一定数量的方程，进而解算未知点的位置。在发展过程中，它们都与获得观测量的技术手段密切相关。这些共性体现为导航与大地测量精密定位在总体上有着相近或相互渗透的发展史。这种相近或渗透在现代卫星导航和卫星大地测量的发展过程中表现得尤为明显。

导航与大地测量精密定位的工作条件不同、技术要求不同，因而具体技术、应用范围和发展也有所不同。一般来说，大地测量要求的定位精度较高(厘米级甚至更高)；导航所要求的定位精度一般较低(十米到千米级)。测量定位的点位大多处于静止状态，它允许采用多次观测以取得高精度，允许事后处理取得定位结果；导航用户大多是处于运动状态的，因而它要求实时提供定位结果，一般也不能多次观测来提高精度。测量定位的作用范围(测量的范围)可以是较大的(例如数千千米)，也可以是较小的(例如几千米，几十千米)，导航一般作用距离较大。现代导航还提供测速功能，测量则处于零速状态。导航要求在时间上提供连续服务，而测量不作要求。就总体而言，二者在时域和空域方面的要求存在差异，正是存在着这些差异，它们又具有不同的发展过程和方式。

当然，在一些应用场合，导航用户对定位的精度要求也越来越高，此时导航和大地测量定位的精度间的差别越来越模糊，大地测量也从过去的静态发展到动态，从后处理到实时，所以就定位角度来讲，大地测量和导航的区别已经越来越小。特别是卫星大地测量技术和惯性大地测量技术的发展，导航与大地测量相互渗透，交叉面越来越多，也正因为如此，导航学已成为测绘科学与技术新的学科增长点。

可以毫不夸张地说，卫星导航定位技术引发了大地测量技术的革命性变化，全球卫星导航定位已成为大地测量学科非常活跃且前景广阔的重要研究方向。

1.2　导航发展简史

导航的历史比人类文明史还要长。早在定居文明出现之前，游猎时代的人类就经常要在迁徙中寻路，并因此发现了位置不变的北极星，认识到靠南的一面树枝比较茂密。自从人类出现最初的政治、经济和军事活动以来，便有对导航的需求。远古时期的人类在狩猎或寻找猎物时，在夜晚行进中需要依靠星空辨识方向，因此天文学成了人类研究最早的科学，天文导航也就成为人类最早的导航系统之一。天文导航也是古丝绸之路的导航系统。当人类的经济与军事活动还较简单时，因为只要在前进方向上不出现错误，便可以到达目的地，所以人们主要依赖的、同时也最为需要的导航信息就是方向。随着人类运输和交通工具的不断改进，为了提高安全性和经济性，天空被划分为具有一定高度与宽度的航路，近海和港口被划分为不同的航道，人们对导航的要求也从航向转变为对未知的准确判断与预测，使导航的功能从主要提供运载体的航向转变为主要提供运载体的位置信息以及速度信息。尤其是军事领域的需要，出于自身安全和有效打击敌方的目的，对运载体的位置和速度信息的精度要求越来越高，现代科技的发展为这些需要提供了必需的基础，无线电导航与惯性导航在此背景下出现并不断发展。无线电导航的发明，使导航系统成为航行中真正可以依赖的工具，因此具有划时代的意义。

下面首先根据导航技术与方法应用的年代大体将导航的发展分为四个阶段进行简要介绍，然后介绍航海导航和航空导航的发展简史。

1.2.1 导航发展阶段

根据导航技术出现及应用的年代，大致可划分为四个阶段：原始导航阶段、普通导航阶段、近代导航阶段和现代导航阶段。

1.2.1.1 原始导航阶段

原始导航阶段为 19 世纪中叶以前，以指南车、指南针和天文导航为主要代表。

1. 指南车

人类历史上研制最早的导航设备要数四千年以前黄帝部落使用的指南车。指南车是利用机械装置实现定向性的，指南车(见图 1-2)的发明，标志着我国古代对齿轮系统的应用在当时世界上居于遥遥领先的地位。实际上，它是现代车辆上离合器的先驱，两者的原理和构造完全不同，指南车比指南针要早。传说中黄帝部落和蚩尤部落在公元前 2600 多年发生的涿鹿大战中，黄帝部落在战争中发明了指南车。指南车使得黄帝的军队在大风雨中仍能辨别方向，从而取得了战争的胜利。这是人类研制的导航设备在战争中显示出的巨大作用。

图 1-2 古代的指南车模型

2. 指南针

早在春秋战国时期，我们的祖先就了解并利用磁石的指极性制成最早的指南针——司南。战国时的《韩非子》中提到用磁石制成的司南。司南就是指南的意思，东汉思想家王充在其所著《论衡》中也有关于司南的记载。司南由一把“勺子”和一个“地盘”两部分组成。司南勺由整块磁石制成。它的磁南极那一头琢成长柄，圆圆的底部是它的重心，琢得非常光滑。地盘是个铜质的方盘，中央有个光滑的圆槽，四周刻着格线和表示 24 个方位的文字(见图 1-3)。

图 1-3 司南

由于司南的底部和地盘的圆槽都很光滑，司南放进了地盘就能灵活地转动，在它静止下来的时候，磁石的指极性使长柄总是指向南方，这种仪器就是指南针的前身。由于当初使用司南必须配上地盘，所以后来指南针也叫罗盘针。在制作中，天然磁石因打击受热容易失磁，磁性较弱，司南不能广泛流传。到宋朝时，有人发现了人造磁铁。钢铁在磁石上磨过，就带有磁性，这种磁性比较稳固不容易丢失。后来在长期实践中出现了指南鱼。从指南鱼再加以改进，把带磁的薄片改成带磁的钢针，就创造了比指南鱼更进步的新的指南仪器。把一支缝纫用的小钢针，在天然磁石上磨过，使它带有磁性，人造磁体的指南针就这样产生了。

指南针发明后很快就应用于航海。世界上最早记载指南针应用于航海导航的文献是北宋宣和年间(1119—1125 年)朱彧所著《萍洲可谈》(成书略晚于《梦溪笔谈》)。朱彧之父朱服于 1094—1102 年任广州高级官员，他追随其父在广州住过很长时间，该书记录了他在广州时的见闻。当时的广州是我国和海外通商的大港口，有管理海船的市舶司，有供海外商人居留的蕃坊，航海事业相当发达。《萍洲可谈》记载着广州蕃坊、市舶等许多情况，记载了中国海船上航海很有经验的水手。他们善于辨别海上方向：“舟师识地理，夜则观星，昼则观日，阴晦则观指南针。”“识地理”表明在当时舟师已能掌握在海上确定海船位置的方法。说明我国人民在航海中已经知道使用指南针了。这是全世界航海史上使用指南针的最早记载，我国人民首创的这种仪器导航方法，是航海技术的重大革新。

中国使用指南针导航不久，就被阿拉伯海船学习采用，并经阿拉伯人把这一伟大发明传到欧洲。恩格斯在《自然辩证法》中指出：“磁针从阿拉伯人传至欧洲人手中在 1180 年左右。”1180 年是我国南宋孝宗淳熙七年。中国人首先将指南针应用于航海比欧洲人至少早 80 年。北宋著名科学家沈括(《梦溪笔谈》著者)，在制作和应用指南的科学实践中发现了磁偏角的存在。他精辟地指出，这是因为地球上的磁极并不正好在南北两极的缘故。指南针及磁偏角理论在远洋航行中发挥了巨大的作用，使人们获得了全天候航行的能力，人类第一次得到了在茫茫大海中航行的自由。从此开辟了许多新的航线，缩短了航程，加速了航运的发展，促进了各国人民之间的文化交流与贸易往来。指南针对航海事业的重要意义怎么说也不为过。李约瑟说："你们的祖先在航海方面远比我们的祖先来得先进。中国远在欧洲之前懂得用前后帆的系统御风而行，或许就是这个原因，在中国航海史上从未用过多桨奴隶船。"

3. 天文导航

在无边无际的大海中航行，没有导航定位手段是不可能的，为了确定船舶的位置，人们就利用星体在一定时间与地球的地理位置具有固定规律的原理，发展了通过观测星体确定船舶位置的方法——天文导航。

中国古籍中有许多关于将天文应用于航海的记载，西汉时代《淮南子》就说过，如在大海中乘船而不知东方或西方，那观看北极星便明白了。(《齐俗训》："夫乘舟而惑者，不知东西，见斗极则悟矣。")晋代葛洪的《抱朴子外篇》上也说，如在云梦(古地名)中迷失了方向，必须靠指南针来引路；在大海中迷失了方向，必须观看北极星来辨明航向。("夫群迷乎云梦者，必须指南以知道；并乎沧海者，必仰辰极以得反。")东晋法显从印度搭船回国的时候说，当时在海上见"大海弥漫，无边无际，不知东西，只有观看太阳、月亮和星辰而进"。一直到北宋以前，航海中还是"夜间看星星，白天看太阳"。只是到北宋才加了一条"在阴天看指南针"。

大约到了元明时期，我国天文航海技术有了很大的发展，已能通过观测星的高度来确定地理纬度，这种方法当时叫"牵星术"。在明代时古代航海知识积累和应用达到了鼎盛。郑和"七下西洋"创造了世界航海史上的奇迹，完成了极其艰难复杂而又史无前例的航行。郑和的船队要在浩瀚无边的海洋中航行，仅靠观测星辰和指南针是远远不够的。郑和"七下西洋"形成了一套行之有效的"过洋牵星"的航海技术。所谓"过洋牵星"，是指用牵星板测量所在地的星辰高度，然后计算出该处的地理纬度，以此测定船只的具体航向。这种航海技术是郑和船队在继承中国古代天体测量方面所取得的成就的基础上，创造性地应用于航海，从而形成了一种自成体系的先进航海技术，从而使中国当时天文航海技术达到了相当高的水平，这个水平代表了15世纪初天文导航的世界水平。

欧洲在15世纪以前仅能于白昼顺风沿岸航行。15世纪出现了用北极星高度或太阳中天高度求纬度的方法，当时只能先南北向驶到目的地的纬度，再东西向驶抵目的地。16世纪虽然已有观测月距(月星之间角距)求经度法，但不够准确，而且解算繁冗。18世纪的六分仪和天文钟的问世，前者用于观测天体高度，大大提高了准确性；后者可以在海上用时间法求经度。1837年，美国船长T. H. 萨姆纳发现天文船位线，从此可以在海上同时测定船位的经度和纬度，奠定了近代天文定位的基础。1875年，法国海军军官圣伊莱尔发明截距法，简化了天文定位线测定作业，至今仍在应用。

1.2.1.2　普通导航阶段

普通导航阶段为：19世纪中叶至20世纪30年代末，以惯性导航为代表。

1687年牛顿三大定律的建立，为惯性导航奠定了理论基础。1852年，傅科(Leon Foucault)提出陀螺的定义、原理及应用设想。1908年，由安修茨(Hermann Anschütz-Kaempfe)研制出世界上第一台摆式陀螺罗经。1910年，舒勒(Max Schuler)提出了"舒拉摆"理论。上述这些惯性技术和理论奠定了整个惯性导航发展的基础。

惯性导航技术真正应用开始于20世纪40年代火箭发展的初期，首先是惯性技术在德国V-II火箭上的第一次成功应用。到20世纪50年代中后期，每小时0.5海里的单自由度液浮陀螺平台惯导系统研制并应用成功。1968年，漂移约为每小时0.005°的G6B4型动压陀螺研制成功。这一时期，还出现了另一种惯性传感器——加速度计。在技术理论研究方面，为减少陀螺仪表支承的摩擦与干扰，挠性、液浮、气浮、磁悬浮和静电等支承悬浮技术被逐步采用；1960年，激光技术的出现为后续激光陀螺(RLG)的发展提供了理论支持；捷联惯性导航(SINS)理论研究趋于完善。

20世纪70年代初期，第三代惯性技术发展阶段，出现了一些新型陀螺、加速度计和相应的惯性导航系统(INS)，其目标是进一步提高INS的性能，并通过多种技术途径来推广和应用惯性技术。这一阶段的主要陀螺包括：静电陀螺、动力调谐陀螺、环形激光陀螺、干涉式光纤陀螺等。除此之外，超导体陀螺、粒子陀螺、固态陀螺等基于不同物理原理的陀螺仪表相继设计成功。20世纪80年代，伴随着半导体工艺的成熟，采用微机械结构和控制电路工艺制造的微机电系统(MEMS)开始出现。

当前，惯性技术正朝着高精度、高可靠性、低成本、小型化、数字化的方向发展，应用领域更加广泛。一方面，陀螺的精度不断提高；另一方面，随着环形激光陀螺、光纤陀螺MEMS等新型固态陀螺仪的逐渐成熟，以及高速大容量数字计算机技术的进步，SINS在低成本、短期中等精度惯性导航中呈现取代平台式系统的趋势。惯性导航已成为一种最为重要的无源导航技术。

1.2.1.3　近代导航阶段

近代导航阶段为：20世纪40年代至60年代前后，导航进入了无线电导航时代。

19世纪电磁波的发现，直接推动了近代无线电导航系统的发展。20世纪20年代至30年代，无线电测向是航海与航空主要的一种导航手段，而且一直沿用至今。不过，后来它已成为一种辅助手段。第二次世界大战期间(无线电导航技术发展迅速)出现了双曲线导航系统，雷达也开始在舰船和飞机上用作导航手段，如雷达信标、敌我识别器和询问应答式测距系统等。远程测向系统也是在这一时期出现的。飞机着陆开始使用雷达手段和仪表着陆系统。20世纪40年代后期，伏尔导航系统研制成功。20世纪50年代出现塔康导航系统、地美依导航系统、多普勒导航雷达和罗兰C导航系统等。与天文导航相比，无论在定位的速度还是自动化程度方向都有了长足的进步，但是无线电导航定位系统的作用距离(覆盖)和定位精度之间产生矛盾(作用距离长，定位精度低；作用距离短，定位精度高)。

1.2.1.4　现代导航阶段

现代导航阶段为20世纪中叶至今，以卫星导航为标志，同时向多手段融合集成方向发展。

随着1957年苏联第一颗人造地球卫星的发射和20世纪60年代空间技术的发展，各种人造卫星相继升空，人们很自然地想到如果从卫星上发射无线电信号，组成一个卫星导航系统，就能较好地解决覆盖面与定位精度之间的矛盾，于是出现了卫星导航系统(星基无线电导航系统)。约翰霍普金斯大学应用物理实验室研究人员通过观测卫星发现，接收的频率与发射的频率存在多普勒频移现象。这样，知道了用户机的位置，测得多普勒频移，便可得卫星的位置；反过来，知道了卫星位置，测得多普勒频移，便可得用户机的位置。

最早的卫星定位系统是美国的子午仪系统(Transit)，1958 年研制，1964 年正式投入使用。由于该系统卫星数目较少(5~6 颗)，运行高度较低(平均 1000 km)，从地面站观测到卫星的时间间隔较长(平均 1.5h)，因而它无法提供连续的实时三维导航，而且精度较低。为满足军事部门和民用部门对连续实时和三维导航的迫切要求，1973 年美国国防部制订了 GPS 计划，并于 1993 年全面建成。目前比较成熟的有美国的 GPS 系统和俄罗斯的格洛纳斯(GLONASS)系统。

1.2.2 航海导航发展历程

从 15 世纪末开始，欧洲人沿着海洋向全球不断扩张，其基本前提之一，就是航海导航技术的不断发展。

1.2.2.1 从地中海到大西洋

地中海是欧洲文明的摇篮，也是欧洲航海文化的摇篮。欧洲人的航海知识与航海技术，主要发源于地中海地区。自古代至中世纪，人们在地中海上航行时，都是沿着海岸线进行的。

经过一代又一代的积累，欧洲人的地中海航行知识日渐丰富，并且以文字的形式被记载下来。罗马帝国时期的希腊学者斯特拉波曾介绍说，当时有两种航海著作，一种是记载航海路线的《海道总汇》，另一种是介绍各个港口情况的《港口大观》。3 世纪后半期，一位不知名的作者在《沧海航程纪》中罗列了地中海周边的众多港口及各港口之间的距离。这部希腊文著作，被誉为是"唯一存世的、真正的古希腊航海作品"。

12 世纪，古代中国四大发明之一的指南针传入欧洲，被制成航海罗盘用于航海。13 世纪，罗盘已普遍应用于地中海航行中。航海者可以利用罗盘来确定航行方向，而不再依靠沿海地标进行模糊的估算。到 13 世纪后期，西欧出现了一种"海道指南图"(现存最早的实物，就是法国巴黎所藏的"比萨航海图")。水手们利用罗盘、"海道指南图"、沙漏等，根据船只航行的方向及速度，就可以估测出船只当前所处的位置，并且推算出下一时刻的位置。这种导航方法，被称为"航位推算法"。

千百年来，地中海一直是欧洲人进行航海活动的主要舞台。12 世纪后期，伊比利亚半岛上出现了独立的葡萄牙王国。由于葡萄牙濒临大西洋，所以自然把航海的重点放在大西洋上。而欧洲人在地中海航行中所积累起来的航海知识与技术，则成为葡萄牙人在大西洋中进行探险的技术基础。

1.2.2.2 从观测北极星到观测太阳

进入 15 世纪，一批又一批精通地中海航行的水手投奔到葡萄牙国王的麾下，他们携带着用于地中海航行的仪器进入大西洋进行探险。不过，地中海与大西洋有很大的不同。地中海基本上风平浪静，大西洋则波涛汹涌；地中海位于北纬 30°~45°，南北距离并不大，非洲海岸线则越过赤道延伸到南纬 30°~40°。因此，地中海的航海知识与航海技术并不适用于大西洋。

现实的需求，迫使葡萄牙人寻找新的航海导航方法。当时，葡萄牙人在大西洋上的探险活动是沿着非洲海岸线从北向南推进的。他们实际上从高纬度地区向低纬度地区进行航行。水手们很快发现，他们在葡萄牙里斯本所观测到的北极星高度，与他们在非洲几内亚所观测到的北极星高度是不一样的。这样，北极星就成了导航的坐标。

15 世纪后期，葡萄牙人采用北极星导航方法后，加快了在大西洋上的探险活动。葡萄牙人沿着非洲海岸线自北而南逐渐前进。但当他们于 1471 年到达加纳沿海后，发现海岸线不断向东伸展。他们误以为沿着这条海岸线航行下去，就会很快到达印度。大约在 1474 年，葡萄牙船队穿越了赤道，直到南纬 2°S 一带为止。从古希腊时代开始，欧洲就流传着这样一种说法：赤道地区阳光强烈，气候炎热，甚至海水都热得沸腾，人类根本无法居住。葡萄牙人用自己的实践证明了这种说法是错误的。

不过，当葡萄牙人向赤道挺进时，遇到了又一个航海上的难题：由于纬度越来越低，很难观测到北极星，因而也就难以根据北极星来进行导航。1484 年，葡萄牙国王若昂二世聘请了一批数学家、天文学家、地理学家等学者，专门研究如何解决海上导航与定位问题。最后，葡萄牙人找到了一种测量纬度的新方法：通过观察太阳中天高度来确定纬度。葡萄牙人这个测量纬度的新方法，是人类航海史上最为重要的进展之一，并且奠定了天文导航的基础。

1.2.2.3　从计算纬度到计算经度

通过观测太阳，葡萄牙人解决了纬度的测定问题。不过，在大海上航行，特别是在全球范围内航行，要想给船只进行导航，仅仅知道纬度是不够的，还必须测定经度。古希腊学者埃拉托色尼把天文测量与大地测量结合在一起，推算出一个经度是 59.5 海里，非常接近实际距离(实际距离应为 60 海里)；另一位希腊学者托勒密则认为是 49.9 海里。此外，托勒密还在其著作《地理学》中列举出了世界主要地区及城市的经纬度。不过，西罗马帝国灭亡后，托勒密等古希腊作家的作品在西欧被人遗忘了。相反，阿拉伯学者则对托勒密的《地理学》等著作进行了深入的研究。

14 世纪末，托勒密的《地理学》从拜占庭重新传回到西欧。但此时的西欧学者不仅无法确定一个希腊里的长度，而且还把阿拉伯人所使用的长度单位阿拉伯里(约等于 1972 米)与意大利人所使用的长度单位罗马里(约等于 1481.5 米)搞混在一起。正是由于把阿拉伯里错误地等同于罗马里，所以哥伦布推算出一个经度为 45.2 海里，并且认为从大西洋的加那利群岛到中国杭州的海上距离只有 3550 海里(实际距离约为 11766 海里)。基于这样的认识，哥伦布估计最多 28 天就可以横渡大西洋抵达亚洲沿海。因此，当他经过 30 多天的航行于 1492 年 10 月 12 日到达巴哈马群岛时，也就很自然地认为已经到达亚洲沿海。由于缺乏测定经度的方法，还有许多航海者犯过此类错误，甚至危及生命。

1707 年，一支英国舰队在英国沿海的锡利群岛遭遇海难，导致数艘船只沉没，近两千名船员丧命。这一事件震动英国朝野。同年，英国国会决定成立一个“经度委员会”，并且设立了高额的专项奖金，用以奖赏发明出经度测量方法的人。

英国人哈里森决心获取这笔奖金。1735 年，他成功地制造出了世界上第一台航海时钟。此后，他在不断改进的基础上又陆续制造出了三台体积更小、更加精确的航海时钟。1762 年，哈里森制作的第四台航海时钟被装载在一艘船上进行试验。该船从英国航行到牙买加后，误差仅 5 秒。哈里森为欧洲航海事业的进步作出了重大贡献，同时也为英国成为19世纪的“日不落帝国”作出了贡献。

19世纪至20世纪，西方的航海导航技术更是突飞猛进，先后出现了陀螺导航、惯性导航、无线电导航和卫星导航等技术。从欧洲航海导航的发展历程中我们可以看到，欧洲的海外扩张是以航海技术的不断进步为前提的。我们还可以看到，在欧洲历史上，海洋不仅是渔民、水手的衣食来源，不仅是国王君主争夺霸权的疆场，更是知识分子的关注焦点。只有当海洋问题在整个知识体系中占据突出地位，并且成为学术传统的一个重要组成部分时，海洋强国的梦想才有可能实现。

1.2.2.4 航海大事记

【1298年】《马可·波罗游记》成书，最终引发新航路和新大陆的发现。

【1375年】欧洲当时最完备的航海地图——“加塔兰地图”完成。

【1405—1433年】中国航海家郑和七次出使“西洋”各国。

【1453年】奥斯曼土耳其帝国攻陷君士坦丁堡，东罗马帝国灭亡。通往东方的陆上和海上商路分别被土耳其人和阿拉伯人控制。

【1488年】葡萄牙人发现非洲好望角。

【1492年】热那亚人克里斯托弗·哥伦布发现新大陆。

【1498年】葡萄牙人瓦斯科·达·伽马到达印度卡利卡特，开辟了印度航路。

【1520年】葡萄牙航海家费迪南德·麦哲伦穿过美洲南段与火地岛之间的海峡，进入太平洋，后人将这个海峡命名为“麦哲伦海峡”。

【1569年】墨卡托首创用圆柱投影法编绘世界地图，奠定航海制图基础。

【1595年】荷兰人范·林斯霍特编著了最早的航海志，记述了大西洋的风系和海流。

【17世纪初】荷兰眼镜商人汉斯·利帕希发明望远镜。

【1732年】俄皇彼得一世派白令考察俄国东端海域，发现“白令海峡”。

【1768—1779年】英国的詹姆斯·库克船长进行了3次南太平洋考察，将新西兰和澳大利亚纳入英国版图，并且发现了夏威夷。库克是继哥伦布之后在地理学上发现最多的人，南半球的海陆轮廓很大部分都是由他发现的。

1.2.3 航空导航发展历程

飞机在广袤的天空中飞行，它是怎样在天上认路的呢？经历了漫长的发展过程。早期飞机依靠地面标志和地图去认路，此时飞机不能飞得太高，驾驶员必须用双眼盯住地面，搜索标志物。有些标志容易辨认，如塔、铁路、河流等。但有些标志就看不清了，如文字标志等。有时飞机驾驶员是利用航空地图来认路的，航空地图与普通地图不一样的地方是在这种地图上标出了许多空中可以识别的地面标志物。这种早期的导航方法叫目视导航。

随着时间向后推移，飞机飞得越来越快，越来越高。目视导航在多数情况下应付不了。于是驾驶员的手头除了地图外又添加了时钟和计算尺(或计算器)两种工具。时钟要求走时精确，可靠性强；计算尺(或计算器)则是经过专门设计的，有关人士把飞机飞行所用的速度、距离、角度之间的关系编制成相应的计算步骤和程序刻画在计算尺上，驾驶员在使用时，只要知道其中一个数据就可以用这种计算尺迅速得出相应的其他数据。驾驶员在选定的航线上飞行，利用时钟可以知道已飞行了多少时间，由速度表知道飞行速度，这样就可以算出在航线上已飞行过的距离。从地图上找出航线上标明的航路点，由速度算出到达这点的时间，届时从飞机上向下看，找到这个航路点标志，就可以确认飞机正在预定的航线上飞行。那时在大飞机上设有导航员，他的主要任务就是根据地图、飞行速度、时间和其他信息算出飞机所在的位置和为了到达目的地飞机应该采取的飞行路线。这种方法叫做推测导航。以上介绍的这两种导航手段，目前在小型飞机上仍在使用，大中型飞机一般不用，只在某些特殊紧急情况下才使用。

航空与航海有某些相似之处，比如蓝天和大海都是浩渺无际，茫茫一片。空中导航于是就从海上导航借鉴了一些方法。磁罗盘的使用就是其中之一。磁罗盘的指针指向地球的磁极，地球的磁轴和地轴并不重合，磁南极、磁北极和真正的南北极相距1000km左右。利用磁罗盘测出的方向叫磁方向，这种方向的北方叫磁北。地极的北方叫真北，真北方向叫真方向。真方向与磁方向之间偏差的角度叫做磁差。飞机上的铁制零件和磁场会影响磁罗盘发生指向偏差，这个偏差叫做罗差。飞机在出厂前由制造厂家测量出罗差，驾驶员在飞机上使用罗盘时得到的读数要加上罗差才能得到磁方向，再加上磁差就得到真方向。在航空地图上都标有各地的磁差。实际上飞机在飞行中大量使用的是磁航向。在中低纬度地区，磁方向与真方向的偏差不大。只有到了离极地很近的高纬度地区，磁差才变得很大。一般在南北纬60°以上的地区飞行，磁方向就不能使用了。

无线电进入飞机，使导航方法发生了革命性变化。驾驶员和地面的飞行管制人员可以用无线电互相通话。这种通话使用两个不同的无线电波段。在200km以内用甚高频通信，这种电波的频率为118~135MHz，直线传播，可以有很多频道。这种通信方式用在机场附近繁忙的空中交通空域里，而这个区域正是管制员需要处理问题最多的地方。对于超过200km的通信联络，使用高频通信。高频电波和短波广播电台使用着同样范围的频率，这种电波在天空和地面间来回反射可以传播上千千米，但是频道少、通信质量不太稳定，用于飞机和远距离的地面台站的联系。有了以上介绍的这两种通信方法，地面和空中就建立起双向联系，管制员就能够及时地知道飞机的位置、高度等情况。他可以给驾驶员下达指令，提供导航信息，指导飞机的飞行。

1.3 常用的几种导航定位技术

依据导航定位技术的方法不同，可分为地标目视导航、航位推算导航、天文导航、无线电导航、惯性导航、特征匹配、卫星导航和组合导航，等等。

1.3.1 地标目视导航

地标目视导航可以说是人类使用的最古老的一种导航方法，人类祖先外出狩猎，进入森林，在树上用刀刻下标记，找到回来的路，用的就是一种目视导航。直到现在，我们每天都在利用目视导航。比如，你从宿舍走到教室，就要用到目视导航。所谓的目视导航就是靠人眼观测熟悉的地标来确定自身的位置及运行方向的导航方法。目视导航易受天气影响，不能实现全天候观测。沿岸、港口和内陆河道设置的各类航标(助航标志)，就是为行船提供目视导航服务的。

1.3.2 航位推算导航

航位推算导航是一种常用的自主式导航定位方法，它是根据运动体的运动方向和航向距离(或速度、加速度、时间)的测量，从过去已知的位置来推算当前的位置，或预期将来的位置，从而可以得到一条运动轨迹，以此来引导航行。航位推算导航系统的优点是低成本、自主性和隐蔽性好，且短时间内精度较高；其缺点是定位误差会随时间快速积累，不利于长时间工作，另外，它得到的是运动物体相对于某一起始点的相对位置。

1.3.3 天文导航

天文导航是利用对自然天体的测量来确定自身位置和航向的导航技术。由于天体位置是已知的，测量天体相对于导航用户参考基准面的高度角和方位角就可计算出用户的位置和航向。天文导航经常与惯性导航、多普勒导航系统组成组合导航系统。这种组合式导航系统有很高的导航精度，适用于大型高空远程飞机和战略导弹的导航。把星体跟踪器固定在惯性平台上并组成天文-惯性导航系统时，可为惯性导航系统的状态提供最优估计和进行补偿，从而使得一个中等精度和低成本的惯性导航系统能够输出高精度的导航参数。

1.3.4 无线电导航

无线电导航的依据是电磁波的恒定传播速率和路径的可测性原理。无线电导航系统是借助运动体上的电子设备接收无线电信号，通过处理获得的信号来获得导航参量，从而确定运动体位置的一种导航系统。无线电导航是目前广为发展与应用的导航手段，它不受时间、天气的限制，定位精度高、定位时间短，可连续地、实时地定位，并具有自动化程度高、操作简便等优点。但由于辐射或接收无线电信号的工作方式，使用易被发现，隐蔽性差。

1.3.5 惯性导航

惯性导航(Inertial Navigation)是以牛顿力学三定律为基础的，将惯性空间的运载体引导到目标地的过程。惯性导航系统(Inertial Navigation System，INS)是利用惯性仪表(陀螺仪和加速度计)测量运动载体在惯性空间中的角运动和线运动。用三个加速度计和三个陀螺仪组成了惯性测量系统，把运动载体在它的三个轴上的角度变化率(角加速度)和加速度分别测出来，再用计算机对这些数据进行运算就能得出运动载体在任一时刻的速度、姿态的数据。进一步就可以算出运动载体已运动的距离、方向和实际的位置。计算机还可以提前为运动载体算出应该采用什么样的航向、速度以使运动载体按照预先设定的航线飞行。惯性导航系统不依赖地面设施的帮助，飞机可以用它实现自主导航。当今，飞机在飞越大洋和大面积的无人区时，惯性导航是使用最为广泛的有效导航手段。在有航路的地区，惯性导航的精确度不如 VOR-DME 系统。此外，惯性导航系统设备的价格也比较昂贵，目前仅在大中型飞机上装备有这种导航设备。

1.3.6　特征匹配

特征匹配导航技术通过测量环境特征，如地形高度或道路信息，并与基准数据库进行比较来确定用户的位置，就像人们在地图上比较地标一样。特征匹配系统必须初始化一个近似位置来限定数据库的搜索区域，这样可以降低计算量，并减少特征测量值与数据库发生多重匹配的情况。为了确定所测特征量的相对位置，大多数特征匹配系统还需要惯性导航系统或其他航位推算传感器提供的速度信息。因此，特征匹配不是一种独立的导航技术，它仅能用作组合导航系统的一部分。此外，由于数据库过期，或者选择了多种匹配可能中的错误匹配，特征匹配系统有时会得到错误的匹配结果，这时必须用组合算法进行处理。根据特征信息源的种类，特征匹配导航包括：基于地形的特征匹配导航技术、图像匹配导航技术、地图匹配导航技术、重力梯度匹配导航和地磁场匹配导航等。

1.3.7　卫星导航

卫星导航是以人造卫星作为导航台的星基无线电导航，是一种利用人造地球卫星作为动态已知点，导航设备通过接收导航卫星发送的导航定位信号，实时地测定运动载体的在航位置和速度，进而完成导航。卫星导航在军事和民用领域具有重要而广泛的应用。它可为全球陆、海、空、天的各种类军民载体，全天候提供高精度的三维位置、速度和精密时间信息。卫星导航系统以美国的 GPS 系统、俄罗斯的 GLONASS 系统、欧洲的伽利略 GALILEO 系统和中国的北斗卫星导航定位系统为代表。

1.3.8　组合导航

组合导航是指把两种或两种以上不同导航系统以适当的方式组合在一起，使其性能互补、取长补短，以获得比单独使用单一导航系统时更高的导航性能。由于单一导航系统都有各自的独特性能和局限性，把几种不同的单一导航系统组合起来，采用先进的信息融合技术，运用一些先进的智能算法，以达到最佳的组合状态。组合导航系统具有系统精度高、可靠性好、多功能、实时、对子系统要求低等特点。此外，组合导航系统还可大大提高系统的可靠性和容错性，因此被广泛采用且成为导航技术的一个明显发展方向。

1.4　导航技术的发展趋势

人类的导航技术一直处于不断地发展进步中。随着现代其他科学技术的不断发展，为导航技术提供了新的方法和手段，同时也对导航技术提出了新的要求，推动了导航技术的进一步发展。

1.4.1　现代军事作战对导航的要求及其发展

在人类科技史上，许多新技术都是首先用于军事领域，而军事领域的需求也对科技进步有着重要的推动作用，导航技术的发展也不例外。

1.4.1.1 现代军事作战对导航的要求

1. 具有强的电子对抗能力

随着导航军事作用的急剧扩展，开始出现了导航电子对抗问题，其中包括对导航信号的侦听、堵塞干扰、欺骗干扰和系统的反利用，等等。因此，为军事作战服务的新型导航系统都应该尽量具有强的电子对抗能力。

2. 高于敌方的导航信息精度

C3I (command, control, communication and information)作为重要的军事装备在现代战争起着越来越重要的作用。C3I 的任务是将关于战场上己方和敌方单位的情报信息，如它们的分布、航向与航速等收集到一起，形成实时的战场敌我态势，提供给指挥员以帮助做出正确而及时的判断与决策。然后还要把指挥和控制命令及时而可靠地下达到作战单位和硬软武器系统，使战场态势发生有利于己方的变化。与此同时，为了使各作战单位之间能配合作战，还要让它们了解其周围的敌我态势。导航是 C3I 系统的重要组成部分。有了导航为各作战单位所提供的实时定位与航向航速等信息，才能完成上述 C3I 的任务。

导航不仅要提供导航平台的实时位置，还要给出载体的航向与姿态信息。战场上的敌我双方作战单位常常是近距离地交织在一起，而且迅速移位变化，因此新型导航系统除了具有电子对抗能力作为共同特点之外，所提供的导航信息精度很高也是一个特点，因为如果所提供的导航信息精度不够，便有可能提供含混甚至错误的敌我态势。高精度的导航信息才能使作战单位能按照指挥员的意图，在准确的时间出现在精确的地点，这是新型作战思想所要求的。

3. 实时性与易维护性

军事导航无论对于航行还是战场作战，均要求所提供的导航信息是实时的、连续的，而且具有所需要的数据更新率，否则高的精度可能失去意义。为满足越来越高的要求，许多军用系统趋于复杂是客观的事实。然而为了使用方便，不能对系统的操作与维护人员的技能提出很高的要求，因此利用计算机技术及自动故障检测、诊断与隔离技术，使导航系统能为一般操作人员使用与维护。

4. 自主式、高动态、大区域导航

为了提高系统的生存能力，导航系统最好是自主式的。为了对敌方进行突然袭击，要尽量不让敌方得知己方的行动，因此导航系统的用户设备需要能够无源工作。同时军用运载体有时具有很大的动态范围，比如高速运动或进行突然的机动，要求此时的导航精度不能下降。为了适应作战的需要，还要求导航系统的覆盖范围至少要能包括作战区区域，越大越好，直到覆盖全世界。

1.4.1.2 军事导航技术的发展

1. 微波着陆系统

1978 年，考虑到以仪表着陆系统(ILS)和精密进近雷达(PAR)为代表的飞机进近和着陆系统已经满足不了航空和军事上对飞机着陆的要求，国际民航组织一致决议，采用时间基准波束扫描体制的微波着陆系统(MLS)作为新型的标准飞机着陆系统。当各国正在研制和准备装设微波着陆系统的时候，差分 GPS(DGPS)可用于精密进近和着陆的前景出现了。与微波着陆系统相比，DGPS 具有明显的价格优势。另外一些国家坚持由仪表着陆系统到微波着陆系统，主要由于对只有少数国家拥有卫星导航系统这一情况不放心。国际民航组织于1995年决定采用由仪表着陆系统、微波着陆系统和DGPS三种功能综合组成的多模式(机载)接收机(MMR)装备运载体。

2. 环形激光陀螺捷联式惯性导航系统

20世纪80年代中期以前所使用的惯性导航都是平台式惯导。由于机械电器平台的复杂性，增加了平台式惯导系统的体积、重量和成本，可靠性也受限。随着环形激光陀螺的出现和逐步走向成熟，计算机技术的快速发展和计算技术的日益完善，使捷联式惯导系统走向成熟而且优越性越来越明显。它将陀螺和加速度计直接捆绑在运载体上。采用环形激光陀螺构建的捷联式惯导系统达到了与平台惯导相媲美的水平。

3. GPS/INS组合导航系统

GPS/INS组合是组合导航系统的发展方向。GPS虽然是当前应用最为广泛的卫星导航定位系统，其使用方便、成本低廉且定位精度高。但是GPS的军事应用还存在易受干扰、动态环境中可靠性差以及数据输出频率低等不足。INS系统则是利用安装在载体上的惯性测量装置(如加速度计和陀螺仪等)敏感载体的运动，输出载体的姿态和位置信息。INS系统完全自主，保密性强，并且机动灵活，具备多功能参数输出，但是它存在误差随时间迅速积累的问题，导航精度随时间而发散，不能单独长时间工作，必须不断加以校准。GPS/INS组合制导，能充分发挥两者各自优势并取长补短，利用GPS的长期稳定性与适中精度，来弥补INS的误差随时间累积或增大的缺点，利用INS的短期高精度来弥补GPS接收机在受干扰时误差增大或遮挡时丢失信号等缺点，进一步突出捷联式惯性导航系统结构简单、可靠性高、体积小、重量轻、造价低的优势，并借助惯导系统的姿态信息和角速度信息，提高GPS接收机天线的定向操纵性能，使之快速捕获或重新捕获全球定位卫星信号，同时借助全球定位系统连续提供的高精度位置信息和速度信息，估计并校正惯导系统的位置误差、速度误差和系统其他误差参数，实现对其空中传递对准和标定，从而可放宽对其精度提出的要求，使得整个组合导航系统达到最优化，具有很高的效费比。

4. 地形辅助导航系统

组合导航主要依靠的是卫星导航对惯导积累误差的校正，但是在山地低空应用时，还有卫星容易被遮挡等缺点。为此，在20世纪70年代末，开始在低空作战的运载体上装备地形辅助导航系统，它利用地形信息校正惯导的积累误差。从20世纪60年代末，美军便开始探索有关地形辅助的原理，一直到20世纪80年代，美、英、法、德及以色列等国都对此进行了大量的研制与试验。由于地形辅助导航是一种自主式导航，不怕干扰，不可能被敌方利用，精度高，特别适于低空突访，因此在未来战争中有着重要的意义。

5. 定位报告系统

美国陆军在20世纪80年代初制定了新的作战纲要，提出了新型的作战理论。这个理论的要点是，未来的地面战争不再是阵线分明的两军对垒，靠优势兵力和火力制胜，而是双方的交战单位互相交织，美军的作战单位要在指定的时间出现在指定的地点，以充分发挥空中和地面各种武器的综合效能，然后隐蔽起来，使美军自始至终掌握战争的主动权。这种理论完全是建立在强有力的C3I系统的物质基础上的，它要求陆军指挥员准确把握各作战单位在战场上的实时准确的分布，也要求各作战单位掌握自己在战场上的位置。定位报告系统(PLRS)是在这种情况下从20世纪70年代中期开始研制的。

1.4.2　导航技术发展的主要趋势

现代航行体制对导航和制导系统的性能要求越来越高，促使导航与制导系统向高精度、综合化和智能化发展。随着科学技术的发展与应用以及航行体对导航与制导系统要求的提高，航行载体上将装备多种导航传感器和设备，使航行体导航与制导体制从单一传感器类型发展到多传感器组合导航与制导。信息的处理方法也由围绕单个特定传感器所获得的数据集而进行的信息处理，向着多传感器多数据的信息融合方向发展。因此，研究如何将不同导航系统和信息有机地综合起来，尽可能多利用各种有用观测信息，进行信息融合、互补、修正和动态补偿，从而获得一种高精度，同时可靠性和鲁棒性又好的组合导航与制导系统，是导航和制导系统与技术研究的重点和关键。

1.4.2.1　卫星导航成为导航技术发展的主要方向

21世纪无线电导航定位技术将以全球导航卫星为主。自从美国建立完成了GPS导航系统以后，由于GPS能实施全天候、全空间、三维定位与测速、实时的导航，尽管由于控制权及费用的问题，其他无线电导航系统仍在应用，但其影响正逐步减少。GPS建成以后，GPS现代化的工作提到了议事日程。GPS现代化主要是如何强化GPS的军事威慑作用和实力地位，如何改善标准定位服务(SPS)，使之被国际社会广泛接受，成为国际标准。正因为如此，国际海事卫星组织(INMARSAT)原定发射通信/导航双用途卫星的计划就因为美国的反对而中断。欧洲、日本、中国也正在开展全球卫星导航系统的建设。我国的北斗卫星导航系统和欧洲的“伽利略”计划就是明显的例子。

1.4.2.2　自主式导航继续发展

尽管GPS可以取代大多数的无线电导航系统，GPS仍不是自主导航系统，同时虽然卫星导航系统具有很高的精度，但单纯依靠卫星导航，不能连续提供运载体的位置和速度信息，运载体不具备自主导航能力。因此，对于导弹、航天飞机、火箭等大型飞行器，自主式导航系统是不可取代的。目前，各国都在继续发展高精度的惯性导航系统和天文导航系统，但由于制造工艺的限制，对于惯性导航系统而言，要继续提高精度已经很困难，或者说，要提高微小的惯性仪表精度，就要付出相当高的代价。天文导航的高动态性能也是一个有待解决的问题。因此，在继续发展高精度自主式导航系统的同时，组合导航成为各国发展导航系统的重点。

1.4.2.3　组合导航成为主要的导航方式

组合导航是指两种或两种以上导航技术的组合。组合后的系统成为组合导航系统。根据不同的要求，有不同的组合方式，但多以惯性导航系统为主要的子系统。从本质上看，组合导航系统是多传感器多源导航信息的集成优化融合系统，它的核心技术是信息的融合和处理。信息融合的核心问题可以归结为三类问题：数据问题、方法问题和模型问题。信息融合系统要达到其设计要求，要完成其任务与使命，要实现其工作目的，都必须面对相应对象条件下的数据、方法和模型。

1.4.2.4　军用导航系统迅速发展

在军事上，对于洲际导弹等战略武器而言，卫星导航与具有自主性的惯性导航及组合导航仍是主要的发展方向。现代战争地面协同作战对导航提出了更多的要求。为了地面协同战的需要，从20世纪70年代后期开始发展了一些新的导航方式，它们的主要目的是在军事战术使用方面对卫星做出有力的补充与扩展，并使己方在导航资源的控制、导航信息的精度上占据有利地位。

目前，导航定位技术正朝着多传感器融合、多手段集成的方向发展。除了卫星导航及其增强外，还利用非卫星导航手段，如蜂窝移动通信(UMTS)网络、WiFi网络、Internet网络、惯性导航、重力/磁力/地形匹配、伪卫星、无线电信标等。在众多导航系统中，GNSS的产业关联度最高，当前正经历前所未有的三大转变：从单一的GPS时代转变为多星座并存兼容的GNSS新时代，导致卫星导航体系全球化和多模化增强；从以卫星导航为应用主体转变为PNT(定位、导航、授时)与移动通信和互联网等信息载体融合的新阶段，导致信息融合化和产业一体化；从经销应用产品为主逐步转变为运营服务为主的新局面，导致应用规模化和服务大众化。三大趋势发展的直接结果是使应用领域扩大，应用规模跃升，大众化市场和产业化服务迅速形成，由此形成的卫星导航产业已成为我国战略性新兴产业。

第 2 章　导航学基础知识

2.1　地球上的坐标和距离

2.1.1　地球上的坐标

如果我们把地球近似看作一个球体，地球围绕着一根抽象的地轴自转，这根轴穿过地心穿出地面的两个点被称为南极和北极，南北极决定了地球的南北方位。通过地心和地轴垂直的面把地球分成两半，靠南的是南半球，北面就是北半球。南北半球的分界线就是赤道。为了给地球上各点的位置确定南北坐标，把南北半球分别用平行于赤道的平面分成90 份，这就是纬度。赤道是 0°，北极是北纬 90°，南极是南纬 90°。如图 2-1 所示。

用纬度确定了地球南北方向上的坐标后，还需要确定和南北相垂直的东西方向。东西方向的起始点没有天然的界定点，只好人为地替它定一个起点。1884 年召开的国际会议上决定以通过英国伦敦格林尼治天文台伸向地球南北极的经线作为计算地球东西方位的起始线，这条经线叫做起始经线，也叫本初子午线。这条经线被定为经度 0°。它和地心形成的平面，把地球分为两半(注：东经 160°/西经 20°经线是东西半球的分界线)，每半按圆周等分为 180 份，向东为东经度，向西为西经度。东经 180°与西经 180°相重合。经度决定了地球上东西方向的坐标。经度和纬度在地球表面构成了一个坐标网，地球上的每一点的位置都可以用经度和纬度标出来。例如，北京的地理坐标是北纬 39°55′，东经 116°23′。这种用纬度和经度两个参量表示地面点位置的方法实际上就是我们日常生活中经常使用的地理坐标。

需要特别说明的是，严格意义上讲，我们使用旋转椭球描述地球的数学形状，这里将其近视成圆球，便于初学者理解。在导航计算中，我们应该采用更精确的旋转椭球来建立相应的大地坐标系，其详细内容将在本书的第 4 章和第 6 章介绍。地面上点的经纬度须用一定的测量方法确定，用天文测量方法测定的叫“天文经纬度”，用大地测量方法在参考椭球面上推算的叫“大地经纬度”。同一点的天文经纬度与大地经纬度有微小差异。地图上所用的经纬度是大地经纬度。地理坐标就是用经纬度表示的地面点位的球面坐标。我们日常生活中使用的地理坐标就是大地经纬度，而描述地面或空间一个点位的大地坐标，除了大地经(L)纬(B)度外，还有大地高 H。

2.1.2　地球上的距离

地球近似为一个球体，地球表面的距离指的是弧线的长度。长度的单位在国际上通用公制，公制长度的基本单位是米。1 米是经过巴黎的经线周长的四千万分之一，因此地球

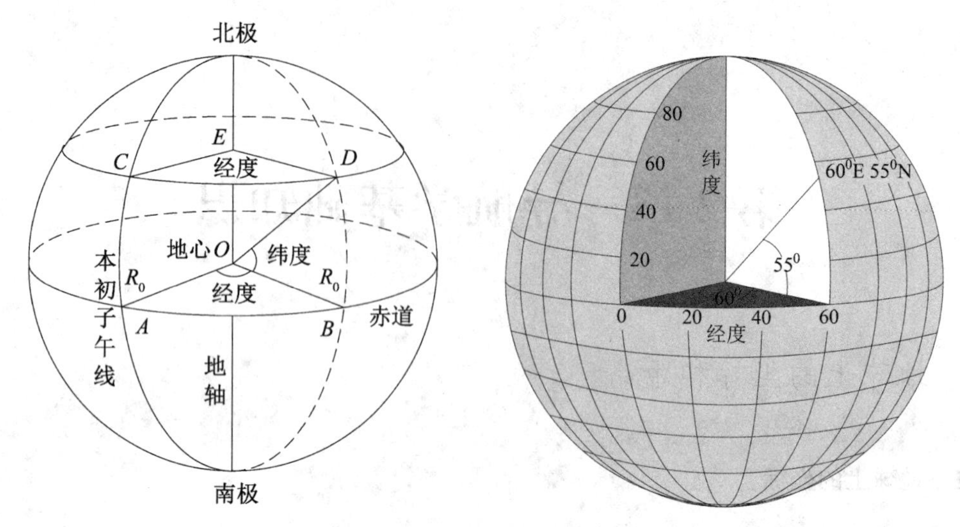

图 2-1　地球坐标表示

的经线长度为 4 万千米。测量长距离时，习惯上使用千米作单位，地球的周长是 4 万千米。除了公制长度单位外，在航空上还常使用海里或英里作为长度单位。英里是英国人制定的单位，在航空业中，由于英国、美国占有传统上的优势，所以这种计量单位还在使用。1 英尺等于 0.3 米，1 英里等于 1.609 千米。海里是航海家在航海中为了实用所制定的长度单位。航海家把纬度 1 分(1/60 度)间的距离定为 1 海里，用它来测量海程十分方便。1 海里等于 1852 米。每小时 1 海里的速度单位叫做节。使用海里能方便地算出飞过的经度或纬度，因此航空上也普遍使用这种单位。

在平面上两点之间的最短距离是直线。但是地球是个球体，球面上最短的距离如何确定呢？把地面上的两点用直线连起来，事实上不一定是最短距离。地球表面上的两点之间可以有很多连线，它们都是弧线。起始点与终点相同的许多弧线相比较，弧线的半径越大，弧的弯曲程度就越小，这段弧线的长度就越短。地球表面的弧线的最长半径当属从地心开始的地球半径，因此包含地心的平面与地球表面相交，在地球表面上所形成的圆，就是地球表面上半径最大的圆，叫做大圆。地球表面上任意两个点都可以与地心构成一个平面，这个平面和地球表面相交后形成一条弧线。这条弧线就是这两点之间的最短距离。对于飞机或轮船来说，沿着这条弧线航行的航线叫做大圆航线，也就是最短的航线。经度线和赤道线都是大圆。在展开的平面地图上，这些线都是直线，其他的大圆就不是直线而是曲线。

沿大圆航线航行时，虽然航线缩短了，但要不停地调整航向，这给驾驶员带来很多不便。保持航向角不变的航线叫等角航线，在展开的平面地图上把两点用直线画出来就是等角航线。在这条线上航行方向始终不变，对驾驶员来说比较方便。这两种航线各有优缺点，驾驶员如何选择才好呢？下面举一个例子来说明。

中国北京与美国旧金山都位于北纬 40°附近，从北京到旧金山的大圆航线，飞机要先朝东北飞，然后再转向东南，航行距离为 9084 千米。它们之间的等角航线距离为 10248 千米。二者相差 1164 千米。在等角航线上飞行的飞机要多飞 1 个多小时，飞机多消耗 10 余吨燃油。无疑，应该选择大圆航线。而北京飞往拉萨的航线，等角航线比大圆航线仅多飞 12 千米，此时，因为这两种航线的距离差别不大，多数驾驶员都会选择等角航线。

2.2 地面方向

地球上的坐标被确定之后，每一点相对于另一点的角度关系就可以用方向来表示。南北方向用南北极定位，与南北垂直的方向就是东西。船舶、飞机等运动载体航行时需按设定的方向航行。因此，海上航行，空中飞行都必须知道方向。方向是导航学中最基本的概念之一。

2.2.1 北、东、南、西的确定

2.2.1.1 测者南北线

地面方向是在测者地面真地平平面上确定的。如图 2-2 所示，通过测者 A 的眼睛并与测者铅垂线 AO 正交的平面叫做测者地面真地平平面(sensible horizon)。测者子午圈平面与测者地面真地平平面的交线 NAS 是 A 测者的方向基准线——南北线，其指向地理北极 P_n 的方向称为正北(north)，代号 N；与其相反的方向称为南(south)，代号 S。

2.2.1.2 测者东西线

通过测者铅垂线 AO，并与测者子午圈平面垂直的平面，叫做测者的东西圈平面。东西圈平面与地球面的截痕称为东西圈，也称卯酉圈。东西圈平面与测者地面真地平平面相交的直线 EAW，叫做 A 测者的东西线。东西线顺着地球自转方向的一侧是正东(east)，代号 E；逆地球自转方向的一侧是正西(west)，代号 W。实用中，测者面北背南时，测者东西线的右方是 E，左方是 W。

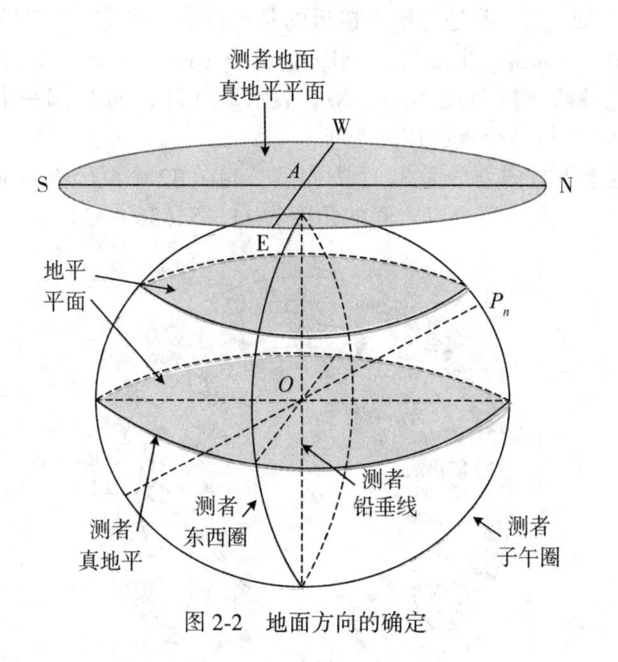

图 2-2　地面方向的确定

2.2.2 方向的划分

航海常用圆周法、半圆法及罗经点法三种来划分方向。

2.2.2.1　圆周方向

在地面真地平平面上，以正北为 000°，顺时针方向按 000°~360°等分地平面方向。正东为 090°，正南为 180°，正西为 270°。圆周方向用三位数表示，它是航海上最常用的方向表示法。

2.2.2.2　半圆方向

半圆方向是以测者的北或南为起始方向(0°)，向东或向西按 0°~180°等半圆地平面方向，并在方向度数后，以起始点(N 或 S)和度量方向(E 或 W)两个字母顺序命名。例如，圆周方向 024°可表示为半圆方向 24°NE 或 156°SE，圆周方向 225°可表示为半圆方向 135°NW 或 45°SW。

2.2.2.3　罗经点方向

罗经点方向共有 32 个，它们是：

(1)4 个基点(cardinal point)：N、E、S、W。

(2)4 个隅点(intercardinal point)：是相邻基点的中间方向，即东北(north east，航海上也以“北东”称谓)，代号 NE；东南(south east，南东)，代号 SE；西南(south west，南西)，代号 SW；西北(north west，北西)，代号 NW。

(3)8 个三字点(intermediate point)：是相邻的基点和隅点的中间方向。三字点的名称由其相邻的基点和隅点的字母名称顺序排列构成，基点在前，隅点在后，即 NNE (北北东，north north east)、ENE (东北东，east north east)、ESE (东南东)、SSE (南南东)、SSW (南南西)、WSW (西南西)、WNW (西北西)和 NNW (北北西)。

(4)16 个偏点(by point)：是上述各相邻点的中间方向。偏点名称由“/”(英语读作 by)前后两个部分构成，“/”前是与偏点接近的基点或隅点名称，“/”后是偏点偏向的基点名称。如 N/E(north by east，北偏东)、NE/N(north east by north，北东偏北)、SW/W(南西偏西)、N/W(北偏西)等(见图 2-3)。N/E 表示该点自 N 向 E 偏一个点(11.25°)，NE/N 表示该点自 NE 向 N 偏一个点，以此类推。

这样将 360°的地平方向划分为 32 个方向点，叫做 32 个罗经点(compass point)。相邻罗经点的间隔称为一个点，每个点之间的角度为 11.25°(360°/32)。

图 2-3　地面方向的表示方法

2.2.3 三种划分法之间的换算

方向的三种划分法可相互换算，法则如下：

2.2.3.1 半圆方向换算成圆周方向

表 2-1 半圆方向换算成圆周方向的方法

半圆方向	对应的圆周方向	半圆方向	对应的圆周方向
由北向东度量的半圆(NE)	半圆度数	由南向西度量的半圆(SW)	180°+半圆度数
由南向东度量的半圆(SE)	180° - 半圆度数	由北向西度量的半圆(NW)	360° - 半圆度数

切记圆周方向必须用三位数表示。

例 2-1

表 2-2 换算示例

半圆方向	对应的圆周方向	半圆方向	对应的圆周方向
35°NE	035°	30°SW	180°+30°=210°(图 2-4)
150°SE	180°-150°=030°(图 2-4)	150°NW	360°-150°=210°(图 2-5)

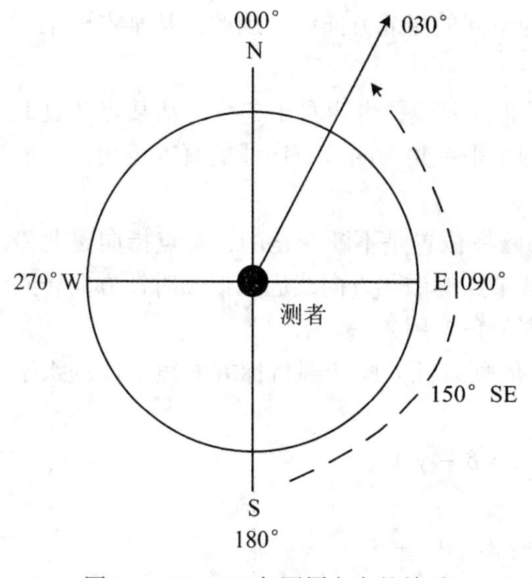

图 2-4 NE、SE 与圆周方向的关系

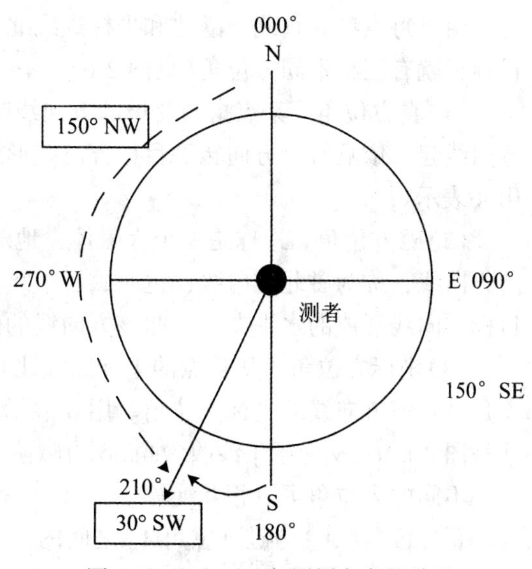

图 2-5 NW、SW 与圆周方向的关系

2.2.3.2 罗经点换算成圆周方向

(1)圆周方向=罗经点数×11.25°。

(2)根据罗经点名称的构成规则进行换算。

例 2-2　将罗经点 SW 换算成圆周度数。

解：SW 在罗经点法中是第 20 个点，因此将它换算成圆周度数时，有：

$$SW = 20 \times 11.25° = 225°$$

或根据罗经点名称的构成规则，SW 是平分 S(180°)和 W(270°)得到的方向，因此

$$SW = \frac{1}{2}(180° + 270°) = 225°$$

例 2-3　将罗经点 SSE、NW/W、NW/N 换算为圆周法方向。

解：

(1)SSE 为平分 S 和 SE 的方向，即

$$SSE = \frac{1}{2}(S + SE) = \frac{1}{2}(180° + 135°) = 157.5°$$

(2)NW/W 为自 NW(315°)向 W 偏一个点(11.25°)的方向，即

$$NW/W = 315° - 11.25° = 303.75°$$

(3)NW/N 为自 NW 向 N 偏一个点的方向，即

$$NW/N = 315° + 11.25° = 326.25°$$

2.2.4　方位角

从某点的指“北”方向线起，依顺时针方向到目标方向线之间的水平夹角，称为方位角。方位角的取值：0~360°。方位角在导航、测绘、地质与地球物理勘探、航空、航海、炮兵射击及部队行进时等诸多方面都广泛使用。

由于每点都有真北、磁北和坐标纵线北三种不同的指北方向线，因此，从某点到某一目标，就有三种不同方位角(见图 2-6)。

(1)真方位角。某点指向北极的方向线叫真北方向线，也叫真子午线。从某点的真北方向线起，依顺时针方向转到目标方向线形成的水平夹角，叫该方向线的真方位角，一般用 A 表示。

(2)磁方位角。地球是一个大磁体，地球的磁极位置是不断变化的，某点指向磁北极的方向线，称为磁北方向线，也叫磁子午线。从某点的磁北方向线起，依顺时针方向转到目标方向线形成的水平夹角，叫该方向线的磁方位角。用 A_m 表示。

(3)坐标方位角。从某点的坐标纵线北起，依顺时针方向转到目标方向线形成的水平夹角，叫该方向线的坐标方位角。用 α 表示。

图 2-6 中，γ 为子午线收敛角，δ 为磁偏角($\varepsilon = \delta - \gamma$)。

不同的方位角可以相互换算。

真方位角(A)与磁方位角 A_m 之间的关系是：$A = A_m + \delta$。

真方位角(A)与坐标方位角(α)之间的关系是：$A = \alpha + \gamma$。

坐标方位角与磁方位角的关系，若已知磁偏角 δ 和子午线收敛角 γ，则 $\alpha = A_m + \delta - \gamma = A_m + \varepsilon$ ($\varepsilon = \delta - \gamma$)。

在同一直线的不同端点量测，其方位角不同，测量中把直线前进方向称为正方向，反

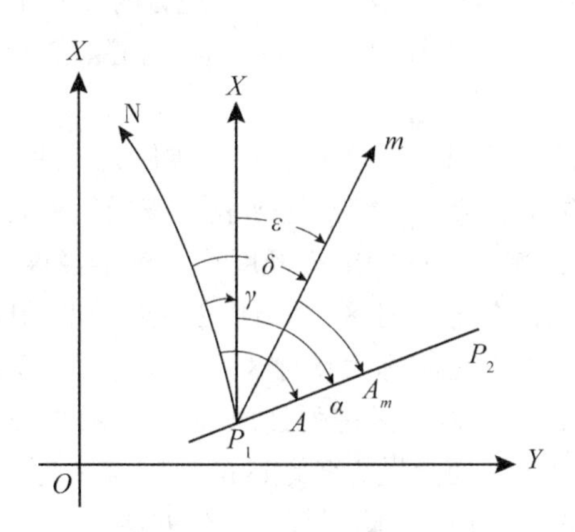

图 2-6 不同的方位角及其关系

之称为反方向。同一直线上的各点坐标方位角相等，正、反坐标方位角相差 180°。

2.3 地球上的时间和日期

2.3.1 地球上的时间

时间是一个看似简单而又十分复杂的概念。长久以来，时间被认为是一个绝对的永恒的流逝过程。直到 20 世纪初，在科学家对光速的研究中，这种时间观念碰到了意料之外的困难，后来由天才物理学家爱因斯坦揭开了时间的奥秘。原来时间并不是绝对的，时间是和运动相连的；运动改变，时间也会改变，时间由运动来度量。

我们的祖先很早就找到了以地球的运动作为度量时间的标准。在北半球的某一地点，连续两次在正南方对准太阳也就是地球转动一周所经过的时间称为 1 天。把 1 天等分为 24 份，每份叫 1 小时，1 小时再被分成 60 份，每份叫 1 分钟，1 分钟又可分成 60 秒。这种计时方法就是按照地球的自转建立起来的时间系统。1 天是从子夜的 0 点(也就是晚上 12：00)起始，太阳在正南方时为 12 点，再过 12 个小时又回到 0 点。为了避免上下午和黑夜白天的混淆，航空业通用 24 小时制，用 13 点、14 点代替下午 1 点、下午 2 点的说法。

早在两千多年以前，我国先民已经发现在不同地区太阳出现在正南方的时间是不同的，东部地区的太阳经过正南方的时间比西部地区早，用现在的地球坐标来描述即地球上经度不同的两个地方时间不同。在小范围内时间不同这一差别所造成的麻烦还不突出。16 世纪以后，新大陆被发现，海上航行开始了。当时钟表已经普遍用于计时，人们发现从英国到中国香港的海上航行，按时钟计算的时间总要比在当地用太阳计算的时间少 8 个小时，即轮船到达香港按钟表的指针表示出的时间是上午 8 点，可是此时香港上空的太阳却已偏西了，当地已经是下午 4 点，糊里糊涂地就丢失了 8 个小时。而当轮船从香港返回到英国时，这 8 个小时又神奇地补回来了。经过研究，科学家才弄清楚了在不同经度上以太阳为基准确定的时间都是不相同的。经度相差 1°的两个地方，时间就差 4 分钟。以当地的太阳运行所确定的时间叫地方时。在小范围内，地方时差别不是很大，例如北京与天津的地方时相差仅 54 秒，这时地方时还可以使用。但在相隔较远的两个地区，各用各的地方时，这问题可就大了。

为了协调这种差异，召开了国际会议并制定了国际区时制，把地球划分成不同的区域，每个区域使用统一的时间。会议决定把地球表面按经度处理，每相差 15°，时间就相差 1 小时。以 15°作为一个区域，每区的中央经度称为标准经度，这个经度的东边 7.5°和西边 7.5°之间构成一个时区，在这个时区内都使用中央经度的时间，这种时间被称为区时。0°经线向东 7.5°和向西 7.5°之间称为 0 时区。从 0 时区向东称为东区，从东 1 区一直排列到东 12 区；向西为西区，从西 1 区排列到西 12 区。东西 12 区相互重合是一个时区，其标准经度是 180°。有了时区制使全世界各地区的时间统一为 24 小时的标准时间，每两个相邻时区的区时之差正好是 1 小时，使用起来十分方便。

使用区时固然给大范围的活动和时间换算带来极大的方便，但是对于像中国这样的大国，疆域辽阔，东西横跨 5 个时区，时间相差 5 小时，在组织各种国内的活动时，使用区时却很不方便。于是我国中央政府就选定了以首都北京所在的东 8 区的区时作为全国各地统一使用的标准时间，这就是北京时间。准确来说，东 8 区的标准经度是 120°，北京在 120°以西 3°41′，北京的地方时比东 8 区的区时(北京时间)晚 15 分钟。使用北京时间在国内各地旅行非常方便，旅客不用随地点不同而经常拨动手表。但在横向距离北京较远的一些地区，使用北京时间在生活中也有不便之处。比如在乌鲁木齐，夏天到了晚上 10 点，太阳还高挂在西方的天空，而冬天早晨 9 点太阳还未升起，因此当地群众的作息时间还要按照当地的区时适当调整。并不是所有的大国国内都使用统一的时间，例如美国国土横跨 5 个时区，各区分别使用当地的区时。当旅客横越美国东西部旅行时，还需要多次拨动手表才行。

2.3.2　地球上的日期

假如乘飞机从美国旧金山飞回北京，虽然飞行时间仅用了十几个小时，但日子却跳过去一天，无形中丢了一天，这一天哪里去了？

17 世纪末，一些人由英国出发越过大西洋，又横穿了美国大陆，最终到达太平洋的东岸。他们在此遇到了由欧洲出发向东走，通过西伯利亚又跨过白令海峡的俄国探险队。这两拨人之间发生了一场争论，英国人的日期比俄国人多了一天。双方都有确凿的记录为证，谁也说服不了谁。最后这场争论由俄国圣彼得堡的科学家给出了答案：原来双方的记录都没错，问题出在这两批人共同完成了绕地球一圈的旅行，等于替地球转了一圈，如果按照后来国际的统一规定，英国人的记录日期就是对的，俄国探险家就是错的。

在上面介绍区时的概念时，大家已经知道在同一时刻内，世界不同地区之间的时间可以相差 24 小时，也就是整整一天。问题出来了，这一天究竟应该从哪里开始，也就是从哪一条经线开始呢？在开始的那条经线记录时间为 0 时(也就是子夜 12 时)，开始了新的一天，由它向西的地方会依次迎来这新的一天。这条经线的地球另一面上，此时太阳高照，正是前一天的中午 12 时，而由此再向西去，则是前一天的下午或晚上。转了一圈再回到开始的那条经线，在线的东边，时间仍为子夜 12 时(也就是 0 时)，可这是前一天的子夜 12 时，新开始的一天比这条经线的东边整整晚了一天。这样就必须定出一条经线作为全球日期的起始线，大家才好记录日期。这条线叫做日界线或国际日期变更线。线的两侧日期相差一天，为了方便同一块陆地上的人使用同一日期，这条线最好不要穿过有人居住的大片的陆地。于是有关人士就把这条人为的日期变更线基本定在 180°的经线上，这条线在太平洋上，除了无人居住的南极洲外，只穿过很少的陆地，为了避开这些半岛或岛屿，这条线在白令海峡和太平洋南部共有三处弯曲。因为有了日期变更线的缘故，所以日期变更线西面的日期比东面的日期要多一天。当你乘飞机从中国向东飞到美国时，日期要减一天，反之，当你返回中国时，日期又要加一天。现在我想你一定明白了这失去的一天是怎么一回事了。

2.4 描述运动物体的状态参量

导航总是相对于运动物体而言的。位置、速度、加速度是表征载体运动状态的基本参数。

2.4.1 位置与坐标

位置是指物体某一时刻在空间的所在处。任何物体的运动和变化都是在空间和时间中进行的。物体的运动或者静止及其在空间中的位置，均指它相对另一物体而言，因此在描述物体运动时，必须选中一个或者几个物体作为参照物，当物体相对参考物的位置有变化时，就说明物体有了运动。

物体沿一条直线运动时，可取这一直线作为坐标轴，在轴上任意取一原点 O，物体所处的位置由它的位置坐标(即一个带有正负号的数值)确定。数学上坐标的实质是有序数对。

空间(三维)一点的坐标通常有两种表示方式。

2.4.1.1 空间直角坐标

如图 2-7 所示，过空间定点 O 作三条互相垂直的数轴，各轴之间的顺序要求符合右手法则，即以右手握住 z 轴，让右手的四指从 x 轴的正向以 90 度的直角转向 y 轴的正向，这时大拇指所指的方向就是 z 轴的正向。这样的三个坐标轴构成的坐标系称为右手空间直角坐标系。与之相对应的是左手空间直角坐标系。一般在测绘和导航领域常用右手空间直角坐标系，在其他学科方面因应用方便而异。

设点 P 为空间的一个定点，过点 P 分别作垂直于 x、y、z 轴的平面，依次交于 x、y、z 轴，三个交点在 x、y、z 轴上的坐标分别为 x、y、z，那么就得到与点 P 唯一对应确定的有序实数组 (x, y, z)，有序实数组 (x, y, z) 就叫做点 P 的空间直角坐标，记作 $P(x, y, z)$，这样就确定了 P 点的空间直角坐标。

2.4.1.2 空间极坐标

如图 2-7 所示，设 P 是空间任意一点，连接 OP，记 $|OP|=r$，OP 与 Oz 轴正向所夹的角为 φ。设 P 在 Oxy 平面的投影为 Q，Ox 轴按逆时针方向旋转到 OQ 时所转过的最小正角为 θ，这样点 P 的位置就可以用有序数组 (r, φ, θ) 表示，空间的点 P 与有序数组 $(r,$

φ, θ) 之间建立了一一对应的关系。我们把建立上述对应关系的坐标系叫做空间极坐标系（或球坐标系）。有序数组（r, φ, θ) 叫做 P 点的坐标，其中 $r \geqslant 0$，$0 \leqslant \varphi \leqslant \pi$，$0 \leqslant \theta \leqslant 2\pi$

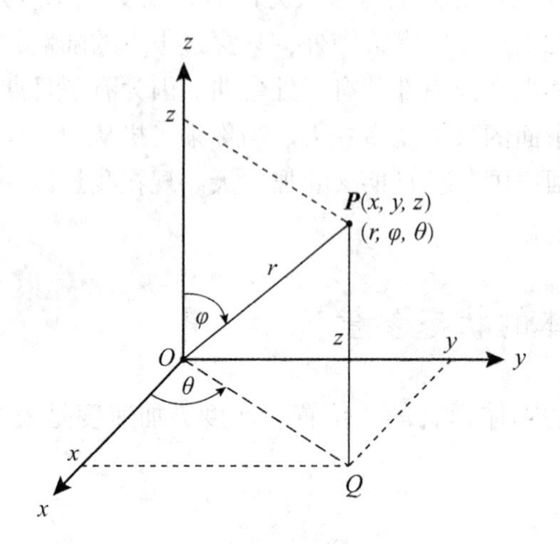

图 2-7　空间一点的坐标表示

2.4.1.3　空间极坐标与空间直角坐标相互转换

设空间点 P，它的空间极坐标为（r, φ, θ)，直角坐标为（x, y, z)，则

$$\begin{cases} x = r\sin\varphi\cos\theta \\ y = r\sin\varphi\sin\theta \\ z = r\cos\varphi \end{cases} \tag{2-1}$$

2.4.2　位移，速度和加速度

1. 位矢

用来确定某时刻质点位置的矢量称为位矢，如图 2-8 所示。

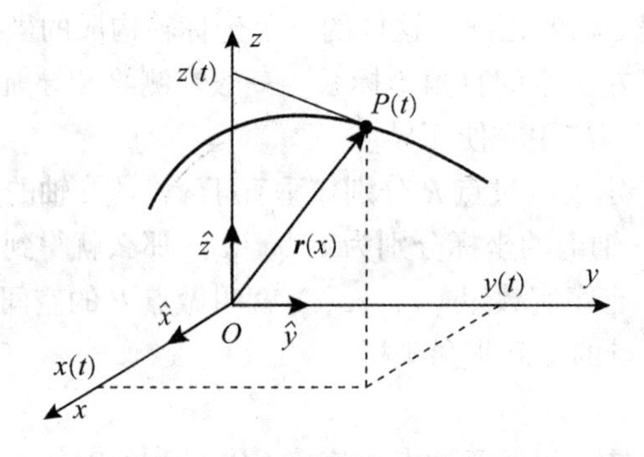

图 2-8　质点位置矢量示意图

$P(t)$ 点位置矢量：$\boldsymbol{r}=\boldsymbol{r}(x, y, z)$。

2. 运动函数

机械运动是物体(质点)位置随时间的变化，即位矢量是时间 t 的函数。$\boldsymbol{r}=\boldsymbol{r}(t)$，这就是物体的运动函数(运动方程)。也可写作：$\boldsymbol{r}(t)=x(t)\boldsymbol{i}+y(t)\boldsymbol{j}+z(t)\boldsymbol{k}$。如果消去时间 t，就得到物体的轨迹方程：$f(x, y, z)=0$。

3. 位移

位移指的是质点在一段时间内位置的变化。

如图 2-9 所示，物体从 P_1 点运动到 P_2，其位移是：$\Delta\boldsymbol{r}(t)=\boldsymbol{r}(t+\Delta t)-\boldsymbol{r}(t)$，位移也是矢量，图中物体位移的大小是：$|\Delta\boldsymbol{r}|=P_1P_2$，方向是：$P_1\rightarrow P_2$。

物体沿运动轨迹从 P_1 点到 P_2 点所经过的曲线长度称为路程。路程是标量。

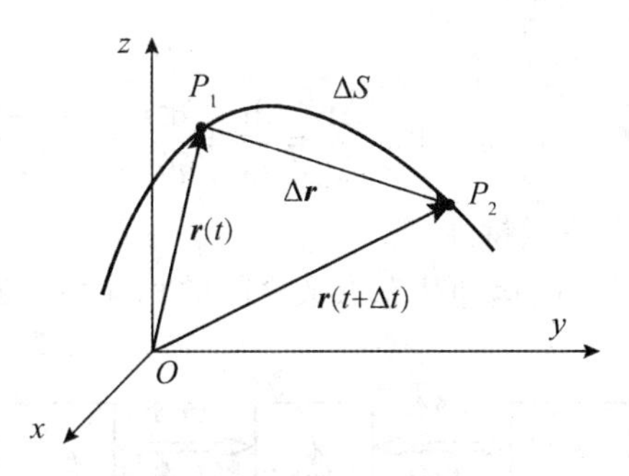

图 2-9 位移示意图

4. 速度

质点位矢对时间的变化率叫速度，是反映质点运动快慢和方向的物理量。速度是矢量，有大小和方向，速度的大小也称为“速率”。速度又分为瞬时速度和平均速度。

瞬时速度是指运动物体经过某一点或在某一瞬时的速度，

$$\boldsymbol{v}=\lim_{\Delta t\to 0}\frac{\Delta\boldsymbol{r}}{\Delta t}=\frac{\mathrm{d}\boldsymbol{r}}{\mathrm{d}t} \tag{2-2}$$

它是对物体运动情况的一种细致描述。瞬时速度的大小叫做瞬时速率。

平均速度是物体通过的位移和所用时间的比值，即 $\bar{\boldsymbol{v}}=\Delta\boldsymbol{r}/\Delta t$。

平均速度只能大体反映变速运动物体的快慢，它是对物体运动情况的一种粗略描述。在匀速直线运动中，平均速度与瞬时速度相等。

但平均速率不是平均速度的大小，而是路程与所用时间的比值 $\Delta S/\Delta t$。平均速度与所取的时间间隔有关，时间间隔越短，平均速度就越接近于瞬时速度。瞬时速度的方向是切线方向。速率只反映大小，没有方向。

5. 加速度

质点速度对时间的微分就是加速度，也是一个矢量。加速度由力引起，在经典力学中因为牛顿第二定律而成为一个非常重要的物理量。在惯性参考系中的某个参考系的加速度在该参考系中表现为惯性力。

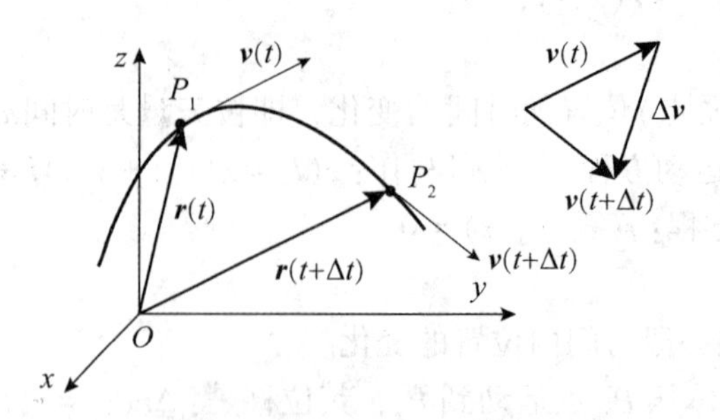

图 2-10　加速度

平均加速度：$\bar{a} = \bar{v}/\Delta t$

瞬时加速度：

$$a = \lim_{\Delta t \to 0} \frac{\Delta v}{\Delta t} = \frac{dv}{dt} = \frac{d^2 r}{dt^2} \tag{2-3}$$

6. 描述质点运动的状态参量特性

在相同的参照系下，质点的运动状态参数之间的相互关系如图 2-11 所示。

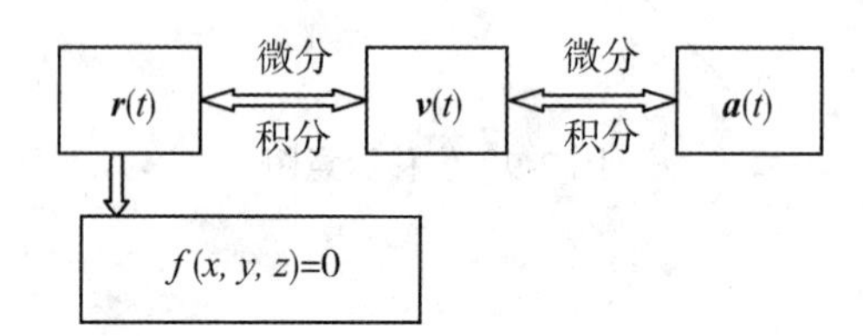

图 2-11　质点运动状态参量之间的相互关系

状态参量有如下三个特性：

(1)矢量性，位置、速度和加速度三个参量既有大小也有方向。

(2)瞬时性，质点的运动状态随时在变化。

(3)相对性，质点的运动状态参数在不同的参照系下有不同的描述。

例 2-4　如图 2-12 所示，拉船速度 v_0 一定，河岸高度为 H。求小船向岸边移动的速度和加速度。

解：设小船到 O 点的距离为 L，则

$$x^2 = L^2 - H^2$$

对时间求导：

$$2x\frac{dx}{dt} = 2L\frac{dL}{dt}$$

其中，$\frac{dx}{dt} = v$ 是小船速度，而 $\frac{dL}{dt} = -v_0$。所以有：

$$v = -\frac{L}{x}v_0 = -\sqrt{x^2 + H^2} \cdot \frac{v_0}{x}$$

加速度为：

$$a=\frac{\mathrm{d}v}{\mathrm{d}t}=\frac{\mathrm{d}^2x}{\mathrm{d}t^2}=-\frac{v_0^2H^2}{x^3}$$

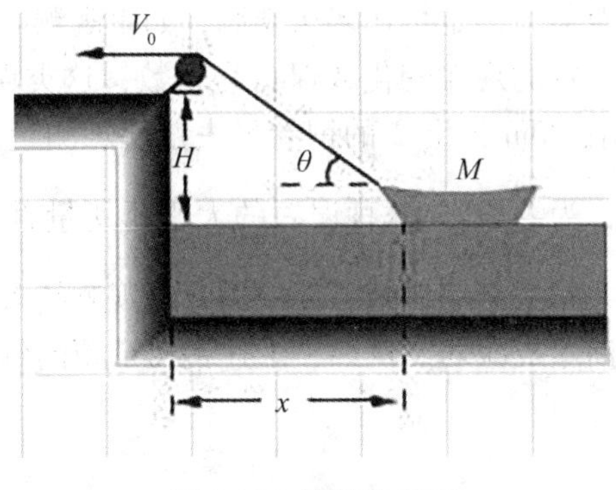

图 2-12　拉船示意图

2.5 误差及精度

2.5.1 误差的基本概念

误差是测量值与真值之间的差值，即误差=观测值-真值。

在各项测量工作中，例如直线丈量，对某段距离进行多次重复丈量时，发现每次丈量的结果通常是不一致的。又如对若干个量进行观测，如果知道这几个量所构成的某个函数应等于某一理论值，则可以发现，用这些量的观测值代入上述函数通常与理论值不一致。这类现象在测量工作中是普遍存在的。这种现象之所以产生，是由于观测结果中存在着观测误差的缘故。

为什么观测结果中会存在观测误差呢？概括来说，有下列三个方面原因：

首先，观测者是通过自己的感觉器官来进行工作的，由于感觉器官的鉴别能力的局限性，在进行仪器的安置、读数等工作时，都会产生一定的误差。与此同时，观测者的技术水平、工作态度也会对观测结果产生不同的影响。

其次，观测时使用的特定仪器，而每种仪器都具有一定的精密度，而使观测结果受到相应的影响。例如使用只有厘米刻画的普通钢尺量距，就难以保证估读厘米以下的尾数的准确性。显然，使用这些仪器进行测量也就给测量结果带来误差。

再有，在观测过程中所处的外界自然环境，如地形、温度、湿度、风力、大气折光等因素都会给观测结果带来种种影响。而且这些因素随时都有变化，由此对观测结果产生的影响也会随之变化，这就必然使观测结果带有误差。

人、仪器和客观环境这三方面是引起观测误差的主要因素，总称“观测条件”。不论观测条件如何，观测结果都含有误差。根据观测误差的性质，观测误差可分为系统误差和偶然误差两类。

2.5.2　误差的分类

2.5.2.1　系统误差

在相同的观测条件下对某个固定量作多次观测，如果观测误差在正负号及量的大小上表现出一致的倾向，即按一定的规律变化或保持为常数，这类误差称为系统误差。例如，用一只长度为 20m 而实际比 20m 长出 Δ 的钢卷尺去量距，测量结果为 D'，则 D' 含有因尺长不准确而带来的误差，为 $\frac{\Delta}{20}D'$，这种误差的大小与所量直线的长度成正比，而正负号始终一致，所以这种误差属于系统误差。系统误差对观测结果的危害性很大，但由于它的规律性而可以设法将它消除或减弱。例如，上述钢尺量距的例子，可对观测结果进行尺长改正。

2.5.2.2　偶然误差

在相同的观测条件下对某个固定量所进行的一系列观测，如果观测结果的差异在正负号和数值上，都没有表现出一致的倾向，即没有任何规律性，例如读数时估读小数的误差，等等，这种误差称为偶然误差。

在观测过程中，系统误差和偶然误差总是同时产生的。当观测结果中有显著的系统误差时，偶然误差就处于次要地位，观测误差就呈现出“系统”的性质。反之，当观测结果中系统误差处于次要地位时，观测结果就呈现出“偶然”的性质。

由于系统误差在观测过程中具有积累的性质，对观测结果的影响尤为显著，所以在观测中总是采取各种办法削弱其影响，使它处于次要地位。研究偶然误差占主导地位的观测数据的科学处理方法，是导航学的重要课题之一。

在观测中，除不可避免的误差之外，还可能发生错误。例如，在观测时读错读数、记录时记错等，这些都是由于观测者的疏忽大意造成的。在观测结果中是不允许存在错误的。一旦发现错误，必须及时加以更正。当然，只要观测者认真负责地、细心地作业，错误是可以避免的，并且在后续的数据处理过程中，也可以通过适当的方法找出错误并将其剔除。

2.5.3　偶然误差的特性

在观测结果中主要存在偶然误差，所以为了研究观测结果的质量，以及如何根据观测结果求出未知量的最或然值，就必须进一步研究偶然误差的性质。

下面先介绍一个测量中的例子：在相同的观测条件下，独立地观测了 217 个三角形的全部内角。由于观测结果中存在偶然误差，三角形的三个内角观测值之和不等于三角形内角和理论值(也称真值，即 180°)。设三角形内角和的真值为 X，三角形内角和的观测值为 L_i，则三角形内角和的真误差(或简称误差，在这里这个误差称为三角形的闭合差)为：

$$\Delta_i = L_i - X(i = 1, 2, \cdots, n) \tag{2-4}$$

对于每个三角形来说，Δ_i 是每个三角形内角和的真误差，L_i 是每个三角形三个内角观测值之和，X 为 180°。现将 217 个真误差按每 3″为一区间，以误差值的大小及其正负号，分别统计出在各误差区间的个数 v，及相对个数 $v/217$。其结果见表 2-3。

表 2-3　　偶然误差的分布规律

误差区间	正误差		负误差		合计	
	个数 v	比例	个数 v	比例	个数 v	比例
0~3	30	0.138	29	0.134	59	0.272
3~6	21	0.097	20	0.092	41	0.189
6~9	15	0.069	18	0.083	33	0.152
9~12	14	0.065	16	0.073	30	0.138
12~15	12	0.055	10	0.046	22	0.101
15~18	8	0.037	8	0.037	16	0.074
18~21	5	0.023	6	0.028	11	0.051
21~24	2	0.009	2	0.009	4	0.018
24~27	1	0.005	0	0	1	0.005
27 以上	0	0	0	0	0	0
总和	108	0.498	109	0.502	217	1.000

从表 2-3 中可以看出：小误差出现的百分比较大误差出现的百分比大；绝对值相等的正负误差出现的百分比相仿；最大误差不超过某一个定值(本例为 27″)。在其他测量结果中也显示出上述同样的规律。通过大量的实验统计结果表明，特别是当观测次数较多时，可以总结出偶然误差具有如下的规律性：

(1)在一定的观测条件下，偶然误差的绝对值不会超过一定的限度；

(2)绝对值小的误差比绝对值大的误差出现的可能性大；

(3)绝对值相等的正误差与负误差，其出现的可能性相等；

(4)当观测次数无限增多时，偶然误差的算术平均值趋近于零。

上述第四个特性是由第三个特性导出的。从第三个特性可知，在大量的偶然误差中，正误差与负误差出现的可能性相等，因此在求全部误差总和时，正的误差与负的误差就有互相抵消的可能。当误差的个数无限增大时，真误差的算术平均值将趋于零，即

$$\lim_{n\to\infty}\frac{[\Delta]}{n}=0 \tag{2-5}$$

实践表明，对于在相同条件下独立进行的一组观测来说，不论其观测条件如何，也不论是对一个量还是多个量进行观测，这组观测误差必然具有上述四个特性。而且当观测个数 n 愈大时，这种特性就表现得愈明显。偶然误差的这种特性，又称为统计规律。

为了充分反映误差分布的情况，除上述用表格的形式(称为误差分布表)，还可以用直观的图形来表示。例如，在图 2-13 中以横坐标表示误差的大小，以纵坐标表示各区间误差出现的相对个数除以区间的间隔值(本例是 3″)。这样，每一个误差区间上方的长方

形面积，就代表误差出现在该区间的相对个数。例如，图中有斜线的长方形面积就代表误差出现在+6″~+9″区间的相对个数 0.069。这种图称为直方图，其特点是能形象地反映出误差的分布情况。

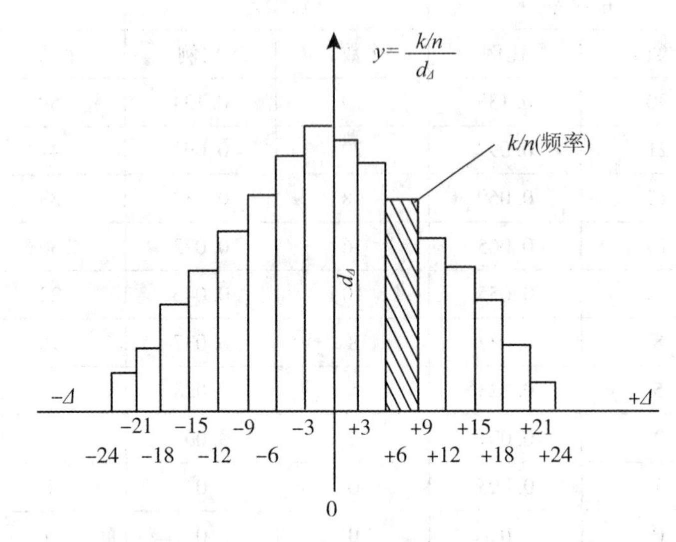

图 2-13　误差分布直方图

当观测次数愈来愈多时，误差出现在各个区间的相对个数的变动幅度就愈来愈小。当 n 足够大时，误差在各个区间出现的相对个数就趋于稳定。这就是说，一定的观测条件，对应着一定的误差分布。可以想象，当观测次数足够多时，如果把误差的区间间隔无限缩小，则图 2-13 中各长方形顶边所形成的折线将变成一条光滑曲线(见图 2-14)，称为误差分布曲线。在概率论中，把这种误差分布称为正态分布(或高斯分布)，描绘这种分布的方程(称概率密度)为

$$f(\Delta)=\frac{1}{\sqrt{2\pi}\,\sigma}e^{-\frac{\Delta^2}{2\sigma^2}} \tag{2-6}$$

式中，

$$\sigma^2=\lim_{n\to\infty}\frac{[\Delta^2]}{n} \tag{2-7}$$

σ 是观测误差的标准差(方根差或均方差)。从式(2-7)可以看出正态分布具有前述的偶然误差特性，即

(1) $f(\Delta)$ 为偶函数。绝对值相等的正误差与负误差求得的 $f(\Delta)$ 相等，所以曲线相对称于纵轴。这就是偶然误差的第三特性。

(2) Δ 愈小，$f(\Delta)$ 愈大。当 $\Delta=0$ 时，$f(\Delta)$ 的值最大：$\frac{1}{\sqrt{2\pi}\,\sigma}$；反之，$\Delta$ 愈大，$f(\Delta)$ 愈小。当 $\Delta\to\pm\infty$ 时，$f(\Delta)\to 0$。因此，横轴是曲线的渐近线。由于 $f(\Delta)$ 随着 Δ 的增大而较快地减小，所以当 Δ 达到某值，而 $f(\Delta)$ 已较小，实际上可以看作零时，这样的 Δ 可作

为误差的限值。这就是偶然误差的第一和第二特性。

下面介绍式(2-7)中参数 σ，从图 2-14 可见：误差曲线在纵轴两边各有一个转向点(拐点)。如果将 $f(\Delta)$ 求二阶导数等于零，可以求得曲线拐点的横坐标。

$$\Delta_{拐} = \pm\sigma$$

从图 2-14 可见，由于误差出现在 $-\sigma \sim +\sigma$ 区间内的相对次数是某个定值，即介于曲线 $f(\Delta)$，横轴和直线 $\Delta=-\sigma$、$\Delta=+\sigma$ 之间的曲边梯形面积是个定值。所以当 σ 愈小时，曲线将愈陡峭，即误差分布比较密集；当 σ 愈大时，曲线将愈平缓，即误差分布比较分散。由此可见，参数 σ 的值表征了误差扩散的特征。

例如，有两组在不同观测条件下进行观测的观测值，其中一组的观测条件较好，误差分布比较密集，它具有较小的参数 σ_1；另一组观测条件较差，误差分布比较分散，它具有较大的参数 σ_2，即 $\sigma_1 < \sigma_2$。此时，具有 σ_1 的误差曲线的最大纵坐标 $\frac{1}{\sqrt{2\pi}\sigma_1}$，必然大于具有 σ_2 的误差曲线的最大纵坐标 $\frac{1}{\sqrt{2\pi}\sigma_2}$，即 $\frac{1}{\sqrt{2\pi}\sigma_1} > \frac{1}{\sqrt{2\pi}\sigma_2}$(见图 2-8)。由于每条曲线与横轴之间的面积表示落在各区间的误差个数的总和与全部个数之比：$\frac{[v]}{n}=1$，即恒等于 1。

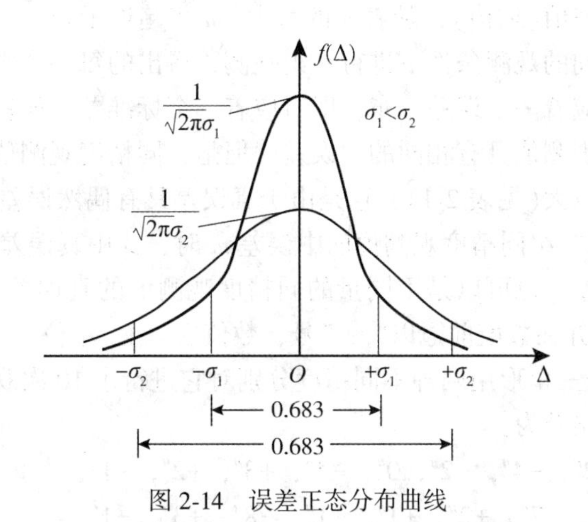

图 2-14 误差正态分布曲线

因此，具有 σ_1 的误差曲线，自最大纵坐标 $\frac{1}{\sqrt{2\pi}\sigma_1}$ 点向两侧以较陡的趋势迅速下降；而具有 σ_2 的误差曲线，则自 $\frac{1}{\sqrt{2\pi}\sigma_2}$ 点向两侧以较平缓的趋势伸展在横轴的上方。由此可见，观测条件的好坏在误差曲线的形态(指误差扩展情况)上得到了充分的反映，而曲线的形态又可用参数 σ 具体的数值予以表达。

2.5.4 评定精度的指标

前面已经介绍，在一定的观测条件下进行一组观测，它对应着一定的误差分布。如果该组误差值总的来说偏小些，即误差分布比较密集，则表示该组观测质量好些，这时标准差 σ 的值也较小；反之，如果该组误差值偏大，即误差分布比较分散，则表示该组观测质量差些，这时标准差的值也就较大。因此，一组观测误差所对应的标准差值的大小，反映了该组观测结果的精度。

所以在评定观测精度时，就不再作误差分布表，也不绘制直方图，而是设法计算出该组误差所对应的标准差 σ 的值。

从公式(2-7)可知，求 σ 值要求观测个数 $n \to \infty$，但这实际上是不可能的。

在测量工作中，观测个数总是有限的，为了评定精度，一般采用下述公式：

$$m = \pm\sqrt{\frac{[\Delta\Delta]}{n}} \tag{2-8}$$

m 称为中误差。这里的方括号表示总和，$\Delta_i (i = 1, 2, \cdots, n)$ 为一组同精度观测误差。从式(2-7)和式(2-8)可以看出，标准差 σ 跟中误差 m 的不同，在于观测个数 n 上；标准差表征了一组同精度观测在 $n \to \infty$ 时误差分布的扩散特征，即理论上的观测精度指标，而中误差则是一组同精度观测在 n 为有限个数时求得的观测值精度指标。所以中误差实际上是标准差的近似值(估值)；随着 n 的增大，m 将趋近于 σ。

必须指出，在相同的观测条件下进行一组观测，得出的每一个观测值都称为同精度的观测值。由于它们对应着一个误差分布，即对应着一个标准差，而标准差的估值即为中误差。因此，同精度的观测值具有相同的中误差。但是，同精度观测值的真误差却彼此并不相等，有的差别还比较大(见表2-1)，这是由于真误差具有偶然误差性质的缘故。

在应用式(2-8)求一组同精度观测值的中误差 m 时，式中真误差 Δ 可以是同一个量的同精度观测值的真误差，也可以是不同量的同精度观测值的真误差。在计算 m 值时注意取2~3位有效数字，并在数值前冠以“±”号，数值后写上“单位”。

例2-5 设对某个三角形用两种不同精度分别对它进行了10次观测，求得每次观测所得三角形内角和的真误差为：

第一组：+3″，−2″，−4″，+2″，0″，−4″，+3″，+2″，−1″；

第二组：0″，−1″，−7″，+2″，+1″，+1″，−8″，+3″，−1″；

试求这两组观测值的中误差。

解：这两组观测值中误差(用三角形内角和的真误差而得到的中误差，也称为三角形内角和的中误差)计算如下：

$$m_1 = \sqrt{\frac{3^2 + 2^2 + 4^2 + 2^2 + 0^2 + 4^2 + 3^2 + 2^2 + 3^2 + 1^2}{10}} = \pm 2.7''$$

$$m_2 = \sqrt{\frac{0^2 + 1^2 + 7^2 + 2^2 + 1^2 + 1^2 + 8^2 + 0^2 + 3^2 + 1^2}{10}} = \pm 3.6''$$

比较 m_1 和 m_2 的值可知，第一组的观测精度较第二组观测精度高。

显然，对多个三角形进行同精度测量(即相同观测条件)，求得每个三角形内角和的真误差，仍可按上述办法求得观测值(三角形内角和)的中误差。

在观测工作中，对于评定一组同精度观测值的精度来说，为了计算上的方便或别的原因，在某些精度评定时也采用下述精度指标：

$$\vartheta = \pm \frac{[|\Delta|]}{n}$$

式中，ϑ 称为平均误差，它是绝对误差的平均值。

在某些国家，也将一组误差按其绝对值的大小排序，取居中的一个误差值作为精度指标，并称为或然误差，以 ρ 表示，在误差理论中可以证明，对于同一组观测误差来说，当 $n \to \infty$ 时，求得的中误差 m、平均误差 ϑ 和或然误差 ρ 之间都有一定的数量关系，即

$$\begin{cases} \vartheta = 0.7979m \\ \rho = 0.6745m \end{cases} \tag{2-9}$$

偶然误差第一特性说明，在一定的观测条件下，偶然误差的绝对值不会超过一定的限值，那么这个值是多大呢？根据理论知道，大于中误差的真误差，其出现的可能性约为32%。

大于两倍中误差的真误差，其出现的可能性约为5%，大于三倍中误差的真误差，其出现的可能性只占3‰左右。因此测量中常取两倍中误差作为误差的限值，也就是在测量中规定的容许误差(或称限差)，即

$$\Delta_{容} = 2m \tag{2-10}$$

在有的具体工程应用中也有取三倍中误差作为容许误差的。

2.5.5 精确度、准确度与精密度

精确度通常包括两个方面的内涵：准确度和精密度。准确度反映了系统误差对测量结果的影响；精密度反映了偶然误差对测量结果的影响。精确度是系统误差和随机误差对测量结果的综合影响。对测量而言，精密度高的准确度不一定高，准确度高的精密度不一定高，但精确度高的准确度与精密度都高。在误差理论中，精确度常简称为精度。

如图2-15所示，图2-15(a)的系统误差小，随机误差大，精密度、精确度都不好；图2-15(b)说明系统误差大，随机误差小，精密度很好，但精确度不好；图2-15(c)表示系统误差和随机误差都很小，精密度和精确度都很好。

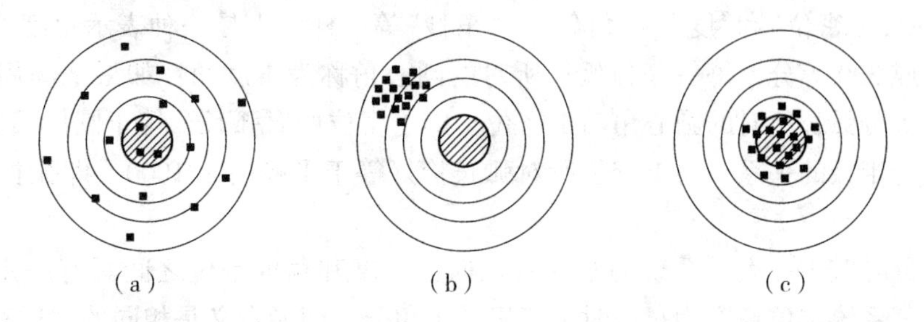

图2-15 精度，准确度和精密度示意图

2.6 导航常用的参数量纲

导航解算以及导航系统性能评价都需要用到一些基本的物理量如长度(距离)、角度，常用的单位除国际单位米、弧度外，还有海里、节、密耳等表示长度和距离，用角秒、角分、密位表示角度，有关单位之间的转换见表 2-4 和表 2-5。

表 2-4　常用长度单位及其对应转换关系表

参数	英文全称	表示符号	与对应相关单位的转换关系
海里	nautical mile	nm	1 海里 = 1852 米
码	yard	yd	1 码 = 0. 9144 米
英尺	foot	ft	1 英尺 = 0. 3048 米
英寸	inch	in	1 英寸 = 0. 0254 米

表 2-4 中，海里是海上的长度单位。它原指地球子午线上纬度 1 角分的长度，赤道上 1 海里约等于 1843 米；纬度 45°处约等于 1852. 2 米，两极约等于 1861. 6 米。1929 年国际水文地理学会议，通过用 1 角分平均长度 1852 米作为 1 海里，故国际上采用 1852 米为标准海里长度。

表 2-5　常用角度单位及其对应转换关系表

参数	英文全称	表示符号	与对应相关单位的转换关系
度	degree	°	1 度 = 0. 0174532925 弧度
角分	arc min	′	1 角分 = 60 角秒
角秒	arc sec	″	
毫弧度	milli radian	mrad	1 毫弧度 = 3. 44 角分 = 206. 4 角秒
密位	mil	mil	1 密位 = 3. 6 角分 = 216 角秒

表 2-5 中，“密位”和“度”、“角分”、“角秒”等一样，也是一种表示角度的单位。把一个圆周分成 360 等分，每一等分弧长所对的圆心角称为 1 度角；如果把圆周分成 6000 等分，每一等分弧长所对的圆心角叫 1 密位。即 1 密位所对弧长，等于圆周长的 1/6000。根据圆周长与半径的关系，每 1 密位所对弧长恰好等于半径的 1/1000，即弧长/密位 = 半径/1000。

地球上，导航中在表示系统的某些参数时，长度和角度单位之间具有一定的对应关系，比如说某系统定位精度为每小时 1 海里或 1 角分，两者意义是相同的，这种对应是地球上的弧长与弧长在地球曲率半径下的角度之间的对应。

2.7　航标

2.7.1　航标的定义

航标(Aids to Navigation)，即助航标志，是为帮助船舶安全、经济和便利航行而设置的视觉、音响和无线电助航设施。而近年来，随着大量先进技术被引入到航标建设和管理中，航标技术的发展，特别是无线电航标的发展和航标信息的广泛应用，人类水上活动范围和方式的日益增多，航标被赋予了新的内涵。因此，航标也有了新的定义：航标是为各种水上活动提供安全信息的设施或系统。根据航标的新定义，航标的内涵和服务领域都有了很大的变化。

首先，新定义将航标的服务对象由船舶扩大到各种水上活动。航标原来是为从事水上运输、渔业和军事活动的船只服务的，但现在人们的水上活动已不仅仅局限于经济性航运活动了。比如水上石油开发、水上体育活动等，都需要利用航标来导航。

其次，新定义将航标提供的信息从助航信息扩大到安全信息。船舶交通服务(VTS)和船舶自动识别系统(AIS)利用无线电技术和数字技术，实现了船岸一体的相连互通，在水上行驶的船舶，随时可以从系统中获取岸上发送的安全信息，以减少船舶碰撞和搁浅的危险，并保护海洋环境。

再次，新定义将航标的服务范围从通航水域扩大到各种水上活动的范围。早期的航标只是为船舶航行服务的，但现在只要有人类的各种水上活动，就有航标的存在和需求。

2.7.2　航标的功能与作用

根据国际航标协会(IALA)制定的《助航指南》，航标具有四项功能，即定位功能、危险警告功能、确认功能和指示交通功能。定位功能就是能确定船舶所在的位置；危险警告功能就是能标示航道中的危险物和碍航物；确认功能就是能确认船舶相对航标的距离和方位；指示交通功能就是能指示船舶遵循某些交通规则，如指示船舶分道通航制、指示深水航道和装载危险货物船舶的航道等。航标指示交通的功能，除能帮助船舶安全航行外，还具有防止污染、保护环境的作用。

根据航标的定义，航标的作用是帮助船舶安全航行、经济航行和便利航行。安全航行的作用就是帮助船舶安全地从始发地航行至目的地；经济航行的作用就是帮助船舶航行于最佳经济航线或最短航线；便利航行的作用就是帮助船舶方便、简捷的操纵和航行。

2.7.3　航标的分类

航标涉及光学、声学、水道测量学、建筑与构造、电子技术、自动化技术、计算机技术、航海技术和无线电导航等多学科知识。因为航标的综合性强，涉及的知识面广，所以航标的种类繁多，有多种分类方法。

航标按配布的水域分类，有海区航标和内河航标；按配布位置的可靠性分类，有固定航标和浮动航标。比较常用的分类方法是按航标工作原理进行分类。按工作原理分类，有视觉航标、音响航标和无线电航标。其中，视觉航标包括灯塔、灯桩、立标、灯浮标、浮标、灯船、系碇设备和导标；音响航标包括气雾号、电雾号和雾情探测器；无线电航标包括雷达反射器、雷达指向标、雷达应答器、无线电指向标、罗兰A、罗兰C、全球导航卫星系统、全球定位系统、差分全球定位系统、船舶交通服务(VTS)和船舶自动识别系统(AIS)等。

航标是船舶安全、经济航行的重要助航导航设施，是海上主通道和港口主枢纽的安全支持、保障系统的重要组成部分，也是保障水上运输畅通的重要手段，对我国水上交通运输、海洋开发、渔业捕捞、国防建设和维护国家主权具有重要的意义。

第3章　地球形状及其物理场

3.1　地球形状

在科学技术高速发展的今天，人类对自己居住的地球面貌已愈来愈清楚明白。但是，人类对地球到底是什么样子的认识，是经历了相当漫长的过程的。

古代，由于科学技术不发达，对地球的形状曾流传过许多传说和神话，人类只能通过简单的观察和想象来认识地球。例如，中国的古人观察到“天似穹窿”，就提出了“天圆地方”的说法。西方的古人按照自己所居住的陆地为大海所包围，就认为“地如盘状，浮于无垠海洋之上”。大约从公元前8世纪开始，希腊学者们试图通过自然哲学来认识地球。到公元前6世纪后半叶，毕达哥拉斯提出了地为圆球的说法。又过了两个世纪之后，亚里士多德根据月食等自然现象也认识到大地是球形，并接受其老师柏拉图的观点，发表了“地球”的概念，但都没有得到可靠的证明。

直到公元前3世纪，亚历山大学者埃拉托色尼首创子午圈弧度测量法，实际测量纬度差来估测地圆半径，最早证实了“地圆说”。稍后，我国东汉时期的天文学家张衡在《浑仪图注》中对“浑天说”作了完整的阐述，也认识到大地是一个球体。但在其天文著作《灵宪》中又说“天圆地平”。这些都说明当时人们对地球形状的认识还是很不明晰的。

从6世纪开始，西方在宗教桎梏之下，人们不但不继续沿着认识物质世界的道路迈步前进，反而倒退了。相反，中国的科学技术这时却在迅速发展。公元8世纪的20年代，唐朝高僧一行派太史监南宫说在河南平原进行了弧度测量，其距离和纬差都是实地测量的，这在世界尚属首次。并由此得出地球子午线1度弧长为132.3公里，比现代精确值大21公里。之后，阿拉伯也于9世纪进行了富有成果的弧度测量。由此确认大地是球形的。但由于那时人类的活动范围很有限，其真实形状都没有得到实践检验。直到1522年，航海家麦哲伦率领船队从西班牙出发，一直向西航行，经过大西洋、太平洋和印度洋，最后又回到了西班牙，才得以事实证明，地球确实是一个球体。

但是，人类对地球的认识并未就此结束。随着科学技术的发展和大地测量学科的形成与丰富，人们观测和认识地球形状的方法和手段越来越多。三角测量、重力测量、天文测量等等都是重要手段。近代科学家牛顿曾仔细研究了地球的自转，得出地球是“赤道凸起，两极扁平”的椭球体，形状像个橘子。到20世纪50年代末期，人造地球卫星发射成功，通过卫星观测发现，南北两个半球是不对称的。南极离地心的距离比北极短40米。因此，又有人把地球描绘成梨形。

以上，对地球的认识，仍是根据局部资料和间接手段得来的。如果人们能远远地站在地球之外看地球那该多好！1969 年 7 月 20 日，美国登月宇宙飞船“阿波罗”11 号的宇航员登上月球的时候，就看到了带蓝色的浑圆的地球，犹如在地球上观月亮一样。科学家们根据以往的资料和宇航员拍下的相片，认为最好把地球看作是一个“不规则的球体”。

至此，人类对地球形状的认识是否完成了呢？还没有。这是因为地球实在太大了！而且还在不停地运转着、变化着。

3.2　大地水准面与地球椭球

3.2.1　大地水准面

地球表面是很不规则的，有高达 8844m 的珠穆朗玛峰，也有深达 11034m 的马里亚纳海沟。但这种地形起伏与庞大的地球相比仍然是不起眼的，还不足地球直径的千分之一。在图 3-1 中，如果按比例绘制的话，这些地形起伏还不到 0.05mm，肉眼根本无法分辨。

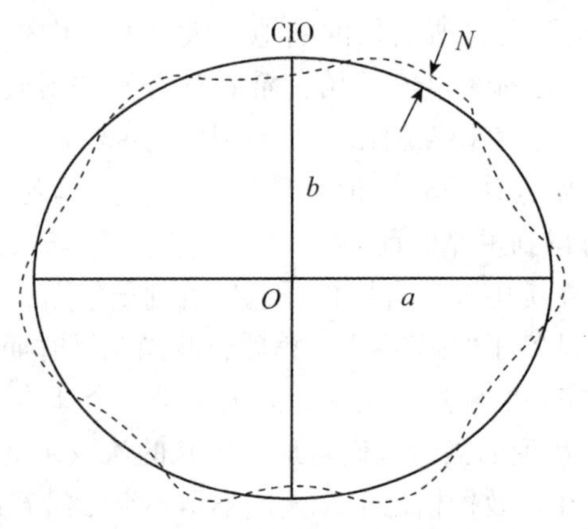

图 3-1　大地水准面及总地球椭球

由于海洋占地球表面总面积的 70%以上，因而我们常用无潮汐影响和无波浪时的平均海平面并将其延伸至大陆内部后所形成的一个光滑的连续的封闭曲面来代表地球的形状和大小，并将其称为大地水准面(这是有关大地水准面的一个经典的定义，其严格定义将在后面章节进行介绍)。需要指出的是，在研究地球的形状和大小时，我们研究的是大地水准面的形状和大小。而地球表面上的山川平原、河流湖泊及房屋道路等地形地貌则是通过地形测量的方法用各种不同比例尺的地形图和地面数字高程模型来表示的。

3.2.2　地球椭球

由于地球的形状极不规则，质量分布也不均匀，因而大地水准面也是一个起伏不定的曲面，在这种不规则的曲面上难以进行精确的数学计算。因而我们需要寻找一种既能与大地水准面符合得很好又尽可能简单的数学曲面来替代大地水准面来作为数学计算时的基准面。

将椭圆绕其短轴旋转一周后所组成的旋转椭球体就是一种理想的选择。这种用来表示地球(大地水准面)的旋转椭球称为地球椭球。

地球椭球可分为总地球椭球(平均地球椭球)和参考椭球两类。前者要求与全球的大地水准面最为吻合，而后者只要求与其中某一局部区域中的大地水准面最为吻合。

3.2.2.1　总地球椭球

与全球大地水准面最为吻合的总地球椭球在几何上和物理上应满足下列条件：

(1)椭球的中心应位于地球质心，椭球面应与全球的大地水准面最为吻合。上述条件可以用全球大地水准面与椭球面之间的差距 N 的平方和为最小来表示，即 $\sum N^2 = \min$ (求和范围为全球，例如所有的 $1° \times 1°$ 的格网点)。

(2)椭球的短轴应与地球的平自转轴重合，短轴北端与地球协议原点 CIO 重合(见图 3-1)；起始大地子午面与由平均天文台所维持的天文起始子午面重合。

(3)椭球的质量与包括海洋和大气层在内的地球总质量 M 相同；椭球的自转角速度与地球的自转角速度 ω 相同。

(4)椭球的引力位的二阶带谐项系数与地球引力位的二阶带谐项系数 J_2 相同。

地球椭球的几何特征和物理特性可用四个独立的参数来表示。常用的参数为：

①椭球的长半径 a；

②二阶带谐项系数 J_2；

③地心引力常数 GM (即地球总质量 M 与万有引力常数 G 之乘积)；

④地球椭球的自转角速度 ω。

其余参数(如椭球的短半径 b、第一偏心率 e、扁率 α ……)均可据上述四个参数导出。当然我们也可用其他独立的参数来取代上述参数。如用地球扁率 α 的倒数 f 来取代 J_2。它们之间的相互关系将在第 4 章进行介绍。

综合利用几何大地测量、重力测量、卫星大地测量(如激光测卫、卫星测高、卫星跟踪卫星、卫星梯度测量等)方法，或仅利用其中部分方法即可确定总地球椭球。

总地球椭球主要用于研究地球的形状和大小，处理全球性的大地测量资料等工作。总地球椭球面与大地水准面间的差距 N 的最大值可达 110m 左右。在图 3-1 中，为了突出大地水准面与总地球椭球之间的关系，对 N 作了放大处理，若按比例尺绘出，N 还不足 0.001mm。这说明大地水准面确实可用总地球椭球来很好地加以描述。

3.2.2.2　参考椭球

1. 确定参考椭球的形状和大小

根据一个国家或一个地区的大地测量、天文测量和重力测量资料推求的能与该区域的大地水准面最为吻合的旋转椭球称为参考椭球，以此来作为处理本国或本地区大地测量资料的参考面，建立大地坐标系。

以前采用传统方法确定地球的形状和大小，建立大地坐标系时，由于难以获得占地球总面积 70%以上的海洋地区的大地测量、天文及重力测量资料，各大陆间的资料又无法通过联测而连为一体等原因，所以只能依据某一局部区域的大地、天文、重力测量资料来推求参考椭球。利用上述方法来确定参考椭球时，我们可以通过调整椭球的形状和大小、平行移动其位置等方法，使之与本地区的大地水准面吻合得最好(本地区的 $\sum N^2 = \min$)，但该参考椭球在其余地区是否能与大地水准面吻合却不得而知，无法顾及。历史上有不少大地测量学家曾先后利用不同的资料来推求参考椭球，较为著名的见表 3-1 所示。

表 3-1　**参考椭球**

参考椭球名称	参考椭球元素		误差 *		说明
	长半径 a /m	扁率 α 的倒数 f	Δa /m	Δf	
1841 年贝塞尔椭球	6377397	299. 152	−740. 0	+1. 895	
1910 年海福特椭球	6378388	297. 0	+251. 0	−0. 257	1924 年 IGA 采用的第一个国际椭球
1940 年克洛索夫斯基椭球	6378245	297. 3	+108. 0	+0. 043	我国 1954 年北京坐标系用的地球椭球

* 表中所列的误差值是指与最近所测定的较为精确的值 $a = 6378137.0m$，$f = 298.257$ 相比较后的差值。

总的来说，随着时间的推移、观测资料的累积和观测精度的提高，所确定的参考椭球也逐渐逼近总地球椭球。

2. 参考椭球的定位

确定参考椭球在地球体内的相对位置的方法称为参考椭球的定位。这里所说的大地体就是指由大地水准面所组成的一个封闭的形体。参考椭球定位时应满足下列条件：

(1)参考椭球的短轴应与地球平自转轴平行；

(2)大地起始子午面应与天文起始子午面平行；

(3)参考椭球面应与所讨论区域内的大地水准面吻合得最好。

满足(1)、(2)两个条件时，大地坐标系的三个坐标轴才能与天文坐标系中的三个坐标轴保持平行，三个坐标轴之间的夹角 θ_x、θ_y 和 θ_z 均为零。此时大地坐标与天文坐标之间才会具有下列简单的转换关系：

$$\begin{cases} L = \lambda - \eta\sec\varphi \\ B = \varphi - \xi \\ A = \alpha - \eta\tan\varphi \\ H = h + N \end{cases} \tag{3-1}$$

式中，L、B、A 和 H 分别为大地经度、大地纬度、大地方位角和大地高；λ、φ、α 和 h 分别为天文经度、天文纬度、天文方位角和正高；N 为大地水准面差距；ξ 和 η 分别为天文大地垂线偏差在子午面和卯酉面上的分量。所谓垂线偏差是指过某点的铅垂线(垂直于大地水准面)与法线(垂直于椭球面)之间的夹角。由于地球椭球有总地球椭球与参考椭球之分，所以垂线偏差也有绝对垂线偏差与相对垂线偏差之分。铅垂线与总地球椭球(平均地球椭球)面的法线间的夹角称绝对垂线偏差，由于该值可用重力测量方法测定，因而也称重力垂线偏差；铅垂线与参考椭球面的法线之间的夹角称为相对垂线偏差，其值可据天文经纬度和大地经纬度求得，因而也称为天文大地垂线偏差。

如果在参考椭球定位时不满足上述(1)、(2)两个平行条件，那么在式(3-1)中就会出现与 θ_x、θ_y 和 θ_z 有关的函数项，天文坐标与大地坐标间的坐标转换公式就会变得非常复杂，因而参考椭球定位时通常都应满足(1)、(2)两个平行条件。反之，如果在进行参考椭球定位时，我们是用式(3-1)来进行天文坐标与大地坐标间的坐标转换的，则定位结果就自然能满足(1)、(2)两个平行条件。

综上所述，我们可以通过改变椭球的形状和大小(选择合适的椭球偏心率 e 及长半径 a)以及平行移动参考椭球的方法，以便使参考椭球与所讨论的区域中的大地水准面最为吻合。前者就是确定合适的参考椭球，后者就是进行参考椭球的定位，当然在实际工作中上述两项工作也可合并在一起同时完成。

需要说明的是近来建立大地坐标系时往往不再做第一步工作，即不再选用与本地区最为吻合的一个椭球作为参考椭球，而是直接采用一个国际公认的精度较好的椭球作为进行大地计算的基准面。例如，建立我国 1980 国家坐标系时就直接采用了 1975 年由 IAG 所推荐的地球椭球($a = 6378140\text{m}$，$GM = 3.986005 \times 10^{14}\text{m}^3/\text{s}^2$，$J_2 = 1.08263 \times 10^{-8}$，$\omega = 7.292115 \times 10^{-5}\text{rad/s}$)。上述椭球虽然不一定最适合我国的大地水准面，但有利于与国际接轨，在处理全球性的资料或跨国度的资料时较为方便。

参考椭球的定位一般可分两步来进行：

第一步：单点定位。在大地原点(也称大地基准点)上进行高精度的天文观测、测定其天文经纬度 λ_0、φ_0 及至某一点的天文方位角 α_0，并通过高精度的水准测量来测定该点的正高 h_0。然后再设法给出大地原点上的垂线偏差及大地水准面差距的初值 ξ_0'、η_0' 和 N_0'，通常是简单地将这些参数的初值设为零，于是据式(3-1)有：

$$\begin{cases} L_0' = \lambda_0 \\ B_0' = \varphi_0 \\ A_0' = \alpha_0 \\ H_0' = h_0 \end{cases} \tag{3-2}$$

从而获得大地原点的大地经纬度 L_0'、B_0'、大地高 H_0' 及至某点的大地方位角 A_0'，以作为整个天文大地网的临时起算数据(大地起算数据的初始近似值)。

第二步：多点定位。根据上述临时的大地起算数据及三角测量、导线测量等大地测量资料即可求得各大地点的大地经纬度 L_i'、B_i'，然后再在部分大地点上进行天文观测，测定其天文经纬度 λ_i、φ_i 及天文方位角 α_i。这些点通常分布在三角锁和导线的两端，称为拉普拉斯点。利用拉普拉斯点上的大地坐标及天文坐标就可据式(3-1)反解出这些点上的垂线偏差 ξ_i' 和 η_i'。通过天文水准和天文重力水准的方法可从大地原点出发求得各大地点的大地水准面差距 N_i'。注意上述值都是据大地原点上垂线偏差和大地水准面的初值求得的，因而均含有这些初始近似值的误差的影响。于是我们就据下列式子来反求出这些参数的初值 ξ_0'、η_0' 和 N_0' 的改正数 $\mathrm{d}\xi_0'$、$\mathrm{d}\eta_0'$ 和 $\mathrm{d}N_0'$，进而求得最终的大地起始数据 $\xi_0 = \xi_0' +$

$d\xi'_0$、$\eta_0 = \eta'_0 + d\eta'_0$ 和 $N_0 = N'_0 + dN'_0$。

$$\sum (\xi_i^2 + \eta_i^2) = \min \tag{3-3}$$

或

$$\sum (N_i^2) = \min \tag{3-4}$$

式(3-3)和式(3-4)是相当的，可任意选用。我国 1980 国家大地坐标系就是根据全国 922 个 1°×1°的大地点上大地水准面差距的平方和为最小来进行参考椭球定位的。详细的计算过程不再介绍，感兴趣的读者可参阅相关资料。采用这种方法时是依据均匀分布在全国大地网中许多点的垂线偏差的平方和最小，或大地水准面差距的平方和为最小来实现参考椭球的最终定位的，因而也被称为多点定位法。一些小的国家或地区也可不进行第二步工作，而仅仅用大地原点上的数值来进行参考椭球定位，称为单点定位。

利用上述方法来进行参考椭球的定位时，椭球中心一般不会与地球质心重合。此时所建立的大地坐标系的坐标原点将位于参考椭球的中心上，而不位于地球质心上。椭球的短轴及椭球的赤道平面将分别与地球的自转轴及地球赤道面平行而不重合，起始大地子午面也将与天文起始子午面平行而不重合，这种大地坐标系称为参心坐标系，如我国的 1954 北京坐标系及 1980 国家大地坐标系均属参心坐标系。

3.3　地球重力场

地球除了其形状和大小等几何特性外，还同时具有物理特性。地球重力场就是最重要的一种物理特性。

3.3.1　地球引力、离心力及重力

位于地球表面或地球附近的质点 A 会受到地球引力 $\boldsymbol{F}$ 以及该点随地球一起自转时所产生的离心力 $\boldsymbol{P}$ 的作用，两者的合力

$$\boldsymbol{g} = \boldsymbol{F} + \boldsymbol{P} \tag{3-5}$$

称为重力(见图 3-2)。$\boldsymbol{g}$ 的方向就是铅垂线的方向。

3.3.1.1　离心力 $\boldsymbol{P}$

离心力 $\boldsymbol{P}$ 位于通过质点 A 且垂直于地球自转轴的平面上。其方向为从地球自转轴至 A 点的方向。离心力的大小为：

$$P = |\boldsymbol{P}| = m\omega^2\rho \tag{3-6}$$

式中，$\omega = 7.292115\text{rad/s}$ 为地球自转角速度；ρ 为质点 A 至地球自转轴间的垂直距离。在地球上，位于赤道上的点 ρ 值最大，但此时 P 的大小也不足地球引力 $|\boldsymbol{F}|$ 的 1/200，所以重力 $\boldsymbol{g}$ 主要是由地球引力 $\boldsymbol{F}$ 引起的。m 为质点 A 的质量，在本节中为了使讨论更为简便，我们总是假设 m 为单位质量，其值为 1，因而在随后相应的公式中将不再出现 m。

3.3.1.2　地球引力 $\boldsymbol{F}$

由于地球是一个形状不规则、质量分布不均匀的球体，因而在讨论地球引力时需要把地球分成 n 个等分，每个等分称为一个小体元。n 的取值需足够大，以致每个小体元可视为是一个质点。其中第 i 个小体元的质量记为 dm_i，虽然每个小体元的体积是相同的，但

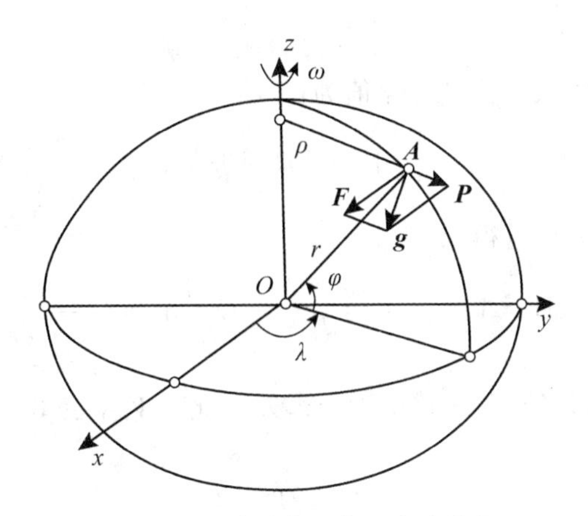

图 3-2 地球引力、离心力及重力

由于密度不同，因而各小体元的质量是不相同的，据万有引力定律，第 i 个小体元对质点 A 所产生的万有引力为：

$$\mathrm{d}\boldsymbol{F}_i = -G\frac{\mathrm{d}m_i}{r_i^2}\cdot\frac{\boldsymbol{r}_i}{r_i} \tag{3-7}$$

其中，质点 A 的质量 m 为单位质量，故在公式中不再出现。式中，G 为万有引力系数，r_i 为地球体中的第 i 个小体元至质点 A 间的距离；$\frac{\boldsymbol{r}_i}{r_i}$ 为单位矢量，表示从第 i 个小体元至质点 A 的方向；式中的负号表示万有引力的方向与单位矢量 $\frac{\boldsymbol{r}_i}{r_i}$ 的方向相反。

将整个地球范围内(含海洋和大气)的 n 个小体元所产生的引力 $\mathrm{d}\boldsymbol{F}_i$ 求和(矢量积分)后即可求得地球引力 $\boldsymbol{F}$。但由于 $\mathrm{d}\boldsymbol{F}_i$ 是一个矢量，不便计算，所以实际上是通过对引力位求导的方法来加以实现的。

在大地重力学中，重力(引力)的单位为 $\mathrm{cm/s^2}=10^{-2}\mathrm{m/s^2}$，称为伽(gal)，更小的单位有毫伽(mgal)和微伽(μgal)等，$1\mathrm{mgal}=10^{-3}\mathrm{gal}$，$1\mu\mathrm{gal}=10^{-6}\mathrm{gal}$，与物理学中所用的力的单位不同，上述单位实际上是加速度的单位，这是因为假设所讨论的质点 A 的质量为单位质量，公式中不再出现 m 而导致的。

3.3.2 地球引力位、离心力位及重力位

3.3.2.1 地球引力位

借助于位理论来研究地球重力场是十分方便的。若地球的总质量为 M，所讨论的质点 A 的质量为单位质量，其值为 1，因而在随后的公式中同样将不再出现。根据万有引力定律，整个地球对质点 A 的万有引力 F 的大小为：

$$F = G\frac{M}{r^2} \tag{3-8}$$

如果在地球引力场中将质点 A 沿 $\boldsymbol{r}$ 的方向移动一段距离 $\mathrm{d}r$，需要做的功 $\mathrm{d}A$ 为：

$$dA = G\frac{M}{r^2}dr \tag{3-9}$$

此时该质点的位能将减少，其变化值为：

$$dV = -G\frac{M}{r^2}dr \tag{3-10}$$

对公式两边进行积分后可得：

$$\Delta V = \int_r^{r+dr} dV = V_{r+dr} - V_r = \int_r^{r+dr} -G\frac{M}{r^2}dr = G\frac{M}{r+dr} - G\frac{M}{r} \tag{3-11}$$

如果令 $dr \to \infty$，即将质点 A 移至无穷远处，此时 $V_{r+dr} \to 0$，$G\frac{M}{r+dr} \to 0$，有

$$V_r = G\frac{M}{r} \tag{3-12}$$

也就是说，地球引力位的大小就等于在引力场中将单位质量移至无穷远处所做的功。在可以把地球当作是一个质点的情况下(即假设地球是一个密度成球形分布的圆球)，地球引力位的表达式将十分简单(见式(3-12))。然而，实际上地球是一个形状不规则的物体，其质量分布同样也不规则，离地心距离相同的一个球面上的密度并不完全相同。因而，实际上真正的地球引力位的形式也将十分复杂的。从数学上讲，这样一个复杂的引力场是可以用一个无穷高阶的多项式来无限逼近的，由于地球引力位是距离和经纬度的函数，因此我们通常也总是采用具有这三个自变量的球谐函数来逼近地球引力场。略去复杂的推导过程，直接给出表示空间任意一点的引力位的一般表达式。如下式(3-3)：

$$V(r, \lambda, \varphi) = \frac{GM}{r}\left[1 + \sum_{n=1}^{\infty}\sum_{m=0}^{n}\left(\frac{a}{r}\right)^n P_{nm}(\sin\varphi)(C_{nm}\cos m\lambda + S_{nm}\sin m\lambda)\right] \tag{3-13}$$

式中，r，λ，φ 表示空间任一点位置的三个参数，r 为空间某点至地心的距离，λ 和 φ 分别为该点的地心经纬度(见图3-2)；G 为万有引力常数，M 为地球总质量，两者之乘积 GM 的值已可精确测定；a 为地球椭球的长半径，$P_{nm}(\sin\varphi)$ 习惯上常用 $P_{nm}(\cos\theta)$ 来表示，θ 为纬度 φ 的余角即 $\theta = 90° - \varphi$，$P_{nm}(\cos\theta)$ 称为缔合勒让德函数，其数学表达式可用递推公式导出，为已知；C_{nm} 和 S_{nm} 称为球谐函数的系数，大地测量学家可以利用大量的卫星大地测量观测值(卫星轨道摄动、卫星测高、卫星跟踪卫星、卫星梯度测量等)和地面重力测量观测值来反解这些系数以建立地球引力位模型，而这些模型一旦被建立，用户就可用这些模型来计算空间任意一点的地球引力位。n 和 m 为球谐函数的阶数和次数，当然它们实际上都是有限的。随着观测方法和技术的改进、数据的积累和数据处理技术的提高，地球引力场模型的阶次数也在不断提高。如1996年建立的EGM96模型是360阶次的模型，而2008年建立的EGM2008则为2190阶、2159次的模型，其空间分辨率已达到5′×5′(约9km)。

式(3-13)中的第一项 $\frac{GM}{r}$ 即为把地球当作是质量为 M 的质点时所产生的引力位，为式(3-13)中的主项，而其余项则是由于地球的形状不为一个圆球，其质量分布也不规则而产生的修正项。

空间某点 A 处的引力位就是引力在该处所具有的势能，是一个标量。引力位的梯度（即引力位对 r 的导数）就等于该处引力的大小：

$$F=\frac{\mathrm{d}V}{\mathrm{d}r}=\mathrm{grad}V \tag{3-14}$$

引力在三个坐标轴上的投影就等于引力位在该处的三个偏导数：

$$\begin{cases}F_x=\dfrac{\partial V}{\partial x}\\ F_y=\dfrac{\partial V}{\partial y}\\ F_z=\dfrac{\partial V}{\partial z}\end{cases} \tag{3-15}$$

借此可以方便地求得引力的大小和方向。

3.3.2.2　离心力位

采用同样的方法可得离心力位 Q 为：

$$Q=+\frac{\omega^2}{2}\rho^2=+\frac{\omega^2}{2}(r\cos\varphi)^2=+\frac{\omega^2}{2}(x^2+y^2) \tag{3-16}$$

式中，$x=r\cos\varphi\cos\lambda$，$y=r\cos\varphi\sin\lambda$（见图 3-2）为所讨论点 A 的两个空间直角坐标，而离心力 $P=+\dfrac{\mathrm{d}Q}{\mathrm{d}\rho}$。

同样，离心力 P 在三个坐标轴上的分量为离心力位对这三个坐标分量的偏导数（反号）：

$$\begin{cases}P_x=+\dfrac{\partial Q}{\partial x}=\omega^2 x\\ P_y=+\dfrac{\partial Q}{\partial y}=\omega^2 y\\ P_z=+\dfrac{\partial Q}{\partial z}=0\end{cases} \tag{3-17}$$

3.3.2.3　地球重力位

地球重力位 W 为地球引力位 V 和离心力位 Q 之和：

$$\begin{aligned}W=V+Q&=G\int\frac{\mathrm{d}m}{r}+\frac{\omega^2}{2}(x^2+y^2)\\&=\frac{GM}{r}\left[1+\sum_{n=1}^{\infty}\sum_{m=0}^{n}\left(\frac{a}{r}\right)^n P_{nm}(\sin\varphi)(C_{nm}\cos m\lambda+S_{nm}\sin m\lambda)\right]+\frac{\omega^2}{2}(x^2+y^2)\end{aligned} \tag{3-18}$$

在空间所有重力位数值相同的点所组成的一个封闭曲面称为重力等位面，也就是我们平时所说的水准面，水准面处处与垂线垂直。给出一组不同的重力位值就可形成一簇不同的水准面，这些封闭曲面互不相交。需要说明的是，同一水准面上的重力位虽然都相同，但并不意味着各处的梯度也相同，设点 A 处的重力位梯度为 g_A，点 B 处的重力梯度为

$g_B(g_A \neq g_B)$，若该水准面与另一水准面间的重力位差为ΔW，则在A、B两处这两个水准面间的垂直距离也不相同，这就意味着水准面间是互不平行的。在所有的水准面中，与静止的平均海水面符合得最好的一个水准面被称为大地水准面。现代海洋学和卫星测高的成果证实平均海水面并不是一个重力等位面，因为一个静止平均海水面除了受到重力场的作用外，还会受到海面大气压、海水的温度和含盐度等因素的影响，而在不同的地区上述影响并不相同。平均海水面与大地水准面之间的差距称为海面地形，其数值可达1~2m。随着观测精度的提高，对大地水准面的定义作出上述更为精确的描述是完全有必要的。

3.3.3　地球重力场在导航中的作用

由于地球形状不规则，质量分布不均匀，所以地球上某点实际测量的重力数值与理论值有差别，大地测量把这种差别称为重力异常。实测的重力方向(大地水准面的垂直方向)与该点在参考椭球处的法线方向也不一致，这种偏差称为垂线偏斜。常用南北方向和东西方向的两个偏斜角(ε和η)来表示垂线偏斜，ε就是天文纬度与地理纬度的夹角。垂线偏斜一般为角秒数量级，最大不超过20″。重力异常和两个垂线偏斜角都是大地测量工作中所需测量的参数。

随着惯性系统精度的提高，重力场引起的惯性系统误差在惯性系统的各个误差源中越来越突出，再加上实际存在较大和比较明显的重力异常，因此必须进行相关的补偿才能保证惯性系统能在较高的范围正常工作。在高精度惯性导航中，用正常重力代替实际重力进行惯导系统力学编排计算中，其影响就必须考虑。

在水下航行的潜艇等用户由于无法接收到由导航卫星所发射的信号而不能进行卫星导航。如果我们能事先精确测定海洋地区的地球重力场，那么潜艇等用户就有可能依据自己实际测定的重力及其变率等资料来确定自己的位置进行导航，这就是新近出现的重力场导航技术。

由于地球不同区域物质的分布是不同的，重力场的分布也不一样。重力匹配导航就是基于以上的原理进行的。水下载体在某些重力场特征明显的区域里，航行过程中采集航迹上一些位置的重力值序列，进行各种改正，归化到大地水准面上，就可以与全球的基准重力图进行匹配，配准位置就是载体的真实位置。在这一过程中，重力匹配主要是校正惯性导航系统的积累误差，惯性导航系统为重力匹配提供匹配区域的初始位置(有误差的位置)。在匹配区域外，依靠惯性导航系统进行导航；在匹配区域内，重力匹配和惯性导航同时进行，重力匹配的结果校正惯性导航的误差。详细内容将在第8章学习。

3.4　地球磁场

众所周知，在地球上任何地方放一个小磁针，让其自由旋转，当其静止时，磁针的N极总指向北方，这是由于地球周围存在着磁场，称为地磁场(见图3-3)。地磁场有大小和方向，是矢量场。地磁场分布广泛，从地核到空间磁层边缘处处存在。

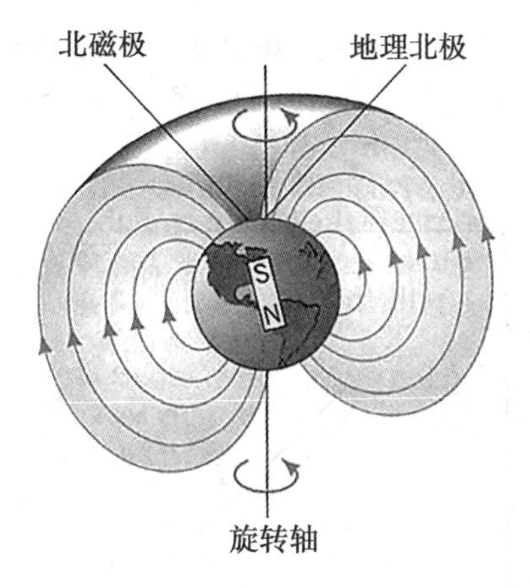

图 3-3 地球磁场

3.4.1 地磁要素及其分布特征

3.4.1.1 地磁要素

地面上任意点地磁场总强度矢量 $\boldsymbol{T}$ 通常可用直角坐标来描述。设以观测点 O 为其坐标原点，x、y、z 三个轴的正向分别指向地理北、东和垂直向下。则该点的 $\boldsymbol{T}$ 矢量在直角坐标系内三个轴上的投影分量分别为北向分量($\boldsymbol{X}$)、东向分量($\boldsymbol{Y}$)和垂直分量($\boldsymbol{Z}$)；$\boldsymbol{T}$ 在 xOy 水平面内的投影称为水平分量($\boldsymbol{H}$)，其指向为磁北方向；$\boldsymbol{T}$ 和水平面之间的夹角称为 $\boldsymbol{T}$ 的倾斜角(I)，当 $\boldsymbol{T}$ 下倾时 I 为正，反之为负；通过该点 $\boldsymbol{H}$ 方向的铅直平面为磁子午面，它与地理子午面的夹角称为磁偏角，用 D 表示，磁北自地理北向东偏时 D 为正，西偏则为负。$\boldsymbol{T}$、$\boldsymbol{Z}$、$\boldsymbol{X}$、$\boldsymbol{Y}$、$\boldsymbol{H}$、I 及 D 的各个量都是表示该点地磁场大小和方向特征的物理量，称为地磁要素。综上 7 个地磁要素，由图 3-4 所示的几何关系不难得到如下关系式：

$$\begin{cases} \boldsymbol{H} = \boldsymbol{T}\cos I,\ \boldsymbol{X} = \boldsymbol{H}\cos D,\ \boldsymbol{Y} = \boldsymbol{H}\sin D \\ \boldsymbol{Z} = \boldsymbol{T}\sin I = H\tan I,\ \boldsymbol{T}^2 = \boldsymbol{H}^2 + \boldsymbol{Z}^2 = \boldsymbol{X}^2 + \boldsymbol{Y}^2 + \boldsymbol{Z}^2 \\ \tan I = \dfrac{\boldsymbol{Z}}{\boldsymbol{H}},\ \tan D = \dfrac{\boldsymbol{Y}}{\boldsymbol{X}} \end{cases} \tag{3-19}$$

3.4.1.2 地磁图和地磁场分布的基本特征

1. 地磁测量和地磁图

地磁场是空间和时间的复杂函数，即它是随时间和空间变化的。为了满足地面上定向、航空、航海、资源勘察以及地磁学本身研究的需要，根据地磁测量的结果定期编绘出相应的各种图件。完成地磁观测任务的测点通常为两类：一类是连续地测定地磁要素绝对值及随时间变化场值，此类有固定的测点，称其为地磁台；另一类是野外测点，在这些测点上间断地测定地磁要素绝对值。由这两类测点组成了某地区、某国家甚至全球范围的地磁测网。当进行全球性的研究时，不可忽略超过陆地面积四分之三的海域地磁测量。为此，必须充分利用海洋磁测、航空磁测和卫星磁测，它们可以在短时间内获得大面积或全

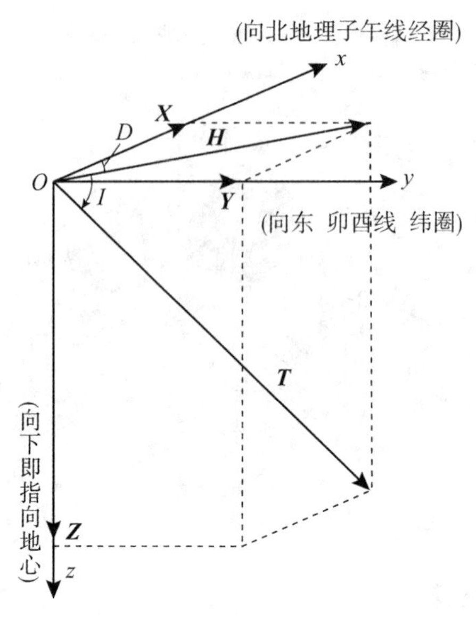

图 3-4　地磁要素之间的关系

球范围的磁场三分量(**X**、**Y**、**Z**)及其他地磁要素的地磁资料。

地磁要素是随时空变化的，要了解其分布特征，必须把不同时刻所观测的数值都归算到某一特定日期，国际上将此日期一般选在 1 月 1 日零点零分，这个步骤称之为通化。将经通化后的某一地磁要素按各个测点的经纬度坐标标在地图上，再把数值相等的各点用光滑的曲线连接起来，编绘成某个地磁要素的等值线图，便称之为地磁图，如图 3-5 所示，给出了某一年份的等强度地磁图。

地磁图按要素 *D*、*I*、**T**、**H**、**Z**、**X** 及 **Y** 可分别绘制出相应的等值线图，分别主要有等偏线图、等倾线图、水平强度等值线图、垂直强度等值线图和总场强度等值线图等。按编图范围分类，有世界地磁图和局部地磁图两种：世界地磁图表示地磁场在全球范围内的分布，通常每五年编绘一次。

根据各地的地磁要素随时间变化的观测资料，还可以求出相应要素在各地的年变化平均值，称为地磁要素的年变率。同样可以编制出相应年代的要素年变率等值线图。这类图件一般可以适用五年，与地磁图合用可以求得五年中某一年的地磁要素值。由于地磁场存在长期变化，因此在使用地磁图时必须注意出版的年代以及相应年代要素的年变率地磁图。

2. 地磁场随地理分布的基本特征

世界地磁图基本上反映了来自地球核部场源的各地磁要素随地理分布的基本特征。从等偏线图来看，在南北半球上磁偏角共有四个汇聚点，全图有两条零偏线。从等倾线图来看，等倾线大致和纬度线平行分布。零倾线在地理赤道附近，称为磁赤道，但不是一条直线。赤道向北，磁倾角为正，赤道向南，磁倾角为负。世界地磁场水平强度等值线大致是沿纬度线排列的曲线族，在磁赤道附近最大约为 40000nT，随纬度向两级增高，**H** 值逐渐

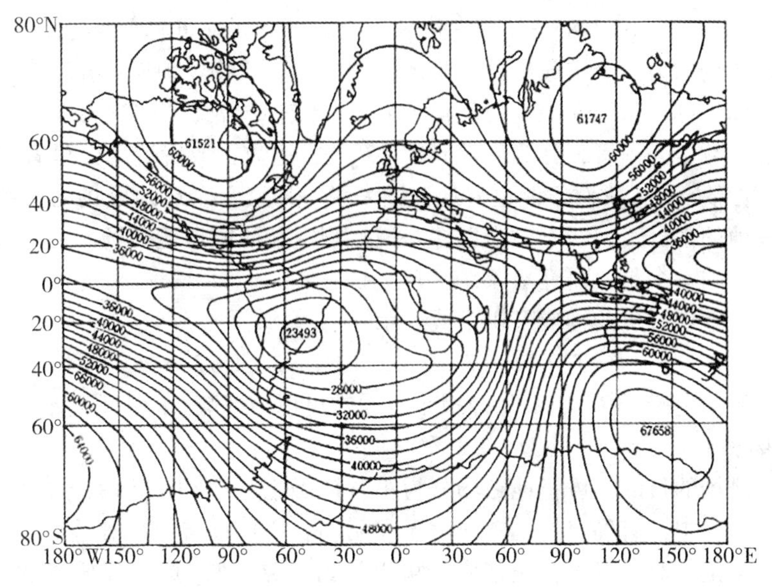

图 3-5 等强度地磁图(总强度单位为 nT)

减小趋于零；在磁南、北两极处 $\boldsymbol{H}=0$。除了两磁极区外，全球各点的 $\boldsymbol{H}$ 都指向北。世界地磁场垂直强度($\boldsymbol{Z}$)等值线大致与等倾线分布相似，近似与纬度线平行。在磁赤道上 $\boldsymbol{Z}=0$，由此向两极其绝对值逐渐增大，在磁极处最大。

3.4.2 地磁场的构成与起源

1. 地磁场结构分析

在地面上观测所得到的地磁场 $\boldsymbol{T}$ 是各种不同成分的磁场值总和。它们的场源分布有的在地球内部，有的在地面之上的大气层中。按其来源和变化规律不同，可将地磁场分为两部分：一是主要来源于固体地球内部的稳定磁场 $\boldsymbol{T}_s$；二是主要起因于固体地球外部的变化磁场 $\delta\boldsymbol{T}$。因而，地磁场可以表示为

$$\boldsymbol{T}=\boldsymbol{T}_s+\delta\boldsymbol{T}$$

继 1838 年高斯提出球谐分析之后，1885 年由 A. 史密特(A. Schmidt)利用总磁场的球谐分析方法，把稳定磁场和变化磁场分解为起源于地球内、外的两部分，故有

$$\boldsymbol{T}_s=\boldsymbol{T}_{si}+\boldsymbol{T}_{sc},\ \delta\boldsymbol{T}=\delta\boldsymbol{T}_i+\delta\boldsymbol{T}_c$$

其中，$\boldsymbol{T}_{si}$ 为地球内部产生的稳定磁场，占稳定磁场总量的 99%以上；$\boldsymbol{T}_{sc}$ 是起源于地球外部的稳定磁场，仅占 1%以下。$\delta\boldsymbol{T}_c$ 是变化磁场的外源场，约占变化磁场总量的 2/3；$\delta\boldsymbol{T}_i$ 为内源场，约占其总量的 1/3，δT_i 实际上也是由于外部电流感应而引起的。一般情况下，变化场为稳定场的万分之几到千分之几，偶尔可达到百分之几。故通常所指的地球稳定磁场主要是内源稳定场，它由以下三部分组成

$$\boldsymbol{T}_{si}=\boldsymbol{T}_0+\boldsymbol{T}_m+\boldsymbol{T}_a$$

其中，$\boldsymbol{T}_0$ 为中心偶极子磁场，$\boldsymbol{T}_m$ 为非偶极子磁场，也称为大陆磁场或世界异常，这两

部分的磁场之和又称为地球基本磁场，编制的世界地磁图大多数为地球基本磁场的分布图。其中 $\boldsymbol{T}_0$ 场几乎占80%~85%，故它代表了地磁场空间分布的主要特征。

内源稳定磁场的另一个组成部分，是地壳内的岩石矿物及地质体在基本磁场磁化作用下所产生的磁场，称之为地壳磁场，又称为异常场或磁异常，以 $\boldsymbol{T}_a$ 表示。其分布范围一般在数公里或者数十公里者，称为局部异常($\boldsymbol{T}'_a$)，达数百或者数千公里者，称为区域磁场($\boldsymbol{T}''_a$)。这两部分磁异常对编制世界地磁图来说，均属于全球地磁场的局部现象，应属于光滑滤波去掉的部分。而对于磁力勘探来说，测定和研究地壳磁场，则是解决地质构造和矿场资源调查的一个重要研究对象。

综上所述，地球磁场的构成可用下式表示：

$$\boldsymbol{T} = \boldsymbol{T}_0 + \boldsymbol{T}_m + \boldsymbol{T}_{sc} + \boldsymbol{T}'_a + \boldsymbol{T}''_a + \delta\boldsymbol{T}$$

而式中外源稳定磁场 $\boldsymbol{T}_{sc}$ 因数量级极小，通常可以被忽略。

2. 正常场和磁异常

按研究地磁场的目的，可将地磁场分为正常地磁场(正常场)和磁异常(异常场)两部分。在地磁学研究中，有确定的正常地磁场和明确含义的磁异常的概念。而通常情况下，正常场和磁异常是相对的概念，正常磁场可以认为是磁异常(即所要研究的磁场)的背景场或基准场。如研究大陆磁异常，则将中心偶极子场作为正常地磁场；研究地壳磁场时，以中心偶极子场和大陆磁场之和为其正常场，可见正常场的选择是根据所研究磁异常的要求而确定的。

磁力探测在地质工作中的应用，由于解决各种地质问题的对象不同，测区大小不同，并且由于对不同深度场源限制的研究，因而关于正常磁场的选取也是相对的。例如，在弱磁性或非磁性地层中要圈定强磁性岩体或矿体，探测将前者所引起的磁场作为正常背景场，而后者产生的磁场为磁异常；有时要在磁性岩层中圈定非磁性地层，这时可把磁性岩层的磁场作为正常场，而非磁性地层中的磁场相对变化为异常场。总之，以正常背景场作为基准场，有效地提取所要研究对象的磁场变化，进一步研究其异常场与所要解决的各种地质问题的对应关系，这是磁法探测中解释磁异常的一项重要任务。

由于磁异常是一个矢量场 $\vec{T}_a$，直接测量 $\vec{T}_a$ 的大小和方向是比较困难的。实际工作中常测量 $\vec{T}_a$ 的分量，如垂直分量 $\vec{Z}_a$、水平分量 $\vec{H}_a$ 以及地磁场总强度的模量差 ΔT，分别称为垂直磁异常、水平磁异常和总强度磁异常。为了要测出异常值，一般采用相对测量和绝对测量两种方法。相对测量只需要测出测点磁场值对于正常场中某一固定点上磁场的相对值即可。绝对测量则测出磁场各点的实际值，再以测点值与正常场中某一个固定点(基点)上的绝对值相减得到异常值。因此，磁异常 $\boldsymbol{Z}_a$、$\boldsymbol{H}_{ax}$、$\boldsymbol{H}_{ay}$ 和 $\Delta\boldsymbol{T}$ 可分别表示为

$$\boldsymbol{Z}_a = \boldsymbol{Z} - \boldsymbol{Z}_0,\ \boldsymbol{H}_{ax} = \boldsymbol{H}_x - \boldsymbol{H}_{ox},\ \boldsymbol{H}_{ay} = \boldsymbol{H}_y - \boldsymbol{H}_{oy},\ \Delta\boldsymbol{T} = \boldsymbol{T} - \boldsymbol{T}_0$$

其中，$\boldsymbol{Z}_0$、$\boldsymbol{H}_{ox}$、$\boldsymbol{H}_{oy}$、$\boldsymbol{T}_0$ 为正常场中基点上的磁场值，$\boldsymbol{T}_0$ 为 $\boldsymbol{Z}_0$、$\boldsymbol{H}_{ox}$、$\boldsymbol{H}_{oy}$ 点分量的合成模量，而 $\boldsymbol{Z}$、$\boldsymbol{H}_x$、$\boldsymbol{H}_y$ 为相应测定上的磁场值，$\boldsymbol{T}$ 为 $\boldsymbol{Z}$、$\boldsymbol{H}_x$、$\boldsymbol{H}_y$ 三分量的合成模量。$\Delta\boldsymbol{T}$ 是 $\vec{\boldsymbol{T}}$ 和 $\vec{\boldsymbol{T}}_0$ 的模量差，而 $\vec{T}_a$ 是 $\vec{T}$ 和 $\vec{T}_0$ 的矢量差，特别应注意 $\Delta\boldsymbol{T}$ 和 $\vec{T}_a$ 是不同的。不同的磁异常参量有不同的磁场特征，因此对磁异常要研究多参量解释方法，要比重力异常更为复

杂和多样性。

3.4.3　地磁场的解析表示

3.4.3.1　地球磁场的球谐分析

球谐分析方法于1838年由高斯首先提出，该方法是表示全球范围地磁场的分布及其长期变化的一种数学方法。该方法还可区分外源场和内源场。假设地球是均匀磁化球体，球体半径为R。若采用球坐标系，如图3-2所示。坐标原点为球心，球外任一点P的地心距为r，余纬度为θ（$\theta=90°-\varphi$，φ为纬度），经度为λ，则在地磁场源区之外空间域坐标系（r，θ，λ）中，磁位u的拉普拉斯方程可以写成如下形式：

$$\frac{1}{r^2}\frac{\partial}{\partial r}\left(r^2\frac{\partial u}{\partial r}\right)+\frac{1}{r^2\sin\theta}\frac{\partial}{\partial\theta}\left(\sin\theta\frac{\partial u}{\partial\theta}\right)+\frac{1}{r^2\sin^2\theta}\frac{\partial^2 u}{\partial\lambda^2}=0 \tag{3-20}$$

对式(3-20)采用分离变量法，即令$u(r,\theta,\lambda)=R(r)\cdot\theta(\theta)\cdot\varphi(\lambda)$，则可解得拉普拉斯方程的一般解，从而可分别获得其内源场和外源场的磁位球谐函数表达式，若设外源场磁位为零，则内源场的磁位球谐一般表达式为：

$$u=\sum_{n=1}^{\infty}\sum_{m=0}^{n}\frac{1}{r^{n+1}}[A_n^m\cos(m\lambda)+B_n^m\sin(m\lambda)]\,\overline{P_n^m}(\cos\theta) \tag{3-21}$$

式中，$\overline{P_n^m}(\cos\theta)$为施密特准规一化的缔合勒让德函数

$$\overline{P_n^m}(\cos\theta)=\left[\frac{C_m(n-m)!}{(n+m)!}\right]^{\frac{1}{2}}(\sin\theta)^m\frac{\mathrm{d}^m}{\mathrm{d}(\cos\theta)^m}P_n(\cos\theta)$$

其中，

$$C_m=\begin{cases}1 & (m=0)\\ 2 & (m\geqslant 1)\end{cases}$$

而A_n^m、B_n^m为内源场磁位的球谐级数系数，它与球体内任一点元磁荷$\mathrm{d}m_0$的体积分有关，若小体积元中心点坐标为（r_0，θ_0，λ_0），则有

$$\begin{cases}A_n^m=\dfrac{1}{4\pi\mu_0}\iiint r_0^n\,\overline{P_n^m}(\cos(\theta_0)\cos(m\lambda_0)\,\mathrm{d}m_0\\[2ex] B_n^m=\dfrac{1}{4\pi\mu_0}\iiint r_0^n\,\overline{P_n^m}(\cos(\theta_0)\sin(m\lambda_0)\,\mathrm{d}m_0\end{cases} \tag{3-22}$$

由式(3-22)可知，磁位的球谐级数形式中第一项等于零，即$n=0$时，得到磁位表达式$u=\dfrac{1}{4\pi\mu_0}\iiint\mathrm{d}m_0=0$，它表示磁源体内正、负磁荷之和应为零。所以式(3-22)中阶次n由1开始。

对式(3-21)计算其沿轴向的微商位，便可得到相应三个轴向磁场强度的三分量。而地磁场感应强度的三个分量即北向水平分量$\boldsymbol{X}$、东向水平分量$\boldsymbol{Y}$，垂直分量$\boldsymbol{Z}$如下(注意这里定义x轴指北为正，z轴向下为正)。

$$\begin{cases} X = \sum_{n=1}^{N}\sum_{m=0}^{n}\left(\frac{R}{r}\right)^{n+2}\left[g_n^m\cos(m\lambda)+h_n^m\sin(m\lambda)\right]\frac{\mathrm{d}}{\mathrm{d}\theta}\overline{P_n^m}(\cos\theta) \\ Y = \sum_{n=1}^{N}\sum_{m=0}^{n}\left(\frac{R}{r}\right)^{n+2}\frac{m}{\sin\theta}\left[g_n^m\sin(m\lambda)-h_n^m\cos(m\lambda)\right]\overline{P_n^m}(\cos\theta) \\ Z = -\sum_{n=1}^{N}\sum_{m=0}^{n}(n+1)\left(\frac{R}{r}\right)^{n+2}\left[g_n^m\cos(m\lambda)+h_n^m\sin(m\lambda)\right]\overline{P_n^m}(\cos\theta) \end{cases} \tag{3-23}$$

式中，R 为国际参考球半径，即地球的平均半径，$R=6371.2\text{km}$；$\theta=90°-\varphi$，φ 为 P 点的地理纬度；λ 为以格林威治向东起算的 P 点地理纬度；g_n^m、h_n^m 称之为 n 阶 m 次高斯球谐系数(以 nT 为单位)，其关系式为：

$$g_n^m = R^{-(n+2)}A_n^m\mu_0,\ h_n^m = R^{-(n+2)}B_n^m\mu_0$$

N 为阶次(n)的截断阶值，则系数的总个数为 $S=(N+3)N$。

上式即为地球磁场的高斯球谐表达式。若已知球谐系数和某点地理坐标经纬度，利用此式便可计算地球表面($r=R$)和它外部($r>R$)的任意一点的地磁要素三分量。由以下关系式求其他要素值：

$$\begin{cases} \text{标量总强度 } F = (X^2+Y^2+Z^2)^{\frac{1}{2}}，\text{磁偏角 } D = \arctan(Y/X) \\ \text{水平强度 } H = (X^2+Y^2)^{\frac{1}{2}}，\text{磁倾角 } I = \arctan(Z/H) \end{cases} \tag{3-24}$$

同样，可以利用式(3-23)来求解球谐系数 g_n^m 和 h_n^m。由已知通化后的场值建立远多于 S 个的方程，用最小二乘法便解得球谐系数 g_n^m 和 h_n^m。若有已知地磁场的长期变化值，还可求得年变率球谐系数，记为 $\dot{g}_n^m$ 和 $\dot{h}_n^m$（单位 nT/a)，则可计算经年变率校正后的某年地磁要素值。

1968 年国际地磁和高空物理协会(IAGA)首次提出 1965.0 年高斯球谐分析模式，并在 1970 年正式批准了这种模式，称为国际地磁参考场模式，记为 IGRF。它是由一组高斯球谐系数(g_n^m，h_n^m)和年变率($\dot{g}_n^m$，$\dot{h}_n^m$)组成的。为地球基本磁场和长期变化场的数学模型，并规定国际上每五年发表一次球谐系数，以及绘制一套世界地磁图。DGRF 表示确定的地磁参考场，其高斯系数今后将不再修改，而每 5 年改变一次模型，即通过年变率的调整取得。

历代的球谐系数可以通过有关文献查到。球谐系数是由准球面平均半径计算获得的，若要考虑地球形态为旋转椭球体时，采用国际天文协会(IAU)的国际天体椭球坐标，取赤道半径为 6378.16km，扁率为 1/298.25。利用球谐系数经地心坐标转换可求得椭球体的参考场。这对大范围磁测是应予以考虑的。

3.4.3.2 地球场的正常梯度

有了地磁场高斯球谐表达式，还可直接由式(3-23)导出地磁场三分量相对于球坐标的正常梯度场，以垂直分量为例，为：$\frac{\partial Z}{\partial r}$、$\frac{1}{r}\frac{\partial Z}{\partial\theta}$ 及 $\frac{1}{r\sin\theta}\frac{\partial Z}{\partial\lambda}$，并由已知球谐系数和该点坐标求得梯度值。

对地心偶极子的正常梯度场，则沿子午线方向的梯度场为

$$\frac{\partial H}{R\partial\varphi}=\frac{\mu_0 m}{4\pi R^4}\sin\varphi=-\frac{Z}{2R},\ \frac{\partial Z}{R\partial\varphi}=\frac{2\mu_0 m}{4\pi R^4}\cos\varphi=-\frac{2H}{R} \tag{3-25}$$

考虑到磁场总强度 $T_0=\sqrt{H^2+Z^2}$，则

$$\frac{\partial T_0}{R\partial\varphi}=\frac{3ZH}{2RT_0}$$

沿高度方向的梯度场为：

$$\frac{\partial H}{\partial r}\bigg|_{r=R}=-\frac{3\mu_0 m}{4\pi R^4}\cos\varphi=-\frac{3H}{R},\ \frac{\partial Z}{\partial r}\bigg|_{r=R}=-\frac{6\mu_0 m}{4\pi R^4}\sin\varphi=-\frac{3Z}{R},\ \frac{\partial T_0}{\partial R}=-\frac{3T_0}{R} \tag{3-26}$$

例如，北京地区 1986 年的垂直强度 $Z=46329\text{nT}$，水平强度 $H=29460\text{nT}$，取 $R=6371\text{km}$，则其梯度值为

$$\frac{\partial H}{R\partial\varphi}=\frac{\partial H}{\partial x}=-3.6\text{nT/km},\ \frac{\partial H}{\partial r}=-13.9\text{nT/km}$$

$$\frac{\partial Z}{R\partial\varphi}=\frac{\partial Z}{\partial x}=9.2\text{nT/km},\ \frac{\partial Z}{\partial r}=-21.8\text{nT/km}$$

就是说，当高度升高 1km 时，Z、H 值分别减小为 21.8nT、13.9nT，向两级方向移动 1km 时，Z 的绝对值增加 9.2nT，H 值减小 3.6nT。

由上述分析可知，正常梯度值是随着地理坐标及其高度变化而变化的。因而，在较大面积进行地面或航空高精度磁测时，必须消除随地理坐标及高度变化的影响，这种影响的校正称为正常梯度校正。

3.4.3.3 地区性地磁场模型

为了表示某一地区的正常场，需要建立地区性地磁场模型，某些地区的磁测数据密度一般要比全球的大一些，足以更仔细地刻画地磁场的分布特征。

球谐分析(SHA)是分析全球地磁场和编绘全球地磁图的主要数学方法，但由于数据和计算能力的限制，它的分辨能力是有限的，不适宜处理某一地区磁场或者描述空间尺度较小的磁异常。SHA 取地球周围长度为基本波长，所揭示的最短波长 λ=周围长度/N。N 是 SHA 中所采用的最高阶数。若 $N=10$，像 IGRF 中所采用的那样，那么 $\lambda\approx4000\text{km}$；如果要分辨率为 100km 的波长，则要求 $N=400$，这时有 $400(400+2)=160800$ 个球谐系数，在目前，无论从数据密度、精度、改正方法，或从计算能力来说，要解出这么多系数显然是不可能的。

因此，建立地区性地磁场模型需要应用另外的方法。目前用得较多的是多项式拟合法、矩谐分析方法(RHA)以及后来发展起来的球冠谐分析方法(SCHA)等。下面简要介绍多项式拟合法分析地区性地磁场的基本方法。

建立地区性地磁场模型最先采用，现在仍然被广泛应用的分析方法是多项式拟合法。将地磁要素以多项式表示为经、纬度的函数，或平面坐标的函数，表达式中不包括径向距离(或垂直距离)的项。这种建模方法最简单易行，利用模型计算地磁场诸要素也很快捷。其研究地区可大(数百万平方千米)可小(数十平方千米)。多项式的阶数一般选为 3 左右。模型所刻画的最小波长与阶数及其研究地区的大小有关，可用以下方法估计：一个 n 阶多项式在任何涉及的区间 L 内最多只有 n 个零点，因此用一 n 阶多项式近似地表示的最小波

长的估计值 $\lambda_{min}=L/[(n-1)/2]$。一般在两个方向上(东西—南北或者其他互相垂直的两个方向)采用相同的阶数，但若研究地区的两个方向的跨距不同，或考虑到磁场分布特点，采用不同的阶数较合理。这种方法是一种纯数学的方法，没有考虑地磁诸要素间的几何约束(诸要素间应该满足的一定关系)以及物理约束(矢量场的旋度、散度应为零)。此外，也不能用这个模型求得上部空间的磁场。

利用我国历年来的地磁观测资料以及部分国内外地磁台站资料，以三阶泰勒多项式拟合方法，建立了中国地区 1950.0、1960.0、1970.0 和 1980.0 年的主磁场(即基本磁场)模型，记为 CHINAMF。

地磁场的某一要素(如磁偏角 D)的地理分布，用地理经度(λ)和地理纬度(φ)的泰勒多项式来表示：

$$D(\varphi,\lambda)=a_0+a_1(\varphi-\varphi_0)+a_2(\lambda-\lambda_0)+a_3(\varphi-\varphi_0)^2+a_4(\varphi-\varphi_0)(\lambda-\lambda_0)+a_5(\lambda-\lambda_0)^2+a_6(\varphi-\varphi_0)^3+a_7(\varphi-\varphi_0)^2(\lambda-\lambda_0)+a_8(\varphi-\varphi_0)(\lambda-\lambda_0)^2+a_9(\lambda-\lambda_0)^3 \tag{3-27}$$

式中，λ_0、φ_0 代表展开原点的经度和纬度，并取 $\varphi_0=36°\text{N}$，$\lambda_0=106°\text{E}$；a_0，a_1,…，a_9是待定的系数，用最小二乘法求出。

表 3-2 列出了 1980 年中国地区主磁场模型的系数。

表 3-2　**1980 年中国地区主磁场模型的系数**

D	I	H	T
-2.46120×10^{1}	0.529848×10^{2}	0.317176×10^{5}	0.527184×10^{5}
-0.109247×10^{0}	0.132428×10^{1}	-0.649236×10^{3}	0.577500×10^{3}
-0.232607×10^{0}	-0.406925×10^{-1}	-0.167689×10^{1}	-0.512965×10^{2}
0.108085×10^{-2}	-0.191329×10^{-1}	-0.749837×10^{1}	-0.318824×10^{1}
-0.129078×10^{-1}	-0.215244×10^{-2}	0.362646×10^{1}	0.103832×10^{1}
0.663576×10^{-3}	-0.140060×10^{-2}	-0.126306×10^{1}	-0.402189×10^{1}
0.390169×10^{-4}	0.172480×10^{-3}	0.123980×10^{0}	-0.277631×10^{0}
-0.113952×10^{-3}	0.8404874×10^{-4}	0.931238×10^{-2}	0.751105×10^{-1}
0.114181×10^{-3}	-0.106274×10^{-3}	0.101800×10^{0}	-0.628348×10^{1}
0.962222×10^{-4}	-0.268374×10^{-4}	0.149246×10^{-1}	-0.834045×10^{-2}

中国地区主磁场模型 CHINAMF 1980 对于中国大陆地区，其精度是高的，但对于中国海域，其精度就要差一些。据此认为，各个年代的主磁场模型可以作为研究中国地区磁异常的正常背景场，但在使用时要注意上述问题。各地的正常磁场值，可用公式(3-23)和表示 I、H、T(总场)的类似公式以及表 3-2 中列出的系数算出。

3.4.4 地磁场变化

叠加在地球基本磁场上的变化场，指的是随时间变化而变化的磁场，从它们的特征和成因来说，总体上可以分为两大类型：一类是地球内部场源缓慢变化的长期变化场；另一类主要起因于地区外部场源的短期变化场。

3.4.4.1 长期变化场

地磁场长期变化的时空规律是探索地球内部物质运动的重要线索，是固体地球物理中的一个重要课题。地球基本磁场随时间的缓慢变化叫做地磁场的长期变化，亦称世纪变化，以 nT/a 表示。

地磁场长期变化总的特征是随时间变化缓慢，周期长。一般周期变化为年、几十年，有的更长。对地磁场的长期变化，主要是通过世界各地的地磁台长期的、连续的观测数据取其平均来进行研究的，但因从事这方面测量的历史较短、分布范围有限，对更长周期变化场的研究有较大限制，故必须提出相应的间接研究方法，如考古地磁及古地磁等，可追索得到古代地磁场的长期变化场的许多重要资料。

3.4.4.2 地磁场的短期变化

地磁场的短期变化主要起因于固体地球外部的各种电流体系。按其变化特征也可以分为两类：一类是按照一定周期连续出现，其变化平缓而有规律，称为平静变化；另一类是偶然发生、持续一定时间后就消失，是短暂而复杂的变化，变化幅度可以很强烈，也有的很小，称为扰动变化。

3.4.5 地磁场在导航中的作用

地磁场是地球的固有资源，信鸽能在遥远的地方飞回而不迷失方向，就是由于地磁的帮助。地磁场也为航空、航天、航海提供了天然的坐标系。地磁场图记录了地球表面各点的地磁场的基本数据和它们的变化规律，它是航海、航空等领域不可缺少的工具。船舶和飞机航行时，用磁罗盘测得的就是地磁方位角，因此只有知道了当时当地的磁偏角数值，才能确定地理方位和航行路线。

由于地磁场为矢量场，在地球近地空间内任意一点的地磁矢量都不同于其他地点的矢量，且与该地点的经纬度存在一一对应的关系。因此，理论上只要确定该点的地磁场矢量即可通过地磁传感器测得的实时地磁数据与存储在计算机中的地磁基准图进行匹配来实现全球定位。这也是利用地磁导航的基本原理。

地磁信息具有无源、稳定、与地理位置有对应关系等特点。另外，在全球范围内，地磁现象涉及的磁场强度范围超过 7 个数量级：地面主磁场强度是纳特 10^5(nT)量级，局部磁异常最强的地方可达 10^6nT 量级，相对重力场来说，地磁场这种大范围的变化使其在导航领域有着非常巨大的应用潜力。自从 1989 年美国 Cornell 大学的 Psiaki 等人率先提出利用地磁场确定卫星轨道的概念以来，这一方向成为国际导航领域的一大研究热点。因此，地磁导航具有无源、无辐射、全天时、全天候、全地域、能耗低的优良特征，已成为备受关注的一种提高导航系统性能的新途径。

第4章　地球椭球及其数学计算

4.1　地球椭球的几何参数及其相互关系

4.1.1　椭球上的点和线

如前所述，地球椭球是一个具有合适的形状和大小的椭圆绕短轴旋转一周后所形成的一个旋转椭球(见图4-1)。短轴的两个端点分别称为北极(N)和南极(S)。短轴的中点 O 称为椭球中心，它也是整个旋转椭球的几何中心。过椭球中心 O 作一个垂直于短轴 NS 的平面，称为赤道平面，该平面与椭球面的交线为一个大圆，称为赤道圈。通过椭球面上任意一点 K 和短轴 NS 所作的平面称为过 K 点的子午面，这个平面与椭球面的交线为一椭圆，称为过 K 点的子午圈。由于地球椭球是一个旋转椭球，因而过任意一点的子午圈的形状和大小均相同。因此所谓确定地球椭球的形状和大小，实际上就是要确定子午圈的形状和大小。过短轴 NS 上任一点作一个与短轴垂直的平面，该平面与椭球面的交线称为平行圈或纬圈，平行圈是一个圆。

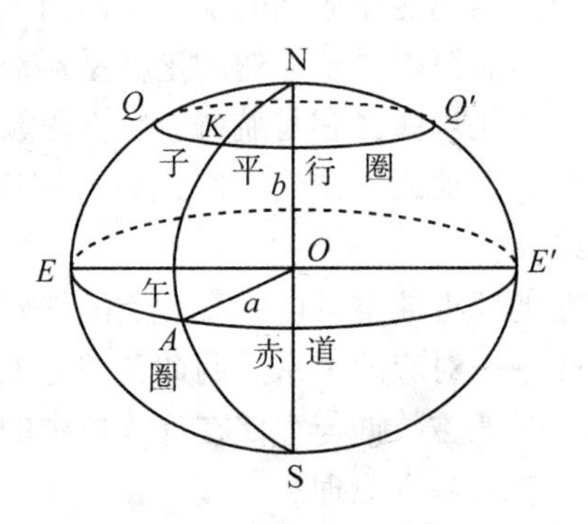

图4-1　地球椭球的几何参数

4.1.2　椭球的基本几何参数

描述地球椭球的形状和大小的基本参数有：

(1)椭球长半径 a：椭球赤道的半径，见图4-1中的 OA；

(2)椭球短半径 b：椭球短轴长的一半，见图4-1中的 ON 或 OS；

(3)椭球的扁率 α：

$$\alpha = \frac{a - b}{a} \tag{4-1}$$

(4)椭球的第一偏心率 e:

$$e = \frac{\sqrt{a^2 - b^2}}{a} \tag{4-2}$$

(5)椭球的第二偏心率 e':

$$e' = \frac{\sqrt{a^2 - b^2}}{b} \tag{4-3}$$

其中,a 和 b 为长度元素,两者合在一起也能表示地球椭球的形状(扁平程度)。α、e 和 e' 均为反映椭球形状的参数,均能反映椭球的扁平程度。在上述5个参数中任选两个参数就能表示椭球的形状和大小,但其中至少有一个长度参数。习惯上用 a 和 e 两个元素,因为 $e < 1$,在后面章节的许多复杂公式中用于级数展开时可以保证一定的计算精度。对地球椭球而言,$e^2 = 0.0066944$,$e^8 = 2 \times 10^{-9}$,$e^{10} = 1.3 \times 10^{-11}$,用户可根据实际计算时所需的精度略去高阶项。

4.1.3 椭球几何参数间的相互关系

1. a 和 b 间的关系

据式(4-1)可得 $a\alpha = a - b$,即

$$b = a(1 - \alpha) \tag{4-4}$$

据式(4-2)可得 $e^2 = \frac{a^2 - b^2}{a^2}$,$a^2e^2 = a^2 - b^2$,

$$b = a\sqrt{1 - e^2} \tag{4-5}$$

据式(4-3)可得 $b^2e'^2 = a^2 - b^2$,

$$a = b\sqrt{1 + e'^2} \tag{4-6}$$

2. e 和 e' 间的关系

据式(4-5)和式(4-6)有 $b^2 = a^2(1 - e^2)$,$a^2 = b^2(1 + e'^2)$,于是有:

$$(1 - e^2)(1 + e'^2) = 1 \tag{4-7}$$

$$e^2 = 1 - \frac{1}{1 + e'^2} \tag{4-8}$$

$$e'^2 = \frac{1}{1 - e^2} - 1 \tag{4-9}$$

3. α 和 e 间的关系

据式(4-1)和式(4-5)有 $\alpha = \frac{a - b}{a} = 1 - \frac{b}{a} = 1 - \sqrt{1 - e^2}$,即 $(1 - \alpha) = \sqrt{1 - e^2}$,于是有:

$$\alpha = 1 - \sqrt{1 - e^2} \tag{4-10}$$

$$e^2 = 2\alpha - \alpha^2 \tag{4-11}$$

4.1.4 几个辅助参数

除上述基本几何参数外，为了推导公式方便还引入了一些辅助参数，常用的有：

(1) c。

$$c = \frac{a^2}{b} = a\sqrt{1 + e'^2} \tag{4-12}$$

在随后的章节中可知 c 为极点处的子午曲率半径，其值大于 a。

(2) W 和 V。

$$\begin{cases} W = \sqrt{1 - e^2 \sin^2 B} \\ V = \sqrt{1 + e'^2 \cos^2 B} \end{cases} (B \text{ 为纬度}) \tag{4-13}$$

W 和 V 之间的关系为：

$$\begin{cases} W = \sqrt{1 - e^2}\, V = \dfrac{b}{a} V \\ V = \sqrt{1 + e'^2}\, W = \dfrac{a}{b} W \end{cases} \tag{4-14}$$

(3) R。

在某些场合可将地球椭球视为一个圆球。作此近似时通常要求此圆球的体积与地球椭球的体积相同。圆球的体积为 $\frac{4}{3}\pi R^3$，椭球的体积为 $\frac{4}{3}\pi a^2 b$，于是可得 $R^3 = a^2 b$，将 $a = 6378137.0\text{m}$，$b = 6356752.3\text{m}$（a、b 为 WGS-84 参考椭球的参数）代入后可得 $R = 6371001.0\text{m}$。

4.2 大地坐标系、空间直角坐标系及其相互关系

4.2.1 大地坐标系与空间直角坐标系

在本节中我们只是从数学的角度来定义大地坐标系与空间直角坐标系，并推导这两个坐标系间的转换关系。至于这两个坐标系的严格定义及其实现方法、优缺点等将在坐标系统中详细介绍。

4.2.1.1 大地坐标系

大地坐标系是大地测量学与导航学中常用的一种坐标系，亦称地理坐标系或椭球坐标系。它是以经过椭球定位后的地球椭球作为基本参考面的一种坐标系。地面上任意一点 P' 在大地坐标系中的位置是用三个坐标分量：大地纬度 B、大地经度 L 和大地高 H 来表示的。它们统称为 P' 点的大地坐标。其中，大地纬度 B 是过 P' 点的椭球面法线与椭球赤道面之间的夹角，取值为 0°~90°。北半球的大地纬度为正，自赤道向北量取，称为北纬；南半球的大地纬度为负，自赤道向南量取，称为南纬。大地经度 L 是过 P' 点的大地子午面与大地起始子午面间的夹角，取值 0°~180°。从起始子午面向东量取为正，称为东经，从起始子午面向西量取为负，称为西经。大地高 H 是 P' 点沿法线至椭球面间的垂直距离

$P'P$。(B, L) 称为大地坐标中的水平分量，H 称为大地坐标中的垂直分量(高程)(见图4-2)。

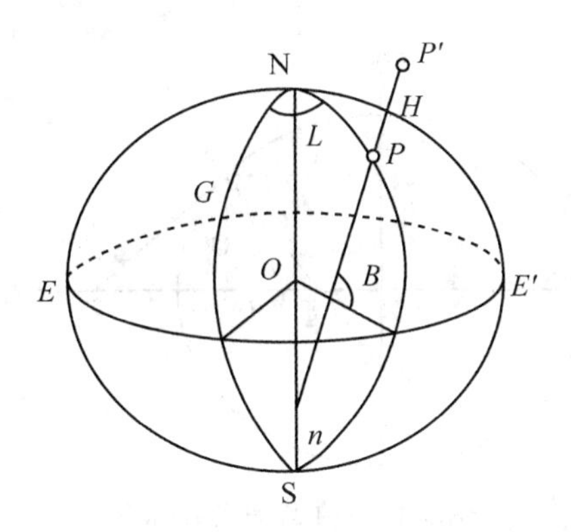

图 4-2 大地坐标系

4.2.1.2 空间直角坐标系

空间直角坐标系是现代大地测量与导航中常用的又一种坐标系。该坐标系的坐标原点位于地球椭球的中心；z 轴与地球椭球短轴(旋转轴)一致，指向北极(N)；以起始大地子午面与椭球赤道面的交线为 x 轴，指向起始子午线；y 轴垂直于 x 轴和 z 轴组成右手坐标系。空间某点的位置用三维直角坐标 (x, y, z) 来表示，见图 4-3。在上述情况下大地坐标系与空间直角坐标系之间存在严格的数学转换关系。

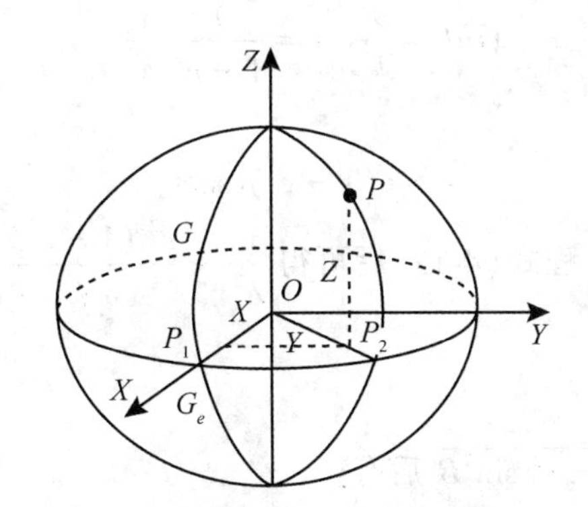

图 4-3 空间直角坐标系与子午面直角坐标系

4.2.2 子午面直角坐标系

为了建立大地坐标系与空间直角坐标系间的转换关系，有必要引入一个中间坐标系——子午面直角坐标系。在图 4-4 中 P 点为空间某点 P' 在地球椭球上的投影点，即为过 P' 点的法线与地球椭球面的交点。过 P 点和椭球的短轴作一平面(子午面)，该平面与椭球的交线为一椭圆，称为过 P 点的子午圈。以椭圆的中心 O 为坐标原点在子午面上建立一个平面直角坐标系，其 x 轴与子午椭圆的长轴重合，y 轴与椭圆的短轴重合。在子午面直角坐标系中 P 点的位置用平面直角坐标 $(x,\ y)$ 表示(见图 4-4)。

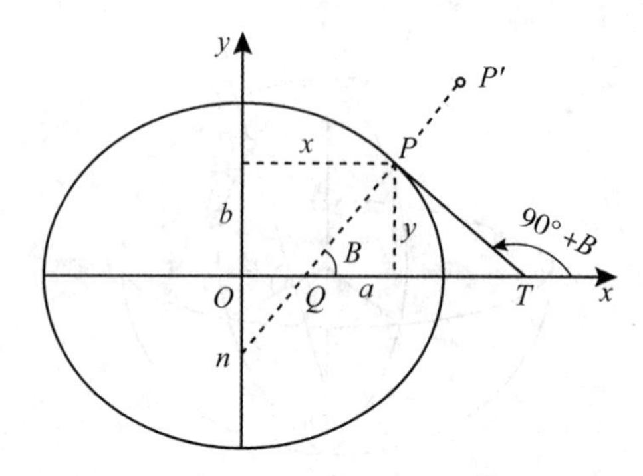

图 4-4　子午面直角坐标系

过 P 点作子午椭圆的切线 TP、TP 与 x 轴间的夹角为 $90°+B$ (见图 4-4)。该夹角的正切值 $\tan(90°+B)$ 称为切线的斜率。子午椭圆的曲线方程为：

$$\frac{x^2}{a^2}+\frac{y^2}{b^2}=1 \tag{4-15}$$

根据导数的性质，曲线方程的一阶导数 $\mathrm{d}y/\mathrm{d}x$ 就等于该切线的斜率 $\tan(90°+B)$。将式(4-15)对 x 求导数后有 $\frac{2x}{a^2}+\frac{2y}{b^2}\frac{\mathrm{d}y}{\mathrm{d}x}=0$，即 $\frac{\mathrm{d}y}{\mathrm{d}x}=-\frac{b^2}{a^2}\frac{x}{y}=\tan(90°+B)=-\cot B$，

$$\tan B=\frac{a^2}{b^2}\frac{y}{x}=\frac{1}{1-e^2}\frac{y}{x} \tag{4-16}$$

或写为

$$y=x(1-e^2)\tan B \tag{4-17}$$

将式(4-17)代入椭圆方程式(4-15)后可得 $\frac{x^2}{a^2}+\frac{x^2(1-e^2)^2\tan^2B}{a^2(1-e^2)}=1$，整理后可得 $\frac{x^2}{a^2}\cdot\frac{1-e^2\sin^2B}{\cos^2B}=1$。

引入辅助参数 $W=\sqrt{1-e^2\sin^2B}$ 后有：

$$x=\frac{a\cos B}{W} \tag{4-18}$$

将式(4-18)代入式(4-17)后或引入辅助参数 V(见式(4-14))可得：

$$y=\frac{a(1-e^2)}{W}\sin B=\frac{b\sin B}{V} \tag{4-19}$$

式(4-18)和式(4-19)给出了子午面直角坐标 x、y 与大地纬度 B 之间的函数关系式。

从图 4-4 可知 x 坐标实际上就是过 P 点的平行圈(纬圈)的半径 r，如果令图 4-4 中的 Pn 为 N，在第四节我们会进一步对 N 进行讨论，说明 N 就是过 P 点的卯酉圈的曲率半径，则有：

$$\begin{cases} r = x = N\cos B \\ N = \dfrac{a}{W} \end{cases} \tag{4-20}$$

于是，式(4-18)和式(4-19)还可进一步表示为

$$\begin{cases} x = N\cos B \\ y = N(1 - e^2)\sin B = \dfrac{b}{V}\sin B \end{cases} \tag{4-21}$$

4.2.3　空间直角坐标与大地坐标间的转换

从图4-3可以看出空间直角坐标 XYZ 与子午面直角坐标 x、y 之间有如下关系式：

$$\begin{cases} X = x\cos L \\ Y = x\sin L \\ Z = y \end{cases} \tag{4-22}$$

L 为 P 点的大地经度。将式(4-21)代入后有：

$$\begin{cases} X = N\cos B\cos L \\ Y = N\cos B\sin L \\ Z = N(1 - e^2)\sin B \end{cases} \tag{4-23}$$

式(4-23)即为椭球面上 P 点的空间直角坐标与大地坐标之间的转换关系式。

下面我们进一步推导空间任意一点 P' 的空间直角坐标与大地坐标间的关系式。从图4-4可以看出 $Pn = N$ 被 x 轴分为两段 PQ 与 Qn，P 点的子午面直角坐标 $y = PQ\sin B$，与式(4-21)中的第二个公式比较后，不难知道：

$$\begin{cases} PQ = N(1 - e^2) \\ Qn = Ne^2 \end{cases} \tag{4-24}$$

从图4-2和图4-4可知 P' 点的子午面直角坐标 x、y 为：

$$\begin{cases} x = P'n\sin(90^\circ + B) = (N + H)\cos B \\ y = P'Q\sin B = [N(1 - e^2) + H]\sin B \end{cases} \tag{4-25}$$

将式(4-25)代入式(4-22)，得到已知空间任意一点的大地坐标 (B, L, H) 后计算其空间直角坐标的公式：

$$\begin{cases} X = x\cos L = (N + H)\cos B\cos L \\ Y = x\sin L = (N + H)\cos B\sin L \\ Z = y = [N(1 - e^2) + H]\sin B \end{cases} \tag{4-26}$$

式(4-26)的逆运算公式，即已知某点的空间直角坐标 (X, Y, Z) 计算该点的大地坐标 (B, L, H) 的公式如下：

$$\begin{cases} \tan B = \dfrac{Z + Ne^2\sin B}{\sqrt{X^2 + Y^2}} = \dfrac{1}{\sqrt{X^2 + Y^2}}\left(Z + \dfrac{ae^2\tan B}{\sqrt{1 + (1 - e^2)\tan^2 B}}\right) \\ L = \arctan\dfrac{Y}{X} = \arcsin\dfrac{Y}{\sqrt{X^2 + Y^2}} = \arccos\dfrac{X}{\sqrt{X^2 + Y^2}} \\ H = \dfrac{\sqrt{X^2 + Y^2}}{\cos B} - N \end{cases} \tag{4-27}$$

式(4-27)的推导并不困难，学生可作为课后作业自行推导。在式(4-27)的第一个公式中(计算纬度 B 的公式中)，公式右边也含未知参数 B，因而需采用迭代方法来加以解算。为方便起见，不妨将 $\tan B$ 看成是一个待定参数，其初始值可取 $\tan B_0 = \frac{z}{\sqrt{x^2+y^2}}$，反复迭代直至收敛(一般需迭代3 ~ 4次)。

为避免进行迭代计算，在保证精度的情况下尽可能提高计算速度，国内外不少学者也相继提出了不少直接计算公式。其中较著名的有Bowring于1976年导得的公式：

$$\begin{cases} u = \arctan \dfrac{aZ}{b\sqrt{X^2+Y^2}} \\ B = \arctan \dfrac{Z + e'^2 b \sin^3 u}{\sqrt{X^2+Y^2} - e^2 a \cos^3 u} \end{cases} \tag{4-28}$$

当大地高 $H < 1000\text{km}$ 时，上式的计算精度可达厘米级。但当大地高过大时，纬度的计算精度将下降，且大地高 H 的计算稳定性也会下降。为此Bowring于1985年又给出了下列改进公式：

$$\begin{cases} u = \arctan\left[\dfrac{aZ}{b\sqrt{X^2+Y^2}}\left(1 + \dfrac{be'^2}{\sqrt{X^2+Y^2+Z^2}}\right)\right] \\ B = \arctan \dfrac{Z + e'^2 b \sin^3 u}{\sqrt{X^2+Y^2} - e^2 a \cos^3 u} \\ L = \arctan \dfrac{Y}{X} \\ H = \sqrt{X^2+Y^2}\cos B + Z\sin B - a\sqrt{1 - e^2 \sin^2 B} \end{cases} \tag{4-29}$$

用式(4-29)计算时纬度的精度可达 $1'' \times 10^{-7}$，大地高的误差小于 10^{-6}cm，可满足各种用户的要求。注意式(4-29)主要用于高精度的大地测量计算等应用场合，而对于导航来讲式(4-28)一般即可满足要求。

4.3　地心纬度、归化纬度及其与大地纬度间的关系

地心纬度与归化纬度一般并不直接作为一种坐标参数来描述点的位置。其主要作用是用来推导大地测量的公式及用于特殊计算工作。

4.3.1　地心纬度与归化纬度

4.3.1.1　地心纬度

设椭球面上某点 P 的大地经度为 L，过该点作一子午平面。在该平面仍以子午椭圆的中心为坐标原点，以长轴为 x 轴，以短轴为 y 轴构成一个平面直角坐标系(见图4-5)。连接原点 O 与 P，$\angle POx = \phi$，称为 P 点的地心纬度。

4.3.1.2　归化纬度

用同样的方法在过 P 点的子午面上建立一个平面直角坐标系，然后以椭圆中心 O 为

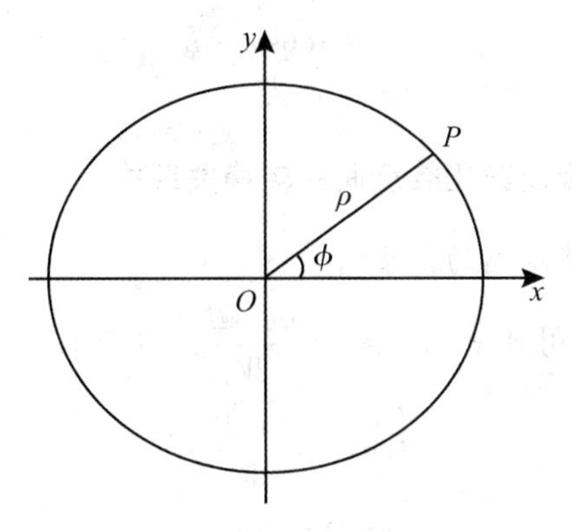

图 4-5　地心纬度

圆心，以与椭圆的长半径 a 为半径作一个辅助圆(见图 4-6 中的虚线圆弧)。过 P 点作一条直线与 y 轴平行，该直线与 x 轴相交于 P_2 点，与辅助圆相交于 P_1 点，连接原点 O 与 P_1 点，$\angle P_1Ox = u$ 称为过 P 点的归化纬度(见图 4-6)。

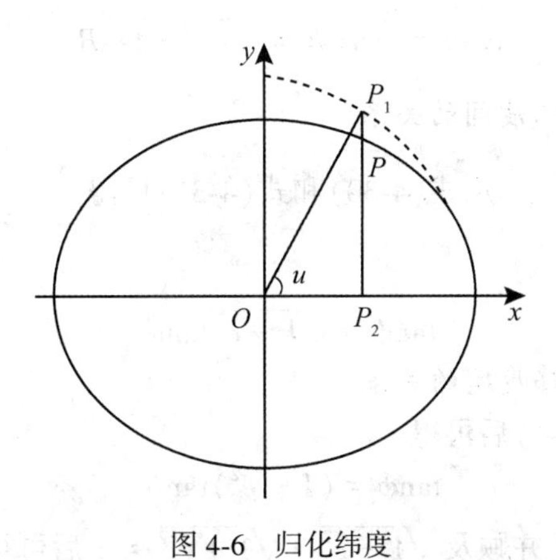

图 4-6　归化纬度

4.3.2　空间直角坐标与归化纬度间的关系

从图 4-6 不难看出 P 点的子午面直角坐标 x 与归化纬度 u 之间有下列关系：

$$x = a\cos u \tag{4-30}$$

将式(4-30)代入椭圆方程式(4-15)后可得

$$y = b\sin u \tag{4-31}$$

把式(4-30)和式(4-31)代入式(4-22)后即可导得空间直角坐标与归化纬度间的关系式：

$$\begin{cases} X = a\cos u\cos L \\ Y = a\cos u\sin L \\ Z = b\sin u \end{cases} \tag{4-32}$$

4.3.3　大地纬度、地心纬度及归化纬度间的转换关系式

4.3.3.1　大地纬度与归化纬度间的关系

从式(4-30)及式(4-18)可知 $x = a\cos u = \frac{a\cos B}{W}$，于是有

$$\begin{cases} \cos u = \frac{\cos B}{W} \\ \cos B = W\cos u \end{cases} \tag{4-33}$$

从式(4-31)及式(4-19)可知 $y = b\sin u = \frac{b\sin B}{V}$，于是有

$$\begin{cases} \sin u = \frac{\sin B}{V} \\ \sin B = V\sin u \end{cases} \tag{4-34}$$

$$\tan u = \frac{W}{V}\tan B = \sqrt{1 - e^2}\tan B \tag{4-35}$$

4.3.3.2　地心纬度与归化纬度间的关系

从图 4-5 可知 $\tan\phi = \frac{y}{x}$，从式(4-30)和式(4-31)可得 $\frac{y}{x} = \frac{b\sin u}{a\cos u} = \sqrt{1 - e^2}\tan u$，于是有

$$\tan\phi = \sqrt{1 - e^2}\tan u \tag{4-36}$$

4.3.3.3　大地纬度与地心纬度间的关系

将式(4-33)代入式(4-34)后可得

$$\tan\phi = (1 - e^2)\tan B \tag{4-37}$$

将上列各式进行归纳，并顾及 $\sqrt{1 - e^2} \cdot \sqrt{1 + e'^2} = 1$ 后可得

$$\begin{cases} \tan\phi = \sqrt{1 - e^2}\tan u = (1 - e^2)\tan B \\ \tan u = \sqrt{1 - e^2}\tan B = \sqrt{1 + e'^2}\tan\phi \\ \tan B = \sqrt{1 + e'^2}\tan u \end{cases} \tag{4-38}$$

从式(4-38)可知 $B > u > \phi$。由于 e^2 及 e'^2 的值很小，因而 $(B - u)_{max}$ 及 $(u - \phi)_{max}$ 都不足 6′，$(B - \phi)_{max}$ 不足 12′。

4.4　地球椭球上的曲率半径

4.4.1　子午圈曲率半径

如前所述子午圈是一个椭圆。子午圈上不同地点的曲率半径也不相同，数学知识告诉

我们，对于一条平面曲线 $y=f(x)$ 来讲，其曲率半径 ρ 可用式(4-39)计算：

$$\rho=\frac{\left[1+\left(\frac{\mathrm{d}y}{\mathrm{d}x}\right)^{2}\right]^{\frac{3}{2}}}{\frac{\mathrm{d}^{2}y}{\mathrm{d}x^{2}}} \tag{4-39}$$

将椭圆方程 $\frac{x^2}{a^2}+\frac{y^2}{b^2}=1$ 对 x 求导后可得：

$$\frac{\mathrm{d}y}{\mathrm{d}x}=-\cot B \tag{4-40}$$

$$\frac{\mathrm{d}^{2}y}{\mathrm{d}x^{2}}=\frac{1}{\sin^{2}B}\frac{\mathrm{d}B}{\mathrm{d}x} \tag{4-41}$$

由式(4-18)知 $x=\frac{a\cos B}{W}=\frac{a\cos B}{\sqrt{1-e^2\sin^2B}}$，求导后可得：

$$\begin{aligned}\frac{\mathrm{d}x}{\mathrm{d}B}&=-a\sin B(1-e^{2}\sin^{2}B)^{-\frac{1}{2}}+ae^{2}\sin B\cos^{2}B(1-e^{2}\sin^{2}B)^{-\frac{3}{2}}\\&=-a\sin B(1-e^{2}\sin^{2}B)^{-\frac{3}{2}}\{(1-e^{2}\sin^{2}B)-e^{2}\cos^{2}B\}\\&=-a\sin B(1-e^{2}\sin^{2}B)^{-\frac{3}{2}}(1-e^{2})\end{aligned}$$

所以

$$\frac{\mathrm{d}B}{\mathrm{d}x}=\frac{-(1-e^{2}\sin^{2}B)^{\frac{3}{2}}}{a\sin B(1-e^{2})} \tag{4-42}$$

将式(4-42)代入式(4-41)，并与式(4-40)一起代入式(4-39)后即可求得子午曲率半径 M（从数学上讲曲率半径统一用 ρ 表示，在导航和大地测量中不同的曲率半径常用不同符号表示，以示区别）：

$$\begin{aligned}M&=\frac{(1+\cot^{2}B)^{\frac{3}{2}}\cdot a\sin^{3}B(1-e^{2})}{(1-e^{2}\sin^{2}B)^{\frac{3}{2}}}\\&=\frac{a(1-e^{2})}{(1-e^{2}\sin^{2}B)^{\frac{3}{2}}}\\&=\frac{a(1-e^{2})}{W^{3}}\end{aligned} \tag{4-43}$$

从式(4-43)可知，子午曲率半径 M 是大地纬度 B 的函数。当 $B=0°$ 时(位于赤道上时)，$M=a(1-e^2)$，此时 $M<a$；当 $B=90°$ 时(位于两极时) $M=\frac{a}{\sqrt{1-e^2}}=c$，此时子午曲率半径 M 将大于 a；当 $0°<B<90°$ 时，子午曲率半径 M 将随着 B 的增加而逐渐变大，在 $a(1-e^2)$ 与 c 之间变化。此外，还可以看出前面所说的参数 c 实际上就是两极处的子午曲率半径。

4.4.2　卯酉圈曲率半径

过椭球面上某点 P 作一条与椭球面垂直的法线 PF，所有包含该法线的平面皆称为法截面。在这一组法截面中与子午面垂直的法截面称为卯酉面。卯酉面与椭球面的交线称为卯酉圈，在图 4-7 中为曲线 EPW。卯酉圈的曲率半径通常用符号 N 来表示，下面我们来推导 N 的计算公式。

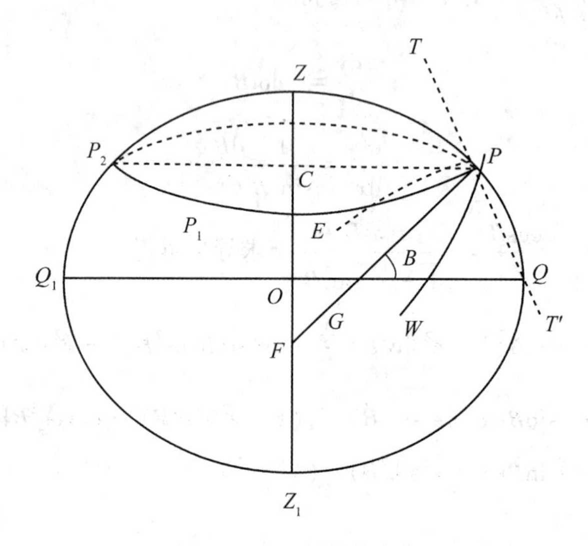

图 4-7　卯酉圈曲率半径

过 P 点作平行圈 PP_1P_2P。从前面的讨论可知该平行圈的半径 CP 为 $CP = r = \frac{a}{W}\cos B$。过 P 点作平行圈的切线 TPT'，该切线位于垂直于子午面的平行圈平面内。因卯酉圈也垂直于子午面，所以 TPT' 也是卯酉圈在 P 点的切线。麦尼尔定理告诉我们：过曲面上一点 P 作两条截弧，一条为法截弧(卯酉圈)，另一条为斜截弧(平行圈)，若这两条截弧有公共的切线，则斜截弧在该点的曲率半径就等于法截弧的曲率半径乘上这两个截弧平面之间的夹角的余弦。于是有 $r = N\cos B$，即

$$N = \frac{r}{\cos B} = \frac{a}{W} = \frac{a}{\sqrt{1 - e^2 \sin^2 B}} \tag{4-44}$$

从图 4-7 可知 $r = PF\cos B$，因而卯酉圈曲率半径 N 就是从 P 点至法线与椭球短轴的交点 F 间的距离。在本章第二节中我们令这段距离为 N（在图 4-4 中法线与短轴的交点记为 n）。

从式(4-44)可知，卯酉圈曲率半径 N 也是大地纬度 B 的函数。当 $B = 0°$（赤道处）$N = a$，卯酉圈即为椭球赤道；当 $B = 90°$ 时(位于两极时)，$N = \frac{a}{\sqrt{1 - e^2}} = c = M$，此时卯酉圈即为子午圈；当 $0° < B < 90°$ 时，N 将随着纬度的增加而增加。

在实际计算时，常将式(4-43)和式(4-44)用级数展开，转换为下列形式：

$$\begin{cases} M = m_0 + m_2\sin^2 B + m_4\sin^4 B + m_6\sin^6 B + m_8\sin^8 B \\ N = n_0 + n_2\sin^2 B + n_4\sin^4 B + n_6\sin^6 B + n_8\sin^8 B \end{cases} \tag{4-45}$$

或

$$\begin{cases} M = m_0' + m_2'\cos^2 B + m_4'\cos^4 B + m_6'\cos^6 B + m_8'\cos^8 B \\ N = n_0' + n_2'\cos^2 B + n_4'\cos^4 B + n_6'\cos^6 B + n_8'\cos^8 B \end{cases} \tag{4-46}$$

式中，

$$\left.\begin{array}{llll} m_0 = a(1-e^2), & n_0 = a, & m_0' = c = a/\sqrt{1-e^2}, & n_0' = c = a/\sqrt{1-e^2} \\ m_2 = \frac{3}{2}e^2 m_0, & n_2 = \frac{1}{2}e^2 n_0, & m_2' = -\frac{3}{2}e'^2 m_0', & n_2' = -\frac{1}{2}e_2' n_0' \\ m_4 = \frac{5}{4}e^2 m_2, & n_4 = \frac{3}{4}e^2 n_2, & m'_4 = -\frac{5}{4}e'^2 m'_2, & n_4' = -\frac{3}{4}e'^2 n_2' \\ m_6 = \frac{7}{6}e^2 m_4, & n_6 = \frac{5}{6}e^2 n_4, & m'_6 = -\frac{7}{6}e'^2 m_4', & n_6' = -\frac{5}{6}e'^2 n_4' \\ m_8 = \frac{9}{8}e^2 m_6, & n_8 = \frac{7}{8}e^2 n_6, & m_8' = -\frac{9}{8}e'^2 m_6', & n_8' = -\frac{7}{8}e'^2 n_6' \end{array}\right\} \tag{4-47}$$

将克拉索夫斯基椭球元素代入式(4-47)后可得(1954年北京坐标系采用此值)：

$$\left.\begin{array}{llll} m_0 = 6335552.717, & n_0 = 6378245.000, & m_0' = 6399698.902, & n_0' = 6399698.902 \\ m_2 = 63609.78833, & n_2 = 21346.14149, & m_2' = -64686.800, & n_2' = -21562.266 \\ m_4 = 532.20892, & n_4 = 107.15904, & m_4' = 544.867, & n_4' = 108.973 \\ m_6 = 4.15602, & n_6 = 0.59772, & m_6' = -4.284, & n_6' = -0.612 \\ m_8 = 0.03130, & n_8 = 0.00350, & m_8' = 0.033, & n_8' = 0.004 \\ (m_{10}) = 0.00023, & (n_{10}) = 0.00002, & (m_{10}') = 0.000, & (n_{10}') = 0.000 \end{array}\right\} \tag{4-48}$$

将1975年国际地球椭球元素代入式(4-47)后可得(1980年西安坐标系采用此值)：

$$\left.\begin{array}{llll} m_0 = 6335442.275, & n_0 = 6378140.000, & m_0' = 6399596.652, & n_0' = 6399596.652 \\ m_2 = 63617.835, & n_2 = 21348.862, & m_2' = -64695.142, & n_2' = -21565.047 \\ m_4 = 532.353, & n_4 = 107.188, & m_4' = 545.016, & n_4' = 109.003 \\ m_6 = 4.158, & n_6 = 0.598, & m_6' = -4.285, & n_6' = -0.612 \\ m_8 = 0.031, & n_8 = 0.003, & m_8' = 0.032, & n_8' = 0.004 \\ (m_{10}) = 0.000, & (n_{10}) = 0.000, & (m_{10}') = 0.000, & (n_{10}') = 0.000 \end{array}\right\} \tag{4-49}$$

其他地球椭球也可根据其参数用同样的方法求得，文中不再列出。从式(4-48)和式(4-49)可以看出，顾及8次项的计算公式一般已能保证毫米级的计算精度。在导航中通常并不需要如此高的精度，可据实际情况采用更简单的计算公式。

4.4.3　任意方向上的法截弧曲率半径

子午圈曲率半径 M 和卯酉圈曲率半径 N 是地球椭球上南北向和东西向上的两个特殊的法截弧的曲率半径，被称为曲面上的两个主曲率半径。下面我们将讨论方位角为 A 的任一方向上的法截弧的曲率半径 R_A 的计算方法。

尤拉公式告诉我们，过 P 点方位角为 A 的任一方向法截弧的曲率半径 R_A 与该点的两个主曲率半径 M、N 间有下列关系：

$$\begin{cases} \dfrac{1}{R_A} = \dfrac{\cos^2 A}{M} + \dfrac{\sin^2 A}{N} = \dfrac{N\cos^2 A + M\sin^2 A}{MN} \\ R_A = \dfrac{MN}{N\cos^2 A + M\sin^2 A} = \dfrac{N}{\dfrac{N}{M}\cos^2 A + \sin^2 A} \end{cases} \tag{4-50}$$

而 $\dfrac{N}{M} = V^2 = 1 + e'^2\cos^2 B$，代入上式后可得

$$R_A = \frac{N}{(1 + e'^2\cos^2 B)\cos^2 A + \sin^2 A} = \frac{N}{1 + e'^2\cos^2 B\cos^2 A} \tag{4-51}$$

式(4-51)即为任一方向法截弧曲率半径 R_A 的计算公式。从式(4-51)可知 R_A 不仅与纬度 B 有关，也与方位角 A 有关。当 $A = 0°$ 或 180°时，$R_A = M$，取极小值；当 $A = 90°$ 或 270°时，$R_A = N$，取极大值。

4.4.4　平均曲率半径

在测量学和导航学中有时可将以 P 点为中心的椭球面近似地看做是一个球面，并用 P 点的平均曲率半径 $R_{平均}$ 来作为该球面的半径。所谓的平均曲率半径就是过该点的所有的法截弧的曲率半径的算术平均值，即

$$R_{平均} = \frac{1}{2\pi}\int_0^{2\pi} R_A \mathrm{d}A = \frac{1}{2\pi}\int_0^{2\pi} \frac{MN}{N\cos^2 A + M\sin^2 A}\mathrm{d}A \tag{4-52}$$

将上式进行积分，并顾及 M、N 与 a、b、c 之间的关系式后可得：

$$R_{平均} = \sqrt{MN} = \frac{a}{W^2}\sqrt{1 - e^2} = \frac{b}{W^2} = \frac{c}{V^2} \tag{4-53}$$

即椭球面上任一点处的平均曲率半径 $R_{平均}$ 就等于该处的子午圈曲率半径 M 与卯酉圈曲率半径 N 的几何平均值。

4.5　椭球面上的弧长计算

在高斯投影计算及弧度测量中经常会涉及计算子午线弧长和平行圈弧长的问题。本节将介绍其计算方法。

4.5.1　子午线弧长计算公式

如前所述地球椭球是由一个子午圈绕其短轴旋转后形成的，因而椭球上每个子午圈的

形状和大小均相同。也就是说计算子午线弧长时与该子午圈的经度无关。此外，子午圈是南北对称的，因此只需导出从赤道($B = 0°$)沿子午线至任一纬度 B 处的子午线弧长计算公式问题即可迎刃而解。若需计算从 B_1 至 B_2 间的子午线弧长，只需分别求得从赤道至 B_1 处的子午线弧长 S_1 和从赤道至 B_2 处的子午线弧长 S_2，然后相减即可。

图 4-8 为一子午圈，P 与 P_1 分别为北极和南极，Q 与 Q_1 位于赤道上。设子午线上任一点 p 的纬度为 B，在该点处的子午圈曲率半径为 M。当纬度增加 $\mathrm{d}B$ 时，p 点移动至 p' 点，两点间的距离为 $\mathrm{d}S$。由于 $\mathrm{d}B$ 和 $\mathrm{d}S$ 都是微小量，因而有下列微分关系式：$\overset{\frown}{pp'} = \mathrm{d}S = M\mathrm{d}B$。则从赤道至纬度为 B 处的子午线弧长 S 可用下式计算：

$$S = \int_0^B M\mathrm{d}B \tag{4-54}$$

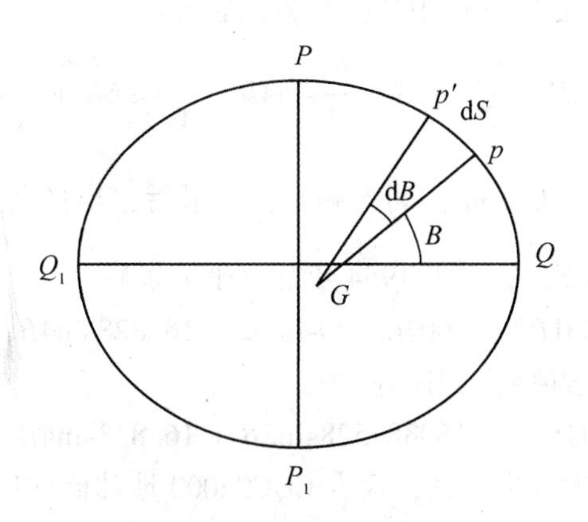

图 4-8　子午线弧长

子午圈曲率半径 M 的计算公式见(4-45)式，为便于进行积分，我们将正弦函数的幂级数展开为余弦倍角函数：

$$\begin{cases} \sin^2 B = \dfrac{1}{2} - \dfrac{1}{2}\cos 2B \\ \sin^4 B = \dfrac{3}{8} - \dfrac{1}{2}\cos 2B + \dfrac{1}{8}\cos 4B \\ \sin^6 B = \dfrac{5}{16} - \dfrac{15}{32}\cos 2B + \dfrac{3}{16}\cos 4B - \dfrac{1}{32}\cos 6B \\ \sin^8 B = \dfrac{35}{128} - \dfrac{7}{16}\cos 2B + \dfrac{7}{32}\cos 4B - \dfrac{1}{16}\cos 6B + \dfrac{1}{128}\cos 8B \\ \cdots \end{cases} \tag{4-55}$$

将式(4-55)代入式(4-45)，并经整理得到：

$$M = a_0 - a_2\cos 2B + a_4\cos 4B - a_6\cos 6B + a_8\cos 8B \tag{4-56}$$

式中

$$\begin{cases} a_0 = m_0 + \dfrac{m_2}{2} + \dfrac{3}{8}m_4 + \dfrac{5}{16}m_6 + \dfrac{35}{128}m_8 + \cdots \\ a_2 = \dfrac{m_2}{2} + \dfrac{m_4}{2} + \dfrac{15}{32}m_6 + \dfrac{7}{16}m_8 \\ a_4 = \dfrac{m_4}{8} + \dfrac{3}{16}m_6 + \dfrac{7}{32}m_8 \\ a_6 = \dfrac{m_6}{32} + \dfrac{m_8}{16} \\ a_8 = \dfrac{m_8}{128} \end{cases} \tag{4-57}$$

将式(4-56)代入式(4-54)进行积分，经整理后得：

$$S = a_0 B - \frac{a_2}{2}\sin 2B + \frac{a_4}{4}\sin 4B - \frac{a_6}{6}\sin 6B + \frac{a_8}{8}\sin 8B \tag{4-58}$$

最后一项 $\frac{a_8}{8} = \frac{m_8}{1024}$，小于 0. 1mm，可忽略不计。最后，当将克拉索夫斯基椭球元素值代入时，得子午弧长计算公式(适用于 1954 年北京坐标系)：

$$S = 111134.861B^\circ - 16036.480\sin 2B + 16.828\sin 4B - 0.022\sin 6B \tag{4-59}$$

代入 1975 年国际椭球元素值后，则得：

$$S = 111133.005B^\circ - 16038.528\sin 2B + 16.833\sin 4B - 0.022\sin 6B \tag{4-60}$$

上式适用于 1980 年国家大地坐标系，代入 CGCS2000 地球椭球后可得：

$$S = 111132.9525B^\circ - 16038.5087\sin 2B + 16.8326\sin 4B - 0.0220\sin 6B \tag{4-61}$$

代入 WGS 84 椭球后可得

$$S = 111132.9558B^\circ - 16038.6496\sin 2B + 16.8607\sin 4B - 0.0220\sin 6B \tag{4-62}$$

利用上述公式不难求得任意一段子午线的长度。例如要计算从北纬 20° 至北纬 50° 的子午线弧长 $S_{20^\circ\sim 50^\circ}$ 时，可先用上述公式计算出从赤道至北纬 50° 的子午线弧长 S_{50°，然后再计算出从赤道至北纬 20° 的子午线弧长 S_{20°。$S_{20^\circ\sim 50^\circ} = S_{50^\circ} - S_{20^\circ}$。表 4-1 中列出了用式(4-59)~式(4-62)四种公式所求得的子午线弧长 S_{50°、S_{20° 及 $S_{20^\circ\sim 50^\circ}$。从表中可以看出，由于克拉索夫斯基椭球的长半径 a 比其他椭球的长半径大了 105~108m。所以在该椭球上所求得的子午线弧长 $S_{20^\circ\sim 50^\circ}$ 也比其他三个椭球上的相应值大约 56~58m。而其他三个椭球上所求得的子午线弧长 $S_{20^\circ\sim 50^\circ}$ 则相差不大，约为 1. 6m；尤其是 CGCS2000 与 WGS 84 椭球上的值，相差还不到 2cm，在导航中这三种椭球上计算的子午线弧长的差异一般可不予顾及。

表 4-1　**不同地球椭球上的子午线弧长**　(单位：m)

椭球及坐标系	S_{50°	S_{20°	$S_{20^\circ\sim 50^\circ}$
克拉索夫斯基椭球 1954 年北京坐标系	5540944. 463	2212405. 723	3328538. 740

续表

椭球及坐标系	$S_{50°}$	$S_{20°}$	$S_{20°\sim50°}$
1975 年国际椭球 1980 年国家坐标系	5540849.645	2212367.296	3328482.349
CGCS2000 椭球 CGCS2000 坐标系	5540847.039	2212366.253	3328480.786
WGS 84 椭球 WGS 84 坐标系	5540847.056	2212366.256	3328480.800

当子午线很短时，例如子午线两端的纬差 $\Delta B < 20'$ 时，可将子午线视为圆弧。其曲率半径采用两端的平均纬度 $\frac{1}{2}(B_1 + B_2)$ 处的子午曲率半径 M_m。计算公式如下：

$$S = \frac{\Delta B''}{\rho''} \cdot M_m \tag{4-63}$$

式(4-63)的计算精度可达 1 mm。

4.5.2 平行圈弧长计算

椭球上的平行圈一般是一个小圆。如前所述，该小圆的半径 r 就等于子午面平面直角坐标系中的 x 坐标，即 $r = x = \frac{a}{w}\cos B = N\cos B$。若平行圈上有一段圆弧，圆弧两端的经差为 $\Delta L''$，则该圆弧的弧长为：

$$S' = r\frac{\Delta L''}{\rho''} = N\cos B\frac{\Delta L''}{\rho''} = \frac{a}{w}\cos B\frac{\Delta L''}{\rho''} \tag{4-64}$$

过去在计算各种曲率半径及平行圈弧长时经常会借助于一些辅助图表来减少计算工作量，如令 $(1) = \frac{\rho''}{M}$，$(2) = \frac{\rho''}{N}$，(1)、(2) 以纬度 B 为引数从“大地坐标计算用表”中查取，令 $S' = \frac{N\cos B}{\rho''}$，$\Delta L = b_1\Delta L''$，$b_1$ 也可以以大地纬度 B 为引数从“高斯投影坐标计算表”中查取。但上述用表将随着所采用的地球椭球的不同而不同，为每种椭球各编写一本用表也不太方便。如今随着计算机技术的发展及相应计算软件的出现，上述方法已逐渐退出人们的视野。

4.5.3 曲率半径 *M*、*N* 及弧长 *S*、*S'* 随纬度 *B* 的变化

下面我们将以 CGCS2000 地球椭球为例来说明子午曲率半径 M、卯酉圈曲率半径 N、子午线弧长 S 及平行圈弧长 S' 是怎样随大地纬度 B 的不同而变化的。表 4-2 中不同纬度处的 M 和 N 值以及不同纬度处每 1″和 1′所对应的子午线弧长和平行圈弧长。

表 4-2　　**曲率半径 M、N 及弧长 S、S' 与纬度 B 的关系**　　（单位：m）

纬度 B	子午线曲率半径 M	卯酉圈曲率半径 N	子午线弧长 S		平行圈弧长 S'	
			1′	1″	1′	1″
0°	6335439.327	6378137.000	1842.9046	30.7151	1855.3248	30.9221
10°	6337358.121	6378780.844	1843.4628	30.7244	1827.3227	30.4554
20°	6342888.483	6380635.807	1845.0715	30.7512	1744.1181	29.0686
30°	6351377.104	6383480.918	1847.5407	30.7923	1608.1047	26.8017
40°	6361815.827	6386976.166	1850.5772	30.8430	1423.2369	23.7205
50°	6372955.926	6390702.844	1853.9177	30.8970	1194.9292	19.9155
60°	6383453.858	6394209.174	1856.8715	30.9479	930.0000	15.5000
70°	6392033.193	6397072.488	1859.3671	30.9895	636.4424	10.6074
80°	6397643.327	6398943.460	1860.9990	31.0167	323.2248	5.3871
90°	6399593.626	6399593.626	1861.5663	31.0261	0	0

从表 4-2 可以看出：

(1) 随着纬度的增加，子午线曲率半径 M 和卯酉圈曲率半径 N 的数值都会相应增大，M 的增加速率大于 N 的增加速率；

(2) 随着纬度的增加，同一纬差 ΔB（例如 1′或 1″）所对应的子午线弧长也在逐渐缓慢增加；

(3) 随着纬度的增加，同一经差 ΔL（例如 1′或 1″）所对应的平行圈弧长将快速减小。

4.6　法截线与大地线

4.6.1　相对法截线

由于地球椭球是一个旋转椭球，任一平行圈均为一个圆，在东西方向上是完全对称的，因而过椭球面上任意一点 D 作椭球面的法线时，该法线必定位于过 D 点的子午面上。设该法线与椭球的短轴相交于 D_1 点。从前面学过的知识知道，D 点在子午平面直角坐标系中的 y 坐标为：

$$y_D = OD_2 = \frac{a(1-e^2)\sin B_D}{\sqrt{1-e^2\sin^2 B_D}}$$

式中，B_D 为 D 点的大地纬度，$DD_2 \perp$ 短轴 PP_1（见图 4-9）。而图中的 DD_1 即为 D 点处的卯酉圈曲率半径 N_D，即

$$DD_1 = N_D = \frac{a}{\sqrt{1-e^2\sin^2 B_D}}$$

$$D_1D_2 = DD_1\sin B_D = \frac{a\sin B_D}{\sqrt{1 - e^2\sin^2 B_D}}$$

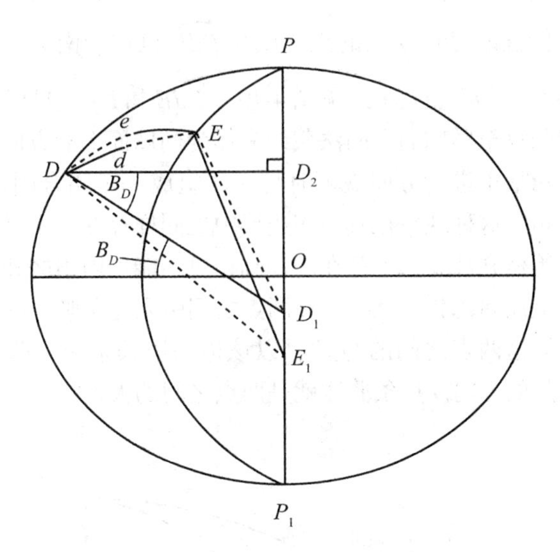

图 4-9 椭球面法线与短轴交点

于是有

$$OD_1 = D_1D_2 - OD_2 = \frac{ae^2\sin B_D}{\sqrt{1 - e^2\sin^2 B_D}} \tag{4-65}$$

式(4-65)告诉我们过 D 点的法线与短轴的交点 D_1 位于赤道面以下，离椭球中心 O 的距离为 $\frac{ae^2\sin B_D}{\sqrt{1 - e^2\sin^2 B_D}}$。

若椭球上另有一点 E，且 E、D 两点的经度和纬度皆不相等，即 $L_E \neq L_D$，$B_E \neq B_D$，过 E 点作椭球面的法线，该法线必位于过 E 点的子午平面内，且与椭球短轴交于 E_1 点，则同样可导得

$$OE_1 = \frac{ae^2\sin B_E}{\sqrt{1 - e^2\sin^2 B_E}} \tag{4-66}$$

式中，B_E 为 E 点的大地纬度，如果 $B_E > B_D$，从式(4-65)和式(4-66)可知 OE_1 必然大于 OD_1，即 E_1 点必位于 D_1 点的下方。

过测站 D 点的法线 DD_1 及照准点 E 作一个法截面，该平面与椭球的交线 $\overset{\frown}{DdE}$ 称为 D 点的正法截线。从前面的讨论可知，从 D 点至 E 点的地面方向观测值经垂线偏差改正 δ_1 和标高差改正 δ_2 后归算至椭球面上的方向观测值即为正法截线 $\overset{\frown}{DdE}$。$\overset{\frown}{DdE}$ 也可称为 E 点的反法截线。

同样，过测站 E 点的法线 EE_1 及照准点 D 作法截面 EDE_1，该法截面与椭球面的交线

$\overset{\frown}{EeD}$就称为 E 点的正法截线或 D 点的反法截线。法截线$\overset{\frown}{EeD}$即为从测站 E 对 D 点的方向观测值经垂线偏差改正和标高差改正后归算至椭球面上的观测值。正反法截线 $\overset{\frown}{DdE}$ 与 $\overset{\frown}{EeD}$ 并不重合，其中纬度较低，位置偏南的 D 点的正法截线 $\overset{\frown}{DdE}$ 也位于南方，纬度较高，位置偏北的 E 点的正法截线$\overset{\frown}{EeD}$位于 $\overset{\frown}{DdE}$ 的北方(见图 4-10)。$\overset{\frown}{DdE}$ 和 $\overset{\frown}{EeD}$ 也称为 D、E 两点的相对法截线。如果我们仍然以归算至椭球面上的法截线来作为椭球面上的方向观测值的话就会产生一个问题。即在一个三角形中进行方向观测时将无法组成一个闭合图形，见图 4-11 中的实线部分和其构成的观测角。这种现象在其他多边形中也同样存在。于是大地测量中的三角形闭合差、多边形闭合差等概念都失去了存在的基础，更不能用内角之和应等于某一理论值来起到检核作用。为解决上述问题我们就必须在两点之间引入一条唯一的曲线来替代两条互不重合的正反法截线来作为这两点之间的“边”，以该边的边长来作为两点之间的距离，以该边的方向来作为两点之间的方向。这条曲线就是两点之间的大地线。

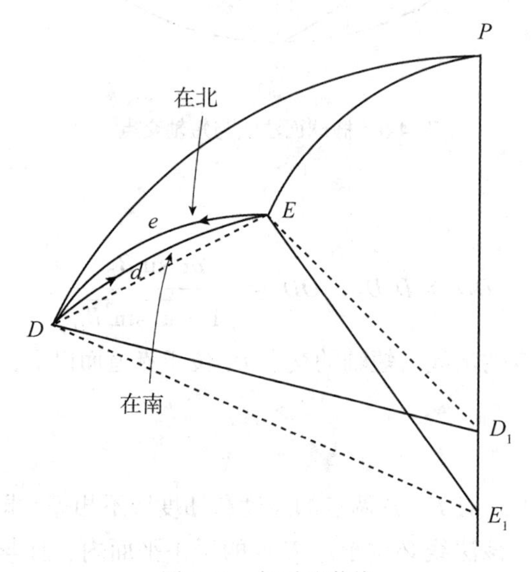

图 4-10　相对法截线

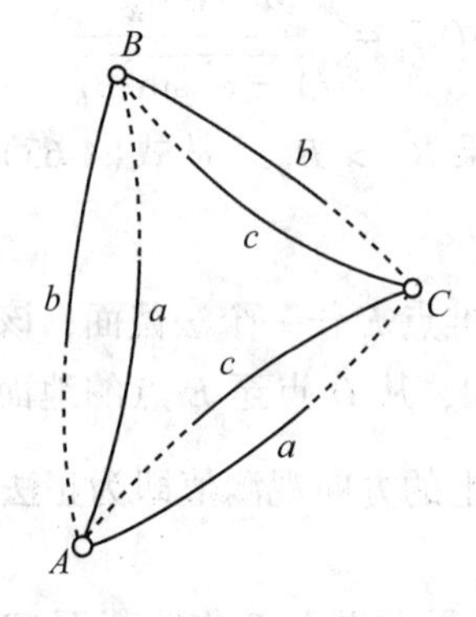

图 4-11　无法组成闭合图形

4.6.2 大地线

4.6.2.1 大地线的定义及特性

我们知道在平面上 A、B 两点间距离最短的线是连接这两点的直线段，而平面三角形、多边形的边就是由这些线段组成的；在球面上 A、B 两点间距离最短的线是连接这两个点的大圆弧，在球面上的球面三角形、多边形的边也是由这些大圆弧组成的；而在椭球面上 A、B 两点间距离最短曲线则是大地线，因而椭球面上的三角形、多边形的边也由这些距离最短的大地线来组成就一点也不奇怪了。实际上平面上的直线段、球面上的大圆弧都是大地线的一种特例。

从数学上讲，如果在曲面上有一条曲线，该曲线上任一点的密切平面均包含过该点的曲面法线，则该曲线就称为大地线或测地曲线。下面我们不采用繁琐复杂的数学方法而用一个简单易懂的例子来说明为什么大地线是一条最短的线。先在椭球面上的 A 点和 B 点处各插上一个大头针，并用一根细橡皮筋紧靠着大头针拉紧，设橡皮筋与椭球面之间无任何摩擦力，则处于静止状态下的橡皮筋就是连接 A、B 间的大地线。因为此时橡皮筋上任何一点施加在椭球面上的力皆垂直于椭球面而与椭球面的法线方向一致(如果有水平方向的分力则橡皮筋将会移动而不会处于静止状态)，因而这根拉紧的橡皮筋就是 A、B 间的大地线，显然拉紧的橡皮筋的距离是最短距离。在平面上大地线就是一根直线段，在球面上则是一段大圆弧。

4.6.2.2 大地线的微分方程及克莱劳方程

所谓大地线的微分方程就是指大地线的弧长 S 与坐标系中的自变量间的微分关系式。如在空间直角坐标系中 $\mathrm{d}S$ 与 $\mathrm{d}x$、$\mathrm{d}y$、$\mathrm{d}z$ 间的关系式，在大地坐标系中 $\mathrm{d}S$ 与 $\mathrm{d}L$、$\mathrm{d}B$、$\mathrm{d}A$ 间的关系式等。本节仅讨论在大地坐标系中大地线的微分关系式。

在大地测量学中我们通常可用数学方法首先建立起任一数学曲面上的大地线弧长与空间直角坐标之间的微分关系式，然后再将其用于旋转椭球面，求得旋转椭球面上用空间直角坐标表示的大地线微分方程，最后再根据空间直角坐标与大地坐标间的关系式转换为大地坐标系下的大地线微分关系式。这种方法虽然严格，但推导过程较为复杂、繁琐。本书将采用一种简单的近似方法来加以推导。在图 4-12 中，S_1 为大地线上任意一点，该处的大地经度为 L，大地纬度为 B，大地线的大地方位角为 A。若大地线弧长 S 有一微分增量 $\mathrm{d}S$，该点将移至 S_2 点。S_2 点的大地经度将变为 $L+\mathrm{d}L$，大地纬度将变为 $B+\mathrm{d}B$，大地方位角将变为 $A+\mathrm{d}A$。下面我们将推导 $\mathrm{d}S$ 与 $\mathrm{d}L$、$\mathrm{d}B$、$\mathrm{d}A$ 间的关系式。在微分直角三角形 $S_1S_2S_3$ 中，S_2S_3 为过 S_2 点的子午线上的一段微分线段，S_1S_3 为过 S_1 的平行圈上的一个微分线段。

由于 $S_1S_3=\mathrm{d}S\sin A=N\cos B\mathrm{d}L$，则

$$\mathrm{d}L=\frac{\sin A}{N\cos B}\mathrm{d}S \tag{4-67}$$

又由于 $S_2S_3=\mathrm{d}S\cos A=M\mathrm{d}B$，则

$$\mathrm{d}B=\frac{\cos A}{M}\mathrm{d}S \tag{4-68}$$

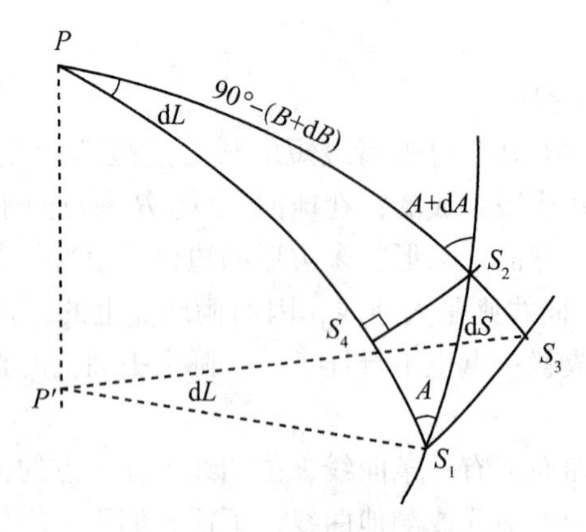

图4-12　大地线微分方程

过 S_2 作一个大圆弧垂直于子午线 PS_1，与该子午线相交于 S_4。将子午线 PS_2、PS_4 均近似地看成是一段大圆弧后，三角形 PS_2S_4 就组成一个球面直角三角形，其中 $\angle PS_2S_4 \approx 90° - \mathrm{d}A$，根据球面三角形的余弦定理可得：

$$\cos(90° - \mathrm{d}A) = \sin\mathrm{d}L\sin(B + \mathrm{d}B)$$

考虑到 $\mathrm{d}A$，$\mathrm{d}L$，$\mathrm{d}B$ 均为微小量后有：

$$\mathrm{d}A = \mathrm{d}L \cdot \sin B = \frac{\sin A}{N}\tan B \cdot \mathrm{d}S \tag{4-69}$$

式(4-67)~式(4-69)就是大地坐标系中的大地线微分公式，在椭球面上的计算中经常要用到。

从式(4-68)知 $\mathrm{d}S = \dfrac{M}{\cos A}\mathrm{d}B$，将其代入式(4-69)后可得：

$$\mathrm{d}A = \frac{\sin A}{\cos A} \cdot \frac{M\sin B\mathrm{d}B}{N\cos B} \tag{4-70}$$

其中，$N\cos B = r$，r 为平行圈半径，而

$$\frac{\mathrm{d}r}{\mathrm{d}B} = \frac{\mathrm{d}[a(1 - e^2\sin^2 B)^{-\frac{1}{2}}\cos B]}{\mathrm{d}B} = \frac{a}{W^3}e^2\sin B\cos^2 B - \frac{a}{W}\sin B$$

$$= \frac{a\sin B}{W^3}[e^2\cos^2 B - (1 - e^2\sin^2 B)] = -\frac{a(1 - e^2)}{W^3}\sin B = -M\sin B$$

所以式(4-70)又可写为：

$$\mathrm{d}A = -\tan A\frac{\mathrm{d}r}{r} \tag{4-71}$$

将 $\tan A$ 移至等号左边后进行积分，可得 $\ln\sin A + \ln r = \ln C$，即

$$r\sin A = C \tag{4-72}$$

式(4-72)即为著名的克莱劳方程，也可称为克莱劳定理。该方程表明在旋转椭球上大地线各点的平行圈半径 r 与大地线方位角的正弦 $\sin A$ 之乘积为常数。该定理在任一旋转曲面上

皆成立。

图 4-13 中有一条大地线，该大地线在与赤道相交的 E 点处的大地方位角为 A，则该大地线将与半径 $r = a\sin A$ 的平行圈相切于 F 点，然后调头向南，而不会跑到纬度更高的地区去。

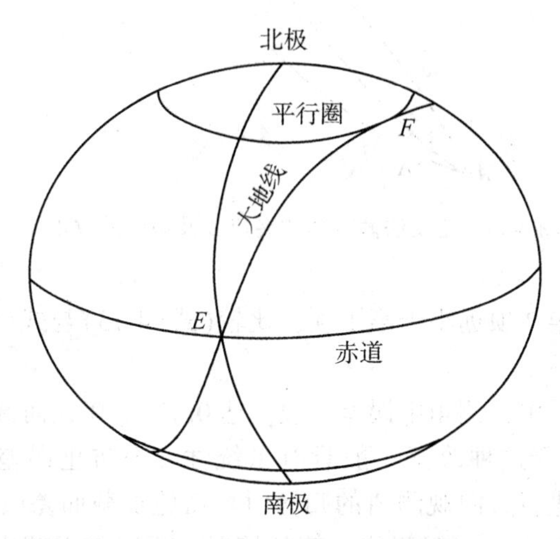

图 4-13 大地线在椭球面上的走向

4.6.3 相对法截线间的夹角及截面差改正

如前所述，当 A、B 两点的经度和纬度皆不相同时，这两点间的正、反法截线 $\overset{\frown}{AaB}$ 和 $\overset{\frown}{BbA}$ 是不重合的。A 点的正法截线 $\overset{\frown}{AaB}$ 与反法截线 $\overset{\frown}{BbA}$ 的方位角之差 Δ 可用式(4-73)计算：

$$\Delta = \frac{S^2}{4N_1^2}\rho''\eta_1^2\sin 2A_1 - \frac{S^3}{4N_1^3}\rho''\eta_1^2\tan B_1\sin A_1 \tag{4-73}$$

式中，S 为 A、B 两点间的距离(即法截线的长度)；A_1(为了与点 A 区别，此处方位角用 A_1 表示)为 A 点至 B 点的方位角(由于 Δ 的值较小，因而正反法截线的方位角及大地线的方位角之间无需加以区分)；$\eta_1^2 = e_2'\cos^2 B_1$，$B_1$ 为 A 点的纬度。当 $B_1 = 0°$，$A_1 = 45°$ 时，Δ 取极大值，此时有：

当 $S = 200\text{km}$ 时，$\Delta = 0.34''$；

当 $S = 100\text{km}$ 时，$\Delta = 0.08''$；

当 $S = 50\text{km}$ 时，$\Delta = 0.02''$。

大地线位于正、反法截线之间，在两个端点处均较为靠近正法截线，大地线的方位角与正法截线的方位角之差称为截面差。为了把正法截线的方位角归算为大地线的方位角需加上截面差改正 δ_3(见图 4-14)。δ_3 的计算公式如下：

$$\delta_3 = -\frac{S^2}{12N_1^2}\rho''\eta_1^2\sin 2A_1 \tag{4-74}$$

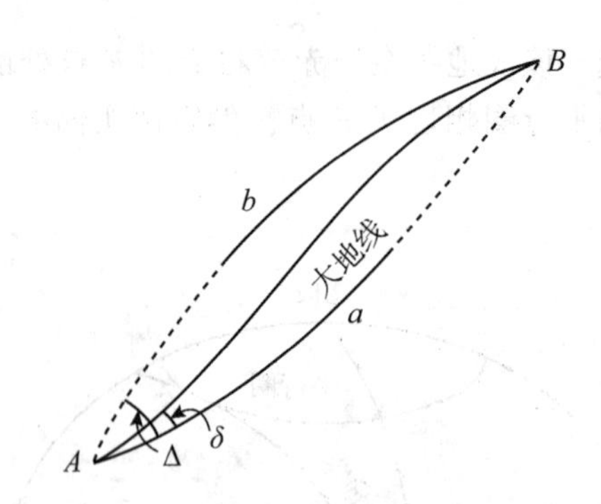

图 4-14　正反法截线间的夹角 Δ 及截面差改正 δ

由于(4-73)式中的第 2 项远小于第 1 项，比较(式(4-73)与式(4-74)后，不难看出 δ_3 的大小约为 Δ 的三分之一。

在一、二等大地测量中，测角中误差一般可达 0.7″~1.0″，而截面差改正 δ_3 的值却只有 0.001″~0.002″。但由于这种改正一般具有系统性。为防止误差的不断积累，因而在一、二等大地测量中，进行方向观测值的归算时均需施加截面差改正 δ_3。但在导航中较少出现在椭球面上进行精密方向观测值计算的情况，所以在本节中均直接给出了计算公式，对公式推导过程感兴趣的同学可以参阅相关的大地测量学参考书。

至于大地线与法截线的长度之差则十分微小，其差异为

$$\Delta S=\frac{S^5}{360N_1^5}ae^4\sin^2 2A_1\cos^4 B \tag{4-75}$$

当 $S=600\text{km}$ 时，$\Delta S\leqslant 0.007\text{mm}$，因而一般均可忽略不计，将法截线的长度就看做是大地线的长度。

4.7　大地主题解算

4.7.1　概述

旋转椭球面上点的经度 L、纬度 B 以及两点间的大地线长度 S 和大地线两端的正反大地方位角 A_{12} 和 A_{21} 等统称为大地元素。已知部分大地元素来推求其他大地元素的工作称为大地主题解算。其中已知端点 P_1 的大地坐标 L_1、B_1 以及从 P_1 至另一点 P_2 的大地线长度 S 及其大地方位角 A_{12} 来求解 P_2 点的大地坐标 L_2、B_2 以及该大地线在 P_2 端的大地方位角 A_{21} 的工作称为大地主题正算。已知 P_1、P_2 点的大地坐标 (L_1, B_1) 和 (L_2, B_2) 求解这两点间的大地线长度 S 以及该大地线在 P_1 端和 P_2 端的正反大地方位角 A_{12} 和 A_{21} 的工作称为大地主题反算。在高斯平面上我们也会经常进行类似的计算工作，所不同的是现在的计算是在旋转椭球面上进行的，因而要复杂得多。

根据距离的不同，大地主题解算可分为短距离大地主题解算（$S<400\text{km}$），中距离大地主题解算（$400\text{km}\leqslant S\leqslant 1000\text{km}$），以及长距离大地主题解算（$S>1000\text{km}$）。一般

而言，采用级数展开公式进行计算时，如果要保持相同的计算精度，那么距离越长计算就会越复杂，因为公式中需保留的项数就会越多，许多高阶项就不能略去。

大地主题解算是一件非常繁杂的工作。一百多年来不同的大地测量学家先后提出了数十种不同的解算方程。在这些解算方法中有的着重考虑如何便于编制辅助用表来减少计算工作量；有的考虑如何采用直接算法来避免进行迭代计算；有的考虑如何在满足精度要求的前提下用一个近似的封闭公式来取代级数展开式；而近来则更多地考虑如何便于编程计算等。这些方法从原理上讲大体可分为下列几类。

4.7.1.1 基于大地线微分方程的级数展开算法

假设大地线一端(不妨将其称为起始点)的大地坐标 L_0、B_0 和大地方位角 A_0 均为已知，显然大地线上任意一点处的大地坐标 L、B 及大地方位角 A 皆可表示为大地线长度 S 的函数。将这些函数在起点处用麦克劳林级数展开后可表示为：

$$\begin{cases} L = L_0 + \dfrac{\mathrm{d}L}{\mathrm{d}S} \cdot S + \dfrac{\mathrm{d}^2 L}{\mathrm{d}S^2} \cdot \dfrac{S^2}{2!} + \dfrac{\mathrm{d}^3 L}{\mathrm{d}S^3} \cdot \dfrac{S^3}{3!} + \cdots \\ B = B_0 + \dfrac{\mathrm{d}B}{\mathrm{d}S} \cdot S + \dfrac{\mathrm{d}^2 B}{\mathrm{d}S^2} \cdot \dfrac{S^2}{2!} + \dfrac{\mathrm{d}^3 B}{\mathrm{d}S^3} \cdot \dfrac{S^3}{3!} + \cdots \\ A = A_0 + \dfrac{\mathrm{d}A}{\mathrm{d}S} \cdot S + \dfrac{\mathrm{d}^2 A}{\mathrm{d}S^2} \cdot \dfrac{S^2}{2!} + \dfrac{\mathrm{d}^3 A}{\mathrm{d}S^3} \cdot \dfrac{S^3}{3!} + \cdots \end{cases} \tag{4-76}$$

式中的一阶导数 $\dfrac{\mathrm{d}L}{\mathrm{d}S}$、$\dfrac{\mathrm{d}B}{\mathrm{d}S}$、$\dfrac{\mathrm{d}A}{\mathrm{d}S}$ 已由大地线微分方程给出，因而我们只需要在此基础上继续对自变量 S 求导，推导出二阶导数、三阶导数等高阶导数的表达式后，即可按式(4-76)来推求大地线上任意一点的大地经纬度和大地方位角，从而完成大地主题正算的工作。为了提高计算精度及计算效率。还有不少人在此基础上提出了许多修正方法，如高斯平均引数法等，有些方法还可用于大地主题反算。

4.7.1.2 白塞尔大地主题解算法

如前所述，地球椭球是非常接近于一个圆球的。如果能按照一定的法则将椭球面上的大地元素投影至一个辅助球上，然后就能在这个圆球上采用简单的球面三角公式进行计算，推求其他大地元素，最后再将计算结果转换至椭球面上。

在白塞尔法中，计算公式被展开为椭球偏心率 e^2 或 e'^2 的幂级数，而不是像第一种方法那样被展开为大地线长度 S 的幂级数，因而计算精度不会随着距离的增加而迅速下降，所以该方法也适用于长距离大地主题解算。

同样，有许多大地测量学家对该方法进行了改进，使其能更好地适用于实际计算工作。

4.7.1.3 直接对大地线微分方程进行数值积分

常用的方法有龙格-库塔法、阿达姆斯法等。直接采用数值计算的方法以适当的步长对大地线微分方程进行数值积分的优点是易于编程，从原理上讲可适用于不同长度的大地主题解算工作。但这种方法的计算工作量大，随着距离的增加精度可能会有所下降，此外在两极地区效果也不好。由于该方法实质上就是一种微分方程的数值解法，主要属于计算数学的范畴，故在本章中不再加以介绍。

4.7.1.4　其他方法

由于在平面上进行坐标正、反算更为容易，因而在传统大地测量中经常把椭球面上的大地元素(B、L、S、A 等)先投影至地图投影面上去(我国为高斯投影面)，然后在平面上完成正反算工作(或其他平差计算工作)，然后再将计算结果转换到椭球面上去。

在卫星大地测量中通常都直接利用距离观测值 S (两点间的直线距离或称弦长)、距离差观测值 ΔS、方向观测值(弦线的赤经 α、赤纬 δ，有时也用方向余弦来表示)直接在空间直角坐标系中依据点与点之间的几何关系来进行计算。

在这些方法中通常只需利用简单的平面几何和立体几何知识就能完成坐标正、反算的工作，从而避免了在椭球面上进行复杂的计算工作。从原理上讲白塞尔法也属于这类方法，只不过在该方法中是将椭球面上的大地元素投影至球面上，仍然在曲面上进行解算而已。

在地图投影面上进行计算及在空间直角坐标系中进行计算的方法及公式等将在相关章节及专业课程中另行介绍，在本章中也不再加以讨论。

在导航学中也经常会碰到大地主题正反算的问题，虽然其特点和精度要求等会有所不同，但大地测量学中的大地主题解算的理论及方法均可视为是一种理论基础，因而有必要进行较为详细的介绍。

4.7.2　基于大地线微分方程的级数展开算法

4.7.2.1　在起点处展开的级数算法

如前所述，大地线任意一点的大地坐标 L、B 及大地方位角 A 均可在大地线的起点($S=0$ 时)用麦克劳林级数展开，见公式(4-76)。式中的一阶导数 $\frac{\mathrm{d}L}{\mathrm{d}S}$、$\frac{\mathrm{d}B}{\mathrm{d}S}$、$\frac{\mathrm{d}A}{\mathrm{d}S}$ 可由大地微分方程给出：

$$\begin{cases}\dfrac{\mathrm{d}B}{\mathrm{d}S}=\dfrac{1}{M}\cos A=\dfrac{V^3}{c}\cos A\\[2ex]\dfrac{\mathrm{d}L}{\mathrm{d}S}=\dfrac{1}{N\cos B}\sin A=\dfrac{V}{c}\sec B\sin A\\[2ex]\dfrac{\mathrm{d}A}{\mathrm{d}S}=\dfrac{\tan B}{N}\sin A=\dfrac{V}{c}\tan B\sin A\end{cases}\tag{4-77}$$

以式(4-77)为基础继续对自变量 S 求导，即可依此求得式(4-76)中的其他高阶导数，例如，

$$\frac{\mathrm{d}^2B}{\mathrm{d}S^2}=\frac{\partial}{\partial B}\left(\frac{\partial B}{\partial S}\right)\frac{\mathrm{d}B}{\mathrm{d}S}+\frac{\partial}{\partial A}\left(\frac{\mathrm{d}B}{\mathrm{d}S}\right)\frac{\mathrm{d}A}{\mathrm{d}S}=\frac{3V^2}{c}\cos A\,\frac{\mathrm{d}V}{\mathrm{d}S}-\frac{V^3}{c}\sin A\left(\frac{\mathrm{d}A}{\mathrm{d}S}\right)$$

而

$$\frac{\mathrm{d}V}{\mathrm{d}S}=\frac{\mathrm{d}V}{\mathrm{d}B}\frac{\mathrm{d}B}{\mathrm{d}S}=-\frac{\eta^2t}{V}\frac{V^3}{c}\cos A$$

因此

$$\frac{\mathrm{d}^2B}{\mathrm{d}S^2}=-\frac{V^4}{c^2}t(3\eta^2\cos^2A+\sin^2A)\tag{4-78}$$

式中，$t=\tan B$，$\eta^2=e'^2\cos^2 B$，为大地测量中常用的缩写符号。继续对 S 求导后有：

$$\frac{\mathrm{d}^3B}{\mathrm{d}S^3}=-\frac{4}{c^2}V^3t\frac{\mathrm{d}V}{\mathrm{d}S}t(\sin^2A+3\eta^2\cos^2A)-\frac{V^4}{c^2}(\sin^2A+3\eta^2\cos^2A)\frac{\mathrm{d}t}{\mathrm{d}S}-$$
$$\frac{V^4}{c^2}t\left(2\sin A\cos A\frac{\mathrm{d}A}{\mathrm{d}S}-6\eta^2\cos A\sin A\frac{\mathrm{d}A}{\mathrm{d}S}+3\cos^2A\frac{\mathrm{d}\eta^2}{\mathrm{d}S}\right)$$

而 $\frac{\mathrm{d}t}{\mathrm{d}S}=\frac{\mathrm{d}t}{\mathrm{d}B}\cdot\frac{\mathrm{d}B}{\mathrm{d}S}=(1+t^2)\frac{V^3}{c}\cos A$，$\frac{\mathrm{d}\eta^2}{\mathrm{d}S}=\frac{\mathrm{d}\eta^2}{\mathrm{d}B}\cdot\frac{\mathrm{d}B}{\mathrm{d}S}=-2\eta^2t\frac{V^3}{c}\cos A$

代入前式，经过整理，得到：

$$\frac{\mathrm{d}^3B}{\mathrm{d}S^3}=-\frac{V^5}{c^3}\cos A[\sin^2A(1+3t^2+\eta^2-9\eta^2t^2)+3\eta^2\cos A(1-t^2+\eta^2-5\eta^2t^2)] \tag{4-79}$$

用类似方法可得：

$$\frac{\mathrm{d}^2L}{\mathrm{d}S^2}=\frac{2V^2}{c^2}t\sec B\sin A\cos A$$

$$\frac{\mathrm{d}^3L}{\mathrm{d}S^3}=\frac{2V^3}{c^3}\sec B[\sin A\cos^2A(1+\eta^2+3t^2)-t^2\sin^3A]$$

$$\cdots$$

$$\frac{\mathrm{d}^2A}{\mathrm{d}S^2}=\frac{V^2}{c^2}\sin A\cos A(1+2t^2+\eta^2)$$

$$\frac{\mathrm{d}^3A}{\mathrm{d}S^3}=\frac{V^3}{c^3}t[\cos^2A\sin A(5+6t^2+\eta^2-4\eta^4)-\sin^3A(1+2t^2+\eta^2)]$$

$$\cdots$$

将上述各阶导数的表达式一一代入式(4-76)，并令 $u=S\cos A$，$v=S\sin A$ 并顾及 $\frac{V}{c}=\frac{1}{N}$ 后可导的展开至5阶导数的级数展开式如下：

$$\frac{(B_2-B_1)''}{\rho''}=\frac{V_1^2}{N_1}u-\frac{V_1^2t_1}{2N_1^2}v^2-\frac{2V_1^2\cdot\eta_1^2t_1}{2N_1^2}u^2-\frac{V_1^2(1+3t_1^2+\eta_1^2-9\eta_1^2t_1^2)}{6N_1^3}uv^2-$$
$$\frac{V_1^2\eta_1^2(1-t_1^2+\eta_1^2-5\eta_1^2t_1^2)}{2N_1^3}u^3+\frac{V_1^2t_1(1+3t_1^2+\eta_1^2-9\eta_1^2t_1^2)}{24N_1^4}v^4-$$
$$\frac{V_1^2t_1(4+6t_1^2-13\eta_1^2-9\eta_1^2t_1^2)}{12N_1^4}u^2v^2+\frac{V_1^2\eta_1^2t_1}{2N_1^4}u^4+$$
$$\frac{V_1^2(1+30t_1^2+45t_1^4)}{120N_1^5}uv^4-\frac{V_1^2(2+15t_1^2+15t_1^4)}{30N_1^5}u^3v^2+6\text{ 次项} \tag{4-80}$$

$$\begin{aligned}\frac{(L_2 - L_1)''\cos B}{\rho''} = & \frac{v}{N_1} + \frac{t_1}{N_1^2}uv - \frac{t_1^2}{3N_1^3}v^3 + \frac{(1 + 3t_1^2 + \eta_1^2)}{3N_1^3}u^2v - \\ & \frac{t_1(1 + 3t_1^2 + \eta_1^2)}{3N_1^4}uv^3 + \frac{t_1(2 + 3t_1^2 + \eta_1^2)}{3N_1^4}u^3v + \\ & \frac{t_1(1 + 3t_1^2)}{15N_1^5}v^5 - \frac{(1 + 20t_1^2 + 30t_1^4)}{15N_1^5}u^2v^3 + \\ & \frac{(2 + 15t_1^2 + 15t_1^4)}{15N_1^5}u^4v + 6\text{ 次项}\end{aligned} \tag{4-81}$$

$$\begin{aligned}\frac{(A_2 - A_1)''}{\rho''} \pm \pi = & \frac{t_1}{N_1}v + \frac{(1 + 2t_1^2 + \eta_1^2)}{2N_1^2}uv - \frac{t_1(1 + 2t_1^2 + \eta_1^2)}{6N_1^3}v^3 + \\ & \frac{t_1(5 + 6t_1^2 + \eta_1^2 - 4\eta_1^4)}{6N_1^3}u^2v - \frac{(1 + 20t_1^2 + 24t_1^4 + 2\eta_1^2 + 8\eta_1^2t_1^2)}{24N_1^4}uv^3 + \\ & \frac{(5 + 28t_1^2 + 24t_1^4 + 6\eta_1^2 + 8\eta_1^2t_1^2)}{24N_1^4}u^3v + \frac{t_1(1 + 20t_1^2 + 24t_1^4)}{120N_1^5}v^5 - \\ & \frac{t_1(58 + 280t_1^2 + 240t_1^4)}{120N_1^5}u^2v^3 + \\ & \frac{t_1(61 + 180t_1^2 + 120t_1^4)}{120N_1^5}u^4v + 6\text{ 次项}\end{aligned} \tag{4-82}$$

式(4-80)~式(4-82)虽然均已展开至 5 阶项，但仅能满足边长 $S < 30\text{km}$ 的一、二等大地测量的计算精度，且公式的表达形式也不便于进行实际计算。为此有许多学者相继对式(4-80)~式(4-82)进行了改化，例如博尔茨对级数中 u、v 及它们各次幂之积的系数作了改化，使之成为带有 e'^2 的升幂和 $\sin mB_1$ 及 $\cos mB_1$（m 为正整数）的级数式，并编制了计算用表，赫里斯托夫(Hristow)、史赖伯(Schreiber)等也对级数系数进行了改化，并编制了相应计算用表或公式，使之能适用于实际计算。但由于式(4-80)~式(4-82)是在大地线的起点处展开的，随着边长 S 的增加，公式的计算精度将迅速下降，否则就需要将公式展开至更高阶的项从而使公式显得非常复杂。因而一般说，上述方法只适用于进行短距离的大地主题正算工作。

4.7.2.2　高斯平均引数法

与上一种方法不同，本方法是在大地线的中点处同时向前和向后用级数展开，然后再合并在一起的。这样做的好处是：(1)可以使大地线的长度减半；(2)可消除公式中的偶阶项；(3)同时适用于大地主题正、反算。

1. 正算公式

在图 4-15 中，P_1 为大地线起点，其经纬度 L_1、B_1，至 P_2 点的大地线长度 S 及大地方位角 A_{12} 均为已知值，欲求 P_2 点坐标 L_2、B_2 及大地方位角 A_{21}。图中的 M 点为大地线的中点。若以大地线 P_1P_2 的方向为准，则有 $MP_2 = \frac{S}{2}$，$MP_1 = -\frac{S}{2}$。

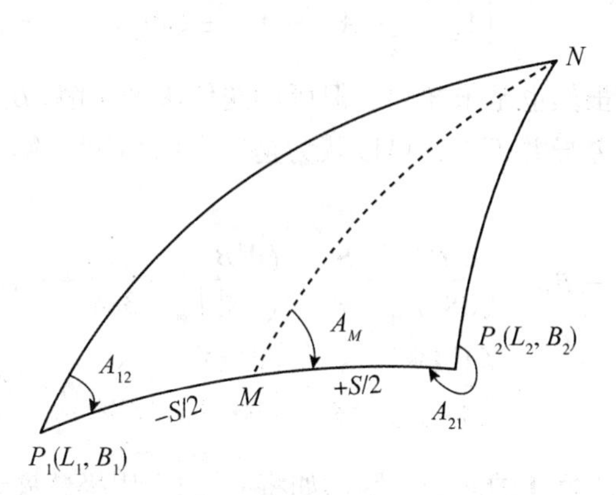

图 4-15　高斯平均引数法示意图

现若以 M 点为起点同时向前和向后用麦克劳林级数对纬度 B 的计算公式进行展开。则有：

$$B_2 - B_M = \left(\frac{dB}{dS}\right)_M \frac{S}{2} + \frac{1}{2}\left(\frac{d^2B}{dS^2}\right)_M \frac{S^2}{4} + \frac{1}{6}\left(\frac{d^3B}{dS^3}\right)_M \frac{S^3}{8} + \frac{1}{24}\left(\frac{d^4B}{dS^4}\right)_M \frac{S^4}{16} + \cdots \tag{4-83}$$

$$B_1 - B_M = -\left(\frac{dB}{dS}\right)_M \frac{S}{2} + \frac{1}{2}\left(\frac{d^2B}{dS^2}\right)_M \frac{S^2}{4} + \frac{1}{6}\left(\frac{d^3B}{dS^3}\right)_M \frac{S^3}{8} + \frac{1}{24}\left(\frac{d^4B}{dS^4}\right)_M \frac{S^4}{16} + \cdots \tag{4-84}$$

两式相减，得

$$(B_2 - B_1)'' = \Delta B'' = \rho''\left(\frac{dB}{dS}\right)_M S + \frac{\rho''}{24}\left(\frac{d^3B}{dS^3}\right)_M S^3 + 5\text{ 次项} \tag{4-85}$$

同理有

$$(L_2 - L_1)'' = \Delta L'' = \rho''\left(\frac{dL}{dS}\right)_M S + \frac{\rho''}{24}\left(\frac{d^3L}{dS^3}\right)_M S^3 + 5\text{ 次项} \tag{4-86}$$

$$(A_{21} - A_{12})'' = \Delta A'' = \rho''\left(\frac{dA}{dS}\right)_M S + \frac{\rho''}{24}\left(\frac{d^3A}{dS^3}\right)_M S^3 + 5\text{ 次项} \tag{4-87}$$

在式(4-83)~式(4-87)中已不再出现偶阶项，而且距离也已减半，因而公式将更加简洁，计算工作量将大为减少。但是上述公式都是在大地线的中点 M 处用级数展开的，计算时要用到中点 M 处的纬度值 B_M 和方位角 A_M，而这些值难以求得。但 P_1 点和 P_2 点的平均纬度 B_m 和平均方位角 A_m 可用简单公式求得：

$$\begin{cases} B_m = \frac{1}{2}(B_1 + B_2) \\ A_m = \frac{1}{2}(A_{12} + A_{21} \pm 180°) \end{cases} \tag{4-88}$$

式(4-88)中的 B_2 和 A_{21} 虽然也是未知的，但可用迭代法来求解。B_m 与 B_M，A_m 与 A_M 虽然并不完全相同，但其间的差异并不大，可以认为是一个微小量。将[式(4-83)+式(4-84)]÷2 后不难求得：

$$B_m - B_M = \left(\frac{\mathrm{d}^2B}{\mathrm{d}S^2}\right)_M \cdot \frac{S^2}{8} + \left(\frac{\mathrm{d}^4B}{\mathrm{d}S^4}\right)_M \cdot \frac{S^4}{384} + 6\text{ 次项} \tag{4-89}$$

$$A_m - A_M = \left(\frac{\mathrm{d}^2A}{\mathrm{d}S^2}\right)_M \cdot \frac{S^2}{8} + \left(\frac{\mathrm{d}^4A}{\mathrm{d}S^4}\right)_M \cdot \frac{S^4}{384} + 6\text{ 次项} \tag{4-90}$$

由于 $\frac{\mathrm{d}B}{\mathrm{d}S}$ 是纬度 B 和方位角 A 的函数，因而如将 $\left(\frac{\mathrm{d}B}{\mathrm{d}S}\right)_M$ 用级数展开的话，可写为：

$$\left(\frac{\mathrm{d}B}{\mathrm{d}S}\right)_M = \left(\frac{\mathrm{d}B}{\mathrm{d}S}\right)_m + \frac{\partial\left(\frac{\mathrm{d}B}{\mathrm{d}S}\right)}{\partial B}(B_M - B_m) + \frac{\partial\left(\frac{\mathrm{d}B}{\mathrm{d}S}\right)}{\partial A}(A_M - A_m) + \cdots \tag{4-91}$$

式中，

$$\left(\frac{\mathrm{d}B}{\mathrm{d}S}\right)_m = \frac{\cos A_m}{M_m} = \frac{V_m^3}{c}\cos A_m = \frac{V_m^2}{N_m}\cos A_m$$

$$\left(\frac{\partial\left(\frac{\mathrm{d}B}{\mathrm{d}S}\right)}{\partial B}\right)_m = \frac{\partial \frac{V_m^3}{c}\cos A_m}{\partial B} = -\frac{3}{N_m}t_m\eta_m^2\cos A_m$$

$$\left(\frac{\partial\left(\frac{\mathrm{d}B}{\mathrm{d}S}\right)}{\partial A}\right)_m = \frac{\partial \frac{V_m^3}{c}\cos A_m}{\partial A} = -\frac{V_m^2}{N_m}\sin A_m$$

$$B_M - B_m = -\frac{S^2}{8}\left(\frac{\mathrm{d}^2B}{\mathrm{d}S^2}\right)_m = \frac{V_m^2S^2}{8N_m^2}(t_m \cdot \sin^2A_m + 3t_m\eta_m^2\cos^2A_m)$$

$$A_M - A_m = -\frac{S^2}{8}\left(\frac{\mathrm{d}^2A}{\mathrm{d}S^2}\right)_m = -\frac{S^2}{8N_m^2}\sin A_m\cos A_m(1 + 2t_m^2 + \eta_m^2)$$

将上述各式代入式(4-91)后可得：

$$S \cdot \left(\frac{\mathrm{d}B}{\mathrm{d}S}\right)_M = \frac{V_m^2}{N_m}S \cdot \cos A_m - \frac{3V_m^2}{8N_m^3}\cos A_m t_m^2\eta_m^2(\sin^2A_m + 3\eta_m^2\cos^2A_m) \cdot S^3 + \frac{V_m^2}{8N_m^3}\sin^2A_m\cos A_m(1 + 2t_m^2 + \eta_m^2) \cdot S^3 + 5\text{ 次项} \tag{4-92}$$

将式(4-92)代入式(4-85)后即可导得顾及四阶项的、在 m 处展开的计算公式：

$$\Delta B''=(B_2-B_1)''=\frac{V_m^2}{N_m}\rho''S\cdot\cos A_m\left\{1+\frac{S^2}{24N_m^2}[\sin^2A_m(2+3t_m^2+2\eta_m^2)+\right.$$

$$\left.3\eta_m^2\cos^2A_m(-1+t_m^2-\eta_m^2-4t_m^2\eta_m^2)]\right\}+5\text{ 次项}\tag{4-93}$$

至于式(4-85)中的第二项 $\frac{\rho''}{24}\left(\frac{\mathrm{d}^3B}{\mathrm{d}S^3}\right)_M S^3$ 本身已为3阶微小量，而 (B_M-B_m) 和 (A_M-A_m) 均为2阶微小量，故计算时可直接用 B_m、A_m 来取代 B_M、A_M，即 $\left(\frac{\mathrm{d}^3B}{\mathrm{d}S^3}\right)_M=\left(\frac{\mathrm{d}^3B}{\mathrm{d}S^3}\right)_m$ 采用同样的方法可导得：

$$\Delta L''=(L_2-L_1)''=\frac{\rho''}{N_m}S\cdot\sec B_m\sin A_m\left\{1+\frac{S^2}{24N_m^2}[\sin^2A_m\cdot t_m^2-\right.$$

$$\left.\cos^2A_m(1+\eta_m^2-9t_m^2\eta_m^2)]\right\}+5\text{ 次项}\tag{4-94}$$

$$\Delta A''=(A_{21}-A_{12})''=\frac{\rho''}{N_m}S\cdot\sin A_m t_m\left\{1+\frac{S^2}{24N_m^2}[\cos^2A_m(2+7\eta_m^2+9t_m^2\eta_m^2+\right.$$

$$\left.5\eta_m^4)+\sin^2A_m(2+t_m^2+2\eta_m^2)]\right\}+5\text{ 次项}\tag{4-95}$$

式(4-93)~式(4-95)中虽然都只保留了四阶项，但由于公式是在中点展开的，距离减半，故可适用于120 km内的大地主题解算工作。

当距离小于70 km时，上述各式中的 η_m^2 项可略去，若设主项

$$\begin{cases}\Delta B_0''=\dfrac{\rho''}{M_m}S\cdot\cos A_m\\[2ex]\Delta L_0''=\dfrac{\rho''}{N_m}S\cdot\sin A_m\sec B_m\\[2ex]\Delta A_0''=\dfrac{\rho''}{N_m}S\cdot\sin A_m\tan B_m=\Delta L_0''\cdot\sin B_m\end{cases}\tag{4-96}$$

则得简化公式：

$$\begin{cases}\Delta L''=\dfrac{\rho''}{N_m}S\cdot\sin A_m\sec B_m\left(1+\dfrac{\Delta A_0''^2}{24\rho''^2}-\dfrac{\Delta B_0''^2}{24\rho''^2}\right)\\[2ex]\Delta B''=\dfrac{\rho''}{M_m}S\cdot\cos A_m\left(1+\dfrac{\Delta L_0''^2}{12\rho''^2}+\dfrac{\Delta A_0''^2}{24\rho''^2}\right)\\[2ex]\Delta A''=\dfrac{\rho''}{N_m}S\cdot\sin A_m\tan B_m\left(1+\dfrac{\Delta B_0''^2}{12\rho''^2}+\dfrac{\Delta L_0''^2}{12\rho''^2}\cos^2B_m+\dfrac{\Delta A_0''^2}{24\rho''^2}\right)\end{cases}\tag{4-97}$$

高斯平均引数公式，结构比较简单，精度比较高。但由于计算时要用到 B_m、A_m 等值，而此时 B_2、A_2 尚未求出，因而计算时需采用迭代法来进行逐渐趋近。一般计算主项时趋近三次，计算改正项时逼近1~2次即可满足要求。

2. 反算公式

如前所述，大地主题反算是指已知大地线两端 P_1 和 P_2 的大地坐标（L_1，B_1）及（L_2，B_2）来反求大地线的长度 S 及两端的正反大地方位角 A_{12} 和 A_{21}。将正算公式(4-93)和式(4-94)移项经整理后可得：

$$\begin{cases} S\cdot\sin A_m = \dfrac{\Delta L''}{\rho''}N_m\cos B_m - \dfrac{S\cdot\sin A_m}{24N_m^2}[S^2t_m^2\sin^2A_m + \\ \qquad S^2\cos^2A_m(1+\eta_m^2-9\eta_m^2t_m^2)] \\ S\cdot\cos A_m = \dfrac{\Delta B''}{\rho''}\dfrac{N_m}{V_m^2} - \dfrac{S\cdot\cos A_m}{24N_m^2}[S^2\sin^2A_m(2+3t_m^2+2\eta_m^2) - \\ \qquad 3\eta_m^2S^2\cos^2A_m(t_m^2-1-\eta_m^2-4\eta_m^2t_m^2)] \end{cases} \tag{4-98}$$

式中，$\Delta L''$、$\Delta B''$、B_m 等项皆为已知项，S 和 A_m 为未知量，但这些未知量同时也出现在方程式的右边。为解算方便式(4-98)右端第二项中的 $S\cdot\cos A_m$ 和 $S\cdot\sin A_m$ 可用其主项来代替，即 $S\cdot\sin A_m=\dfrac{\Delta L''}{\rho''}N_m\cos B_m$，$S\cdot\cos A_m=\dfrac{\Delta B''}{\rho''}\dfrac{N_m}{V_m^2}$，将它们代入式(4-98)后，并令

$$\begin{cases} r_{01}=\dfrac{N_m}{\rho''}\cos B_m,\ r_{21}=\dfrac{N_m\cos B_m}{24\rho''^3}(1-\eta_m^2-9\eta_m^2t_m^2),\ r_{03}=\dfrac{N_m}{24\rho''^3}\cos^3B_mt_m^2 \\ S_{10}=\dfrac{N_m}{\rho''V_m^2},\ S_{12}=\dfrac{N_m}{24\rho''^3}\cos^2B_m(-2+3t_m^2+3t_m^2\eta_m^2),\ S_{30}=\dfrac{N_m}{8\rho''^3}(\eta_m^2-t_m^2\eta_m^2) \end{cases} \tag{4-99}$$

可得：

$$\begin{cases} S\cdot\sin A_m=r_{01}\Delta L''+r_{21}\Delta B''^2\Delta L''+r_{03}\Delta L''^3 \\ S\cdot\cos A_m=S_{10}\Delta B''+S_{12}\Delta B''\Delta L''^2+S_{30}\Delta B''^3 \end{cases} \tag{4-100}$$

从而可求得：

$$\begin{cases} \tan A_m=\dfrac{S\cdot\sin A_m}{S\cdot\cos A_m} \\ S=[(S\cdot\sin A_m)^2+(S\cdot\cos A_m)^2]^{1/2} \end{cases} \tag{4-101}$$

将式(4-100)代入式(4-95)后，可求得 $\Delta A''$：

$$\Delta A''=t_m\cos B_m\cdot\Delta L''+\frac{t_m}{24\rho''^2}\cos B_m(3+2\eta_m^2-2\eta_m^4)\Delta B''^2\Delta L''+\frac{t_m}{12\rho''^2}\cos^2B_m(1+\eta_m^2)\Delta L''^3 \tag{4-102}$$

由 A_m 和 $\Delta A''$ 可求得 A_{12} 和 A_{21}

$$\begin{cases} A_{12}=A_m-\dfrac{\Delta A''}{2} \\ A_{21}=A_m+\dfrac{\Delta A''}{2}\pm180^\circ \end{cases} \tag{4-103}$$

上述公式均顾及了 4 阶微小量，可用于 200km 内的大地主题反算；

当距离<70km 时，$S\cdot\cos A_m$ 和 $S\cdot\sin A_m$ 可由简化公式(4-97)导出：

$$\begin{cases} S \cdot \sin A_m = \dfrac{N_m \Delta L'' \cos B_m}{\rho''\left(1 + \dfrac{\Delta A''^2_0}{24\rho''^2} - \dfrac{\Delta B''^2_0}{24\rho''^2}\right)} \\ S \cdot \cos A_m = \dfrac{M_m \Delta B''}{\rho''\left(1 + \dfrac{\Delta L''}{12\rho''^2} - \dfrac{\Delta B''^2_0}{24\rho''^2}\right)} \end{cases} \tag{4-104}$$

而 $\Delta A''_0$ 可用下式替代

$$\Delta A''_0 = \Delta L''_0 \cdot \sin B_m$$

利用高斯平均引数法进行大地主题反算时，计算公式较为简单，精度高，也无需进行迭代计算，是短距离大地主题反算中最常用的公式。计算时一般均有现成的程序可供使用，感兴趣的同学也可尝试自行编写相应的程序。

4.7.3　白塞尔大地主题解算方法

1825 年德国大地测量学家、天文学家白塞尔(F. W. Bessel)提出了一种长距离大地主题解算公式。其基本思想是首先按照一定法则将椭球面上的已知大地元素“投影”至一个单位球面上，然后再在这个辅助球面上用球面三角公式进行严密的坐标正反算，最后再将计算结果转换至椭球面上来。由于地球椭球的扁率仅为 1/297，与圆球非常接近，因而从椭球面至圆球(或从圆球至椭球)的投影的“变形”就很小，即使采用一个相对较为简单的公式就能适用于长距离的大地主题解算。此后又有不少学者对该公式进行了改进。如赫尔默特、索达纳及我国学者陈俊勇等人给出了直接计算公式来取代原来的迭代算法；纪兵借助 Mathematica 代数系统用计算机对公式重新进行了推导，使公式更为简单便于实际计算；周江华、史国友等人设法解决了原算法中的奇异性问题，使之适用任何条件。

4.7.3.1　基本投影关系式

在建立椭球面上的大地元素与球面上的相应元素间的投影关系式时，白塞尔提出了下列三项原则：

(1)椭球面上的大地线投影至球面上后为一大圆弧。这一规定是容易理解的。因为大地线为椭球面上两点之间距离最短的曲线，椭球上的三角形的边正是由这些大地线构成的。同样大圆弧也是球面上两点间距离最短的曲线，球面上的三角形也是由这些大圆弧为边而构成的。我们之所以要将椭球面上的大地元素投影至球面上，正是为了在球面上利用简单的球面三角公式进行严格的数学解算，因而大地线在球面上的投影自然应为大圆弧。

(2)大地线在椭球面上的大地方位角 A 应与大圆弧在球面上的方位角相等。投影后的方位角保持不变，图形不会产生旋转，能尽可能保持投影前后图形的相似性，使投影关系式尽可能简单。

(3)若 P 点在椭球面上的大地纬度为 B，其对应的归化纬度为 u($\tan u = \sqrt{1-e^2}\tan B$)，则该点投影至球面上后投影点 P' 在球面上的纬度 $\varphi = u$。这样做可以使其与大地元素之间的投影关系式尽可能简单。

图 4-16(a)为地球椭球上的大地元素，图 4-16(b)为投影至以单位长度为半径的辅助球上的相应的元素。在图 4-16(a)中 P_1、P_2 为大地线的两个端点；P_0 为将大地线反向延长

后与椭球赤道的交点；P_n 为大地线正向延长线中纬度最高的线，在该点大地线与平行圈相切；S_1 和 S_2 分别为大地线 P_0P_1 和 P_0P_2 的长度；P_1、P_2、P_n 点的大地经纬度分别为（L_1，B_1）、（L_2，B_2）和（L_n，B_n）；大地线在 P_0、P_1、P_2 点处的大地方位角分别为 A_0、A_1、A_2。而在右边的单位球面上，与大地线 $P_0P_1P_2P_n$ 相应的大圆弧记为 $P_0'P_1'P_2'P_n'$；大圆弧 $P_0'P_1'$ 及 $P_0'P_2'$ 的长度分别为 σ_1 和 σ_2；P_0'、P_1'、P_n' 点在球面上的经纬度则分别为（λ_1，u_1）、（λ_2，u_2）、（λ_n，u_n）。

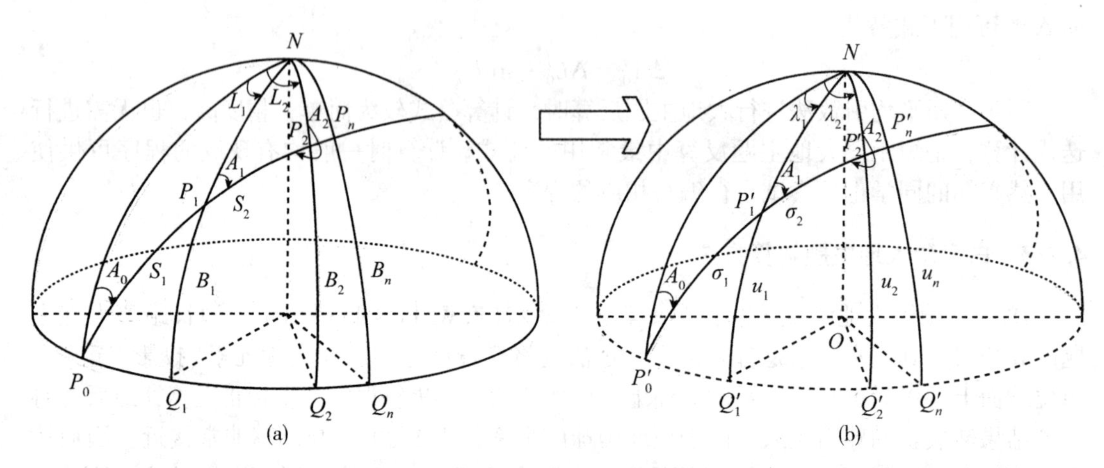

图 4-16　白塞尔投影示意图

在 P_0 和 P_1 点上引用克莱劳方程有：$a\sin A_0 = r_1\sin A_1 = N_1\cos B_1\sin A_1$，因此大地线在赤道处的大地方位角为：

$$\sin A_0 = \frac{N_1\cos B_1\sin A_1}{a} = \frac{\cos B_1\sin A_1}{\sqrt{1-e^2\sin^2 B_1}} \tag{4-105}$$

据椭球面上的大地线微分方程可得：

$$\begin{cases} \mathrm{d}S\cos A = M\mathrm{d}B \\ \mathrm{d}S\sin A = N\cos B\mathrm{d}L \end{cases} \tag{4-106}$$

在单位球面上有 $M = N = R = 1$，顾及 A 不变，$\varphi = u$ 后式(4-106)可写为：

$$\begin{cases} \mathrm{d}\sigma\cos A = \mathrm{d}u \\ \mathrm{d}\sigma\sin A = \cos u\mathrm{d}\lambda \end{cases} \tag{4-107}$$

将式(4-106)和式(4-107)中对应公式相除后可得：

$$\begin{cases} \dfrac{\mathrm{d}S}{\mathrm{d}\sigma} = M\dfrac{\mathrm{d}B}{\mathrm{d}u} \\ \dfrac{\mathrm{d}L}{\mathrm{d}\lambda} = \dfrac{\cos u}{N\cos B}\dfrac{\mathrm{d}S}{\mathrm{d}\sigma} \end{cases} \tag{4-108}$$

根据 M、N 的定义及 u 和 B 之间的关系式，经整理后可得白塞尔微分方程如下：

$$\begin{cases} \mathrm{d}S = a\sqrt{1-e^2\cos^2 u}\,\mathrm{d}\sigma \\ \mathrm{d}L = \sqrt{1-e^2\cos^2 u}\,\mathrm{d}\lambda \end{cases} \tag{4-109}$$

这样我们就初步建立了椭球面上的大地元素与辅助球面上的相应元素之间的相互关系。其中有的关系式简单明确，如方位角 A 保持不变；有的关系稍复杂，如 $\tan\varphi = \tan u = (1 - e^2)\tan B$，有的则仅建立了微分关系式，如式(4-109)所示，还需进一步进行积分。

4.7.3.2 球面三角公式

将椭球面上的大地元素“投影”至辅助球面后，就需在辅助球面上用球面三角公式进行解算，最后再将计算结果转换到椭球面上去。下面我们将不加推导直接给出球面三角公式。希望了解更多知识的同学可参阅球面天文学和普通天文学方面的教材和著作。

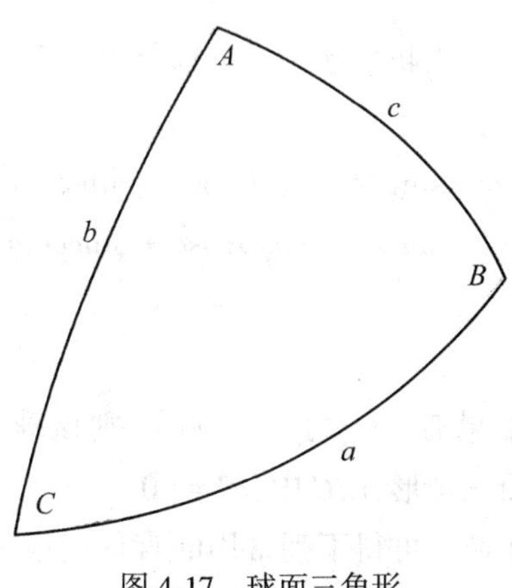

图 4-17　球面三角形

1. 边的余弦公式

球面三角形任意边的余弦等于其他两边余弦的乘积加上这两边的正弦及其夹角余弦的连乘积，即

$$\begin{cases}\cos a = \cos b\cos c + \sin b\sin c\cos A\\ \cos b = \cos c\cos a + \sin c\sin a\cos B\\ \cos c = \cos a\cos b + \sin a\sin b\cos C\end{cases} \tag{4-110}$$

2. 角的余弦公式

球面三角形任一角的余弦等于其他两角余弦的乘积冠以负号再加上这两角的正弦及其夹边余弦的连乘积，即

$$\begin{cases}\cos A = -\cos B\cos C + \sin B\sin C\cos a\\ \cos B = -\cos A\cos C + \sin A\sin C\cos b\\ \cos C = -\cos A\cos B + \sin A\sin B\cos c\end{cases} \tag{4-111}$$

3. 正弦公式

球面三角形各边的正弦和对角的正弦成正比，即

$$\left\{\frac{\sin a}{\sin A} = \frac{\sin b}{\sin B} = \frac{\sin c}{\sin C}\right. \tag{4-112}$$

4. 第一五元素公式

$$
\begin{cases}\sin a\cos B=\cos b\sin c-\sin b\cos c\cos A\\ \sin a\cos C=\cos c\cos b-\sin c\cos b\cos A\end{cases} \tag{4-113}
$$

其他公式同理可得。

5. 第二五元素公式

$$
\begin{cases}\sin A\cos b=\cos B\sin C+\sin B\cos C\cos a\\ \sin A\cos c=\cos C\sin B+\sin C\cos B\cos a\end{cases} \tag{4-114}
$$

其他公式同理可得。

6. 四元素公式

把第一五元素公式和正弦公式联合起来，可以导出球面三角形中相邻的四个元素的关系式：

$$
\begin{cases}\cot A\sin C=-\cos C\cos b+\sin b\cot a\\ \cot A\sin B=-\cos B\cos c+\sin c\cot a\end{cases} \tag{4-115}
$$

其他公式同理可得。

7. 球面直角三角形公式

对于球面三角形而言，如果有一个角等于 90°，则该球面三角形叫做直角球面三角形。为了不失一般性，设球面三角形 ABC 中，$C=90°$，且 $\cos C=0$，$\sin C=1$，将他们代入上述各公式，经过适当的变换，可得下列常用的直角三角形公式：

$$
\begin{cases}\cos c=\cos a\cos b,\ \sin b=\sin c\sin B\\ \sin a=\sin c\sin A,\ \sin b=\tan a\cot A\\ \sin a=\tan b\cot B,\ \cos c=\cot A\cot B\\ \cos B=\tan a\cot c,\ \cos A=\tan b\cot c\\ \cos B=\cos b\sin A,\ \cos A=\cos a\sin B\end{cases} \tag{4-116}
$$

4.7.3.3　白塞尔微分方程的解

1. S 与 σ 间的关系式

在图 4-16(b)中，三角形 $P_1'P_0'Q_1'$ 为球面直角三角形，据球面三角公式有：

$$
\sin u=\sin\sigma\cos A_0 \tag{4-117}
$$

大地线在赤道处的大地方位角 A_0 可据克莱劳方程求解，见式(4-105)。

将式(4-117)代入式(4-109)中的第 1 式后有：

$$
\begin{aligned}\mathrm{d}S&=a\sqrt{1-e^2(1-\sin^2u)}\,\mathrm{d}\sigma=a\sqrt{1-e^2+e^2\cos^2A_0\sin^2\sigma}\,\mathrm{d}\sigma\\&=a\sqrt{1-e^2}\sqrt{1+e'^2\cos^2A_0\sin^2\sigma}\,\mathrm{d}\sigma=b\sqrt{1+\bar{e}^2\sin^2\sigma}\,d\sigma\end{aligned} \tag{4-118}
$$

式中，b 为椭球短半轴；$\bar{e}^2=e'^2\cos^2A_0$。

在计算机代数系统中将式(4-118)展开至 e^8 并积分，则

$$
S=b(d_0\sigma+d_2\sin2\sigma+d_4\sin4\sigma+d_6\sin6\sigma+d_8\sin8\sigma) \tag{4-119}
$$

式中，系数为：

$$\begin{cases} d_0 = 1 + \frac{1}{4}\bar{e}^2 - \frac{3}{64}\bar{e}^4 + \frac{5}{256}\bar{e}^6 - \frac{175}{16384}\bar{e}^8 \\ d_2 = -\frac{1}{8}\bar{e}^2 + \frac{1}{32}\bar{e}^4 - \frac{15}{1024}\bar{e}^6 + \frac{35}{4096}\bar{e}^8 \\ d_4 = -\frac{1}{256}\bar{e}^4 + \frac{3}{1024}\bar{e}^6 - \frac{35}{16384}\bar{e}^8 \\ d_6 = -\frac{3}{3072}\bar{e}^6 + \frac{5}{12288}\bar{e}^8 \\ d_8 = -\frac{5}{131072}\bar{e}^8 \end{cases} \tag{4-120}$$

定义 $\Phi = \frac{S}{d_0 b}$，则式(4-119)可以改写为：

$$\Phi = \sigma + d'_2\sin2\sigma + d'_4\sin4\sigma + d'_6\sin6\sigma + d'_8\sin8\sigma \tag{4-121}$$

式中，系数可在计算机代数系统中展开为：

$$\begin{cases} d'_2 = -\frac{1}{8}\bar{e}^2 + \frac{1}{16}\bar{e}^4 - \frac{37}{1024}\bar{e}^6 + \frac{47}{2048}\bar{e}^8 \\ d'_4 = -\frac{1}{256}\bar{e}^4 + \frac{1}{256}\bar{e}^6 - \frac{27}{8192}\bar{e}^8 \\ d'_6 = -\frac{1}{3072}\bar{e}^6 + \frac{1}{2048}\bar{e}^8 \\ d'_8 = -\frac{5}{131072}\bar{e}^8 \end{cases} \tag{4-122}$$

式(4-122)为已知球面上的大圆弧长度 σ 计算椭球面上的大地线长 S（$S = \Phi d_0 b$）的计算公式。用拉格朗日(Lagrange)级数法不难求得反解公式如下：

$$\sigma = \Phi + f_2\sin2\Phi + f_4\sin4\Phi + f_6\sin6\Phi + f_8\sin8\Phi \tag{4-123}$$

式中，系数可在计算机代数系统中展开为：

$$\begin{cases} f_2 = \frac{1}{8}\bar{e}^2 - \frac{1}{16}\bar{e}^4 + \frac{71}{2048}\bar{e}^6 - \frac{85}{4096}\bar{e}^8 \\ f_4 = \frac{5}{256}\bar{e}^4 - \frac{5}{256}\bar{e}^6 + \frac{383}{24576}\bar{e}^8 \\ f_6 = \frac{29}{6144}\bar{e}^6 - \frac{29}{4096}\bar{e}^8 \\ f_8 = \frac{539}{393216}\bar{e}^8 \end{cases} \tag{4-124}$$

2. ΔL 与 $\Delta\lambda$ 之间的关系式

据式(4-107)有：

$$\mathrm{d}\lambda = \frac{\sin A}{\cos u}\mathrm{d}\sigma \tag{4-125}$$

在球面直角三角形 $P'_0P'_1Q'_1$ 中，有：

$$\sin A = \frac{\sin A_0}{\cos u} \tag{4-126}$$

将式(4-126)代入式(4-125)后可得：

$$\mathrm{d}\lambda = \frac{\sin A_0}{\cos^2 u}\mathrm{d}\sigma \tag{4-127}$$

将式(4-127)代入式(4-109)中的第 2 式，并顾及 $\cos^2 u = 1 - \sin^2 u = 1 - \cos^2 A_0 \sin^2 \sigma$，可得：

$$\begin{aligned}\mathrm{d}L &= \mathrm{d}\lambda + (\sqrt{1 - e^2 \cos^2 u} - 1)\mathrm{d}\lambda \\ &= \mathrm{d}\lambda - \frac{e^2 \sin A_0}{1 + \sqrt{1 - e^2 + e^2 \cos^2 A_0 \sin^2 \sigma}}\mathrm{d}\sigma \\ &= \mathrm{d}\lambda - \frac{e^2 \sin A_0}{1 + \sqrt{1 - e^2}\sqrt{1 + \bar{e}^2 \sin^2 \sigma}}\mathrm{d}\sigma\end{aligned} \tag{4-128}$$

在计算机代数系统中将上式展至 e^8 并积分，可得：

$$\Delta L = \Delta\lambda - \sin A_0 (g_0 \sigma + g_2 \sin 2\sigma + g_4 \sin 4\sigma + g_6 \sin 6\sigma) \mid_{\sigma_1}^{\sigma_2} \tag{4-129}$$

式中，$\Delta L = L_2 - L_1$，$\Delta\lambda = \lambda_2 - \lambda_1$，系数为：

$$\begin{cases} g_0 = \left(\frac{1}{2}e^2 + \frac{1}{8}e^4 + \frac{1}{16}e^6 + \frac{5}{128}e^8\right) - \left(\frac{1}{16}e^2 - \frac{1}{256}e^6\right)\bar{e}^2 + \left(\frac{3}{128}e^2 - \frac{3}{1024}e^4\right)\bar{e}^4 - \frac{25}{2048}e^2\bar{e}^6 \\ g_2 = \frac{1}{32}e^2\bar{e}^2 - \left(\frac{1}{64}e^2 - \frac{1}{512}e^4\right)\bar{e}^4 + \frac{75}{8192}e^2\bar{e}^6 \\ g_4 = \left(\frac{1}{512}e^2 - \frac{1}{4096}e^4\right)\bar{e}^4 - \frac{15}{8192}e^2\bar{e}^6 \\ g_6 = \frac{5}{24576}e^2\bar{e}^6 \end{cases} \tag{4-130}$$

至此，我们已求得了微分方程式(4-109)的级数解，建立了 S 及 σ 之间及 ΔL 与 $\Delta\lambda$ 之间的满足精度要求的转换关系式。

4.7.3.4　白塞尔大地主题正算

已知某大地线起点处的大地坐标（L_1，B_1），大地线的长度 S 以及大地方位角 A，求终点的大地坐标（L_2，B_2）的工作称大地主题正算。其计算步骤如下：

(1)将椭球面上的大地元素投影至辅助球面上。

① 球面上大圆弧起点处的方位角保持不变，仍为 A_1；

② 球面上大圆弧起点的纬度为归化纬度 u，$\tan u_1 = \sqrt{1 - e^2}\tan B_1$；

③ 据 $\sin A_0 = \cos u_1 \sin A_1$ 求得大地线向后延伸至赤道处的大地方位角，根据方位角不变的特性，球面上的大圆弧在赤道处的方位角也为 A_0；

④ 在辅助球上用球面三角公式 $\tan\sigma_1 = \dfrac{\tan u_1}{\cos A_1}$ 计算从 P_0' 至 P_1' 的大圆弧长 σ_1；

⑤ 求得大圆弧长 σ_1 后，即可用公式(4-119)和式(4-120)反解出椭球面上大地线的长

度 S_1，进而求得 $S_2 = S_1 + S$；

⑥ 再用公式(4-123)及式(4-124)根据大地线长 S_2 计算出球面上的大圆弧长 σ_2。

至此，已完成了从椭球面至辅助球面的转换工作。

(2)在球面上进行解算。

① 在球面直角三角形 $P'_0P'_2Q'_2$ 中，根据球面三角公式：

$$\tan A_2 = \frac{\tan A_0}{\cos\sigma_2} \tag{4-131}$$

计算出方位角 A_2(见图 4-16(b))。

② 据球面三角公式：

$$\tan u_2 = \tan\sigma_2\cos(A_2 - \pi) = -\tan\sigma_2\cos A_2 \tag{4-132}$$

计算出 u_2。

③ 在球面三角形 $P'_0P'_1N$ 中(见图 4-16(b))用球面三角公式可导得：

$$\tan\lambda_1 = \sin A_0\tan u_1 \tag{4-133}$$

同样在三角形 $P'_0P'_2N$ 中可得

$$\tan\lambda_2 = \sin A_0\tan u_2 \tag{4-134}$$

解出 λ_1 和 λ_2 后，即可求得经差 $\Delta\lambda = \lambda_2 - \lambda_1$。

(3)将球面上的计算结果转换至椭球面上：

① 将 u_2 化算为 B_2，计算公式为 $\tan B_2 = \dfrac{\tan u_2}{\sqrt{1-e^2}}$；

② 用公式(4-129)和式(4-130)将球面上求得的经差 $\Delta\lambda$ 化算为椭球面上的大地经度之差 ΔL，继而求得大地线端点 P_2 的大地经度 $L_2 = L_1 + \Delta L$，而大地方位角 A_2 则无需转换，可直接用球面上求得的值。

4.7.3.5 白塞尔大地主题反算

已知大地线两端的坐标 (L_1, B_1) 及 (L_2, B_2)，计算大地线长度 S 及大地方位角 A_1 和 A_2 的工作称为大地主题反算。白塞尔大地主题反算也可分下列三个步骤来进行：

(1)将椭球面上的大地坐标投影至球面上。

① 如前所述大地线两个端点投影至球面上后，其纬度即为归化纬度 u，可用下列公式进行计算：

$$\tan u_i = \sqrt{1-e^2}\tan B_i \quad (i = 1, 2)$$

然后计算两个端点的大地经度之差 $\Delta L = L_2 - L_1$。

② 用迭代法求解球面上的相应元素

A. 在球面三角形中有：

$$\cos\Delta\sigma = \cos u_1\cos u_2\cos\Delta\lambda + \sin u_1\sin u_2 \tag{4-135}$$

但式中的 $\Delta\lambda$ 尚未解出，只能先用近似值 ΔL 作为初值代入。

B. 在球面三角形 $P'_0P'_1Q'_1$ 及 $P'_1NP'_2$ 中可导得下列公式：

$$\sin A_0 = \cos u_1\sin A_1 = \cos u_1\frac{\sin\Delta\lambda}{\sin\Delta\sigma} \tag{4-136}$$

同样 $\Delta\lambda$ 未知，只能用 ΔL 作为初值代入，$\Delta\sigma$ 的精确值也未求得，只能用式(4-135)求得的结果作为初值代入。

C. 在球面三角形 $P_1'NP_2'$ 中有

$$\cos A_1 = \tan u_2 \cos u_1 \cos\Delta\lambda - \sin u_1 \cos\Delta\lambda \tag{4-137}$$

式中，$\Delta\lambda$ 未知，同样只能用 ΔL 作为初值代入。

D. 在球面直角三角形 $P_0'P_1'Q_1'$ 中有

$$\cos\sigma_1 = \frac{\sin A_0 \cot A_1}{\sin u_1} \tag{4-138}$$

$$\sigma_2 = \sigma_1 + \Delta\sigma \tag{4-139}$$

E. 据式(4-129)及式(4-130)计算 $\Delta\lambda$，求得 $\Delta\lambda$ 后重新返回 A 式进行迭代计算，直至结果收敛为止。

③ 在球面上进行解算：

在球面三角形 $P_1'NP_2'$ 中有：

$$\begin{cases}\cot A_1 = \tan u_2 \cos u_1 \csc\Delta\lambda - \sin u_1 \cot\Delta\lambda \\ \cot A_2 = -\tan u_1 \cos u_2 \csc\Delta\lambda + \sin u_2 \cot\Delta\lambda\end{cases} \tag{4-140}$$

辅助球面上求得的方位角 A_1 和 A_2 无需转换，即为椭球面上的大地方位角。

④ 将球面上解得的收敛后的解 $\Delta\sigma$ 转换为椭球面上的大地线长 ΔS 用公式(4-119)和式(4-120)即可完成上述计算。

至此，就完成了全部的反算工作。

采用本章中给出的白塞尔大地主题解算公式来进行正、反算时，结果的精度情况如下：

大地主题正算：当 $S \leqslant 400\text{km}$，解算精度优于 $1''\times10^{-5}$(相当于地面 0.3mm)；

当 $S \leqslant 1000\text{km}$，解算精度优于 $1''\times10^{-4}$(相当于地面 3mm)；

当 $S \leqslant 6000\text{km}$，解算精度优于 $1''\times10^{-3}$(相当于地面 3cm)；

当 $S = 15000\text{km}$，解算精度优于 $1''\times10^{-2}$(相当于地面 0.3m)。

大地主题反算：大地方位角精度优于 $0.001''$。

大地线长度：当 $S \leqslant 1000\text{km}$ 时，解算精度优于 0.1mm；

当 $S = 10000\text{km}$ 时，解算精度优于 1mm；

当 $S = 15000\text{km}$ 时，解算精度优于 1cm。

由此可见，由于本章中给出的白塞尔大地主题解算公式汇总均已顾及 e^{-8} 项，略去的仅是 e^{-10} 项及更微小量，因而具有较高的精度，可满足高精度大地测量的要求，且计算公式也较为简洁，有规律。有关上述精度估算的详细过程可参阅参考文献[4]。

此外，还有不少学者对白塞尔大地主题的反算公式进行了改进，以避免进行反复的迭代计算。如陈俊勇院士曾利用泰勒级数展开和三角级数回求等方法给出了白塞尔大地主题反算的直接算法，详细情况请参阅参考文献[5]。纪兵等人则利用了法截线方位角与大地方位角之间的关系式给出了一种改进的算法，详细情况可参阅参考文献[6]。限于篇幅，本书中不再介绍。

4.8 导航中大地线长度的计算方法

在导航中经常会碰到已知两点的大地坐标，求解两点间的距离，即求解大地线长度的问题。当然从原理上讲可利用第七节所介绍的白塞尔大地主题反解方法来进行解算。但在导航中精度要求一般并不高(例如10m级的精度)，采用前面所介绍的方法似乎有些小题大做。因而在导航中通常会采用一些较为简便的方法来进行计算。

4.8.1 Andoyer-Lambert 法

这是一种在导航领域中被广泛采用的方法。考虑到在导航中经常会碰到数百公里至数千公里的中长距离大地主题反算问题，因而本方法是以适用于中长距离的白塞尔大地主题解算公式为基础进行简化和近似处理的。下面加以简单介绍。

计算大地线长度 S 的微分方程(4-141)式如下：

$$dS = \sqrt{1 - e^2 \cos^2 u}\, d\sigma \tag{4-141}$$

地球椭球的第一偏心率 e^2 与扁率 α 间有下列关系式：

$$e^2 = 2\alpha - \alpha^2 \approx 2\alpha \tag{4-142}$$

式(4-142)中已略去了 α^2 项，其值约为 1.1×10^{-5}。将式(4-142)代入式(4-141)后可得：

$$dS = a\sqrt{1 - 2\alpha \cos^2 u}\, d\sigma \tag{4-143}$$

式中，$2\alpha \cos^2 u$ 为微小量，用泰勒级数展开后有：

$$\sqrt{1 - 2\alpha \cos^2 u} = 1 - \alpha \cos^2 u - \frac{1}{8}(\alpha \cos^2 u)^2 \cdots \approx 1 - \alpha \cos^2 u \tag{4-144}$$

式(4-144)中又略去了 $\frac{1}{8}(\alpha \cos^2 u)^2$ 项及更高阶微小量，当 $u = 45°$ 时，$\frac{1}{8}(\alpha \cos^2 u)^2$ 约为 1.4×10^{-6}。顾及 $\sin u = \cos A_0 \sin\sigma$ 后式(4-143)可写为：

$$\begin{aligned} dS &= a(1 - \alpha\cos^2 u)\, d\sigma = a[1 - \alpha(1 - \sin^2 u)]\, d\sigma = a[1 - \alpha + \alpha\sin^2 u]\, d\sigma \\ &= a(1 - \alpha + \alpha\cos^2 A_0 \sin^2\sigma)\, d\sigma = a\left(1 - \alpha + \alpha\cos^2 A_0 \frac{1 - \cos 2\sigma}{2}\right) d\sigma \end{aligned} \tag{4-145}$$

对式(4-145)进行积分后有：

$$S = a\left[\Delta\sigma\left(1 - \alpha + \frac{\alpha}{2}\cos^2 A_0\right) - \frac{\alpha}{4}\cos^2 A_0(\sin 2\sigma_2 - \sin 2\sigma_1)\right] \tag{4-146}$$

式中，a 为地球椭球的长半径，α 为扁率，均为已知值，下面我们将设法求出式中的三个未知量：$\Delta\sigma$、$\cos^2 A_0$ 及 $\cos^2 A_0(\sin 2\sigma_2 - \sin 2\sigma_1)$。

1. $\Delta\sigma$ 的求解

在球面三角形 $P_1'NP_2'$ 中有 $\cos\Delta\sigma = \sin u_1 \sin u_2 + \cos u_1 \cos u_2 \cos\Delta\lambda$，但式中 $\Delta\lambda$ 也为未知数，故用近似值 ΔL 代入，由此求得的 $\Delta\sigma$ 记为 $\Delta\sigma'$，即

$$\cos\Delta\sigma' = \sin u_1 \sin u_2 + \cos u_1 \cos u_2 \cos\Delta L \tag{4-147}$$

为了避免进行迭代计算，下面来推导 $\Delta\sigma$ 与其近似值 $\Delta\sigma'$ 之间的关系式，对式

(4-147)求微分后可得：

$$\mathrm{d}\Delta\sigma=\frac{\cos u_1\cos u_2\sin\Delta L}{\sin\Delta\sigma}\mathrm{d}\Delta L=\cos u_2\frac{\sin(2\pi-A_2)}{\sin\Delta\sigma}\sin\Delta L\mathrm{d}\Delta L\approx-\cos u_2\sin A_2\mathrm{d}\Delta L$$
$$=\sin A_0\mathrm{d}L \tag{4-148}$$

在式(4-148)求微分关系式中近似地认为 $\sin\Delta\sigma=\sin\Delta L$。

在式(4-129)与式(4-130)中略去 α^2 项及更高阶的微小量，可得 $\Delta\lambda$ 与 ΔL 之间有下列近似关系式：

$$\Delta L=\Delta\lambda-\alpha\Delta\sigma\sin A_0 \tag{4-149}$$

于是可得：

$$\mathrm{d}\Delta L=\Delta\lambda-\Delta L=\alpha\Delta\sigma\sin A_0 \tag{4-150}$$

将式(4-150)代入式(4-148)可得：

$$\mathrm{d}\Delta\sigma=\alpha\Delta\sigma\sin^2A_0 \tag{4-151}$$

因此有：

$$\Delta\sigma=\Delta\sigma'+\mathrm{d}\Delta\sigma=\Delta\sigma'+\alpha\Delta\sigma'\sin^2A_0=\Delta\sigma'(1+\alpha\sin^2A_0) \tag{4-152}$$

2. $\cos^2A_0$ 的计算

由于

$$\begin{cases}\sin u_1=\cos A_0\sin\sigma_1\\ \sin u_2=\cos A_0\sin\sigma_2\end{cases}$$

故

$$\begin{cases}\sin u_1+\sin u_2=\cos A_0(\sin\sigma_1+\sin\sigma_2)=2\cos A_0\dfrac{\sigma_1+\sigma_2}{2}\cos\dfrac{\Delta\sigma}{2}\\ \sin u_1-\sin u_2=\cos A_0(\sin\sigma_1-\sin\sigma_2)=2\cos A_0\sin\dfrac{\Delta\sigma}{2}\cos\dfrac{\sigma_1+\sigma_2}{2}\end{cases} \tag{4-153}$$

令

$$\begin{cases}U=(\sin u_1+\sin u_2)^2=4\cos^2A_0\sin^2\left(\dfrac{\sigma_1+\sigma_2}{2}\right)\cos^2\dfrac{\Delta\sigma}{2}\\ \quad=2\cos^2A_0\sin^2\left(\dfrac{\sigma_1+\sigma_2}{2}\right)(1+\cos\Delta\sigma)\\ V=(\sin u_1-\sin u_2)^2=4\cos^2A_0\cos^2\left(\dfrac{\sigma_1+\sigma_2}{2}\right)\sin^2\dfrac{\Delta\sigma}{2}\\ \quad=2\cos^2A_0\cos^2\left(\dfrac{\sigma_1+\sigma_2}{2}\right)(1-\cos\Delta\sigma)\end{cases} \tag{4-154}$$

于是有：

$$\begin{cases}\cos^2A_0\sin^2\left(\dfrac{\sigma_1+\sigma_2}{2}\right)=\dfrac{U}{2(1+\cos\Delta\sigma)}\\ \cos^2A_0\cos^2\left(\dfrac{\sigma_1+\sigma_2}{2}\right)=\dfrac{V}{2(1-\cos\Delta\sigma)}\end{cases} \tag{4-155}$$

将式(4-155)中的两式相加后有：

$$\cos^2 A_0 = \frac{U}{2(1+\cos\Delta\sigma)} + \frac{V}{2(1-\cos\Delta\sigma)} \tag{4-156}$$

式(4-156)即为利用 u_1、u_2 来计算 $\cos^2 A_0$ 的公式。下面略去公式推导过程，直接给出结果：

$$\cos^2 A_0 \cos(\sigma_1+\sigma_2) = \frac{V}{2(1-\cos\Delta\sigma)} - \frac{U}{2(1+\cos\Delta\sigma)} \tag{4-157}$$

将式(4-152)、式(4-156)和式(4-157)代入式(4-146)后可得：

$$\begin{aligned}\frac{S}{a} =& \Delta\sigma(1+\alpha\sin^2 A_0)\cdot\left\{1-\alpha+\frac{\alpha}{2}\left[\frac{U}{2(1+\cos\Delta\sigma)}+\frac{V}{2(1-\cos\Delta\sigma)}\right]\right\}\\ &-\frac{\alpha}{2}\sin\Delta\sigma\left[\frac{V}{2(1-\cos\Delta\sigma)}-\frac{U}{2(1+\cos\Delta\sigma)}\right]\end{aligned} \tag{4-158}$$

顾及 $\sin^2 A_0 = 1-\cos^2 A_0$，略去 α^2 以上各项，经整理后得到：

$$S = a\Delta\sigma - \frac{\alpha}{4}a\left[\frac{\Delta\sigma-\sin\Delta\sigma}{1+\cos\Delta\sigma}U + \frac{\Delta\sigma+\sin\Delta\sigma}{1-\cos\Delta\sigma}V\right] \tag{4-159}$$

式(4-159)即导航中使用的大地线长计算公式。与白塞尔大地主题反解公式相比，公式较为简单，无需进行辅助量 A_1 和 σ_1 的计算。采用该方法进行计算时，求得的大地线长度的精度情况如下：

当 $S \leqslant 400$km 时，可达分米级精度；

当 $400 < S < 1000$km，可达1米的精度；

当 $1000 < S < 2000$km，可达米级精度；

当 $S = 6000$km，可达10米级精度。

4.8.2 计算大地线长度的大椭圆法

在地球椭球上有一条大地线，其两个端点分别为 $P_1(L_1, B_1)$ 和 $P_2(L_2, B_2)$，本节中所说的大椭圆是指过大地线的两个端点 P_1、P_2 及椭球中心 O 所作的平面与地球椭球的交线。研究结果表明大椭圆弧 $\overset{\frown}{P_1P_2}$ 的长度与大地线 $\overset{\frown}{P_1P_2}$ 的长度几乎相同，因而可用大椭圆弧的长度来替代大地线的长度。

将大椭圆弧 $\overset{\frown}{P_1P_2}$ 反向延长与赤道交于 P_0 点，再将 $\overset{\frown}{P_1P_2}$ 正向延长至 P_n 点，在该处大椭圆弧将与平行圈相切，然后调头向南延伸(见图4-18)。因而 $\overset{\frown}{P_0P_1P_2P_n}$ 实际上就是四分之一个大椭圆。P_0O 和 P_nO 分别为大椭圆的长半径和短半径。(在本节中将分别用 a_s 和 b_s 来表示)。所以只要确定了大椭圆的形状及大小(即 a_s、b_s 或 a_s，e_s)，并确定了 $\angle P_0OP_1$ 和 $\angle P_0OP_2$，我们就可借助于计算子午线弧长的公式求出弧长 $\overset{\frown}{P_0P_1}$ 及 $\overset{\frown}{P_0P_2}$，进而求得大椭圆弧长 $\overset{\frown}{P_1P_2}$。下面我们分别来解决这两个问题。

4.8.2.1 确定大椭圆的形状和大小

由于 P_0 为地球赤道上的点，所以 OP_0 即为大椭圆的长半径，即 $a_s = a$，也就是说大椭

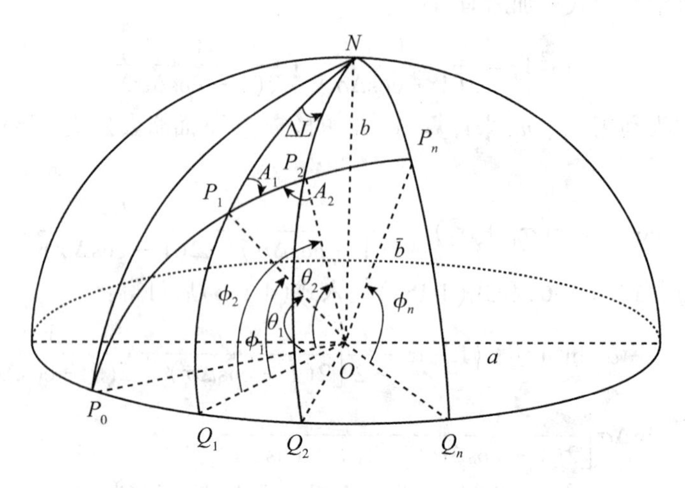

图 4-18　大椭圆弧长示意图

圆的长半径 a_s 就等于地球椭球的长半径 a，子午椭圆上任一点 P 至椭圆中心 O 的距离 ρ 可表示为：

$$\rho = \frac{b}{\sqrt{1 - e^2 \cos^2\varphi}} \tag{4-160}$$

式中，b、e、φ 分别为地球椭圆的短半径、第一偏心率及 P 点的地心纬度。将式(4-160)用于子午椭圆 $O - NP_nQ_n$，并顾及 OP_n 即为大椭圆的短半径 b_s 这一事实，有：

$$b_s = OP_n = \frac{b}{\sqrt{1 - e^2 \cos^2\varphi_n}} \tag{4-161}$$

而大椭圆的偏心率 e_s 可表示为：

$$e_s = \frac{\sqrt{a_s^2 - b_s^2}}{a_s} = \frac{\sqrt{1 - \cos^2\varphi_n}}{\sqrt{1 - e^2 \cos^2\varphi_n}} \cdot e \tag{4-162}$$

在球面直角三角形中有：

$$\cos\varphi_n = \cos\varphi_1 \sin A_1 \tag{4-163}$$

把式(4-163)代入式(4-162)后，可得：

$$e_s = e\frac{\sqrt{1 - \cos^2\varphi_1 \sin^2 A_1}}{\sqrt{1 - e^2 \cos^2\varphi_1 \sin^2 A_1}} \tag{4-164}$$

4.8.2.2　解算大椭圆弧长$\widehat{P_1P_2}$

(1)据大地线两端的大地纬度 B_1、B_2，用式(4-165)来解地球椭圆中的地心纬度 φ_1、φ_2：

$$\tan\varphi = (1 - e^2)\tan B \tag{4-165}$$

(2)在球面三角形 P_1NP_2 中用下列球面三角公式求解 A_1、A_2：

$$\begin{cases}\tan A_1 = \dfrac{\sin(L_2 - L_1)}{\cos\varphi_1[\tan\varphi_2 - \tan\varphi_1\cos(L_2 - L_1)]} \\ \tan A_2 = \dfrac{\sin(L_2 - L_1)}{\cos\varphi_2[\tan\varphi_1 - \tan\varphi_2\cos(L_2 - L_1)]}\end{cases} \tag{4-166}$$

(3)在球面直角三角形 P_1NP_n 和 P_2NP_n 中用下列公式求解 θ_1 和 θ_2：

$$\begin{cases}\cot\theta_1 = \dfrac{\cos A_1}{\tan\varphi_1} \\ \cot\theta_2 = \dfrac{\cos A_2}{\tan\varphi_2}\end{cases} \tag{4-167}$$

式中，$\theta_1 = \angle P_0OP_1$、$\theta_2 = \angle P_0OP_2$ 为大椭圆中的地心纬度。

(4)计算大椭圆中的子午线弧长。

前面我们已导得了利用大地纬度 B 来计算子午线弧长的公式(4-58)，但我们现在并不知道 P_1 和 P_2 在大椭圆中的大地纬度，而只导得了它们的地心纬度 θ_1 和 θ_2。因而需要依据大地纬度与地心纬度之间的关系式用级数展开，然后借助于计算机代数系统导得依据地心纬度 θ 计算子午线弧长的公式：

$$S_i = a(h_0\theta_i + h_2\sin 2\theta_i + h_4\sin 4\theta_i + h_6\sin 6\theta_i) \qquad (i = 1,\ 2) \tag{4-168}$$

式中的系数如下：

$$\begin{cases}h_0 = 1 - \dfrac{1}{4}e_s^2 - \dfrac{3}{64}e_s^4 - \dfrac{5}{256}e_s^6 \\ h_2 = \dfrac{1}{8}e_s^2 + \dfrac{1}{32}e_s^4 + \dfrac{31}{1024}e_s^6 \\ h_4 = \dfrac{1}{256}e_s^4 - \dfrac{3}{1024}e_s^6 \\ h_6 = \dfrac{5}{1024}e_s^6\end{cases} \tag{4-169}$$

将 θ_1 和 θ_2 代入分别求得从大椭圆的赤道至 P_1 点和 P_2 点的子午线弧长 S_1 和 S_2 后，即可求得子午线弧长 $\overset{\frown}{P_1P_2} = S_2 - S_1$。

当然从理论上讲，我们也可以根据 e_s 将地心纬度 θ 转换为大地纬度，然后直接用前面导得的公式式(4-58)来计算子午线弧长。但这样做有两个缺点：一是公式过于复杂，计算工作量大。因为式(4-58)是为了满足大地测量的精度要求而导得的，在导航中无需这么高的精度。二是公式(4-58)适宜于某些特定的地球椭球计算，这样就能根据这些地球椭圆的参数 a、e 将系数求出以简化计算公式，见公式(4-59)~(4-62)。然而大椭圆的 e_s 是随大地线而异的，有一条大地线，一般就有一个 e_s 与之对应，因而其系数还需用式(4-169)另行计算。采用大椭圆法计算大地线长度时，计算精度如下：

当 $S < 400\text{km}$ 时，精度优于 0.1mm；

当 $400\text{km} < S < 1000\text{km}$ 时，精度优于 1mm；

当 $1000\text{km} < S < 2000\text{km}$ 时，精度优于 1cm；

当 $S = 6000\text{km}$ 时，精度优于 1m。
详细情况可参阅参考文献[4]。

4.8.3 顾及高程影响的大地线长度计算方法

前面介绍的各种计算都是在椭球面上(即大地高 $H = 0$)进行的，但实际上大多数需要进行导航计算的运动载体通常并不一定在椭球面上运动。有时运动轨迹和椭球面之间的距离还不小，例如在青藏高原上运动的汽车，其航线可能高出椭球面 4000~5000m，飞机的航线离椭球面则可能达 8000~9000m。在高程较大、航线很长且精度要求很高的情况下来计算大地线长度时需顾及高程对大地线长度的影响。

为解决上述问题，我们需引入一个辅助椭球，在图 4-19 中，地球椭球用实线表示，辅助椭球用虚线表示。P_1、P_2 为大地线的两个端点，整个大地线的平均高度(大地高)为 H_m，辅助椭球的中心与地球椭球的中心重合，三个坐标轴的指向也保持一致，辅助椭球的扁率 f(或偏心率 e)也与地球椭球保持一致，但在大地线的中点处辅助椭球比地球椭球大了 H_m(见图 4-19)。下面我们不加证明直接给出计算辅助椭球的长半径 a_N 和短半径 b_N 的公式：

$$\frac{a_N}{a} = \frac{b_N}{b} = 1 + \frac{H_m}{N_m(1 - e^2 \sin^2 B_m)} = K \tag{4-170}$$

新的辅助椭球的扁率 f_N 为：

$$f_N = \frac{a_N - b_N}{a_N} = \frac{aK - bK}{aK} = \frac{a - b}{a} = f \tag{4-171}$$

也就是说只要用式(4-170)计算辅助椭球的长、短半径就能保证扁率 f(偏心率 e)保持不变，然后就能在辅助椭球上来计算大地线的长度，以便较好地消除高程对大地线长度的影响，满足导航的精度要求。

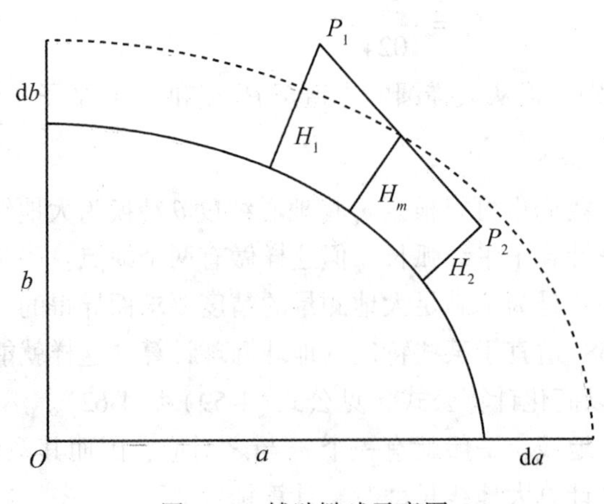

图 4-19　辅助椭球示意图

当平均高程 $H_m = 2000\text{m}$，大地线长度为 10000km 时，如果不顾及高程的影响，会使求得的大地线长度产生约 1.65 km 的误差。

4.9　把地面观测值归算至椭球面

在传统大地测量中，我们需要先把地面测站上所测得的方向观测值和距离观测值等归算至椭球面上，然后才能在椭球面这个规则的数学曲面上进行数学计算。在导航学中，也可以沿用这种方法。当然在导航学中，我们也可采用另一种方法：完全脱离地球椭球的概念，直接在空间直角坐标系中按照点与点之间的几何关系来进行数据处理。如有必要再将这些空间直角坐标系化算为大地坐标。相关内容将在第 6 章加以介绍。

4.9.1　距离观测值的归算

在大地测量及导航中，我们可以用红外测距、激光测距、微波测距(雷达)等电磁波测距的方法来测定两点间的直线距离 $AB = L$。过测站 A 作椭球面的法线与短轴交于 O 点。法线 AO 与椭球面相交于 A_0 点。连接 B、O 与椭球面交于 B_0 点。ABO 即为过测站 A 的法线及观测点 B 的法截面，$\overset{\frown}{A_0B_0}$ 即为椭球面上的法截弧。现在我们将把地面测得的斜距 D 归算为椭球面上的法截弧长 $\overset{\frown}{A_0B_0} = S$。至于法截弧长与 A_0、B_0 间的大地线的长度之间的差异则十分微小，因而上述法截线长 S 也可视为是大地线长，这些将在 4.10 节加以介绍。

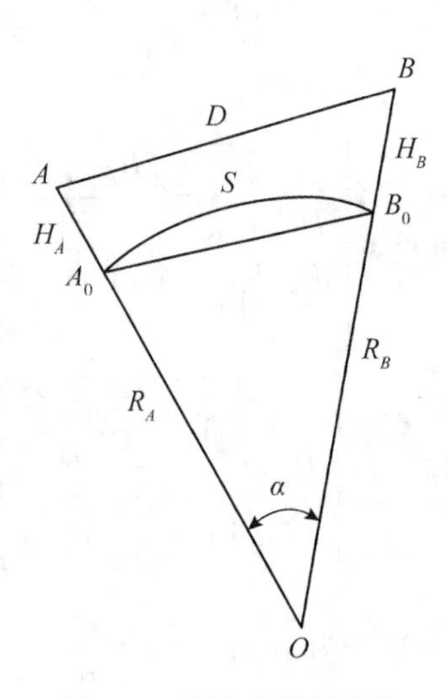

图 4-20　距离归算示意图

当 A、B 间的距离不太长时(例如 100 km)，可将 $\overset{\frown}{A_0B_0}$ 视为半径为 A_0O 的一段圆弧。设测站 A 的纬度为 B'，A 至 B 的方位角为 A'，根据任一方向的法截弧的曲率半径计算公式(4-51)式可求得在 A_0 处，A_0B_0 方向的法截弧曲率半径 A_0O 为：$R_A = \dfrac{N}{1 + e'^2\cos^2 B'\cos^2 A'}$。$B_0O$ 也可视为是 R_A。一般说测站 A 的坐标是已知的，B 点的坐标是未知的，因而只能采用 R_A 作为其曲率半径。如果 B 点的近似坐标可获得(如采用迭代算法先求得其近似的坐标)。则可采用 R_A 和 R_B 的平均曲率半径 $R_m = \frac{1}{2}(R_A + R_B)$，以提高其计算精度或增加其适用的距离。设 A 点处的大地高 $AA_0 = H_A$，B 点处的大地高 $BB_0 = H_B$，在 $\triangle ABO$ 中根据余弦定理有：

$$\cos\alpha = \frac{(R_A + H_A)^2 + (R_B + H_B)^2 - D^2}{2(R_A + H_A)(R_B + H_B)} \tag{4-172}$$

另有 $\alpha = \frac{S}{R_A}$，所以 $\cos\alpha = \cos\frac{S}{R_A} = 1 - 2\sin^2\frac{S}{2R_A}$，由此可得 $\sin^2\frac{S}{2R_A} = \frac{1-\cos\alpha}{2}$，将式(4-172)代入后可得：

$$\sin^2\frac{S}{2R_A} = \frac{D^2 - (H_B - H_A)^2}{4(R_A + H_A)(R_B + H_B)} = \frac{D^2\left[1 - \left(\frac{H_B - H_A}{D}\right)^2\right]}{4R_A^2\left(1 + \frac{H_A}{R_A}\right)\left(1 + \frac{H_B}{R_A}\right)}$$

故

$$\sin\frac{S}{2R_A} = \frac{D}{2R_A}\sqrt{\frac{1 - \left(\frac{H_B - H_A}{D}\right)^2}{\left(1 + \frac{H_A}{R_A}\right)\left(1 + \frac{H_B}{R_A}\right)}}$$

即

$$\frac{S}{2R_A} = \arcsin\left\{\frac{D}{2R_A}\sqrt{\frac{1 - \left(\frac{H_B - H_A}{D}\right)^2}{\left(1 + \frac{H_A}{R_A}\right)\left(1 + \frac{H_B}{R_A}\right)}}\right\}$$

$$S = 2R_A\arcsin\left\{\frac{D}{2R_A}\sqrt{\frac{1 - \left(\frac{H_B - H_A}{D}\right)^2}{\left(1 + \frac{H_A}{R_A}\right)\left(1 + \frac{H_B}{R_A}\right)}}\right\}$$

反三角函数 $\arcsin x$ 可用级数展开为 $\arcsin x = x + \frac{x^3}{6} + \frac{3}{40}x^5 + \cdots$。当 $D = 200\text{km}$ 时，式中的 $x \leqslant \frac{D}{2R_A} \approx \frac{1}{63}$，此时级数展开式中的 5 次项 $2R_A \times \frac{3}{40}x^5$ 的值约小于 1mm，可略而不计，因而有：

$$S = D\sqrt{\frac{1 - \left(\frac{H_B - H_A}{D}\right)^2}{\left(1 + \frac{H_A}{R_A}\right)\left(1 + \frac{H_B}{R_A}\right)}} + \frac{D^3}{24R_A^2} \tag{4-173}$$

式(4-173)经进一步化简后，还可写为下列形式：

$$S = D - \frac{\Delta H^2}{2D} - D\frac{H_m}{R_A} + \frac{D^3}{24R_A^2} \tag{4-174}$$

式中，$\Delta H = H_B - H_A$ 为 A、B 两站的大地高之差；$H_m = \frac{H_A + H_B}{2}$，为 A、B 两站的平均大地高。式(4-174)中的第一项 D 为 A、B 两点间的斜距；第二项 $-\frac{\Delta H^2}{2D}$ 为倾斜改正，可将斜距归算为平均高程 H_m 处的水平距离；第三项 $D\frac{H_m}{R_A}$ 为高程改正，可将 H_m 处的水平距离归算为椭球面上的弦长 A_0B_0；第四项 $\frac{D^3}{24R_A^2}$ 为弦长与弧长间的改正，可将弦长 A_0B_0 归算为椭球面上的弧线长 $\widehat{A_0B_0}$。式(4-174)除了能使各项改正数的意义更为明确外，还有利于进行误差分析。如将式(4-174)对 ΔH 求偏导数后可得 $\frac{\partial S}{\partial \Delta H} = -\frac{\Delta H}{D}$，当 $D = 200\text{km}$、$\Delta H = 200\text{m}$ 时，若 A、B 两点的大地高之差 ΔH 有 1m 的误差时，会使归算后的法截线弧长 S 产生 1mm 的误差；将式(4-174)对 H_m 求偏导数后可得 $\frac{\partial S}{\partial H_m} = -\frac{D}{R_A}$，当 $D = 200\text{km}$、$R_A = 6378\text{km}$ 时，当 H_m 有 1m 的误差时会使归算后的弧长 S 产生约 3cm 的误差；将式(4-174)对 R_A 求偏导数后可得 $\frac{\partial S}{\partial R_A} = \frac{DH_m}{R_A^2} - \frac{D^3}{12R_A^3}$，当 $D = 200\text{km}$、$\Delta H = 200\text{m}$、$R_A = 6378\text{km}$ 时，若 R_A 有1km的误差，将会使归算后的法截线 S 产生 1.6mm 的误差。一条 200km 的线段，两端的纬差可达 1.8°。在北纬 30° 附近，两端的卯酉圈曲率半径 N 可相差 0.3km 左右，因而在图 4-20 中将 B 点的曲率半径也近似地视为是 R_A，一般是允许的，不会对归算的结果产生很大的影响。

4.9.2 方向观测值的归算

4.9.2.1 垂线偏差改正 δ_1

大地测量中用经纬仪进行方向观测时，仪器的纵轴总是与当地的垂线方向一致，而不是与椭球面法线方向一致。垂线与法线之差称为垂线偏差 u。垂线偏差 u 在子午面上的分量为 ξ，在卯酉面上的分量为 η。

$$\begin{cases} \xi = u\cos A \\ \eta = u\sin A \end{cases} \tag{4-175}$$

式中，A 为垂线偏差 u 的方位角。在椭球面上进行计算时，所有的方向观测值必须以法线为依据。因而我们需要把以垂线为依据的地面方向观测值加上一个改正数 δ_1 以便将其归算为以法线为依据的椭球面上的方向观测值。此项改正 δ_1 就称为垂线偏差改正。δ_1 的计算公式为：

$$\delta_1'' = -(\xi''\sin A_P - \eta''\cos A_P)\tan h_P \tag{4-176}$$

式中，A_P 与 h_P 分别为从测站观测目标点 P 时的大地方位角和高度角。

4.9.2.2　标高差改正

这是一种由于照准点不在椭球面上而需要在方向观测值的归算中所引入的改正，也称照准点高程改正。

在图4-21中，A 为测站点，B 为照准点，其大地高为 H_2。过 A 点引椭球面的法线 AK 与椭球面相交于 a 点，a 点即为测站 A 在椭球面上的投影，类似地过 B 点引椭球面的法线与椭球面相交于 b 点，b 点即为照准点 B 在椭球面的投影。当照准点的标高（大地高 H）为零时，我们应观测的是法截线 $\overset{\frown}{ab}$（经过法线 AK 及点 b 的平面与椭球面的交线）的方向，但现在观测的却是法截线 $\overset{\frown}{Ab'}$（经过法线 AK 及 B 点的平面与椭球面的交线）的方向。这两个方向之差即为标高差改正 $\delta_2 = \angle bab'$。标高差改正是由于过 A 点的法线与过 B 点的法线不共面而引起的。这里同样不加推导直接给出 δ_2 的计算公式如下：

$$\delta_2 = H_2\,(1)_2\,\frac{e^2}{2}\sin 2A_1\,\cos^2 B_2 \tag{4-177}$$

式中，$(1)_2 = -\dfrac{\rho''}{M_2}$，$M_2$ 为照准点 B 处的子午圈曲率半径；A_1 为从测站点 A 至照准点 B 的大地方位角，B_2 为照准点 B 的大地纬度。在大地测量中，常令 $K_1 = H_2\,(1)_2\,\dfrac{e^2}{2}\cos^2 B$，其数值可以照准点的大地高 H_2 及纬度为引数从“大地测量计算用表”中查取。δ_2 的数值一般也小于 $0.1''$。

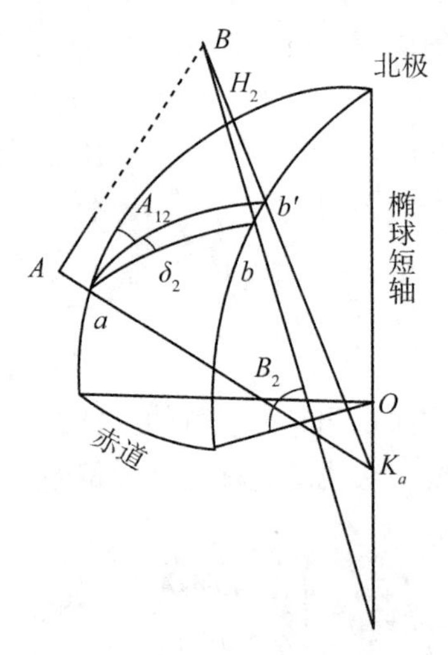

图4-21　标高差改正

通过上述两项改正后，我们就能把以垂线为依据的地面方向观测值归算为以法线为依据的椭球面上的法截线的方向。

在一、二等大地测量中所有的方向观测值均需施加上述两项改正。但在导航学中则很少涉及将精确的方向观测值归算至椭球面上的问题，因而在本节中只是直接给出了改正公式。需进一步了解公式推导过程的学生可参阅各类大地测量学教材(推导过程较为复杂)。

从上面的讨论可知：地面测距站上的方向观测值需进行垂线偏差改正 δ_1、标高差改正 δ_2 后才能归算为椭球面上的正法截线的方向。然后结合 4.6 节的介绍，再经过截面差改正 δ_3 后最终归算为大地线的方向。

第5章 时间系统

时间和空间是物质存在的基本形式。时间是基本物理量之一，它反映了物质运动的顺序性和连续性，人们在生产、科学研究和日常生活中都离不开时间。现代卫星导航系统依赖于精准的时频系统。因此，时间系统是导航定位中的基本问题之一。

5.1 有关时间系统的一些基本概念

时间是一个非常重要的物理量，也是目前在所有的物理量中能最精确量测的一个物理量。由于真空中的光速 c 为一个恒定不变的量，而且具有很好的复现性，所以 1983 年 10 月举行的第 17 届国际计量大会上已将长度单位“米”的定义改为“光在真空中1/299792458 秒内所传播的距离”。在各种地基无线电导航系统和空基无线电导航系统中，精确的距离测量实际上都是通过精确的时间测量来加以实现的。由于光的传播速度极快，约为每秒 30 万千米，因而会对时间系统及时间计量工具提出极高的要求。例如，在 GPS 卫星导航中，若要求测距误差不大于 1dm，则测量信号传播时间 Δt 的误差就必须小于等于 0.33 ns。

5.1.1 时间

时间有两重含义：时间间隔和时刻。时间间隔是指两个瞬时状态之间所经历的时间历程。例如，某运动员在 100m 决赛中的成绩为 9.86s 是指从裁判员的起跑发令枪响至该运动员到达终点撞线这两个事件间所经历的时间。而时刻是指某一现象所发生的时间。例如，神舟 8 号飞船于 2011 年 11 月 1 日 5 时 58 分 10 秒点火发射。所谓的时刻实际上也是一种时间间隔，即与约定的起始时刻之间的时间间隔，而时间间隔则为某一过程始末两个时刻之间的差值。测定时刻也被称为绝对时间测量，而时间间隔测量被称为相对时间测量。

时间系统规定了时间测量的标准，包括时刻的参考基准(起点)和时间间隔测量的尺度基准。时间系统是由定义和相应的规定从理论上进行阐述的，而时间系统框架则是通过守时、授时，以及时间频率测量和比对技术在全球范围内或某一区域内来实现和维持统一的时间系统的。但在实际使用时，有时对这两个不同的概念并不加以严格区分。

5.1.2 时间基准

时间测量需要有一个公共的标准尺度，称为时间基准或时间频率基准。一般来说，任何一个能观测到的周期性运动，只要能满足下列条件都可作为时间基准：

(1)能做连续的周期性运动，且运动周期十分稳定；

(2)运动周期具有很好的复现性，即在不同的时间和地点这种周期性的运动都可以通过观测和实验来予以复现。

自然界中具有上述特性的自然现象常常被用来作为度量时间的工具，如早期的燃香和沙漏，后来的钟摆的摆动以及近代的利用石英晶体的压电效应所产生的振荡信号的周期，原子跃迁时所发出的电磁波振荡信号的振荡周期及脉冲星的自转周期等，迄今为止，实际应用的较为精确的时间基准有：

(1)地球自转周期，它是建立平太阳时和恒星时所用的时间基准，其稳定度约为 10^{-8}；

(2)行星(地球)绕日公转及月球绕地球公转的周期。给出历书时 t 就能根据天体力学所建立的轨道方程求出该时刻行星或月球在轨道上的位置。反之，如果通过天文观测确定了行星或月球在轨道上的位置后也能反求出观测瞬间的历书时 t。这种建立在天体公转运动基础上的时间系统比建立在地球自转基础上的时间系统有更好的稳定性(约为 10^{-10})。

(3)原子中的电子从某一能级跃迁至另一能级时所发出(或吸收)的电磁波信号的振荡频率(周期)。它是建立原子时所用的时间基准，其稳定度约为 10^{-14}。目前最好的铯原子喷泉钟的稳定度已进入 10^{-16}级。

(4)脉冲星的自转周期，最好的毫秒脉冲星的自转周期的稳定度有可能达到 10^{-19}或更好。目前，世界各国的科学家们还在为建立具有更高精度(比原子时)的脉冲星时而努力工作。

5.1.3 守时系统(时钟)

守时系统(时钟)被用来建立和/或维持时间频率基准，确定任一时刻的时间。守时系统还可以通过时间频率测量和比对技术来评价该系统内不同时钟的稳定度和准确度，并据此给各时钟以不同的权重，以便用多台钟来共同建立和维持时间系统框架。

5.1.4 授时和时间比对

授时系统可以通过电话、电视、计算机网络系统、专用的长波和短波无线电信号、搬运钟以及卫星等设备将时间系统所维持的时间信息和频率信息传递给用户。不同用户之间也可以通过上述设施和方法来实现高精度的时间比对。授时实际上也是一种时间比对，是用户与标准时间之间进行的时间比对。

不同的时间比对方法具有不同的精度，其方便程度和所需的费用也不相同，用户可以根据需要选择合适的方法。

目前，国际上有许多单位和机构在建立和维持各种时间系统，并通过各种方式将有关的时间和频率信息传递给用户，这些工作统称为时间服务。我国国内的时间服务是由国家授时中心(NTSC)提供的。

5.1.5 时钟的主要技术指标

时钟是一种重要的守时工具。利用时钟可以连续地向用户提供任一时刻所对应的时间

t_i。由于任何一台时钟都存在误差，所以需要通过定期或不定期地与标准时间进行比对，求出比对时刻的钟差，经数学处理（如简单的线性内插）后估计出任一时刻 t_i 时的钟差来加以改正，以便获得较为准确的时间。

评价时钟性能的主要技术指标为频率准确度、频率漂移和频率稳定度。

5.1.5.1　频率准确度

一般而言，时钟是由频率标准（频标）、计数器、显示和输出装置等部件所组成的。其中频标通常用具有稳定周期的振荡器来担任（例如晶体振荡器）。计数器则用来记录振荡的次数。然后再经分频后形成高精度的秒脉冲信号输出。所谓频率准确度是指振荡器所产生的实际振荡频率 f 与其理论值（标准值）f_0 之间的相对偏差，即 $a=\frac{f-f_0}{f_0}$，频率准确度与时间之间具有下列关系式：

$$a=\frac{\mathrm{d}f}{f_0}=-\frac{\mathrm{d}T}{T}，\ 即\ \mathrm{d}T=-aT$$

这就表明频率准确度是反映钟速是否正确的一个技术指标。

5.1.5.2　频率漂移率（频漂）

频率准确度在单位时间内的变化量称为频率漂移率，简称频漂。据单位时间的取值的不同，频漂有日频漂率、周频漂率、月频漂率和年频漂率。计算频漂的基本公式为：

$$b=\frac{\sum_{i=1}^{N}(f_i-\bar{f})(t_i-\bar{t})}{f_0\sum_{i=1}^{N}(t_i-\bar{t})^2} \tag{5-1}$$

式中，t_i 为第 i 个采样时刻（单位可以取秒、时、日……）；f_i 为第 i 个采样时刻测得的频率值；f_0 为标称频率值（理论值）；N 为采样总数；$\bar{t}=\frac{1}{N}\sum_{i=1}^{N}t_i$ 为平均采样时刻；$\bar{f}=\frac{1}{N}\sum_{i=1}^{N}f_i$ 为平均频率。

频漂反映了钟速的变化率，也称老化率。

5.1.5.3　频率稳定度

频率稳定度反映频标在一定的时间间隔内所输出的平均频率的随机变化程度。在时域测量中频率稳定度是用采样时间内平均相对频偏 $\bar{y}_k$ 的阿伦方差的平方根 σ_y 来表示：

$$\sigma_y(\tau)=\sqrt{\left\langle\frac{(\bar{y}_{k+1}-\bar{y}_k)^2}{2}\right\rangle}=\frac{1}{f_0}\sqrt{\left\langle\frac{(\bar{f}_{k+1}-\bar{f}_k)^2}{2}\right\rangle} \tag{5-2}$$

式中，〈…〉表示无穷多个采样的统计平均值；

$\bar{y}_k$ 为时间间隔（t_k，$t_{k+\tau}$）内的平均相对频率，即

$$\bar{y}_k=\frac{1}{\tau}\int_{t_k}^{t_{k+\tau}}\left[\frac{\bar{f}_k-f_0}{f_0}\right]\mathrm{d}t=\frac{1}{f_0}\left[\frac{1}{\tau}\int_{t_k}^{t_{k+\tau}}f(t)\,\mathrm{d}t-f_0\right]$$

令 $\bar{f}_k=\frac{1}{\tau}\int_{t_k}^{t_{k+\tau}}f(t)\,\mathrm{d}t$，则

$$\bar{y}_k = \frac{\bar{f}_k - f_0}{f_0},\quad \bar{y}_{k+1} = \frac{\bar{f}_{k+1} - f_0}{f_0} \tag{5-3}$$

当测量次数有限时，频率稳定度用式(5-4)估计：

$$\hat{\sigma}_y = \frac{1}{f_0}\sqrt{\frac{\sum_{i=1}^{m}(\bar{f}_{k+1} - \bar{f}_k)}{2(m-1)}} \tag{5-4}$$

式中，m 为采样次数，一般应≥100 次。

频率的随机变化是在频标内部的各种噪声的影响下产生的。各类噪声对频率的随机变化的影响程度和影响方式是不同的，因此采样时间不同，所获得的频率稳定度也是不同的。在给出频率稳定度时，必须同时给出采样时间，例如日稳定度为 10^{-13} 等。频率稳定度是反映时钟质量的最主要的技术指标。频率准确度和频漂反映了钟的系统的误差，其数值即使较大也可通过与标准时间进行比对来予以确定并加以改正；而频率稳定度则反映了钟的随机误差，我们只能从数理统计的角度来估计其大小，而无法进行改正，因而是反映钟性能中的一个关键性的指标。

5.2 恒星时与平太阳时

地球自转是一种连续性的周期运动。先前由于受观测精度和计时工具的限制，人们认为这种自转是完全均匀的，而且又能很方便地通过对天体的观测来加以量测，因而被选作时间基准。衡量地球自转时需选择地球外的某一个点来作为参考点。恒星时是选择春分点来作为参考点的，而平太阳时则是选用“平太阳”的中心来作为参考点的。

5.2.1 恒星时

春分点是天球赤道与黄道的一个交点(升交点)，是天球坐标系中一个极其重要的坐标起算点。恒星时就是选用春分点来作为衡量地球自转的参考点的。春分点连续两次通过某地的上子午圈的时间间隔，即为一个恒星日。某一时刻某地的恒星时即该时刻春分点的时角(过春分点的赤经圈与某地子午圈之间的夹角)。恒星时是以某地子午圈为准的，是一种地方时。春分点有真春分点与平春分点之分，相应的恒星时也有真恒星时(Apparent Sidereal Time，AST)和平恒星时(Mean Sidereal Time，MST)之分，真春分点是黄道与真天球赤道的交点，同时顾及了岁差和章动，平春分点是黄道与平赤道的交点，仅顾及岁差运动而未顾及章动运动。如前所述，恒星时是一种地方时。同一瞬间，若两地的经度不同，则给出的恒星时也不相同。在导航中经常使用的恒星时是格林尼治恒星时。格林尼治真恒星时 GAST 与格林尼治平恒星时 GMST 之间有下列关系：

$$\mathrm{GAST} - \mathrm{GMST} = \Delta\psi\cos(\varepsilon_0 + \Delta\varepsilon) \tag{5-5}$$

式中，$\Delta\psi$ 为黄经章动，$\Delta\varepsilon$ 为交角章动，$(\varepsilon_0 + \Delta\varepsilon)$ 为该时刻的真黄赤交角。GAST 与 GMST 之差即为黄经章动在赤道上的投影。

5.2.2 真太阳时

真太阳时是以真正的太阳的中心作为参考点的。真太阳中心连续两次通过某地的上子午圈的时间间隔称为一个真太阳日。任一时刻某地的真太阳时等于该时刻真太阳中心相对于本地子午圈的时角再加上12小时。

地球在自转的同时还要围绕太阳作公转运动。在图5-1中，设地球自转一圈时，从 O_1 公转至 O_2。在此期间春分点已连续两次通过 A 点的上子午圈，但真太阳中心还未能连续两次通过 B 点的上子午圈。因为在此期间地球绕日公转了 θ_1 角。地球必须再自转 θ_1 角才能使真太阳中心第2次通过 B 点的子午圈(在此处我们略去了地球在自转 θ_1 角时还会再公转的一个小角度)。因此，真太阳日的长度要比恒星日的长度大。

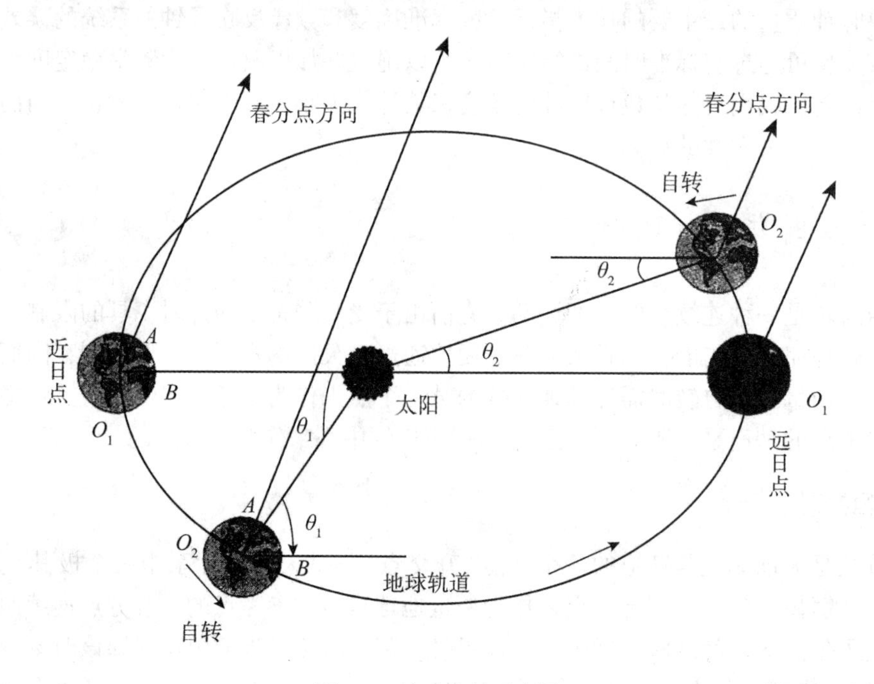

图5-1 地球公转示意图

由于下列原因：

(1)地球绕日公转轨道是一个椭圆。根据开普勒行星运动定律，地球向径在相同的时间内所扫过的面积相同，地球公转时的角速度是不相同的，在近日点处公转角速度最大，在远日点处公转角速度最小。

(2)地球是在黄道面上绕日公转，而时角是在赤道平面上进行量测的，即使在黄道上公转时角速度是相同的，投影至赤道上后也会变得不相同。

因此，真太阳时是不均匀的，无法作为一种实际可用的时间系统。

5.2.3 平太阳时

在日常生活中，人们已经习惯用太阳来确定时间、安排工作和休息。为了弥补真太阳时不均匀的缺陷。人们便设想用一个假想的太阳来代替真太阳。这个假想的太阳也和真太阳一样在做周年视运动，但有两点不同：第一，其周年视运动轨迹位于赤道平面而不是黄道平面；第二，它在赤道上的运动角速度是恒定的，等于真太阳的平均角速度。我们称这个假想的太阳为平太阳。以地球自转为基础，以上述的平太阳中心作为参考点而建立起来的时间系统称为平太阳时。即这个假想的平太阳连续两次通过某地子午圈的时间间隔叫做一个平太阳日。平太阳时在数值上就等于平太阳的时角，再加上 12 小时。

由于平太阳是一个假想的看不见的天体，因而平太阳时实际上仍是通过观测恒星或真太阳后再依据不同时间系统之间的数学关系归算而得到的。

真太阳时与平太阳时之差称为时差。任一时刻的时差值可以从天文年历中查取和内插。一年中，时差值在$-14^{m}24^{s}\sim+16^{m}21^{s}$间变化。

1 回归年的长度为 365.2421889 平太阳日，也等于 366.2421889 恒星日。也就是说由于地球的绕日公转，在一个回归年中平太阳日要比恒星日少一天。因而平太阳时与恒星时之间有下列关系：

$$\begin{cases}24\text{h}(\text{平太阳时})=(1+\mu)\times24\text{h}=24\text{h}03\text{min}56.5554\text{s}(\text{平恒星时})\\24\text{h}(\text{平恒星时})=(1-\gamma)\times24\text{h}=23\text{h}56\text{min}04.0905\text{s}(\text{平太阳时})\end{cases}\tag{5-6}$$

式中，

$$\begin{cases}1+\mu=\dfrac{366.2421889}{365.2421889}=1.002737909\\1-\gamma=\dfrac{365.2421889}{366.2421889}=0.997269566\end{cases}\tag{5-7}$$

5.2.4 世界时(Universal Time)和区时(Zone Time)

5.2.4.1 区时

平太阳时是一种地方时。同一瞬间，位于不同经线上的各个地方的平太阳时各不相同，容易造成混乱。为了解决上述问题，1884 年在华盛顿召开的国际子午线会议决定，将全球分为 24 个标准时区。从格林尼治零子午线起，向东西各 7.5°为 0 时区，然后向东每隔 15°为一个时区，分别记为 1，2，3，…，23 时区。在同一时区统一采用该时区中央子午线上的平太阳时，称为区时。采用区时后，在一个时区内所用的时间是统一的。各时区之间也仅仅相差若干个小时，而“分”和“秒”都是相同的，换算也较为简单。中国幅员辽阔，从西向东横跨 5 个时区。中华人民共和国成立后，全国统一采用第 8 时区的区时，并将其称为“北京时间”。“北京时间”实际上并非北京的地方平太阳时(北京的平均经度约为 116.3°)，而是第 8 区的区时，即该区的中央子午线 120°处的地方平太阳时。新疆曾采用过第 6 时区的区时，后又统一采用北京时间，但当地民间有时仍采用第 6 时区的区时。

目前世界上大多数国家都已采用区时，只有少数国家例外，如伊朗、印度、缅甸、斯里兰卡、委内瑞拉、利比里亚、圭亚那等。

5.2.4.2　世界时

现代飞机的飞行速度不断增加，航空活动也与日俱增。使用区时制有时也会不方便。举一个明显的例子：超音速飞机的飞行速度可以和地球转动的速度一样快，用这种速度追着太阳飞，在整个飞行过程中，将会出现日不落的景象。用区时制计算，这架飞机上的时间几乎固定不变，这一现象显然和利用时间的长短来衡量运动距离长短的要求产生了矛盾。于是就出现了世界时，它把地球看作一个区域来计算时间，以 0 区的时间作为标准时，也叫世界时或者格林尼治时间。格林尼治起始子午线上的平太阳时称为世界时 UT。研究整个地球的运动或在全球范围内开展活动时一般都会采用世界时来作为统一的计时方法，以避免混乱。

世界时是以地球自转作为时间基准的一种时间系统。随着科学技术的发展及观测精度和计时工具精度的提高，人们发现：

(1)地球自转轴在地球内部的位置不是固定不变的，而是在不断变动。极点在地面上不断移动。极移会影响世界时的均匀性。

(2)地球自转的速度并不均匀。由于潮汐运动与地壳间的摩擦，使地球自转角速度存在长期变慢的趋势，每世纪日长将增加 1～2ms；由于地球内部的地幔与液核间的电磁耦合作用使地球自转速度产生 10 年尺度的不规则变化，其变化幅度达到±5ms；此外，由于季节变化等原因，还会产生周期为 1 年、半年、1 月、半月等的短周期变化，它们所引起的日长变化的幅度从不足 1ms 至大于 20ms 不等。一般认为这是由于地球的潮汐形变以及大气层与固体地球间的角动量交换引起的。

为了使世界时变得尽可能均匀，从 1956 年起在世界时中引入了极移改正 $\Delta\lambda$ 和地球自转季节性改正 ΔT 。我们把直接根据天文观测测定的世界时称为 UT0，把经过极移改正后的世界时称为 UT1，把再经过地球自转速度季节性改正后的世界时称为 UT2，即

$$\begin{cases} \mathrm{UT1} = \mathrm{UT0} + \Delta\lambda \\ \mathrm{UT2} = \mathrm{UT1} + \Delta T = \mathrm{UT0} + \Delta\lambda + \Delta T \end{cases} \tag{5-8}$$

式中，极移改正 $\Delta\lambda$ 的计算公式为：

$$\Delta\lambda = \frac{1}{15}(X_p \sin\lambda - Y_p \cos\lambda)\tan\phi \tag{5-9}$$

式中，X_p、Y_p 为极移的两个分量，由 IERS 测定并公布；λ，ϕ 为测站的经度和纬度。

地球自转的季节性改正 ΔT 的计算公式如下：

$$\Delta T = 0.022^s \sin 2\pi t - 0.012^s \cos 2\pi t - 0.006^s \sin 4\pi t + 0.007^s \cos 4\pi t \tag{5-10}$$

式中，t 为白塞尔年。

经过上述改正后，UT2 的稳定性有所提高(大约能达到 10^{-8})，但仍含有地球自转不均匀中的长周期项、短周期项和一些不规则项，因而仍然不是一个均匀的时间系统，不能用于 GPS 测量等高精度的应用领域。

需要特别指出的是，世界时由于不够均匀，已被国际原子时 TAI 和协调世界时 UTC 所取代，从而退出了历史平台。但由于 UT1 能真实地反映地球自转情况，因而已作为一种地球自转参数被保留下来。而 UT2 虽然加入了季节性变化，能使时间系统更为均匀，但因已无法反映地球的实际自转状况而淡出人们的视野。

5.3 历书时(Ephemeris Time, ET)

历书时是一种以牛顿天体力学定律来确定的均匀时间，亦称为牛顿时。由于UT2中含有地球自转速度变慢的长期性的影响和不规则变化的影响，因而不是一种十分均匀的时间系统。而行星绕日(严格说是太阳系的质心)公转的周期则要稳定得多，所以国际天文学会IAU决定从1960年开始采用历书时来取代世界时作为描述天体运动、编制天体历书中所采用的时间系统。历书时的秒长定义为1900年1月0.5日所对应的回归年长度的1/31556925.9747(地球绕日公转时，两次通过春分点的时间间隔为1回归年。1回归年=365.2422平太阳日)。历书时的起点定义如下：以1900年初太阳的平黄经为279°41′48.04″的瞬间即1900年1月0日世界时12时作为历书时1900年1月0日12时。

将观测得到的天体位置与用历书时计算得到的天体历表比较，就能内插出观测瞬间的历书时。由于观测月球的精度要比观测太阳中心的精度高，而且月球在天球上的视运动速度比太阳的视运动要快13倍多，所以实际上历书时是通过对月球的观测得到的。将观测到的月球位置与高精度的月球历书相比较，就能反推出观测瞬间的历书时。20世纪50年代以来，科学家们先后对布朗的月球星历作出三次修改。对应于这三个版本的月球星历所求得的历书时分别称为ET1、ET2、ET3。

历书时是太阳质心坐标系中的一种均匀时间尺度。它是牛顿运动方程中的独立变量，是太阳、月球、行星星表中的时间引数。这种以太阳系内的天体公转为基准的时间系统无论是从理论上还是从实践上将都存在一些问题，如：

(1)太阳、月球、行星历表中的位置与一些天文常数有关。每当这些天文常数进行了修改，就会导致历书时不连续；

(2)由于月球的视面积很大，边缘又很不规则，很难精确找准其中心的位置，所以求得的历书时比理论精度要差得多；

(3)要经过较长时间的观测和数据处理才能得到准确的时间；

(4)由于星表本身的误差，同一瞬间观测月球与观测行星得出的历书时ET可能不相同。

所以，1967年国际计量会议决定用原子时的秒长作为时间计量的基本单位。1976年国际天文协会又决定从1984年起在计算天体位置、编制星历时用力学时取代历书时。考虑到历书时已停止使用，因而对其未作详细介绍。

5.4 原子时及原子钟

5.4.1 原子时

随着生产力的发展和科学技术水平的提高，人们对时间和频率的准确度和稳定度的要求越来越高，以地球自转为基准的恒星时和平太阳时、以行星和月球的公转为基准的历书时已难以满足要求。从20世纪50年代起，人们逐渐把目光集中到建立以物质内部原子运动为基础的原子时上来。

当原子中的电子从某一能级跃迁至另一能级时，会发出或吸收电磁波。这种电磁波的频率非常稳定，而且上述现象又很容易复现，所以是一种很好的时间基准。1955年英国国家物理实验室NPL与美国海军天文台USNO合作精确地测定了铯原子基态两个超精细能级间在零磁场中跃迁时所发出的电磁波信号的振荡频率为9192631770 Hz。1967年10月第十三届国际计量大会通过如下决议：位于海平面上的铯133(Cs^{133})原子基态两个超精细能级间在零磁场中跃迁辐射振荡9192631770周所持续的时间定义为原子时的1秒。而原子时的起点规定为1958年1月1日0时整，此时原子时与世界时对齐，但由于技术方面的原因，事后发现在这一瞬间原子时AT与世界时UT并未精确对准，两者间存在0.0039秒的差异，即

$$(AT-UT)_{1958.0}=-0.0039^{s} \tag{5-11}$$

据此就能建立原子时。需要说明的是，随后又出现了许多不同类型的原子钟，如铷原子钟、氢原子钟等，并精确测定了它们的跃迁信号频率分别为6834682605Hz和1420405757.68Hz，因而原子时的定义也被扩展为以原子跃迁的稳定频率为时间基准的时间系统。

5.4.2 国际原子时(Temps Atomigue International，TAI)①

原子时是由原子钟来确定和维持的。但由于电子元器件及外部运行环境的差异，同一瞬间每台原子钟所给出的时间并不严格相同。为了避免混乱，有必要建立一种更为可靠、更为均匀、能被世界各国所共同接受的统一的时间系统——国际原子时TAI。TAI是1971年由国际时间局建立的。目前，国际原子时是由国际计量局(Bureau International des Poids et Mesures，BIPM)依据全球58个时间实验室(截至2006年12月)中大约240台自由运转的原子钟所给出的数据，采用ALGOS算法将得到自由原子时EAL，再经时间频率基准钟进行频率修正后求得。每个时间实验室每月都要把UTC(k)-clock(k，i)的值发给BIPM。其中UTC(k)为该实验室所维持的区域性的协调世界时，k是该实验室的编号，i为各原子钟的代码。它反映了实验室内各台原子钟与该实验室统一给出的区域性协调世界时之间的差异，是表征原子钟性能的一项重要指标。EAL则是所有原子钟的加权平均值。BIPM就是根据这些数据通过特定算法得到高稳定度、高准确度的“纸面”的时间尺度TAI的。

5.4.3 原子钟

根据原子在能级跃迁时所产生或吸收的电磁波的固有而稳定的频率所制作的时钟称为原子钟。通常由原子频标、石英晶体振荡器及伺服电路等部件组成。原子钟是当代第一个基于量子力学原理制作而成的计量器具。

最近几十年来随着半导体激光技术、原子的激光冷却与囚禁技术、离子囚禁技术、相干布居囚禁理论、锁模飞秒脉冲技术(简称飞秒光梳)、原子的光晶格囚禁理论和技术、

① TAI是法文Temps Atomigue International的缩写，英文缩写为IAT(International Atomic Time)。因为国际时间局设在法国，所以习惯上都采用缩写TAI。

超稳窄线宽激光技术等新理论和新技术的应用(其中原子的激光冷却与囚禁理论与技术、锁模飞秒脉冲激光技术分别是1997年和2005年诺贝尔奖涉及的研究内容)使原子钟处于飞速发展的阶段。原子钟的性能指标被不断刷新，精度平均每10年提高一个数量级。目前精度最好的铯原子喷泉钟的准确度已达$(4\sim5)\times10^{-16}$。近年来，光钟的发展速度则更为惊人。原子钟已成为国家战略资源，在相当大的程度上反映了一个国家的科学技术水平。

5.4.3.1 原子钟的基本工作原理

1. 铯原子钟的工作原理

如图5-2所示，铯原子经电炉加热后汽化，经不均匀磁场***A***后被分离，具有合适能级的铯原子继续右行经过一个强微波场，其他能级的铯原子则被分离出去。该微波场是由晶体振荡器所产生的频率在9192631770 Hz左右的微波振荡信号所产生的，该晶体振荡器所产生的信号频率可在小范围内进行调整。若振荡信号的频率正好为9192631770 Hz时，其能量就能被铯原子吸收使其产生跃迁。若不等于上述频率时，就不能使铯原子产生跃迁。从微波场出来后的铯原子经不均匀磁场***B***后，未发生跃迁的铯原子被分离出去，而发生跃迁后的铯原子则经热线电离器、质量分光计和电子倍增器(图中未画出)后到达探测器。探测器可输出一个信号，其强度与接收到的发生跃迁的铯原子数成正比。该信号可作为一个反馈信号送入晶体振荡器，以便对其产生的振荡信号的频率进行微调，使探测器所接收到的铯原子达到并保持最大。通过上述伺服装置就能使晶体振荡器保持正确的信号频率。将输出信号的频率除以9192631770后就能形成正确的秒脉冲信号。

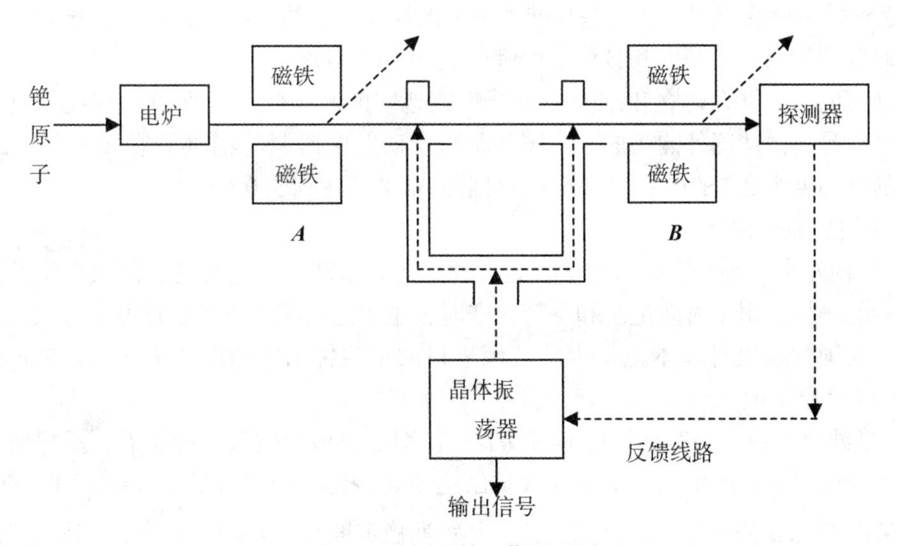

图5-2 铯原子钟工作原理图

2. 铷原子钟和氢原子钟的工作原理

除铯原子钟外，目前实际使用的原子钟还有铷原子钟和氢原子钟。其中铷原子钟结构较为简单，体积小、重量轻，结构坚固结实。其基本工作原理如下：被加热成气态的铷原子Ru87被存储在原子共振腔中。由晶体振荡器产生的频率近似等于铷原子的跃迁频率(6834682605 Hz)的微波信号被射入共振腔，当射入的微波信号的频率正好等于铷原子的跃迁频率时，铷蒸汽对光的吸收率达到最大值。因此只要在共振腔的一端安装一个灯，在另一端安装一个光敏二极管，就能根据二极管所接收到的光量来判断晶体振荡器的振荡频率是否等于铷原子的跃迁频率。光敏二极管根据接收到的光量产生一个反馈信号调整晶体振荡器的信号频率。通过上述伺服电路就能保持晶体振荡器总是输出 6834682605 Hz 的微波信号。氢原子钟(也称氢梅塞钟)的精度好，但一般体积较大，重量较重。其基本工作原理如下：氢气分子在气体排放管中被分解为氢原子，这些氢原子通过一个磁选择器来进行选择，只允许高能级的氢原子进入共振腔。在共振腔中，具有较高能级的氢原子会自动回到低能级的基态中去，同时发射频率为 1420405757.68 Hz 的微波信号。当由晶体振荡器产生的微波信号射入时，若晶体振荡器信号正好等于氢原子的跃迁频率时，两个信号就能叠加，使叠加信号的强度最大，叠加信号的强度可以作为反馈信号，据此来调整晶体振荡器频率。

5.4.3.2 原子钟的分类

1. 基准型原子钟

基准型原子钟是在实验室环境中运行的(对运行的外部条件有很高要求的)具有自我评价能力的最高精度的时间频率标准。自从 1995 年法国巴黎天文台(OP)的铯原子喷泉钟投入运行以来，目前在全球已有 15 台正在运行或正在研制的冷原子喷泉钟。其中巴黎天文台(OP)、美国标准与技术研究院(NIST)、英国国家物理实验室(NPL)、德国物理技术研究院(PTB)和意大利国家电子研究所(IEN)的铯原子喷泉钟在建立和维持国际原子时 TAI 中起到了关键性作用。在这些基准钟中，巴黎天文台的三台喷泉钟和美国标准与技术研究院研制的喷泉钟的精度和日稳定度都已进入 10^{-16}量级。

基准型的原子钟在建立和维持一个国家或地区的时间频率标准时具有极其重要的作用。这些钟是无法从国外购买的。中国计量科学研究院研制的铯原子喷泉钟，在 2003 年鉴定时的准确度为 8.5×10^{-15}。经改进后目前的精度已达到 5.0×10^{-15}。

2. 应用型原子钟

(1)守时型原子钟。守时型原子钟是一种在实验室环境下运行的、能长期连续运行的稳定可靠的频标，用于时间记录和保持。守时钟主要是传统的小型磁选商品铯束频标和氢梅塞钟。我国的授时钟基本上均为从美国进口的小铯钟 HP 5071 A 和 Sigma Tau 公司的 MHM-2010 氢原子钟。

(2)星载原子钟。随着空间技术的发展，特别是卫星导航系统的发展，星载原子钟得到了广泛的应用。目前星载原子钟的数量已达 400 多台。1997 年后，Block ⅡR GPS 卫星均已携带由 EG&G 公司生产的铷原子钟。其短期稳定度为 $3\times10^{-12}/\sqrt{\tau}$，日稳定度为 5×10^{-14}，日漂移率为5×10^{-14},重量为 5.5kg，功耗为 39W，GPS 卫星上的铯原子钟的短期稳定度为 $5\times10^{-12}/\sqrt{\tau}$，日稳定度为 3×10^{-14}，日漂移率可忽略不计，重量为 13kg，功耗为 30W。

Galileo 卫星上的星载铷原子钟是由 TEMAX 公司提供的。其短期稳定度为 $5\times10^{-12}/\sqrt{\tau}$，日稳定度为 5×10^{-14}，日漂移率为 1×10^{-13}，重为 2.3kg，功耗为 20W。考虑到铷原子钟的中长期稳定度较差，Galileo 卫星上还准备使用 TEMAX 公司的小型氢原子钟，其短期稳定度为 $1 \times 10^{-12} / \sqrt{\tau}$，日稳定度为 1.5×10^{-14}，日漂移率为 1×10^{-14}，重 15kg，功耗 60W。一般来说，铷原子钟在体积、重量、功耗、造价、寿命等方面均有优势，短期稳定度也比铯原子钟好，但存在长期频率漂移。氢原子钟的短期稳定度和长期稳定度都较好，但体积大、重量重、结构复杂。

此外，还出现了芯片级的原子钟，体积约为 1cm^3，能耗仅为 30mW，长期稳定度约为 10^{-11}，可满足精度要求不是太高的用户的需求，也有广阔的应用前景。

除了导航卫星以及少量地面卫星跟踪站使用原子钟外，绝大部分用户设备中使用的仍是石英钟。石英钟是利用石英晶体的压电效应来进行工作的。其振荡频率取决于石英晶体的形状和大小。石英晶体振荡器的短期稳定度较好，一般可达 $10^{-9} \sim 10^{-11}$，但其长期稳定度较差，一般要低 2~3 个量级。具有温度补偿功能的石英晶体振荡器的长期稳定度能大幅改善，但体积较大，能耗增加，价格也会贵很多。

5.5　协调世界时、GNSS 时和地球时

科学不断进步，科学家发现地球的转动并不均匀，有时快一点有时慢一点，每一天可能相差几分钟。在高速飞行时，一秒钟之差飞行距离就可能相差几百米，因此在航空业中需要使用一种更精确的时间。20 世纪初发现了原子共振现象，原子振动频率的稳定性和精确性都超过了地球转动。用原子共振制成的钟叫原子钟。用原子钟所测出的地球自转一周的平均时间是 23 小时 56 分 04 秒。用原子钟来度量时间的精确度比普通的时间系统要准确许多倍，上千年不差一秒。但这种计时与用太阳计时每天可能相差几分钟，长期积累下来就和世界时出现较大的差别，于是又使用了闰秒的办法来协调原子钟计时与世界时的差别，这种计时的系统叫做协调世界时，缩写是 UTC。它的精确度远高于世界时，它们之间的报时差别在任何时间都不会超过一秒钟。国际民航组织规定全世界民航业统一使用协调世界时。

协调世界时、各种 GNSS 时和地球动力学时都采用了原子时的秒长，可以看作是以原子时作为基准而演化出来的不同的时间系统。

5.5.1　协调世界时(Universal Time Coordinated，UTC)

稳定性和复现性都很好的原子时能满足高精确度时间间隔测量的要求，因此被很多部门所使用，如高精度的频率服务以及一切需要高精度的均匀时间的物理学研究部门等。但大地测量、天文导航以及空间飞行器的返航、回收等领域又都需要用到以地球自转为依据的 UT1 时间。由于原子时是一种均匀的时间系统，而地球自转则存在长期变慢的趋势，因而世界时的秒长将变得越来越长。原子时和世界时之间的差异也将变得越来越显著。估计到 21 世纪末，这两种时间系统之差将达 2 分钟左右。为了能同时满足上述用户的要求，国际无线电科学协会和国际天文协会决定建立协调世界时 UTC。1975 年第 15 届国际计量大会通过决议予以确认。协调世界时的秒长就采用原子时的秒长，因而是一个均匀的时间系统。但协调世界时与世界时之间的时刻差(绝对值)则不得超过 0.9 秒。这可以通过跳秒的方式来实现。增加 1s 称为正闰秒，减少 1 秒称为负闰秒。闰秒一般发生在 6 月 30 日

及12月31日。闰秒的具体时间由国际计量局在2个月前通知各国的时间服务机构。届时世界各国统一调整UTC时间。跳秒理论上可正可负，但至今实际上都是正闰秒，即在UTC中加入1秒，此时时间服务机构给出的时间为：12月31日23时59分59秒，1秒后为12月31日23时59分60秒，再过1秒后为1月1日0时0分0秒。

1979年12月UTC已取代世界时作为无线电通信中的标准时间。目前包括我国在内的许多国家都已采用UTC来作为自己的时间系统，并按UTC时间来播发时号。需要使用世界时的用户可以根据UTC以及(UT1-UTC)来间接获取UT1。表5-1是国际地球自转服务IERS在地球定向快速服务/预报公报中所给出的地球定向参数，用户内插后即可获得任意一时刻t的(UT1-UTC)值。

表5-1 **极移(X_p，Y_p)及(UT1-UTC)值**

时间	MJD	极移值(mas)				UT1-UTC(ms)	
		X_p	误差	Y_p	误差	(UT1-UTC)值	误差
2007-8-24	54336	206.60	0.09	277.35	0.09	-162.636	0.013
2007-8-25	54337	204.70	0.09	274.98	0.10	-162.186	0.012
2007-8-26	54338	202.98	0.09	272.57	0.10	-161.904	0.015
2007-8-27	54339	201.79	0.09	270.40	0.10	-161.906	0.013
2007-8-28	54340	200.91	0.09	268.60	0.10	-162.235	0.013
2007-8-29	54341	200.07	0.09	267.01	0.09	-162.853	0.048
2007-8-30	54342	199.41	0.09	265.48	0.10	-163.724	0.057

注：表中给出的值均为$0^h00^m00^s$的数值。

为了使用方便、及时，各时间实验室通常都会利用本实验室内的多台原子钟来建立和维持一个局部性的UTC系统，供本国或本地区使用。为加以区分，这些区域性的UTC系统后要加一个括号，注明是由哪一个时间实验室建立和维持的。例如，由美国海军天文台建立和维持的UTC系统，写为UTC(USNO)。在GPS卫星导航电文中给出了GPS时与由美国海军天文台所维持的UTC时间(即UTC(USNO))之差，并用多项式进行拟合，直接给出的是多项式的系数。而BIPM利用全球各个实验室的资料而建立起来的全球统一的协调世界时，则直接标注为UTC，后面不加括号。由同一时间服务单位所建立和维持的原子时与协调世界时之间只相差若干个整秒。

第13届国际计量大会所定义的一个原子时秒的长度与1900.0时历书时的1秒的长度是相同的。由于地球自转存在长期变慢的趋势，也就是说世界时的秒长将变得越来越长。经过100多年后，目前世界时秒长与原子时秒长间已有了明显的差异，因此跳秒也变得越来越频繁(现在大约每年需调整一秒)，给使用带来许多不便。有人建议重新定义原子时的秒长，以便其与当前世界时的秒长尽量一致，从而减少跳秒的次数，使UTC在一个较长的时间段内能保持连续。但"秒"是一个非常重要的基本物理量，它的定义变化后，会引起光速等一系列参数发生变化，所以反对的意见也不少，还需慎重考虑，并从长计议。

5.5.2 各种 GNSS 时

现有的各种卫星导航定位系统都是通过测定测距信号的传播时间来测定卫星至接收机间的距离的，因而无一例外地均采用精确而均匀的原子时的秒长来作为系统的时间单位。国际原子时 TAI 是全球约 240 台原子钟共同维持的，但要延迟一段时间后才能获得。TAI 虽然精度最高，但是一种事后才能提供的时间系统，无法满足卫星导航系统的要求。为了保证卫星导航系统高效、可靠地运转，各卫星导航系统的研制和管理方通常都是独立地用国内若干台原子钟来建立和维持自己的时间系统，而且在一些具体做法上(如时间系统起点的选择，是否跳秒等)也各不相同，使用时应特别注意。

5.5.2.1 GPS 时

GPS 时是全球定位系统 GPS 使用的一种时间系统。它是由 GPS 的地面监控系统中的一组原子钟建立和维持的一种时间系统。其起点为 1980 年 1 月 6 日 0 时 0 分 0 秒。在起始时刻 GPS 时与 UTC 对齐，这两种时间系统所给出的时间是相同的。由于 UTC 存在跳秒，因而经过一段时间后这两种时间系统中就会相差 n 个整秒，n 是这段时间内 UTC 的积累跳秒数，将随时间的变化而变化。由于在 GPS 时的起始时刻 1980 年 1 月 6 日，UTC 与国际原子时 TAI 已相差 19s，故 GPS 时与国际原子时之间总会有 19s 的差异，即 TAI-GPST=19s。从理论上讲 TAI 和 GPST 都是原子时，且都不跳秒，因而这两种时间系统之间应严格相差 19 秒整。但 TAI(UTC)是由 BIPM 在全球的约 240 台原子钟来共同维持的时间系统，而 GPST 是由全球定位系统中的若干台原子钟来维持的一种局部性的原子时，这两种时间系统之间除了相差若干整秒之外，还会有微小的差异 C_0，即 TAI-GPST=19s+C_0；UTC-GPST=n 整秒+C_0。由于 GPS 已被广泛应用于时间比对，用户通过上述关系即可获得高精度的 UTC 或 TAI 时间。国际上有专门单位在测定并公布 C_0值，其数值一般可保持在 10 ns 以内(见表 5-2)。

5.5.2.2 GLONASS 时

与 GPS 时相类似，俄罗斯(前苏联)的 GLONASS 为满足导航和定位的需要也建立了自己的时间系统，我们将其称为 GLONASS 时。该系统采用的是莫斯科时(第三时区区时)，与 UTC 间存在三小时的偏差。GLONASS 时也存在跳秒，且与 UTC 保持一致。同样由于 GLONASS 时是由该系统自己建立的原子时，故它与由国际计量局 BIPM 建立和维持的 UTC 之间(除时差外)还会存在细微的差别 C_1。它们之间有下列关系：UTC+3^h=GLONASS+C_1。用户可据此将 GLONASS 时换算为 UTC，也可以将其与 GPS 时建立联系关系式。同样 C_1值也有专门机构加以测定并予以公布，其值一般为数百个纳秒，近来可能有所改善。

表 5-2　　C_0和 C_1值

时 间	MJD	C_0(ns)	C_1(ns)
2007-6-28	54279	-5.2	-825.9
2007-6-29	54280	-5.6	-828.6

续表

时 间	MJD	C_0(ns)	C_1(ns)
2007-6-30	54281	-8.2	-836.3
2007-7-1	54282	-7.8	-834.7
2007-7-2	54283	-5.8	-819.1
2007-7-3	54284	-3.4	-826.7
2007-7-4	54285	-3.6	-838.8
2007-7-5	54286	-3.7	-839.0
2007-7-6	54287	-0.9	-837.9
2007-7-7	54288	-2.4	-835.4
2007-7-8	57289	-3.4	-830.1
2007-7-9	54290	-1.9	-811.6
2007-7-10	54291	-1.1	-800.3

注：上述数值均为当天 0^h00^m 的值。

GPS(GLONASS)已被广泛用于精密授时，需要指出的是利用 GPS(GLONASS)测得的时间是 GPS 时(GLONASS 时)，用户若需要获得精确的 UTC 时，除考虑 n 个整秒(3 小时)的差异外，还应顾及 C_0 和 C_1 项。

美国海军天文台一直在密切关注并迅速测定自己所维持的 UTC(USNO)与 GPS 时之差以及与 GLONASS 时之差。此外，BIPM 还给出在过去 90 天中[UTC-UTC(USNO)]的平滑值以及外推(预报)未来的 73 天的插值，同时以表格和图形的形式给出。图 5-3 是其中的一部分图，横轴为约化儒略日 MJD 表示的日期，纵轴为时间差(单位为 ns)。预报值的精度稍差些，但可满足实时和准实时用户的需要。利用上述资料，用户最终可求得相对于由 BIPM 所提供的 UTC 的钟差。

5.5.2.3　北斗时(BDT)

BDT 是北斗卫星导航系统所使用的时间系统。其起点时刻为 UTC 时 2006 年 1 月 1 日 0 时 0 分 0 秒，在该时刻 BDT 与 UTC 相等。即

$$(\mathrm{BDT})_{2006.0}=(\mathrm{UTC})_{2006.0} \tag{5-12}$$

与 GPS 时一样，BDT 也不跳秒，是一个连续的时间系统。由于在 2006 年 1 月 1 日 0 时，UTC 与 TAI 间已相差 33 秒，所以 BDT 与 TAI 间也有 33 秒的差异。BDT 与国家时间服务中心 NTSC 所维持的 UTC(NTSC)之差在 20ns 以内。而 UTC(NTSC)与 BIPM 所维持的 UTC 之差则可保持在 100ns 以内。利用北斗卫星导航系统进行时间比对时，也能采取类似于 GPS 和 GLONASS 的方法来求得与 TAI、与 UTC 之间的差值。

$$\begin{cases}\mathrm{TAI-BDT}=33^s+C_3\\ \mathrm{UTC-BDT}=n^s+C_3\end{cases} \tag{5-13}$$

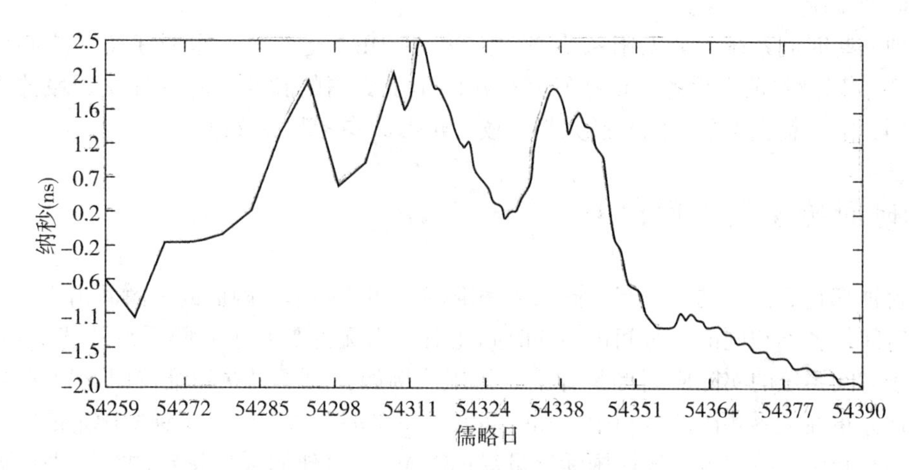

图 5-3 平滑后 UTC(BIPM)-UTC(USNO)值及 50 天的预报值

式中的 n^s 为从 2006 年 1 月 1 日 0 时至今 UTC 所累积下来的跳秒数。C_3 即为由北斗卫星导航系统中的一组原子钟所维持的时间系统 BDT 与全球约 240 台原子钟所维持的国际原子时 TAI 之间(除定义上的 33 秒以外)的微小差值。待北斗卫星导航系统正式投入运行后，其值也可精确测定并予以公布。它是由 BDT 与 UTC(CMTC)之差及 UTC(CMTC)与 UTC 之差组成的。

同样，Galileo 系统也会建立自己的时间系统，原则上也可采用上述方法，将其归算为 TAI 和 UTC 时间。

5.5.3 地球时(Terrestrial Time，TT)

原称地球动力学时(Terrestrial Dynamical Time，TDT)，1991 年第 21 届 IAU 大会决定将地球动力学时 TDT 改名为地球时 TT，以避开动力学(Dynamical)这个容易引起争议的词。

地球时(地球动力学时)是建立在国际原子时 TAI 的基础上的，其秒长与国际原子时的秒长相等，也不跳秒。TDT 的起点时间为历书时 1977 年 1 月 1 日 0 时 0 分 0 秒，在该时刻 TDT 与 ET 相等，即

$$(\text{TDT})_{1977.0} = (\text{TAI})_{1977.0} \tag{5-14}$$

这样做可以保持 TDT 与 ET 之间的无缝对接，使得利用这两种时间系统所求得的卫星星历保持连续。但在 TDT 的起点时刻，ET 与 TAI 之间已相差 32.184s，因而这种时间差将长期保持下去：

$$\text{TDT} = \text{TAI} + 32.184\text{s} \tag{5-15}$$

TT(TDT)是用于解算围绕地球质心旋转的天体(如人造地球卫星)的轨道方程，编算其星历时所采用的一种时间系统。

UTC、各种 GNSS 时及 TT 都是建立在原子时的基础上的。但一些具体做法(如起点的选择，是否进行跳秒及时间系统的维持等)有所不同，因而可以视为是从原子时演化出来

的一些时间系统。

其他一些时间系统，如太阳系质心动力学时 TDB、地心坐标系时 TCG、质心坐标系时 TCB 等，以及目前世界各国正在研究组建的精度更高的脉冲星时在导航领域并未得到广泛使用，限于篇幅不再介绍。感兴趣的读者可参阅参考相关文献。

5.6　时间传递及时间比对

每台钟都是有误差的，具有不同的频率准确度和漂移率，因而同一瞬间由不同的钟所给出的时间是各不相同的。时间传递和时间比对技术无论是对于时间系统的建立和维持，还是对于时间系统的实际应用都具有重要作用。例如，为了建立和维持国际原子时 TAI，就需要把分布在世界各国的时间中心和时间实验室中的两百多台原子钟所确定的时间通过高精度的时间传递技术统一送往国际计量局(BIPM)，由他们采用特定的算法进行数据处理后生成 TAI。同样由 BIPM 建立和维持的 UTC 或由各时间中心建立和维持的局部地区的 UTC(××××)也需要通过适当的时间传递方法传递给不同的用户使用，使用户在所需的精度范围内与标准时间保持同步。时间传递的方法和手段很多，不同方法的传递精度、方便程度、需要付出的代价及应用的范围各不相同。下面对一些常用的时间传递方法加以介绍。

5.6.1　短波无线电时号

利用短波无线电信号来进行时间传递和时间比对是一种最为常用的方法。短波无线电信号的频率一般为 3~30MHz，其相应的波长为 100m~10m。用户用无线电接收机接收短波无线电时号并与本地钟进行时间比对后即可求得本地钟的钟差。具体的比对方法有耳目法、停表法、电子计数器法和时号示波器法等。用户可根据精度要求选用合适的比对方法。前两种方法比较简单，但精度较差，后两种方法精度较好，但需配备电子计数器或示波器。若经时间比对后测得的本地钟的秒信号与接收到的秒信号间的时间差为 e，则本地钟的钟差 u 可用式(5-16)计算：

$$u = e + \tau_D - (\tau_S + \tau_R + \tau_T) = e + \tau_D - \tau_P \tag{5-16}$$

式中，τ_D 为时号超前发射的时间，是一个已知的规定值；τ_P 为无线电信号的传播时间，由信号在无线电发射机中的时间延迟 τ_T、信号在无线电接收机中的时间延迟 τ_R 及信号在空间的传播时间 τ_S 三部分组成。其中 τ_T 和 τ_R 可通过实际检测获得。τ_S 可用式(5-17)计算：

$$\tau_S = \frac{D}{V} \tag{5-17}$$

式中，D 为信号发射天线与信号接收天线间的距离，V 为信号的传播速度。

根据传播距离的不同，D 可分别按下列方法来计算：

(1)传播距离在 1000~2000km。

此时可将地球视为圆球，用球面公式来解算两地之间的球面距离 D_0

$$D_0 = R\arccos[\sin\phi_A\sin\phi_B + \cos\phi_A\cos\phi_B\cos(\lambda_A - \lambda_B)] \tag{5-18}$$

式中，R 为地球半径；(λ_A，ϕ_A) 为发射机的地理经纬度；(λ_B，ϕ_B) 为接收机的地理经纬

度；V 为无线电信号在大气层中的传播速度，其经验值为 28.5 万 km/s。

(2)距离大于 2000km。

若信号接收天线与发射天线间的距离大于 2000km，则应按椭球面上的大地线长度公式来计算距离 D。

$$D = D_0 + 2D_0\sin^2\phi_1\cos^2\phi_2\frac{3r-1}{2c} - 2D_0\cos^2\phi_1\sin^2\phi_2\frac{3r+1}{2s} \tag{5-19}$$

式中，

$$\begin{cases} s = \sin^2\phi_2\cos^2\lambda_1 + \cos^2\phi_1\sin^2\lambda_1 = \sin\dfrac{D_0}{2\alpha} \\ c = \cos^2\phi_2\cos^2\lambda_1 + \sin^2\phi_1\sin^2\lambda_1 = \cos^2\dfrac{D_0}{2\alpha} \\ r = \sqrt{s\cdot c}\dfrac{D_0}{2\alpha},\ \phi_1 = \dfrac{\phi_A+\phi_B}{2},\ \phi_2 = \dfrac{\phi_A-\phi_B}{2} \\ \lambda_1 = \dfrac{\lambda_A-\lambda_B}{2},\ \alpha = 1/298.257 \end{cases} \tag{5-20}$$

(3)距离小于 1000km。

当收发两地的距离小于 1000km 时，可认为时间信号是经电离层一次反射后来进行传播的。此时

$$\begin{cases} D = 2L \\ L = \sqrt{l^2 + (h' + h_0)^2} \end{cases} \tag{5-21}$$

式中，$l = R\sin\left(\dfrac{a}{2}\right)$；$h_0 = R\left(1-\cos\dfrac{a}{2}\right)$；$V_0 = 299800\text{km/s}$，为真空中的速度；$h' = 275\text{km}$，为电离层的平均高度。

上述各符号的含义见图 5-4。

实际上电离层的高度是会有变化的，与太阳黑子数 N 的关系尤为密切。

利用短波无线电信号来传递时间，具有设备简单、使用方便、覆盖面大等优点，但精度受电离层变化、路径传输时延误差等因素的影响，只能达到±1ms 左右，无法满足高精度用户的需要。用户应尽可能避开在日出和日落的时间收录短波时号。在电离层扰动期间则应尽可能接收载波频率较高的时号。我国的国家授时中心 NTSC 也在发播短波信号 BPM。发射台位于山西省蒲城，发射频率为 2.5MHz、5.0 MHz、10 MHz、15 MHz，交替在全天发播。此外，台北的短波时号 BSF 则在世界时 1 时至 9 时发播。上海天文台的 XSG 现在也改由 NTSC 来负责发播任务。在每天世界时 3 时和 9 时前后发播几分钟，主要为海上用户服务。

5.6.2 长波无线电时号

工作在低频段的长波无线电时号主要以地面波的形式传播，具有衰减小、传输稳定的

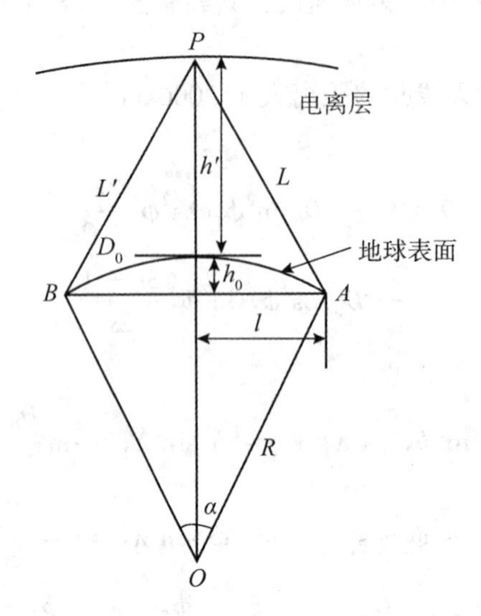

图 5-4　距离在 1000 km 内时短波时号的传播

优点，但传播距离较短。经多次比对后，其精度可达 1μs 或更好。如果将长波发射台组成一个台链，则可进行地基无线电导航。其中最有代表性的是罗兰 C 系统。罗兰 C 系统的导航台链通常是有一个主台和两个以上的副台组成的。主台和副台均按事先规定的时延依次用同一频率发射信号。流动用户只需用接收机测定这些信号到达的时间差后，即可根据发射台的已知站坐标用距离差交会(双曲面交会)的方法来测定自己的位置，精度一般可达 0.2~0.5 海里。站坐标已知的用户则只需接收一个台站的长波信号后即可确定自己的钟差。

20 世纪 70 年代初国家授时中心 NTSC(原中国科学院陕西天文台)在蒲城建立了长波台。20 世纪 80 年代后期，我国又先后在南海、东海等沿海地区建立了长波导航台链，既可用于导航也可以承担长波授时服务。我国的长波无线电时号 BPL 在北京时间 13 时 30 分至 21 时 30 分间播发，频率为 100kHz。

低频率时码是国际电信联盟(ITU)推荐的一种技术，可同时以模拟和数字两种模式来提供标准时间和频率信号。国家授时中心 NTSC 于 1997 年建立低频时码发射台并试发信号，工作频率为 68.5kHz。目前蒲城的低频时码的发播时间为 8 时至 12 时以及 22 时至 24 时。此后 NTSC 又在河南商丘建立了低频时码连续发射台，从 2007 年底开始播发信号。

5.6.3　电视比对

利用电视信号来进行时间比对时，可采用有源比对和无源比对两种方法。采用有源比对法时需由时间服务机构在电视信号的空白段插入时间信号编码。用户接收信号并经译码和比对后即可确定本地钟的钟差。无源比对则是直接采用电视信号中的某一行同步脉冲来进行时间比对的。由于该行信号是直接由电视台提供的，精度较差，故时间服务部门还需对该行信号进行监测，求得其误差改正数并提供给用户进行修正。我国选用第 6 行的同步脉冲来进行时间比对。经多次取平均后，无源比对的精度可达 1μs。利用这种方法时用户还需配备选行器以便从电视信号中提取所需的信号。20 世纪 80 年代，NTSC 和中国计量科学研究院共同制定了有源电视比对的法规。在电视垂直消隐期间的空行中插入时频信号，并在中央 1、2、4 套节目中发播。用户可采用下列方法来进行时间比对。

(1)独立定时法：用户据自己的位置和地球同步通信卫星的位置算出时号传播的时延并进行改正。该法受卫星位置误差的影响，授时精度约为 0.1ms。

(2)共视法：用户在 UTC 时间 0 时或 12 时进行卫星电视时刻比对后，再根据"时间频率公报"上提供的数据进行改正，精度为 0.1μs。

5.6.4 搬运钟法

将便携式原子钟搬运至 A 地与钟 A 进行比对，然后再将其搬运至 B 地与钟 B 进行比对，从而求出 A、B 两台钟之间的相对钟差的方法称为搬运钟法。在本方法中搬运钟起到了一个时间传递的作用。采用本方法进行时间比对时，其精度在很大程度上取决于在两次比对间搬运钟本身的钟误差。为尽量减少这项误差，应采取下列措施：一是尽可能缩短两次比对间的时间间隔，因而搬运工作一般均用飞机来完成，故本方法也称为飞行钟比对法。二是在搬运过程中便携式原子钟应处于较好的外界环境中。三是采用往返测的方法对搬运钟本身的误差进行改正。其具体做法如下：搬运钟于时刻 $(t_A)_{往}$ 与本地钟 A 进行第一次比对，测得钟 A 相对于搬运钟的钟差 $(u_A)_{往}$；然后将搬运钟运至 B，在时刻 t_B 与本地钟 B 进行时间比对，测得钟 B 相对于搬运钟的钟差 u_B；最后再将搬运钟运回 A 在 $(t_A)_{返}$ 时刻与本地钟进行第二次比对，测得钟 A 相对于搬运钟的钟差 $(u_A)_{返}$。据此即可求得搬运钟在 $(t_A)_{往}$ 与 $(t_A)_{返}$ 间的平均钟速 $\dfrac{\Delta u}{\Delta t}=\dfrac{(u_A)_{返}-(u_A)_{往}}{(t_A)_{返}-(t_A)_{往}}$，这样在求 A、B 两台钟的相对钟差时，即可顾及由于搬运钟本身的钟速而产生的误差项 $\dfrac{\Delta u}{\Delta t}[((t_B)-(t_A)_{往})]$。当然上述方法只有在 A、B 两台本地钟均为高质量的原子钟、$(u_A)_{返}-(u_A)_{往}$ 主要是由于便携式原子钟的误差而引起的情况下才适用。此外，在高精度的时间比对中还应考虑搬运过程中钟的相对论效应：

$$\Delta u=\left(\frac{gh}{c^2}-\frac{V^2}{2c^2}\right)t \tag{5-22}$$

式中，g 为重力加速度；h 为飞行高度；V 为飞行速度；c 为真空中的光速。

搬运钟方法的精度取决于搬运钟本身的质量，搬运过程中外界环境的优劣及两次比对间的时间间隔等多种因素，但一般而言其精度可达数十纳秒，在经典时间比对方法中精度最好，但这种方法工作量大，费时且成本高，一般仅用于高精度原子钟间的时间比对。

5.6.5 利用卫星进行时间比对

自 20 世纪中叶以来，利用卫星进行长距离高精度的时间比对技术迅速发展，得到了广泛的应用，成为一个重要的卫星应用领域，利用卫星进行时间比对可分下列两种方法。

5.6.5.1　卫星中继法

采用卫星中继法进行时间比对时，卫星上无需配备原子钟，只转发来自地面站的时间信号。其工作方式又有单向式和双向式之分。

单向中继法是通过电视直播卫星来传递时间信号的。其原理与电视无源比对法相同。由于受到用户和卫星的坐标误差、大气传播误差及中继时间延迟等因素的影响，精度不是很高，一般为±20μs 左右。

采用双向中继法时，A、B 两站都通过卫星独立地向对方发射时间信号。两站均把本地钟的秒信号作为计数器的开门信号，把接收到的来自于对方的经卫星转发的信号作为计数器的关门信号，分别测得时间差 e_A 和 e_B。由于双方所受到的时间传播延迟误差的大小相同、符号相反，用户和卫星的坐标误差、大气延迟误差(对流层延迟、电离层延迟等)以及卫星的中继时延等误差均可消去而不会影响最终的结果，因此时间比对精度可大幅提高，一般可优于 10ns。

5.6.5.2　利用卫星导航定位系统进行精密授时和时间比对

把精确的时间信息传递给用户称为授时。20 世纪 50 年代后，各种卫星导航定位系统相继建立，如子午卫星系统 Transit、全球定位系统 GPS、全球导航卫星系统 GLONASS 等。精密授时和时间比对已成为卫星导航定位系统的一个重要的应用领域。从严格意义上讲，各卫星导航定位系统都有自己的时间系统。位于站坐标已知的固定点上的用户只需对一颗导航卫星进行观测后即可获得精确的时间信息。流动用户对四颗或四颗以上的导航卫星进行观测后，也能采用单点定位的模式在确定自己的三维坐标的同时来精确测定接收机钟的改正数，获得精确的时间。上述方法是一种单向观测的方法，授时精度受各种误差的影响。以 GPS 为例，在无 SA 的情况下，授时精度一般只能达到 10~40ns。

若采用共视法，即 A、B 两站同时对相同的导航卫星进行同步观测，并通过相对定位的模式来确定这两台接收机钟的相对钟差，由于卫星星历误差和卫星钟差可以得以消除，大气传播误差也能大幅削弱，因而精度可大幅提高。以 GPS 为例，采用共视法进行时间比对时，其精度可达几 ns 或更好。

利用卫星导航定位系统进行精密授时和时间比对具有覆盖面大、精度高、简单方便等优点，得到了广泛的应用。

除了采用微波信号来进行精密授时和时间比对外，还可采用波长要短得多的光脉冲信号来进行精密授时和时间比对，这就是所谓的激光测距法。采用激光脉冲信号时，可免受电离层延迟的影响。用光学棱镜来反射信号时，其“应答时间”远比无线电信号应答的时间短促，而且十分稳定，故精度可大幅提高。目前，用激光测卫的方法来进行星钟检测的精度可达±100ps，进行远距离时间比对的精度可达±20ps，比其他方法的精度要高 1~2 个数量级。但激光测卫一般受气象条件的限制，不是一种全天候的时间比对技术，通常只能作为微波方法的一种检校技术或用于特殊场合。

5.6.6　电话和计算机授时

NTSC 通过专用电话时码服务、计算机加调制解调器的方式和语言授时服务等不同方式来满足中低精度用户的需要。

采用电话时码服务时，用户只需通过 NTSC 的电话时码接收机即可自行获得标准的北京时的显示和输出。这种服务方式工作可靠，成本低廉，可满足中等精度的用户的需求，为地震台网、水文监测、电力、通信、交通管理等行业提供服务，精度优于 1ms。

计算机加调制解调器方式可提供自动的计算机时间服务。电信号码为 029—83894117。用户计算机通过调制解调器与电话线连接后，在指定网站(NTSC 时间科普网络 http://www.time.ac.cn/serve/down.htm)中下载专用拨号授时软件 NTSC Time，安装后即可拨打 NTSC 的服务专线，同步校正用户计算机的时钟，精度优于 0.1s。2004 年 NTSC 又开通了标准时间语言报时服务。采用音频脉冲“嘟”声作为秒信号提示音，用户可方便地进行对时。该项服务只需支付通信费即可，无其他费用。

5.6.7 网络时间戳服务(Time Stamp)

这是一种数字化的邮戳，由公正的第三方提供的为电子文件和电子交易所作的时间证明。以表明该文件或交易于某一时刻已存在，为用户提供可靠的时间确认和验证服务。在数字签名、电子商务/政务、数字产品的专利和版权等方面有广泛应用。详情可参阅 NTSC 的主页面(http://www.NTSC.ac.cn)。

5.7 导航学中使用的长时间计时方法

在导航学中还会碰到一些计量长时间间隔的时间单位，如年、月、日等。它们有的涉及历法，有的则是天文学中的一些术语。虽然从严格意义上讲，这些内容已超出时间系统的范畴，但由于经常用到，因而也一并进行介绍。

5.7.1 阳历(Solar Calendar)

历法是规定年、月、日的长度以及它们之间的关系，制定时间序列的一套法则。由于地球绕日公转周期和月球绕地球公转的周期均不为整天数，而历法中规定的年和月的长度则只能为整天数，所以需要有一套合适的方法来加以编排。

阳历是以太阳的周年视运动为依据而制定的。太阳中心连续两次通过春分点所经历的时间间隔为一个回归年，其长度为：

$$1\ \text{回归年} = 365.24218968 - 0.00000616 \times t\ (\text{日}) \tag{5-23}$$

其中，t 为从 J2000.0 起算的儒略世纪数，即

$$t = \frac{\text{JD} - 2451545.0}{36525} \tag{5-24}$$

2009 年 1 月 1 日所对应的回归年长度为 365.24218913(日)。

5.7.1.1 儒略历

儒略历是古罗马皇帝儒略·恺撒在公元前 46 年所制定的一种阳历。该立法规定一年分为 12 个月。其中 1、3、5、7、8、10、12 月为大月，每月 31 日；4、6、9、11 月为小

月，每月30日；2月在平年为28日，闰年为29日。凡年份能被4整除的定为闰年，不能被4整除的年份为平年。按照上述规定，平年的长度为365日，闰年为366日，其平均长度为365.25日。一个儒略世纪则为36525日。在天文学和空间大地测量中，在计算一些变化非常缓慢的参数时，经常会采用儒略世纪作为单位。

从上面的讨论可以看出，阳历只要求年和日尽量与天象一致(年与地球的公转运动一致，日与地球的自转运动一致)，而月则是人为编制的，并不要求和月相盈亏一致。

5.7.1.2 格里历

格里历也称公历。为了使每年的平均长度尽可能与回归年的长度一致，1582年罗马教皇格里高利对儒略历中设置闰年的规定做了修改，规定对世纪年而言只能被400整除的世纪年才算闰年。这样1700年、1800年、1900年等年份在儒略历中均为闰年，但在格里历中却都成为了平年，而2000年则成为闰年。这样公历中每400年就要比儒略历中的400年少3天。即儒略历中400年有365.25×400=146100日，而公历的400年中则只有146097日。平均每年的长度为365.2425日，与回归年的长度更为接近。

除少数特殊情况外(例如一些伊斯兰教国家仍在使用回历，我国民间还同时在使用农历，一些少数民族地区仍习惯性地使用藏历、傣历等)，世界上大多数国家在正式场合均已使用公历来作为时间的计时方法。我国在辛亥革命后，从1912年起也改用公历，但仍按传统方法将年称为“民国××年”。1949年，中华人民共和国成立后，包括计年方法在内已完全采用公历。

5.7.2 儒略日与简化儒略日

5.7.2.1 儒略日(Julian Day，JD)

儒略日是一种不涉及年、月等概念的长期连续的记日法，在天文学、空间大地测量和卫星导航定位中经常使用。这种方法是由J. J. Scaliger于1583年提出的，为纪念他的父亲儒略而命名为儒略日。计算跨越多年的两个时刻间的间隔时采用这种方法将显得特别方便。儒略日的起点为公元前4713年1月1日12时(世界时平正午)，然后逐日累加。我国天文年历中有本年度内公历××月××日与儒略日的对照表，供用户查取。此外，用户也可用下列公式来进行计算：

(1)据公历的年(Y)月(M)日(D)来计算对应的儒略日JD。

公式1：

$$JD = 1721013.5 + 367 \times Y - \mathrm{int}\left\{\frac{7}{4}\left[Y + \mathrm{int}\left(\frac{M+9}{12}\right)\right]\right\} + D + \frac{h}{24} + \mathrm{int}\left(\frac{275 \times M}{9}\right) \tag{5-25}$$

式中，常数1721013.5为公历1年1月1日0时的儒略日，Y、M、D分别为公历的年、月、日数，h为世界时的小时数，int为取整符号。

例：求2007年10月26日9时30分所对应的儒略日。

$$\begin{aligned} JD &= 1721013.5+367\times2007-\text{int}\left\{\frac{7}{4}\left[2007+\text{int}\left(\frac{19}{12}\right)\right]\right\} \\ &\quad +26+\frac{9.5}{24}+\text{int}\left(\frac{275\times10}{9}\right) \\ &= 1721013.5+736569-3514+26+0.396+305 \\ &= 2454399.896 \end{aligned}$$

公式 2：

$$\begin{aligned} JD &= \text{int}(365.25\times y)+\text{int}[30.6001\times(m+1)] \\ &\quad +D+\frac{h}{24}+1720981.5 \end{aligned} \tag{5-26}$$

当月份 $M>2$ 时，有 $y=Y$，$m=M$；

$M\leqslant 2$ 时，有 $y=Y-1$，$m=M+12$。

仍采用上述例子，有：

$$\begin{aligned} JD &= \text{int}(365.25\times 2007)+\text{int}[30.6001\times 11] \\ &\quad +26+\frac{9.5}{24}+1720981.5 \\ &= 733056+336+26+0.396+1720981.5 \\ &= 2454399.896 \end{aligned}$$

(2)据儒略日反求公历年、月、日。

$$\begin{cases} a=\text{int}(JD+0.5) \\ b=a+1537 \\ c=\text{int}\left(\dfrac{b-122.1}{365.25}\right) \\ d=\text{int}(365.25\times c) \\ e=\text{int}\left(\dfrac{b-d}{30.600}\right) \\ D=b-d-\text{int}(30.6001\times e)+\text{FRAC}(JD+0.5) \\ M=e-1-12\times\text{int}\left(\dfrac{e}{24}\right) \\ Y=c-4715-\text{int}\left(\dfrac{7+M}{10}\right) \end{cases} \tag{5-27}$$

式中，符号 FRAC(a) 表示取数值 a 的小数部分。

例：求 JD=2454399.896 所对应的公历年、月、日。

$a=2454400$；

$b=2455937$；

$c=6723$；

$d=2455575$；

$e=11$；

$D=2455937-2455575-336+0.396=26.396$ 日(26 日 9 时 30 分);

$M=10$ 月;

$Y=6723-4715-1=2007$ 年。

IAU 决定从 1984 年起在计算岁差、章动、编制天体星历时都采用 J2000.0(即儒略日 2451545.0)作为标准历元。任一时刻 t 离标准历元的时间间隔即为 $\mathrm{JD}(t)-2451545.0$(日)。

5.7.2.2 简化儒略日(Modified Julian Day, MJD)

儒略日的计时起点距今已超过 67 个世纪，当前的时间用儒略日表示时数值已很大，使用不便。为此 1973 年 IAU 又采用了一种更为简便的连续计时法——简化儒略日。它与儒略日之间的关系为:

$$\mathrm{MJD}=\mathrm{JD}-2400000.5 \tag{5-28}$$

MJD 是采用 1858 年 11 月 17 日平子夜作为计时起点的一种连续计时法。表示近来的时间时用 MJD 较为方便。

5.7.2.3 年积日

年积日是在一年中使用的连续计时法。每年的 1 月 1 日计为第 1 日，2 月 1 日为第 32 日依此类推。平年的 12 月 31 日为第 365 日，闰年的 12 月 31 日为第 366 日。用它可方便地求出一年内两个时刻 t_1 和 t_2 间的时间间隔。公历中的××月××日与对应的年积日之间的相互转换可通过查表或编制一个小程序来实现。

第6章 坐标系统

物体在空间的位置、运动速度及运行轨迹等都需在一定的坐标系中来加以描述。坐标系统的建立一直是大地测量的主要任务之一。坐标系是导航的参考框架，为了方便导航参数的计算，需要定义不同的坐标系统，如惯性坐标系、地球坐标系，地理坐标系、载体坐标系等。在实际导航计算中，需选择采用合适的坐标系，并建立他们之间的相互转换关系，以实现导航解算在不同阶段和不同场合的正确表达。

6.1 地球运动与天球的基本概念

地球坐标系统和时间系统是与地球的运转紧密关联的，例如，地球坐标系的 Z 轴和地球旋转轴密切相关，昼夜时间变化与地球的自转密切相关。地球的运转可分为如下四类：

(1)与银河系一起在宇宙中运动；

(2)在银河系内与太阳系一起旋转；

(3)与其他行星一起绕太阳旋转(公转或周年视运动)；

(4)绕其瞬时旋转轴旋转(自转或周日视运动)。

在这四类运动中，前两类主要与宇宙探测中的星系研究有关，对于研究地球空间的相关科学与工程问题，研究对象位于地球表面及其近地空间，主要是与后两类运动相关。

6.1.1 地球绕太阳公转

在太阳系中，地球可以看做是绕太阳旋转的质点，一年旋转一圈，这一运动可以用开普勒的行星三大运动定律来描述：

(1)行星轨道是一个椭圆，太阳位于椭圆的一个焦点上。

(2)行星运动中，与太阳连线在单位时间内扫过的面积相等。

(3)行星绕轨道运动周期的平方与轨道长半轴的立方之比为常数。

根据开普勒定律，地球绕太阳旋转(也称为地球公转)的轨道是椭圆，称为黄道(见图6-1)。地球的运动速度在轨道的不同位置是不同的，当靠近太阳时，运动速度变快，当远离太阳时则变慢，距离太阳最近的点称为近日点，距离太阳最远的点称为远日点，近日点远日点的连线是椭圆的长轴，地球绕太阳旋转一圈的时间是由其轨道的长半轴的大小决定的，称为一个恒星年。开普勒定律描述的是理想的二体运动规律，但在现实世界中，其他行星和月球会对地球的运动产生影响，使其轨道产生摄动，并不是严格的椭圆轨道。

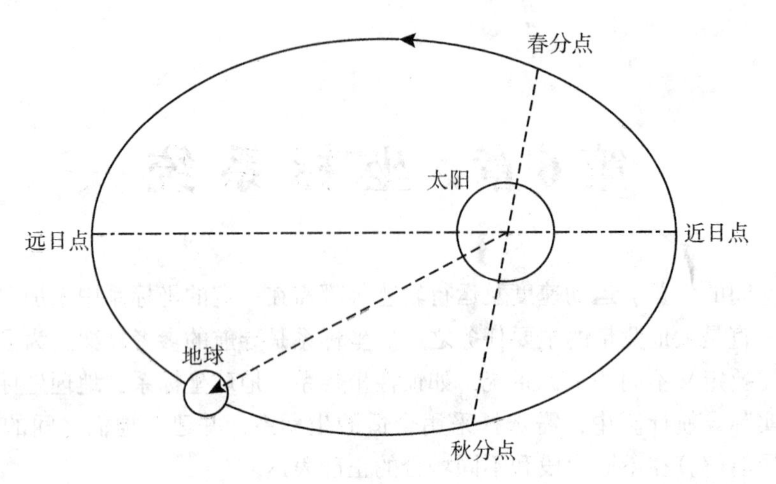

图6-1 地球公转轨道

6.1.2 地球的自转

地球在绕太阳公转的同时，绕其自身的旋转轴(地轴)自转，从而形成昼夜变化。地轴是过地球中心和南北两极的轴线，在某一时刻的旋转轴称为瞬时旋转轴，它在空间的指向以及地球绕地轴的旋转速度也是随时间会发生缓慢变化的。其变化包括：

1. 地轴方向相对于空间的变化(岁差和章动)

地球绕地轴旋转可以看做是巨大的陀螺旋转，由于日、月等天体的影响，类似于旋转陀螺在重力场中的进动，地球的旋转轴在空间围绕黄极缓慢旋转，形成一个倒圆锥体，见图6-2，其锥角等于黄赤交角 $\varepsilon = 23.5°$，旋转周期为26000年，这种运动称为岁差，是地

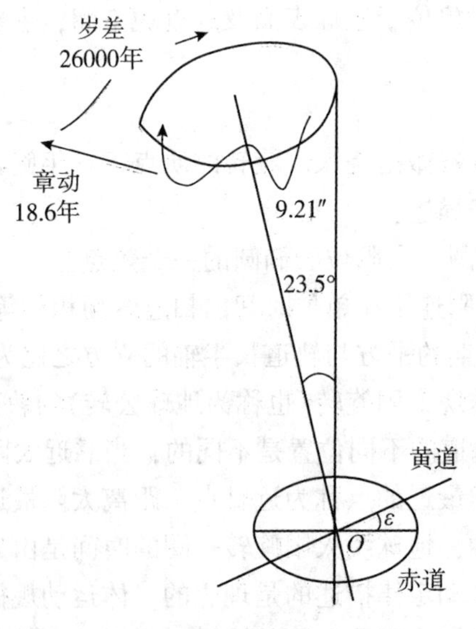

图6-2 岁差运动

轴方向相对于空间的长周期运动。岁差使春分点每年向西移动 50.3″，以春分点为参考点的坐标系将受到岁差的影响，例如恒星的赤经 α、赤纬 δ 分别是以某时刻的春分点位置和赤道为参考，在不同时刻，由于岁差的影响，其值将发生变化。

月球绕地球旋转的轨道称为白道，由于白道对于黄道有约 5°的倾斜，这使得月球引力产生的转矩的大小和方向不断变化，从而导致地球旋转轴在岁差的基础上叠加了 18.6 年的短周期圆周运动，振幅为 9.21″。在岁差和章动的共同影响下，地球在某一时刻的实际旋转轴称为真旋转轴或瞬时轴，如图 6-3 所示。

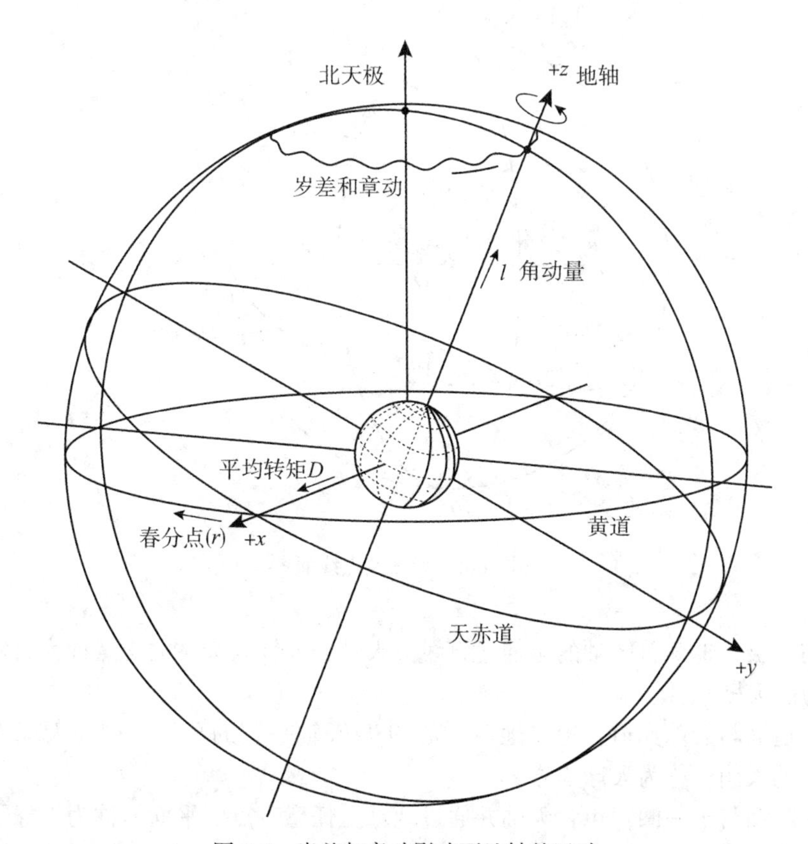

图 6-3 岁差与章动影响下地轴的运动

2. 地轴相对于地球本体的相对位置变化(极移)

地球自转轴除了上述的空间的变化外，还存在相对于地球本体的相对位置变化，从而导致地球极点在地球表面上的位置随时间而变化，这种现象称为极移。某一观测瞬间地球北极所在的位置称为瞬时极，某段时间内地极的平均位置称为平极。

3. 地球自转速度变化(日长变化)

地球自转不是均匀的，存在着各种短周期变化和长期变化，短周期变化是由于地球周期性潮汐影响，变化周期包括 2 个星期、1 个月、6 个月、12 个月，长期变化表现为地球自转速度缓慢变小。地球的自转速度变化，导致日长的视扰动和缓慢变长，从而使以地球自转为基准的时间尺度产生变化。

描述上述三种地球运动规律的参数称为地球的定向参数(EOP)，描述地球自转速率变化的参数和描述极移的参数为地球自转参数(ERP)，EOP 即为 ERP 加上岁差和章动。

6.1.3 天球点线面

以地球质心为中心，以无穷大为半径的假想球体称为天球。如图 6-4 所示，天球上重要的点、线、面有：

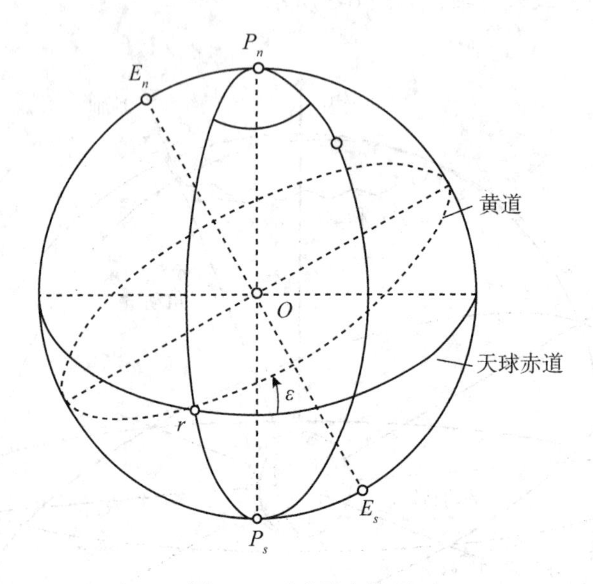

图 6-4 天球及点线面

天轴与天极：地球自转轴的延伸之直线为天轴；天轴与天球的交点称为天极(P_n 为北天极，P_s 为南天极)。

天球赤道面与天球赤道：通过地球质心 O 与天轴垂直的平面，称为天球赤道面，它与天球相交的大圆，称为天球赤道。

天球子午面与子午圈：包含天轴并通过地球上任意一点的平面，称为天球子午面，它与天球相交的大圆，称为天球子午圈。

黄道：地球公转的轨道面与天球相交的大圆称为黄道。黄道面与赤道面的夹角 ε，称为黄赤交角，约为 23.5°。

黄极：通过天球中心，且垂直于黄道面的直线与天球的交点，称为黄极。其中靠近北天极的交点 E_n 称为北黄极，靠近南天极的交点 E_s 称为南黄极。

春分点：当太阳在黄道上从天球南半球向北半球运动时，黄道与天球赤道的交点 r。

原点位于地球质心 O，z 轴指向天球北极 P_n，x 轴指向春分点 r，y 轴垂直于 xOz 平面，从而建立起来的坐标系称为天球坐标系。天球直角坐标也可以转换为赤经(α)赤纬(δ)、向径(d)构成的天球球面坐标，如图 6-5 所示。任何一个天体在天球上的位置就可以用赤经 α、赤纬 δ 这一对数值来表示。

春分点和天球赤道面是建立天球坐标系(直角坐标或球面坐标)的重要基准点和

基准面。

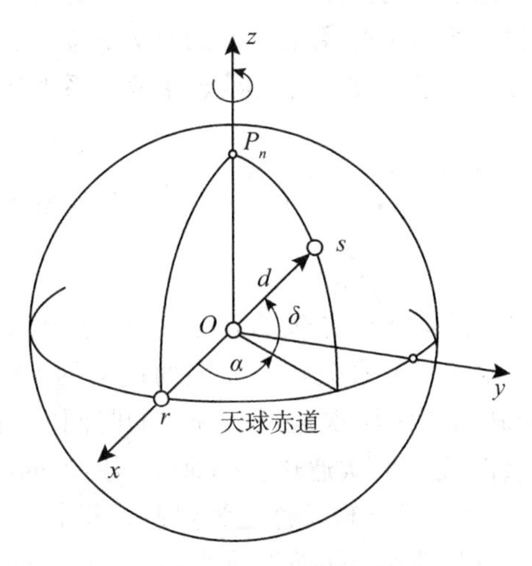

图 6-5　天球坐标系

6.2　国际天球参考(坐标)系及其参考框架

国际天球参考(坐标)系(International Celestial Reference System，ICRS)是用于描述天体在空间的位置或方向的常用坐标系，在天文导航中被广泛使用。由于该坐标系的坐标轴不随地球自转而旋转，而是指向空间三个固定方向(相对于银河系外的天体无整体旋转)，因而也被称为空固坐标系。

6.2.1　引言

国际天球参考(坐标)系的原点可位于太阳系质心，也可位于地心，前者称为(太阳系)质心天球参考系(BCRS)，后者称为地心天球参考系(GCRS)。研究行星绕日公转运动时常采用 BCRS，研究人造地球卫星的运动时常用 GCRS。GCRS 的坐标原点将随着地球的公转运动而绕日运行，但由于三个坐标轴无旋转，因而仍是一个相当不错的惯性坐标系。

我们知道人造卫星的轨道运动方程是建立在牛顿运动定律的基础上的，而牛顿运动定律只有在惯性坐标系中才精确成立。GCRS 可以视为是一个相当不错的惯性坐标系(或称准惯性坐标系)，人卫轨道通常都是在该坐标系中来进行解算的。但是用户最终需要的往往是载体在地球坐标系中的位置和速度，因而还需通过坐标转换将卫星的位置和速度从 GCRS 转换至地球坐标系中去。

参考(坐标)系是由一系列的原则、规定从理论上来加以定义的。这些定义还需要由一定的机构通过大量的观测和数据处理等才能具体实现。参考(坐标)系统的具体实现称为参考(坐标)框架。如国际天球参考(坐标)系的具体实现就称为国际天球参考(坐标)框架(International Celestial Reference Frame，ICRF)。但有时对参考系统和参考框架并不加以严格区分。

要想理解不同的天球坐标系间的关系，就必须了解岁差和章动的基本概念。本节将先介绍岁差和章动的相关知识，然后再介绍某历元的真天球坐标系、平天球坐标系及ICRS之间的相互关系和转换方法。至于GCRS与国际地球参考系ITRS间的坐标转换则在后面再进行介绍。

6.2.2 岁差和章动

6.2.2.1 *岁差*

由于天球赤道和天球黄道的运动而导致的春分点(天球赤道和天球黄道的一个交点)的长期进动现象称为岁差。岁差将使春分点每年向西运动约50″(周期为25800年左右)，从而使回归年(地球绕日公转时连续两次通过春分点的时间间隔，约为365.2422平太阳日)较恒星年(地球绕日公转时连续两次通过空间某一固定点的时间间隔，约为365.2564平太阳日)短。一年为一岁，故将这种现象称之为岁差。其中由于赤道面变化而引起的春分点移动称为赤道岁差；由于黄道面变化而引起的春分点移动称为黄道岁差。

1. 赤道岁差

由于太阳、月球以及行星对地球上赤道隆起部分的作用力矩而引起天球赤道的进动，最终导致春分点每年在黄道上向西移动约50.39″的现象称为赤道岁差。牛顿曾从几何上对产生赤道岁差的原因和机制作过解释。限于篇幅不再介绍，感兴趣的同学可参阅有关文献。

2. 黄道岁差

由于行星的万有引力而导致地月系质心绕日公转平面(黄道面)发生变化，从而导致春分点在天球赤道上每年向东运动约0.1″的现象称为黄道岁差。黄道面的变化还将使黄赤交角每年减小约0.47″。

长期以来，赤道岁差一直被称作日月岁差；而黄道岁差则被称作行星岁差。这种沿用了一百多年的术语现在看来并不准确(因为行星的作用力矩也会引起赤道面的进动，不能略而不计)容易引起误解。所以第26届IAU大会决定将它们分别改为赤道岁差和黄道岁差。

3. 总岁差和岁差模型

赤道岁差和黄道岁差在黄道上的分量之和称为总岁差。换言之，在赤道岁差和黄道岁差的共同作用下，天体的黄经将发生变化，其变化量l可写为：

$$l = \psi' - \lambda'\cos\varepsilon \tag{6-1}$$

式中，ψ'为由于赤道岁差而引起的春分点在黄道上向西移动的量；λ'为由于黄道岁差而引起的春分点在赤道上向东移动的量；ε为黄赤交角。

迄今为止，在全球已相继建立了多个岁差模型，如IAU 1976年岁差模型(L77模型)、IAU 2000岁差模型、IAU 2006岁差模型(P03)模型以及由Bretagnon等人建立的B03模型、由Fukushima建立的F03模型等，在2006年第26届IAU大会上决定从2009年1月1日起正式采用IAU 2006岁差模型。

4. 岁差改正

如果我们用下列方法组成一个瞬时的天球坐标系：以天球中心作为坐标原点，X 轴指向瞬时的平春分点，Z 轴指向瞬时的平北天极，Y 轴垂直于 X 轴和 Z 轴形成一个右手垂直直角坐标系。由于岁差这些瞬时天球坐标系的三个坐标轴的指向是不相同的，空间的某一固定目标，例如无自行的某一恒星，在不同的瞬时天球坐标系中的坐标就各不相同，无法相互进行比较。为此我们要选择一个固定的天球坐标系作为基准，将不同观测时刻 t_i 所测得的天球坐标都归算到该固定的天球坐标系中去进行相互比较，编制天体的星历。这一固定的天球坐标系被称为协议天球坐标系。目前，我们选用 J2000.0 时刻的平天球坐标系作为协议天球坐标系。图 6-6 中的 $O\text{-}\gamma_0 y_0 p_0$ 即为协议天球坐标系，其 X 轴指向 J2000.0 时的平春分点 γ_0，Z 轴指向 J2000.0 时的平北天极 p_0，Y 轴垂直于 X、Z 轴组成右手坐标系(为减少图中的线条未绘出)。

欲将任一时刻 t_i 的观测值归算到协议天球坐标系中去时，可采用多种方法，最简单的方法是采用坐标系旋转的方法。从图 6-6 中可以看出，要把 t_i 时刻的天球坐标系 $O\text{-}\gamma yp$ 转换到 t_0 时刻的协议天球坐标系 $O\text{-}\gamma_0 y_0 p_0$，只需进行三次坐标旋转即可。首先是绕 Z 轴旋转 ξ 角，使 X 轴从 γ 指向 B；其次是绕 Y 轴旋转 θ 角，使 Z 轴从 Op 转为 Op_0，X 轴从 B 转为指向 A；最后再绕 Z 轴旋转 η_0 角，使 X 轴从 A 转为指向 γ_0($\theta=\overset{\frown}{PP_0}=\overset{\frown}{AB}$；$\xi=\overset{\frown}{B\gamma}$；$\eta_0=\overset{\frown}{A\gamma_0}$)。于是有：

$$\begin{aligned}\begin{pmatrix}X\\Y\\Z\end{pmatrix}_{t_0}&=R_Z(\eta_0)R_Y(-\theta)R_Z(\xi)\begin{pmatrix}X\\Y\\Z\end{pmatrix}_{t_i}\\&=\begin{pmatrix}\cos\eta_0&\sin\eta_0&0\\-\sin\eta_0&\cos\eta_0&0\\0&0&1\end{pmatrix}\begin{pmatrix}\cos\theta&0&\sin\theta\\0&1&0\\-\sin\theta&0&\cos\theta\end{pmatrix}\begin{pmatrix}\cos\xi&\sin\xi&0\\-\sin\xi&\cos\xi&0\\0&0&1\end{pmatrix}\begin{pmatrix}X\\Y\\Z\end{pmatrix}_{t_i}\\&=\begin{pmatrix}p_{11}&p_{12}&p_{13}\\p_{21}&p_{22}&p_{23}\\p_{31}&p_{32}&p_{33}\end{pmatrix}\begin{pmatrix}X\\Y\\Z\end{pmatrix}_{t_i}=[p]\begin{pmatrix}X\\Y\\Z\end{pmatrix}_{t_i}\end{aligned}\tag{6-2}$$

式中，$[p]$ 称为岁差矩阵，它的 9 个元素为：

$$\begin{cases}p_{11}=\cos\eta_0\cos\theta\cos\xi-\sin\eta_0\sin\xi\\p_{12}=\cos\eta_0\cos\theta\sin\xi+\sin\eta_0\cos\xi\\p_{13}=\cos\eta_0\sin\theta\\p_{21}=-\sin\eta_0\cos\theta\cos\xi-\cos\eta_0\sin\xi\\p_{22}=-\sin\eta_0\cos\theta\sin\xi+\cos\eta_0\cos\xi\\p_{23}=-\sin\eta_0\sin\theta\\p_{31}=-\sin\theta\cos\xi\\p_{32}=-\sin\theta\sin\xi\\p_{33}=\cos\theta\end{cases}\tag{6-3}$$

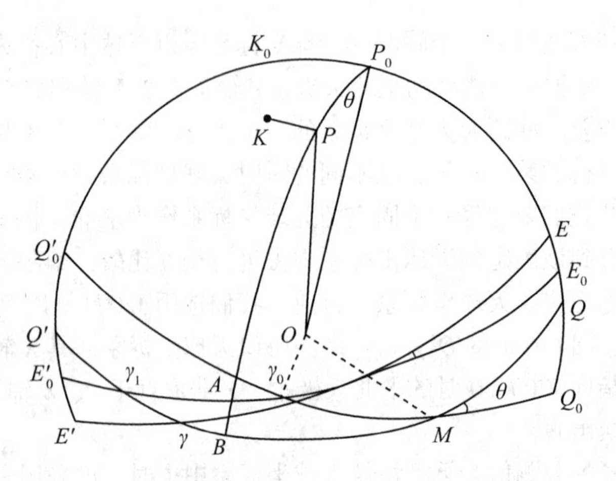

图 6-6 岁差改正示意图

反之，从协议天球坐标系转换至任意时刻 t_i 的天球坐标系时，有下列关系式：

$$\begin{pmatrix} X \\ Y \\ Z \end{pmatrix}_{t_i} = [p]^{-1} \begin{pmatrix} X \\ Y \\ Z \end{pmatrix}_{t_0} \tag{6-4}$$

$$[p]^{-1} = R_Z(-\xi)R_Y(\theta)R_Z(-\eta_0) = \begin{pmatrix} p'_{11} & p'_{12} & p'_{13} \\ p'_{21} & p'_{22} & p'_{23} \\ p'_{31} & p'_{32} & p'_{33} \end{pmatrix} \tag{6-5}$$

式中，

$$\begin{cases} p'_{11} = \cos\eta_0\cos\theta\cos\xi - \sin\eta_0\sin\xi \\ p'_{12} = -\sin\eta_0\cos\theta\cos\xi - \cos\eta_0\sin\xi \\ p'_{13} = -\sin\theta\cos\xi \\ p'_{21} = \cos\eta_0\cos\theta\sin\xi + \sin\eta_0\cos\xi \\ p'_{22} = -\sin\eta_0\cos\theta\sin\xi + \cos\eta_0\cos\xi \\ p'_{23} = -\sin\theta\sin\xi \\ p'_{31} = \cos\eta_0\sin\theta \\ p'_{32} = -\sin\eta_0\sin\theta \\ p'_{33} = \cos\theta \end{cases} \tag{6-6}$$

岁差参数 η_0、ξ、θ 可用岁差模型求得。IAU 2006 岁差模型给出计算公式如下：

$$\begin{cases} \eta_0 = 2.650545'' + 2306.083227''T + 0.2988499''T^2 + 0.01801828''T^3 \\ \qquad - 5.971'' \times 10^{-6} \cdot T^4 - 3.173'' \times 10^{-7} \cdot T^5 \\ \xi = -2.650545'' + 2306.077181''T + 1.0927348''T^2 + 0.01826837''T^3 \\ \qquad + 2.8596'' \times 10^{-5} \cdot T^4 - 2.904 \times 10^{-7} \cdot T^5 \\ \theta = 2004.191903''T - 0.4294934''T^2 - 0.04182264''T^3 \\ \qquad - 7.089'' \times 10^{-6} \cdot T^4 - 1.274'' \times 10^{-7} \cdot T^5 \end{cases} \tag{6-7}$$

式中，T 为离参考时刻 J2000.0 的儒略世纪数。

6.2.2.2 章动

1. 章动的基本概念

由于月球、太阳和各大行星与地球间的相对位置存在周期性的变化，作用在地球赤道隆起部分的力矩也在发生变化，地月系质心绕日公转的轨道面也存在周期性的摄动，因此在岁差的基础上还存在各种大小和周期各不相同的微小的周期性变化——章动。其中最主要的一项是幅度为 9.2″(交角章动)、周期为 18.6 年的周期项。这是由于月球绕地球的公转轨道面——白道平面与地球赤道平面之间的交角会以 18.6 年的周期在 18°17′至 28°35′之间来回变化而引起的。真正的春分点将在岁差的基础上(可视为是一种平均运动)叠加上许多幅度和周期各不相同的周期性运动。

2. 章动模型

至今已建立了许多章动模型，如 IAU 1980 年章动模型、IAU 2000 年章动模型等。目前被广泛使用的是 IAU 2000 章动模型，该模型是由日、月章动和行星章动两部分组成的，其中日、月章动是由 678 个不同幅度、不同周期的周期项组成的，而行星章动则是由 687 个不同幅度、不同周期的周期项组成的。

(1)日、月章动。

$$\begin{cases} \Delta\Psi = \sum_{i=1}^{678} (A_i + A_i' T)\sin f_i + (A_i'' + A_i'' T)\cos f_i \\ \Delta\varepsilon = \sum_{i=1}^{678} (B_i + B_i' T)\cos f_i + (B_i'' + B_i''' T)\sin f_i \end{cases} \tag{6-8}$$

式中，$\Delta\Psi$ 为黄经章动，是由于章动而导致黄经的变化量；$\Delta\varepsilon$ 为交角章动，是由于章动而导致的黄赤交角 ε 的变化量；A_i、A_i'、A_i''、A_i''' 以及 B_i、B_i'、B_i''、B_i''' 由表格给出；T 为离参考时刻 J2000.0 的儒略世纪数。

$$f_i = N_1 I + N_2 I' + N_3 F + N_4 D + N_5 \Omega \tag{6-9}$$

式中，N_1、N_2、N_3、N_4、N_5 的值也是由表格给出。I、I'、F、D、Ω 则是与太阳、月球的位置相关的一些参数，由固定的计算公式进行计算。

(2)行星章动。

$$\begin{cases} \Delta\Psi = \sum_{i=1}^{678} A_i \sin f_i + A_i' \cos f_i \\ \Delta\varepsilon = \sum_{i=1}^{678} B_i \cos f_i + B_i' \sin f_i \end{cases} \tag{6-10}$$

式中，$f_j = \sum_{j=1}^{14} N_j' F_j'$。其中，$N_j'(j = 1, 2, \cdots, 14)$ 为固定系数，由表格给出；$F_j'(j = 1, 2, \cdots, 14)$ 是与各大行星的位置相关的参数，有固定公式计算。

上述章动模型的精度优于 0.2 mas，对于精度要求仅为 1 mas 的用户来说则可以使用简化后的公式来计算，精确的模型称为 IAU 2000A 章动模型，简化后的模型则称为 IAU 2000B 模型。在 B 模型中只含 77 个日、月章动项和 1 个行星章动偏差项。对于 GPS 卫星来说，1 mas 会引起约 13 cm 的卫星位置误差。

3. 章动改正

下面我们不加推导给出章动改正公式，如下：

$$[N] = R_X(-\varepsilon - \Delta\varepsilon) \cdot R_Z(-\Delta\psi) \cdot R_X(\varepsilon) = \begin{pmatrix} n_{11} & n_{12} & n_{13} \\ n_{21} & n_{22} & n_{23} \\ n_{31} & n_{32} & n_{33} \end{pmatrix} \tag{6-11}$$

式中，

$$\begin{cases} n_{11} = \cos\Delta\psi \\ n_{12} = -\sin\Delta\psi\cos\varepsilon \\ n_{13} = -\sin\Delta\psi\sin\varepsilon \\ n_{21} = \sin\Delta\psi\cos(\varepsilon + \Delta\varepsilon) \\ n_{22} = \cos\Delta\psi\cos\varepsilon\cos(\varepsilon + \Delta\varepsilon) + \sin\varepsilon\sin(\varepsilon + \Delta\varepsilon) \\ n_{23} = \cos\Delta\psi\sin\varepsilon\cos(\varepsilon + \Delta\varepsilon) - \cos\varepsilon\sin(\varepsilon + \Delta\varepsilon) \\ n_{31} = \sin\Delta\psi\sin(\varepsilon + \Delta\varepsilon) \\ n_{32} = \cos\Delta\psi\cos\varepsilon\sin(\varepsilon + \Delta\varepsilon) - \sin\varepsilon\cos(\varepsilon + \Delta\varepsilon) \\ n_{33} = \cos\Delta\psi\sin\varepsilon\cos(\varepsilon + \Delta\varepsilon) + \cos\varepsilon\cos(\varepsilon + \Delta\varepsilon) \end{cases} \tag{6-12}$$

6.2.3 国际天球坐标(参考)系 ICRS

天球坐标系是用以描述自然天体和人造天体在空间的位置或方向的一种坐标系。依据研究对象的不同，天球坐标系的坐标原点(天球中心)可有多种不同选择，如位于地心、位于太阳系质心或位于银河系中心等。坐标轴指向也有多种不同选择，如 Z 轴指向北天极、指向北黄极等。

在导航学中，使用较多的是地心天球赤道坐标系，该坐标系的原点位于地球质心，X 轴指向春分点，Z 轴与地球自转轴重合，指向北天极，Y 轴垂直于 X 轴和 Z 轴，组成右手直角坐标系。由于存在岁差和章动，因而北天极和春分点也有“真”和“平”之分。我们把仅顾及岁差而不顾及章动时的北天极和春分点称为平北天极和平春分点，把同时顾及岁差和章动，能反映其真实位置的北天极和春分点称为真北天极和真春分点。

6.2.3.1 真地心天球赤道坐标系(瞬时地心天球赤道坐标系)

我们把坐标原点位于地心，X 轴指向真春分点，Z 轴指向真北天极，Y 轴垂直于 X 轴和 Z 轴组成的右手坐标系称为真地心天球赤道坐标系或瞬时地心天球赤道坐标系。天文观测总是在真天球坐标系中进行的，所获得观测值也是属于该坐标系的，然而由于岁差和章动的影响，真天球坐标系中的三个坐标轴的指向在不断变化，在不同时间对空间某一固定天体(例如无自行的恒星)进行观测后所求得的天体坐标（α，δ）是不相同的，因而不宜用该坐标系来编制星表，表示天体的位置和方向。

6.2.3.2 平地心天球赤道坐标系

我们把坐标原点位于地心，X 轴指向平春分点，Z 轴指向平北天极，Y 轴垂直于 X 轴和 Z 轴组成的右手坐标系称为平地心天球赤道坐标系。当然，实际上岁差和章动是叠加在一起的，我们之所以要人为地把长期的平均运动(岁差)与在此基础上的许多微小的周期性变化(章动)分离开来，是为了使坐标转换的概念和步骤更为清晰。在计算时也可以把它们合并在一起同时计算。

平天球坐标系的三个坐标轴的指向仍然是不固定的，但是其变化规律已很简单，可以方便地进行计算。显然我们也不宜用平天球坐标系来描述天体的位置和方向。

6.2.3.3 协议地心天球赤道坐标系

天体的位置需要在一个固定不变的坐标系中来加以描述。从理论上讲，这种天固坐标系是可以任意选择的，只要坐标轴的指向不变就行。但是为了避免各国各行其是，建立起五花八门的各种天固坐标系，实际上总是通过协商最后由国际权威单位规定，统一使用。目前广为使用的协议天球坐标系是由 IAU 规定的国际天球坐标系 GCRS 和 BCRS，前者的坐标原点位于地心，用于计算卫星轨道，编制卫星星历；后者的坐标原点位于太阳系质心，用于计算行星的运行轨道，编制星表。国际天球坐标系的 X 轴指向 J2000.0(JD = 2451545.0)时的平春分点，Z 轴指向 J2000.0 时的平北天极，Y 轴垂直于 X 轴和 Z 轴组成右手坐标系。显然这只是一种理论上的规定和定义，国际天球坐标系的具体实现称为国际天球参考框架。国际天球参考框架是通过国际地球自转及参考系服务组织(IERS)采用 VLBI 观测所确定的一组河外射电源的方向来实现的。

GCRS 中的三个坐标轴指向空间三个固定方向，虽然坐标原点在绕日公转，但仍然是一个相当好的惯性坐标系，我们通常将它称为准惯性坐标系。GNSS 卫星的轨道运动方程通常在 GCRS 中建立和解算，然后再通过坐标转换，换算至 ITRS 中去。

6.2.4 国际天球参考框架 ICRF

如前所述，国际天球参考系统 ICRS 是根据一组定义和规定从理论上来加以确定的。该坐标系统还需要由具体的机构通过一系列的观测和数据处理并采用一定的形式来予以实现。坐标(参考)系统具体实现称为坐标(参考)框架。

根据国际天文协会 IAU1991 年的决定，国际天球参考系 ICRS 是由国际地球自转服务 IERS 所建立的国际天球参考框架 ICRF 来予以实现的。ICRF 框架中的坐标轴指向是由甚长基线干涉测量 VLBI 所确定的一组河外射电源在 J2000.0 的天球赤道坐标来予以定义和维持的。由于河外射电源离我们的距离十分遥远，所以从地球上所观测到的射电源方向是固定不变的。例如，对于一个距我们 10 亿光年的射电源来说，地球绕日公转的半径在该处所对应的夹角仅为 $3''\times10^{-9}$，即使该射电源以 3 万 km/s 的横向速度在运动，在地球上所对应的方向变化率也只有 0.00002″/年，远小于目前的观测误差。实际上迄今为止，由 VLBI 所给出的坐标框架之间的差异也都保持在 0.0001″之内。

1994 年，IERS 首次在年度报告中正式公布了 608 个射电源的坐标 (α, δ)，其中对其进行了长期观测，较为稳定的 236 个射电源被用来建立和维持 ICRF。此后 IERS 还根据新的观测值对这些坐标进行更新，并对其长期稳定度进行监测。

用 VLBI 技术对射电源进行观测，自然是使用国际天球参考框架的最直接也是最精确的一种手段。但遗憾的是除极少数用户外，其余用户均未配备价格昂贵、设备笨重复杂的射电望远镜及相应的数据处理设备，因而无法直接使用该参考框架。一个较好的解决办法是用VLBI来维持ICRF，但同时又将它与其他一些常用的参考框架建立联系，以便用户可通过这些常用的参考框架来间接使用国际天球参考框架。这些常用的参考框架有伊巴谷(Hipparcos)参考系、美国航空航天局NASA的喷气推进实验室JPL编制的行星星历表等。

伊巴谷卫星上配备有大口径光学望远镜，可对银河系中的天体进行观测，建立银河参考系。由于光学观测是在位于稠密的大气层以上的卫星上进行的，故具有以下优点：

(1)观测不会受大气折光的影响，精度高。

(2)由于信号不穿过大气层，不会被大气所吸收，也无大气闪烁现象，成像质量好，故可对暗星及角距离很小的双星进行观测。

(3)由于处于微重力状态，故望远镜筒及仪器的旋转轴不会由于重量而弯曲。

所以观测的天体数量可大大增加，精度也能大幅提高。利用伊巴谷卫星对VLBI观测中的河外类星体进行光学观测后，就能利用这些既能进行射电干涉测量又能进行光学观测的“公共点”的两套坐标来实现坐标转换，将光学观测成果也纳入到ICRF中来。伊巴谷卫星的平均观测历元为1992.25年，伊巴谷星表的精度为0.5mas，恒星自行的精度为0.5mas/年。

美国喷气推进实验室JPL是用切比雪夫多项式的形式来提供太阳系中的11个天体(太阳、9大行星和月球)的精密星历的。目前广泛采用的有DE200和DE405星历。这两种星历的有效时间为公元1600—2170年。DE200采用J2000.0的平天球坐标系，DE405则采用ICRF。两者之间有细微差别。DE星历是根据各天体的运动方程，经严格的数值积分后求得的。除考虑太阳、行星和月球的万有引力外，还考虑了部分小行星的摄动力和相对论效应的影响。计算DE405星历时所用的观测资料有：

(1)1911年以来对太阳、行星和月球所进行的光学观测资料；

(2)1964年以来对水星和金星所进行的雷达测距资料；

(3)1970年以来对月球所进行的激光测距资料；

(4)1971年以来深空网跟踪资料及行星飞行器和着陆器所获取的资料。

各天体的星历均被分为若干个数据块。每块中给出一定时间间隔(一般为32天)的切比雪夫多项式系数，由用户自行计算天体坐标。之所以采用这种方式主要是为了压缩星表的内容，使之显得较为简洁。此外，国际地球自转服务及参考系维持IERS还给出了地球定向参数(岁差、章动、极移以及UT1-TAI)，将国际天球参考框架ICRF与国际地球参考框架ITRF联系在一起。这些参数给出了天球星历极在地球坐标系统和天球坐标系统中的定向，以及绕Z轴的旋转参数。上述参数在IERS的出版物中每天给出一组，其误差为±0.5 mas(相当于地面距离±1.5 cm)。用户如果知道了地面两点的方向，也可将其换算为ICRF中的方向。

6.3　地球坐标系

地球坐标系是用以描述物体在地球上及近地空间中的位置和运动速度的一种坐标系。根据其表示形式及所用参数的不同可分为大地坐标系和空间直角坐标系，根据所选取的坐标原点(椭球体中心)的不同可分为参心坐标系和地心坐标系。根据Z轴指向的不同可分为瞬时地球坐标系和协议地球坐标系。

6.3.1 大地坐标系与空间直角坐标系

6.3.1.1 大地坐标系

大地坐标系是一种以椭球面(参考椭球面或总地球椭球面)作为基本参考面的坐标系统。该椭球的短轴与地球自转轴平行或重合，椭球的起始子午面与地球的起始子午面平行或重合。地面上某点 P' 的位置用大地纬度 B、大地经度 L 及大地高 H 来表示。其中，大地纬度 B 是过 P' 点的椭球面法线 $P'K_P$ 与椭球的赤道面之间的夹角，其取值范围为 0°~90°，有北纬和南纬之分；大地经度 L 是过 P' 点的大地子午面与起始子午面间的夹角，其取值范围 0°~360°，也可用东经和西经来表示(0°~180°)；大地高 H 是 P' 点沿椭球面法线至椭球面间的距离(见图 6-7)。

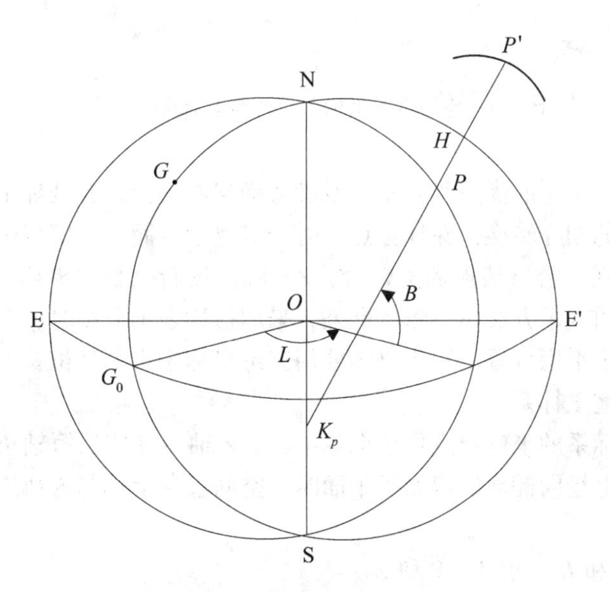

图 6-7 大地坐标系示意图

采用大地坐标系的优点是直观方便，因为这种表示方法与人们长期以来用地图、地球仪等来表示点的位置的方式是一致的。此外采用大地坐标时可以把平面位置和高程区分开来，在大海中航行的船舶、在沙漠和森林中旅行的行人如果只需要确定自己的平面位置时，可用 (B, L) 来方便的表示(如果有必要也可通过地图投影公式将 (B, L) 换算为平面坐标 (X, Y))。采用大地坐标系的缺点是点的坐标不仅与它的位置有关，而且还取决于所用参考椭球的形状、大小及其定位，进行坐标转换时较为复杂。

6.3.1.2 空间直角坐标系

地球坐标系也常采用空间直角坐标系的形式来表示，在卫星大地测量中使用得尤为广泛。此时空间直角坐标系的坐标原点位于地心或参考椭球中心，Z 轴与地球自转轴重合或平行，指向北；X 轴与地球赤道平面和起始子午面的交线重合或平行；Y 轴垂直于 X 轴与

Z 轴构成右手坐标系。地面点 P 的位置用三维坐标 (X, Y, Z) 来表示(见图6-8)。

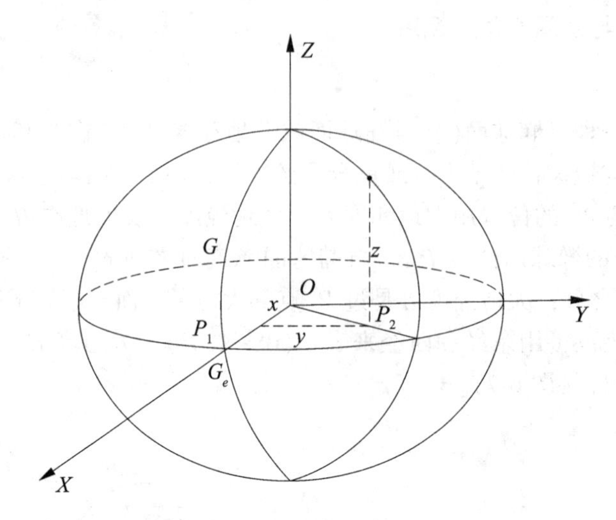

图6-8 空间直角坐标系与大地坐标系间的关系

采用空间直角坐标系的优点是它不涉及参考椭球的概念，在处理全球性的数据时可避免不同椭球体之间的相互转换；在计算点位时公式也十分简单。但采用空间直角坐标系来表示点位时很不直观。给出某点的 (X, Y, Z) 后，我们很难想象出它在地图上的位置，因为它与传统的地图表示方法不一致。此外，采用这种表示方法时，无法将平面位置与高程分离。只需要确定平面位置的用户仍需要用三维坐标来表示其位置。因而在导航中许多用户更喜欢采用大地坐标系。

当空间直角坐标系的坐标原点位于椭球中心，Z 轴与椭球的短轴重合并指向北，X 轴位于椭球赤道平面上指向椭球的起始子午面时，空间直角坐标与大地坐标间有下列转换关系式：

(1)已知 B、L 和 H，求 X、Y 和 Z

$$\begin{bmatrix} X \\ Y \\ Z \end{bmatrix} = \begin{bmatrix} (N+H)\cos B\cos L \\ (N+H)\cos B\sin L \\ [N(1-e^2)+H]\sin B \end{bmatrix} \tag{6-13}$$

(2)已知 X、Y 和 Z，求 B、L 和 H

$$\begin{cases} L = \arctan\dfrac{Y}{X} = \arcsin\dfrac{Y}{\sqrt{X^2+Y^2}} = \arccos\dfrac{X}{\sqrt{X^2+Y^2}} \\ B = \arctan\left(\dfrac{Z+Ne^2\sin B}{\sqrt{X^2+Y^2}}\right) = \arccos\left(\dfrac{\sqrt{X^2+Y^2}}{Z} - \dfrac{Ne^2\cos B}{Z}\right) \\ H = \dfrac{\sqrt{X^2+Y^2}}{\cos B} - N \end{cases} \tag{6-14}$$

式中，$e=\frac{\sqrt{a^2-b^2}}{a}$，为椭球的第一偏心率；$N=\frac{a}{\sqrt{1-e^2\sin^2 B}}$，为椭球的卯酉圈曲率半径。由于(6-14)第2式中等号右边也出现了待定参数B，因而需要采用迭代法求解，初始值B可取$\arctan\frac{Z}{\sqrt{X^2+Y^2}}$或$\arccos\frac{\sqrt{X^2+Y^2}}{Z}$。

空间直角坐标系和大地坐标系可视为是地球坐标系的两种不同表示形式，可相互转换。

6.3.2 参心坐标系与地心坐标系

坐标原点位于地球质心的空间直角坐标系及椭球中心位于地球质心的大地坐标系称为地心坐标系。反之坐标原点或椭球中心不与地心重合的地球坐标系称为参心坐标系。

6.3.2.1 参心坐标系

采用经典的大地测量方法来建立大地坐标系时，我们只能依据本地区的大地测量资料在与该区域内的大地水准面最为吻合的条件下(使该区域内的大地水准面差距N的平方和为最小)来确定参考椭球的形状和大小(当然也可直接采用较好的参考椭球)并完成参考椭球的定位。采用这种方法来建立大地坐标时，参考椭球的中心一般不会与地心重合，因而称为参心坐标系。此时参心与地心间的差距一般可达数十米至数百米。

采用参心坐标系的优点是：

(1)参心与地心不一致并不会妨碍参心坐标系在交通运输、水利建设、矿山勘探、城市建设、农业等领域以及一般的军事领域内的应用。因为参心与地心的不一致并不会影响该区域内点与点之间的相对位置。

(2)采用参心坐标系可以使本区域内大地水准面与参考椭球面之间的差距较小，两个面符合得更好，有利于把观测资料归算到椭球面上去。

我国1954年北京坐标系和1980年国家大地坐标系均为参心坐标系。由于国家坐标系中涉及的大地控制点就多达数十万个，用户多，应用领域广，因而坐标系一旦建立后在较长时间内就不会再变动，需保持相对稳定。

但采用参心坐标系也存在一些缺点，主要是：

(1)无法满足空间技术及远程武器发射等领域的需要。

(2)目前GPS定位技术已取代常规方法成为大地定位的主要手段。GPS定位获得的是地心坐标，若再将其转换为参心坐标，不仅会增加工作量，而且还会由于坐标转换参数的误差而导致定位精度的下降。

6.3.2.2 地心坐标系

人造卫星入轨后沿着一个椭圆轨道绕地球运行。该轨道的一个焦点位于地球质心上。以该点作为坐标原点建立一个地心坐标系，然后就能在该坐标系中导出一系列计算卫星轨道的公式。也就是说这些公式只有在地心坐标系中才适用。而远程武器在进入被动段自由下行时其轨道也可视为是椭球轨道的一部分。因此在空间技术和远程武器等领域中将普遍采用地心坐标系。

采用地心坐标系的优点是：

(1)既能满足参心坐标系中普通用户的需要，同时也能满足空间技术、远程武器等特殊领域的需要。

(2)由于卫星定轨时所确定的卫星位置属于地心坐标系，因而用GNSS等方法进行卫星定位时所确定的测站坐标也属地心坐标。当GNSS定位取代传统方法(如三角测量、三边测量、导线测量、前方交会、后方交会等地面测量方法)而成为主要的大地定位方法时，直接采用地心坐标系比采用参心坐标系更为方便可靠。

(3)有利于建立全球统一的地球坐标系。

我国新建立的CGCS2000就属地心坐标系，在厘米级精度上，与ITRF、WGS 84等坐标系统是一致的。

当然这并不意味着地心坐标系将立即取代参心坐标系。一般来说，地心坐标系将随着观测精度的提高、观测资料的累积而不断精化。例如，国际地球参考框架在1988—2008年间就不断改善，共建立了12个不同版本的坐标框架，以便能更好地满足科学研究、空间技术和远程武器等用户的需要。但这种状况并不符合一般用户希望坐标框架在较长时期内能保持稳定的愿望。因而建立两套坐标系供不同用户使用可能是一个更好的解决方法。

如果我们能在参心坐标系中较为均匀地选择若干个测站，用GNSS、SLR(激光测卫)等方法来测定其地心坐标，那么我们就能依靠这些同时具有参心坐标和地心坐标的“公共点”来求出这两套坐标系间的坐标转换参数。采用空间直角坐标时一般可采用布尔莎七参数模型来进行坐标转换。公式如下：

$$\begin{bmatrix} X \\ Y \\ Z \end{bmatrix}_{\text{地心}} = \begin{bmatrix} \Delta X_0 \\ \Delta Y_0 \\ \Delta Z_0 \end{bmatrix} + (1+m)\begin{bmatrix} 1 & \theta_Z & -\theta_Y \\ -\theta_Z & 1 & \theta_X \\ \theta_Y & -\theta_X & 1 \end{bmatrix}\begin{bmatrix} X \\ Y \\ Z \end{bmatrix}_{\text{参心}} \tag{6-15}$$

式中，$(\Delta X_0,\ \Delta Y_0,\ \Delta Z_0)^{\mathrm{T}}$为坐标原点的三个平移参数，$m$为尺度比，$\theta_X$、$\theta_Y$、$\theta_Z$为三个旋转角。

6.3.3　极移

由于地球表面上的物质运动(如海潮、洋流等)以及地球内部的物质运动(如地幔对流等)，地球自转轴在地球体内的位置会发生缓慢变化。地球自转轴与地面的交点称为地极，地极的移动称为极移。通常我们都是用北极点的位置变化来反映地球自转轴在地球体内的运动。

如果地极在移动，那么经度相同的两地，其纬度变化的大小和符号应相同；而经度相差180°的两地，其纬度变化的大小应相同而符号则相反。为了用实测数据来说明地极移动的存在，国际弧度测量委员会于1891—1892年组织了观测队在欧洲的柏林、布拉格和太平洋中的檀香山等地进行纬度变化的观测。结果表明，在相距不远的柏林和布拉格两地的纬度变化，符号相同，大小也几乎一致。距柏林经度相差180°的檀香山的纬度变化则与前两地的大小相同而符号相反。由此证明，纬度变化的确是由地极移动引起的。地极在地球表面移动的轨迹近似圆形，约14个月移动一周；地极在地面上移动的范围大约为24m^2。

极移是由周期约为 1.2 年、振幅约为 0.15″的张德勒(Chandlar)自由摆动，周期为 1 年、振幅为 0.10″左右的受迫摆动，以及周期为 1 天、振幅为 0.02″左右的微小摆动等周期性的运动组成的。此外，通过长期观测后发现极移中还存在一种长期漂移：地极向方位角约为 250°的方向以 0.0035″/年的平均速度移动。图 6-9 为 1996—2000 年间瞬时地极的位置图。从图中可以看出地极在大约 0.5″的范围内作周期性运动。因为对极移的机制及变化规律还缺乏细致的了解，所以目前地极的位置仍然只能靠实际测定(或短期预报)，还无法进行准确的长期预报。

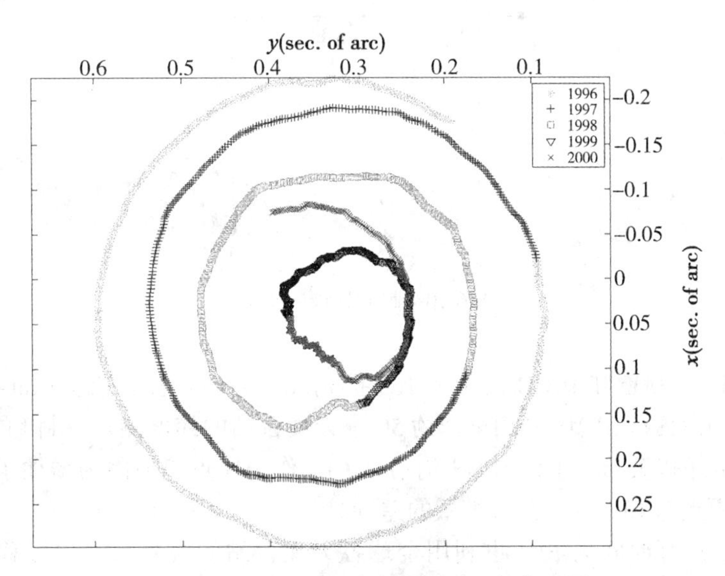

图 6-9　1996—2000 年间的瞬时地极位置图

地面点的坐标皆与地球自转轴的位置有关，极移会导致地面点经纬度的变化。实际上极移这种现象也正是由于地面点经纬度的周期性变化才被人们所发现。地面站纬度的变化 ΔB、经度的变化 ΔL 以及两点间大地方位角的变化 ΔA 与北极点的坐标 (X_p, Y_p) 间有下列关系：

$$\begin{cases}\Delta B = B - B_0 = X_p\cos L + Y_P\sin L \\ \Delta L = L - L_0 = (X_p\sin L - Y_P\cos L)\tan B \\ \Delta A = A - A_0 = (X_p\sin L - Y_P\cos L)\sec B\end{cases} \tag{6-16}$$

式中，X_p、Y_P 为任意时刻 t 极点的瞬时坐标，B、L、A 为该时刻点的瞬时大地纬度、大地经度和大地方位角；B_0、L_0、A_0 为 $X_p = Y_P = 0$ 时，也即极点位于协议原点时点的大地经纬度和大地方位角，其准确含义下面还将作详细介绍。

用户可以用式(6-16)来进行极移改正。反之，专门机构也可根据式(6-16)来测定瞬时地极的位置。1895 年国际纬度服务(International Latitude Service，ILS)正式成立。ILS 在北纬 39°08′的纬圈上建立了 6 个纬度站(1935 年后减少为 5 个站)，用同类仪器、相同的方法，对相同的恒星进行观测来测定自己的纬度，并据纬度变化值来反推出极点的位置。

ILS于1899年正式投入工作，并将1900—1905年所测定的固定平纬来确定国际协议原点 *CIO* 的位置(可以看成是6年中极点的平均位置)，并以其为坐标原点，以 $\lambda=0°$ 的经线作为 X 轴，以 $\lambda=270°$ 的经线作为 Y 轴组成一个坐标系统，任一时刻地极的瞬时位置 p 就能用（X_p，Y_p）来表示。从理论上讲该坐标系是建立在椭球面上的，但因为极移的值很小（<0.5″），因而也可将其看成是一个球面坐标系或平面坐标系。由于ILS是采用经典的光学观测技术来测定极移的，测站数量又很少，因而测定的极移精度较差，误差大于1m。

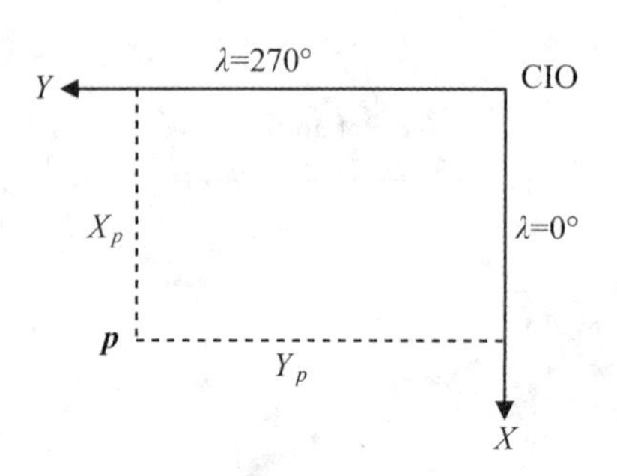

图6-10 瞬时地极的坐标

1960—1961年IAU和IUGG决定将ILS扩充改组为国际极移服务(International Polar Motion Service，IPMS)。IPMS利用全球约50个天文台站的纬度测量资料和经度测量资料来测定极移，并予以公布。虽然IPMS仍沿用CIO作为原点，但因为增加了大量的新站，因而严格讲其原点与CIO可能会有细微的差别。

除此以外，国际时间局BIH也利用全球各天文台站的资料来测定极移并向外公布。从1972年开始在经典光学观测的基础上又增加了卫星多普勒测量资料，此后又逐步加入了SLR和LLR等空间大地测量资料，从而提高了极移值的测定精度。BIH与IPMS所给出的极移值间存在差异。为解决这种混乱的局面，1983年IAU和IUGG又决定组建国际地球自转服务(International Earth Rotation Service，IERS)来取代IPMS和BIH。

IERS于1988年1月1日正式投入工作，其主要任务是利用甚长基线干涉测量(VLBI)和激光测卫(SLR)的观测资料(此后又加入了GNSS和DORIS等观测资料)来确定极移和地球自转不均匀(UT1-UTC)等参数并向外公布。其精度为：地极坐标优于±5cm，(UT1-UTC)优于±0.2ms，日长优于0.06ms。

虽然IERS也力图使自己的地极原点与CIO保持一致，但因为台站已与ILS的台站有很大的不同，观测方法也从经典的光学观测变为VLBI、SLR、GNSS等现代大地测量方法，所以严格来讲目前的地极原点是IERS所提供的瞬时地极所对应的坐标原点——IERS的参考极IRP(IERS Reference Polar)，据估计IRP与CIO之间可能会有0.03″左右的差异。但从理论上讲IERS仍在采用CIO作为自己的地极原点。

6.3.4 国际地球坐标(参考)系及其参考框架

6.3.4.1 瞬时(真)地球坐标系

为了便于应用，在建立地球坐标系时我们总是要将坐标轴与地球上一些重要的点、线、面重合(或平行)。例如，让 Z 轴与地球自转轴重合(或平行)，让 X 轴位于起始子午面与赤道面的交线上(或平行于该线)等。然而由于存在极移，瞬时地球坐标系中的三个坐标轴在地球本体内的指向是在不断变化的，因此地面固定点的坐标也会不断发生变化，显然，瞬时地球坐标系不宜用来表示点的位置。虽然极移的数值不大，一般不超过 0.5″(相当于地面大约 15m)，但在定位和导航中一般仍应顾及。

6.3.4.2 国际地球坐标(参考)系 ITRS(International Terrestrial Reference System)

为了使地面固定点的坐标保持固定不变，就需要建立一个与地球本体固联在一起，坐标轴的指向不会随着极移而变化的坐标系。从理论上讲，这种坐标系也有许多种选择，只需让 Z 轴指向某一固定点即可。但为了防止各行其是，引起混乱，仍然需要通过协商，由国际权威机构来统一作出规定，这就是国际地球参考系 ITRS。按照 IUGG 的决议，ITRS 是由 IERS 来负责定义的，其具体规定如下：

(1)坐标原点位于包括海洋和大气层在内的整个地球的质量中心；

(2)尺度为广义相对论意义下的局部地球框架内的尺度；

(3)坐标轴的指向是由 BIH 1984.0 来确定的；

(4)坐标轴指向随时间的变化应满足“地壳无整体旋转”这一条件。

6.3.4.3 国际地球参考框架 ITRF(International Terrestrial Reference Frame)

ITRS 是由 IERS 采用 VLBI、SLR、GPS、DORIS 等空间大地测量技术来予以实现和维持的，ITRS 的具体实现称为国际地球参考框架 ITRF。该坐标框架通常采用空间直角坐标系 (X, Y, Z) 的形式来表示。如果需要采用空间大地坐标 (B, L, H) 的形式来表示的话，建议采用 GRS 80 椭球($a = 6378137.0\text{m}$，$e^2 = 0.0069438003$)。ITRF 是由一组 IERS 测站的站坐标 (X, Y, Z)，站坐标的年变化率($\Delta X/\text{a}, \Delta Y/\text{a}, \Delta Z/\text{a},$)，以及相应的地球定向参数 EOP 来实现的，ITRF 是目前国际上公认的精度最高的地球参考框架。IGS 的精密星历就是采用这一框架。

随着测站数量的增加、观测精度的提高及观测资料的累积、数据处理方法的改进，IERS 也在不断对框架进行改进和完善。迄今为止，IERS 共建立公布了 12 个不同的 ITRF 版本。这些版本用 ITRF_{yy} 的形式表示，其中 yy 表示建立该版本所用到的资料的最后年份。例如，ITRF_{97} 表示该版本是 IERS 利用直到 1997 年底为止所获得的各类相关资料建立起来的。当然公布和使用的时间是在 1997 年以后。这 12 个不同的 ITRF 版本分别是 ITRF_{88}、ITRF_{89}、ITRF_{90}、ITRF_{91}、ITRF_{92}、ITRF_{93}、ITRF_{94}、ITRF_{96}、ITRF_{97}、ITRF_{2000}、ITRF_{2005} 和 ITRF_{2008}。不难看出，在 1997 年以前 ITRF 几乎是每年更新一次，其后随着框架精度的提高而渐趋稳定，版本的更新周期在逐渐增长。

不同版本间的坐标转换可采用七参数空间相似变换模型(布尔莎模型)来实现，计算公式如下：

$$\begin{pmatrix} X_2 \\ Y_2 \\ Z_2 \end{pmatrix} = \begin{pmatrix} X_1 \\ Y_1 \\ Z_1 \end{pmatrix} + \begin{pmatrix} T_1 \\ T_2 \\ T_3 \end{pmatrix} + \begin{pmatrix} D & -R_3 & R_2 \\ R_3 & D & -R_1 \\ -R_2 & R_1 & D \end{pmatrix} \begin{pmatrix} X_1 \\ Y_1 \\ Z_1 \end{pmatrix} \tag{6-17}$$

式(6-17)与式(6-15)实际上是一样的，只是表现形式和所用的符号不同而已。式(6-15)习惯用于地心坐标系与参心坐标系间的坐标转换，其转换参数的数值较大，如平移参数可达百米以上，式(6-17)用于不同版本的地心系之间的坐标转换，其参数转换数值较小，一般仅为毫米级至厘米级。

表6-1给出了从$ITRF_{2005}$转换为$ITRF_{2000}$时的转换参数。

表6-1　**从$ITRF_{2005}$转换至$ITRF_{2000}$时的7个转换参数**

转换参数	T_1(mm)	T_2(mm)	T_3(mm)	D (10^{-9})	R_1(mas)	R_2(mas)	R_3(mas)
参数值	0.1	−0.8	−5.8	0.40	0.000	0.000	0.000
参数精度	±0.3	±0.3	±0.3	±0.05	±0.012	±0.012	±0.012
参数的年变化率	−0.2	0.1	−1.8	0.08	0.000	0.000	0.000
年变化率的精度	±0.3	±0.3	±0.3	±0.05	±0.012	±0.012	±0.012

表6-1中给出了空间相似变换中的7个参数(3个平移参数T_1、T_2、T_3，3个旋转参数R_1、R_2、R_3，1个尺度比参数D)以及它们的年变化率。同时还给出了上述14个参数的精度。从表中可以看出，三个平移参数的精度为±0.3 mm，三个旋转参数的精度为±0.012mas，尺度比的精度则可达5×10^{-11}。其余版本间的转换参数也可从IERS的年度报告及相关参考资料中查取，限于篇幅，不再一一列出。

如果要进行逆转换，例如要把$ITRF_{2000}$转换至$ITRF_{2005}$(已归算至同一历元)时，只需简单地将7个参数反号即可：

$$\begin{pmatrix} X_1 \\ Y_1 \\ Z_1 \end{pmatrix} = \begin{pmatrix} X_2 \\ Y_2 \\ Z_2 \end{pmatrix} + \begin{pmatrix} -T_1 \\ -T_2 \\ -T_3 \end{pmatrix} - \begin{pmatrix} D & -R_3 & R_2 \\ R_3 & D & -R_1 \\ -R_2 & R_1 & D \end{pmatrix} \begin{pmatrix} X_2 \\ Y_2 \\ Z_2 \end{pmatrix} \tag{6-18}$$

式(6-18)从理论上讲显然是不严格的，但由于不同版本间的转换参数数值很小，因而足以满足精度要求。

地面测站在某一ITRF框架中的坐标可表示为：

$$\vec{X}(t) = \vec{X}_0 + \vec{V}_0(t - t_0) + \sum \Delta\vec{X}_i(t) \tag{6-19}$$

式中，$\vec{X}_0$和$\vec{V}_0$分别为地面测站于t_0时刻在ITRF框架中的位置矢量和速度矢量；$\Delta\vec{X}_i(t)$是随时间变化的各种改正数，如由于地球固体潮、海潮、大气负荷潮而引起的地面测站的位移改正以及由于冰雪消融所引起的地面回弹改正数等，因为IERS给出的测站坐标中并未包含上述各种影响，也就是说IERS给出的站坐标中已扣除了上述各项的影响，因为这些项无法进行线性外推。此外，需要说明的是IERS给出的测站坐标$\vec{X}_0$中也不包含永久性的潮汐形变，属无潮汐系统。

6.3.5　1984年世界大地坐标系WGS 84

世界大地坐标系(World Geodetic System，WGS)是美国建立的全球地心坐标系，曾先后推出过WGS 60、WGS 66、WGS 72和WGS 84等不同版本。其中，WGS 84于1987年取代WGS 72成为全球定位系统广播星历所使用的坐标系，并随着GPS导航定位技术的普及推广而被世界各国所广泛使用。航海导航和航空导航一般都采用WGS坐标系统。

根据讨论问题的角度和场合的不同，WGS 84有时被视为是一个坐标系统，有时则又被视为是一个参考框架，而不像ITRS和ITRF那样可清楚地加以区分。作为一个坐标系统时，WGS 84同样满足IERS在建立ITRS时所提出的四项规定，也就是说，从理论上讲WGS 84应该与ITRS是一致的。但是与ITRF不同，WGS 84在很多场合下都采用空间大地坐标（B，L，H）的形式来表示点的位置，这是因为ITRS和ITRF主要用于大地测量和地球动力学研究等领域，而WGS 84则较多地用于导航定位等领域，在导航中用户更愿意用（B，L，H）来表示点的位置，此时应采用WGS 84椭球（a = 6378137.0m，f = 1/298.257223563）。

为了提高WGS 84框架的精度，美国国防制图局(DMA)利用全球定位系统和美国空军的GPS卫星跟踪站的观测资料，以及部分IGS站的GPS观测资料进行了联合解算。解算时将IGS站在ITRF框架中的站坐标当作固定值，重新求得了其余站点的坐标，从而获得了更为精确的WGS 84框架。这个改进后的框架称为WGS 84(G730)，其中括号里的G表示该框架是用GPS资料求定的，730表示该框架是从GPS时间第730周开始使用的(即1994年1月2日)。WGS 84(G730)与ITRF92的符合程度达10 cm的水平。此后美国对WGS 84框架又进行过两次精化，一次是在1996年，精化后的框架称为WGS 84(G873)。该框架从GPS时间第873周开始使用(1996年9月29日0时)。1996年10月1日美国国防制图局DMA并入新成立的美国国家影像制图局NIMA(National Imagery and Mapping Agency)，此后NIMA就用WGS 84(G873)来计算精密星历。该星历与IGS的精密星历(用ITRF 94框架)之间的系统误差≤2 cm。2001年美国对WGS 84进行了第三次精化，获得了WGS 84(G1150)框架。该框架从GPS时间第1150周开始使用(2002年1月20日0时)，与$ITRF_{2000}$相符得很好，各分量上的平均差异小于1cm。在导航中一般可不加区分。

6.3.6 我国的国家大地坐标系

6.3.6.1 1954年北京坐标系

这是20世纪50年代初为满足国家经济建设和国防建设的迫切需要而建立的一个参心坐标系。其坐标是通过我国东北地区的呼玛、吉拉林、东宁三个基线网与前苏联远东地区的大地网相连接而传递过来的(其中东北及东部地区的数据进行了平差)，因而该坐标系可视为是1942年前苏联的普尔科沃坐标系的延伸。1954年北京坐标系存在下列缺点：

(1)采用克拉索夫斯基椭球。该椭球的长半轴与现代精确值相比大了108m。椭球定位与我国大地水准面之间存在明显的系统性倾斜。大地水准面差距最大达65m。短轴的指向也不明确，几何大地测量中所用的地球椭球与物理大地测量中所用的椭球不统一。

(2)全网并未进行统一平差，精度偏低，相对精度一般为1/20万左右。

(3)坐标系的原点并不在北京，坐标系名不符实。约有1/3的测量标志受到不同程度的损毁，经济发达地区尤为严重。

6.3.6.2 1980年国家坐标系（1980年西安坐标系）

这是在新的地球椭球上对全国天文大地网进行统一平差后所建立的一个参心坐标系(坐标框架)。该坐标系采用的是国际大地测量与地球物理联合会推荐的1975年国际地球椭球。其四个基本参数如下：

(1)地球椭球的长半轴 a = 6378140m；

(2)地心引力常数(万有引力常数 G 与地球总质量 M 的乘积)为 $GM = 3.986005 \times 10^{14}m^3/s^2$；

(3)地球重力场二阶带谐系数 $J_2 = 1.08263 \times 10^{-3}$；

(4)地球自转角速度 $\omega = 7.292115 \times 10^{-5}rad/s$；

据此可导得其余参数为：

(1)地球椭球的扁率 $\alpha = 1/298.257$；

(2)赤道上的正常重力值 $\gamma_e = 9.83212m/s^2$；

(3)正常重力公式中的系数 $\beta = 0.005302$，$\beta_1 = -0.0000058$；

(4)正常椭球面上的重力位 $V_0 = 62636830m^2/s^2$。

地球椭球的短轴与地球质心至地极原点 JYD1968.0 的方向平行，大地起始子午面与格林尼治平均天文台定义的起始子午平面平行。

1980 年国家大地坐标系统的大地原点建在位于中国中部的西安附近的(陕西省)泾阳县永乐镇，因而该坐标系有时也被称为 1980 年西安坐标系。

在我国按 1°×1°的间隔均匀选取 922 点组成弧度测量方程，按 $\sum_{1}^{922}\zeta^2 = \min$ 进行多点椭球定位。据此求得的大地原点的垂线偏差分量 ξ_0、η_0，及高程异常 ζ_0 分别为：$\xi_0 = -1.9''$，$\eta_0 = -1.6''$，$\zeta_0 = -14.0m$。

1980 年国家坐标系中控制点的坐标(约 5 万个点)是经全国天文大地网整体平差后求得的，精度较好。

1980 年国家大地坐标系是按照经典的建立参心坐标系的方法来建立的。所选择的地球椭球较为合适，坐标系的轴指向明确、大地水准面与椭球面吻合较好。大地水准面差距的平均值从原来的 29m(1954 年北京坐标系)减少为现在的 10m，大部分地区都不超过 15m。控制点的精度也明显提高。

此外，为了满足某些用户对地心坐标的需要，还可以通过相应的坐标转换参数将 1980 年国家坐标系转换为地心坐标。

1980 年国家大地坐标系也存在一些问题，主要为：

(1)采用的地球椭球与最近确定的较准确的地球椭球间仍有一定差距，地球长半轴大了 3m 左右，将引进约为 5×10^{-7} 的尺度误差。

(2)采用我国建立的 JYD1968.0 作为地极原点，短轴的指向与国际上公用的 CIO 不一致。

(3)仍然是一个参心、二维的坐标系(平面坐标与高程是分离的)。

6.3.6.3 2000 年中国大地坐标系 CGCS2000(China Geodetic Coordinate System 2000)

与建立 ITRS 相仿，建立 CGCS2000 时也遵循下列四项规定：

(1)CGCS2000 的坐标原点位于包括海洋和大气层在内的整个地球的质量中心；

(2)尺度为广义相对论意义下的局部地球框架内的尺度；

(3)坐标轴的指向是由 BIH 1984.0 的定向而导得到；

(4)坐标轴指向随时间的变化满足“地壳无整体旋转”这一条件。

CGCS2000 采用的地球椭球的基本常数为：

$$a = 6378137.0,\ f = 1/298.257222101,\ GM = 3.986004418 \times 10^{14} \text{m}^3/\text{s}^2,$$
$$\omega = 7.292115 \times 10^{-5} \text{rad/s}$$

CGCS2000 是通过 GPS 定位技术来予以实现的。其坐标框架由三个不同层次的控制点组成。

第一层次为连续运行的 GPS 基准台站，这些台站均进行长期的 GPS 连续观测，站坐标的精度可达 mm 级，站坐标的年变化率精度为 mm/y 量级。

第二层次为国家 GPS 网中的 A、B 级点，全国 GPS 一、二级网点，及全国 GPS 地壳运动监测网和中国地壳运动观测网中的站点，共 2500 多个点。其三维地心坐标的精度为±3cm 左右。

第三层次为全国天文大地网中约 5 万个控制点，为 CGCS2000 中的加密网。经联合平差后这些点的精度为：平面坐标优于±0.3m，高程优于±0.5m。

与原有的两种参心坐标系相比，CGCS2000 具有下列优点：

(1)精度提高了一个数量级，相对精度一般可达 $10^{-7} \sim 10^{-8}$；

(2)覆盖范围从原来的覆盖我国的大陆地区扩展至我国的领海区域；

(3)由原来的二维参心坐标系(高程信息需另行布设国家水准网等方法来提供)，变为三维地心坐标系，可满足更多领域用户的需要；

(4)是一个动态坐标系，可反映点位的变化，现势性好；

(5)便于与国际接轨。

需要说明的是，在前面的讨论中我们并未对坐标系与坐标框架两个概念严加区分，而是采用了习惯的称谓。

6.4 导航常用坐标系

在近地面空间进行的导航，导航传感器通常安装在运动载体上，利用传感器输出的观测数据来计算运载体的运行轨迹。由于观测数据与载体的运动紧密相关，需要定义相关坐标系将传感器系统的观测值与地球表面的位置与方向联系起来。根据不同的导航传感器的原理以及导航需求，导航中常用的坐标系主要有惯性坐标系、地球坐标系、地理坐标系、载体坐标系、测站坐标系等。

6.4.1 惯性坐标系(i 系)

惯性坐标系是牛顿定律在其中成立的坐标系。经典力学中，研究物体运动的时候，选取静止或匀速直线运动的参考系，牛顿力学定律才能成立，常将相对恒星确定的参考系称为惯性空间。常用的惯性坐标系有日心惯性坐标系、地心惯性坐标系、地球卫星轨道惯性坐标系和起飞点(发射点)惯性坐标系等。

日心惯性坐标系：在目前人类活动范围内，研究太空中星际间的导航定位问题时，选取以日心为坐标原点的坐标系为惯性坐标系。天文观测显示，太阳距银河系中心的距离为

2.2×10^{17}km，太阳绕银河系旋转周期为1.90×10^{8}年，旋转角速度为0.001角秒/年，向心的加速度为2.4×10^{-11}g。因此，尽管太阳不是绝对静止或匀速直线运动的，但由于太阳绕银河系中心的旋转角速度很小，采用坐标原点取在日心的惯性坐标系，对研究问题精确程度的影响是可以忽略的。

地心惯性坐标系：研究地球表面附近运载体导航定位时，可以将惯性参考坐标系原点取在地心，且原点随地球移动，z轴沿地球自转轴，x、y在赤道平面内，x轴指向春分点，三轴构成右手坐标系，此时的惯性坐标系成为地心惯性坐标系(Earth Centered Inertial (ECI) Coordinate Frame)。地球绕太阳公转，其公转速度为29.79km/s，地心和日心距离为1.496×10^{8}km，公转周期为365.2422日，向心加速度为6.05×10^{-4}g，公转角速度为0.041°/h。

发射点惯性坐标系：通常用于弹道导弹，其原点取在发射点，其坐标轴的方向按发射时刻的弹体定义，y轴为过发射点的垂线，向上为正，x轴垂直于y轴指向目标，z与x、y构成右手直角坐标系。

6.4.2 地球坐标系(e系)

地球坐标系也称为地心地球固联坐标系(Earth-Centered, Earth Fixed, ECEF)，该坐标系随地球一起转动。原点在地心，z轴沿地球自转轴的方向，x在赤道平面内，与零度子午线相交，y也在赤道平面内，与x、z构成右手直角坐标系(见图6-11)。

地球相对于太阳自转一周的时间是24小时，称为太阳日，相对于恒星自转一周的时间为23小时56分4.09秒，称为恒星日，一个恒星日地球相对于恒星自转360度，地球坐标系相对惯性坐标系的转动角速度为

$$\omega_{ie} = 7.2921151647 \times 10^{-5}\text{rad/s} = 15.04108°/\text{h}$$

在导航定位中，运载体相对的地球的位置也就是运载体在地球坐标系中的位置，既可以用地球坐标系的直角坐标表示，也可以用地球上的大地坐标表示，通常后者更为常用。

6.4.3 地理坐标系(n系)

地理坐标系的原点位于运载体所在点，z轴沿着当地椭球面的法线方向，x、y轴在当地水平面内沿当地经线和纬线的切线方向。根据坐标轴方向的不同，地理坐标系的x、y、z的方向可选为“东北天”、“北东地”、“北西天”等右手直角坐标系。在美国和西方教材常用“北东地(NED)”作为地理坐标系；国内常取为“东北天(ENU)”为地理坐标系，x轴指向东，y轴指向北，z轴垂直于当地水平面，指向天顶方向(见图6-11)。

地理坐标系相对于地球坐标系的坐标轴方向和坐标原点随运载体相对于地球的位置的变化而变化，运载体相对于地球的运动引起地理坐标系相对于地球坐标系的转动。

地理坐标系常用于惯性导航，不是用来表示运载体的具体位置，主要用于提供载体运动的局部方向以及每个方向的运行速度。

6.4.4 载体坐标系(b系)

载体坐标系的原点与载体质心重合，x_b沿载体运动方向，z_b沿载体竖轴向下，y_b与z_b、

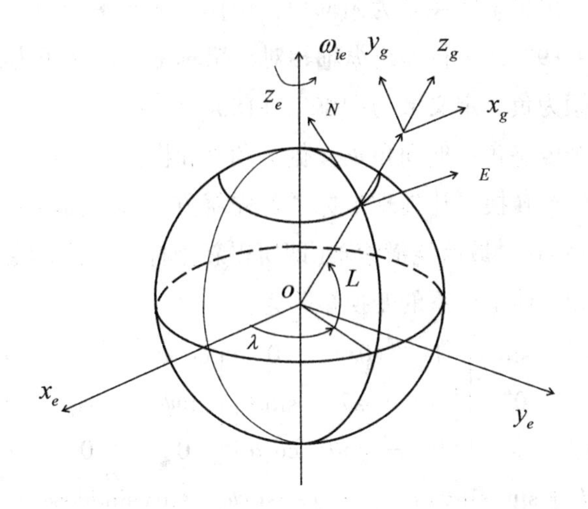

图 6-11 地球坐标系和地理坐标系

x_b 构成右手直角坐标系，或者 x_b 沿载体运动方向，z_b 沿载体竖轴向上，y_b 与 z_b、x_b 构成右手直角坐标系(见图 6-12)。

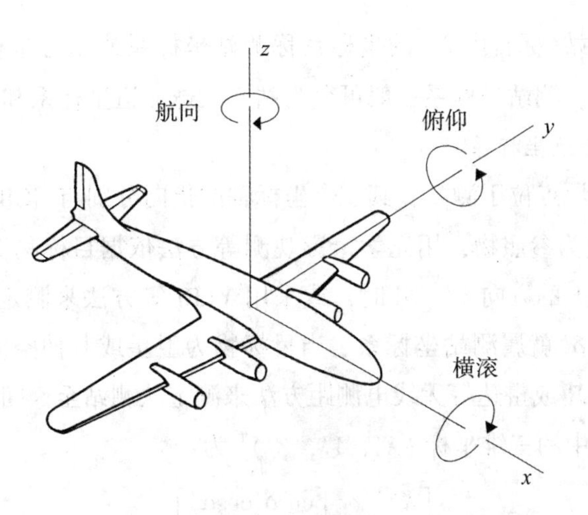

图 6-12 载体机体系

根据载体坐标系和地理坐标系的相对角位置关系，可以定义并确定载体的姿态角(俯仰角、横滚角和航向角)。飞机、舰船等载体的姿态角是载体坐标系相对于地理坐标系确定的。以飞机为例，假设飞机载体坐标系与当地的“东北天”地理坐标系重合，依次绕载体系的负 z_b、x_b 和 y_b 转动三个角度 ψ、θ、γ，这三个角度分别是飞机的航向角、俯仰角和横滚角。飞行器的姿态实际上是载体坐标系 $o\text{-}x_b y_b z_b$ 和地理坐标系的方位关系。飞行器绕垂线方向转动，飞行器的纵轴在水平面上的投影与地理北向之间的夹角为航向角，数值以地理北向为起点，顺时针方向计算。航向角定义域为 0°到 360°；飞行器绕横向水平轴转动产生的纵轴与纵向水平轴的夹角为俯仰角，俯仰角从水平轴为起点，向上为正，向下为负，定义域为-90°~+90°；飞行器绕纵轴相对于铅垂平面的转角为横滚角，从铅垂平面算起，右倾为正，左倾为负，定义域为-180°~+180°。

测定了载体的三个姿态角：航向角ψ、俯仰角θ和横滚角γ后，就可以实现地理坐标系到载体坐标系间的坐标转换。让地理坐标系首先绕方位轴z轴转$-\psi$，再绕俯仰轴(即所得新坐标系的x轴)转θ，最后绕横滚轴(即所得新坐标系y轴) 转γ，可转到载体坐标系，这样地理坐标系和载体坐标系的变换矩阵为：

$$\begin{aligned} C_L^b &= \begin{bmatrix} \cos\gamma & 0 & -\sin\gamma \\ 0 & 1 & 0 \\ \sin\gamma & 0 & \cos\gamma \end{bmatrix} \begin{bmatrix} 1 & 0 & 0 \\ 0 & \cos\theta & \sin\theta \\ 0 & -\sin\theta & \cos\theta \end{bmatrix} \begin{bmatrix} \cos\psi & -\sin\psi & 0 \\ \sin\psi & \cos\psi & 0 \\ 0 & 0 & 1 \end{bmatrix} \\ &= \begin{bmatrix} \cos\gamma\cos\psi + \sin\gamma\sin\theta\sin\psi & -\cos\gamma\sin\psi + \sin\gamma\sin\theta\cos\psi & -\sin\gamma\cos\theta \\ \cos\theta\sin\psi & \cos\theta\cos\psi & \sin\theta \\ \sin\gamma\cos\psi - \cos\gamma\sin\theta\sin\psi & -\sin\gamma\sin\psi - \cos\gamma\sin\theta\cos\psi & \cos\gamma\cos\theta \end{bmatrix} \end{aligned} \tag{6-20}$$

6.4.5 测站坐标系

坐标原点位于测站(标石中心)的坐标系称测站坐标系或站心坐标系。根据所用仪器设备观测方法的不同，测站坐标系一般可分为站心天球赤道坐标系和地平坐标系。

6.4.5.1 站心天球赤道坐标系

该坐标系的坐标原点位于测站，其三个坐标轴的指向分别与GCRS的三个坐标轴平行(见图6-13)。以恒星为参照物，用光学摄影观测等方法依据目标物S与周围恒星间的相对位置来确定目标物S的方向α'、δ'时，或采用VLBI等方法来测定目标物S的方向时，所获得的观测值α'、δ'就属测站坐标系。当目标物为卫星或其他空间飞行物时，通常还可以采用激光测卫SLR或雷达等无线电测距方法来测定从测站至S间的距离ρ，此时S在站心天球赤道坐标系中的三维坐标$(X', Y', Z')^{\mathrm{T}}$为：

$$\begin{bmatrix} X' \\ Y' \\ Z' \end{bmatrix} = \rho \begin{bmatrix} \cos\delta'\cos\alpha' \\ \cos\delta' sin\alpha' \\ \sin\delta' \end{bmatrix} \tag{6-21}$$

若地面测站p在GCRS中的坐标为$(X_p, Y_p, Z_p)^{\mathrm{T}}$，则观测目标$S$在GCRS中的三维坐标为：

$$\begin{bmatrix} X \\ Y \\ Z \end{bmatrix} = \begin{bmatrix} X_p \\ Y_p \\ Z_p \end{bmatrix} + \begin{bmatrix} X' \\ Y' \\ Z' \end{bmatrix} \tag{6-22}$$

用极坐标(α, δ, r)来表示时为：

$$\begin{cases} \alpha = \arctan \dfrac{Y}{X} \\ \delta = \arccos \dfrac{\sqrt{X^2 + Y^2}}{r} \\ r = \sqrt{X^2 + Y^2 + Z^2} \end{cases} \tag{6-23}$$

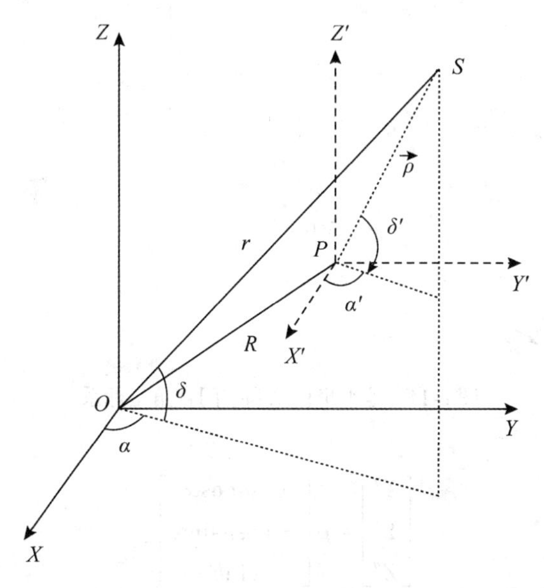

图 6-13　站心天球赤道坐标系与地心天球赤道坐标系间的坐标转换

由于观测只能在测站上进行而无法在地心进行，因而 S 在 GCRS 中的坐标都需通过上述坐标转换来实现。

需要说明的是目前我们还无法精确测定至各个恒星间的距离，因而也无法给出这些天体的精确三维坐标，而只能精确测定它们的方向，也就是通常所说的在天球上的位置 α，δ。将观测值从测站坐标系归算至地心坐标系时，需考虑从测站至天体的方向与从地心至天体的方向间的差异，进行所谓的周日视差改正。此外，为了使观测值不受地球绕日公转的影响，通常还需将这些方向从 GCRS 转换至 BCRS 中去，即顾及从地心至天体的方向与从太阳系质心至天体的方向间的差异，这就是所谓的周年视差改正。由于这些天体离我们很远，所以周日视差改正和周年视差改正都是数值很小的微小量，大部分天体不用考虑这些改正。具体的改正方法及公式可参阅相关文献。

6.4.5.2　地平坐标系

该坐标系的原点位于测站中心，Z 轴与当地的垂线重合，指向天顶；X 轴和 Y 轴均位于地平面上(或与此平行的平面上)，其中 X 轴指向正北方向，Y 轴指向正东方向，组成左手坐标系。该坐标系中的观测值常采用从测站至目标物的距离 ρ，方位角 α 和高度角 h (或天顶距 z)来表示，当观测目标为遥远的天体时，距离 ρ 常无法获得而只能获得方向观测值 α、h。

为了加以区分，在图6-14中，地平坐标系的三个坐标轴分别用 X''、Y''、Z'' 来表示，从图中可以看出观测值 ρ、α、h 与地平坐标系中的三个空间直角坐标 X''、Y''、Z'' 间有下列关系式：

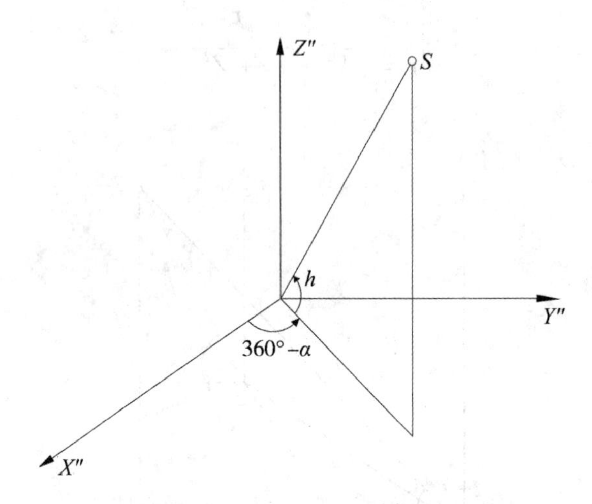

图6-14　地平坐标系和空间直角坐标系

$$\begin{bmatrix} X'' \\ Y'' \\ Z'' \end{bmatrix} = \rho \begin{bmatrix} \cos h\cos\alpha \\ -\cos h\sin\alpha \\ \sin h \end{bmatrix} \tag{6-24}$$

从图6-15可以看出，若将地平坐标系 $P\text{-}X''Y''Z''$ 绕 Y'' 轴旋转 $(90°-\varphi)$ 角，再绕 Z'' 轴旋转 $(180°-S_G-\lambda)$ 角就能和站心天球赤道坐标系 $O\text{-}X'Y'Z'$ 重合，所以站心天球赤道坐标系和地平坐标系间的转换关系式为：

$$\begin{aligned}
\begin{pmatrix} X' \\ Y' \\ Z' \end{pmatrix} &= R_Z(180°-S_G-\lambda)R_Y(90°-\varphi)\begin{pmatrix} X'' \\ Y'' \\ Z'' \end{pmatrix} \\
&= \begin{pmatrix} -\cos(S_G+\lambda) & \sin(S_G+\lambda) & 0 \\ -\sin(S_G+\lambda) & -\cos(S_G+\lambda) & 0 \\ 0 & 0 & 1 \end{pmatrix}\begin{pmatrix} \sin\varphi & 0 & -\cos\varphi \\ 0 & 1 & 0 \\ \cos\varphi & 0 & \sin\varphi \end{pmatrix}\begin{pmatrix} X'' \\ Y'' \\ Z'' \end{pmatrix} \\
&= \begin{pmatrix} -\cos(S_G+\lambda)\sin\varphi & \sin(S_G+\lambda) & \cos(S_G+\lambda)\cos\varphi \\ -\sin(S_G+\lambda)\sin\varphi & -\cos(S_G+\lambda) & \sin(S_G+\lambda)\cos\varphi \\ \cos\varphi & 0 & \sin\varphi \end{pmatrix}\begin{pmatrix} \cosh\ \cos\alpha \\ -\cosh\ \sin\alpha \\ \sinh \end{pmatrix}\rho \\
&= \begin{pmatrix} -\cos(S_G+\lambda)\sin\varphi\cosh\ \cos\alpha & \sin(S_G+\lambda)\cosh\ \sin\alpha & \cos(S_G+\lambda)\cos\varphi\sinh \\ -\sin(S_G+\lambda)\sin\varphi\cosh\ \cos\alpha & -\cos(S_G+\lambda)\cosh\ \sin\alpha & \sin(S_G+\lambda)\cos\varphi\sinh \\ \cos\varphi\cosh\ \cos\alpha & 0 & \sin\varphi\sinh \end{pmatrix}\rho
\end{aligned} \tag{6-25}$$

最后，用式(6-22)即可将坐标平移至地心，求得目标在地心天球赤道坐标系中的三维

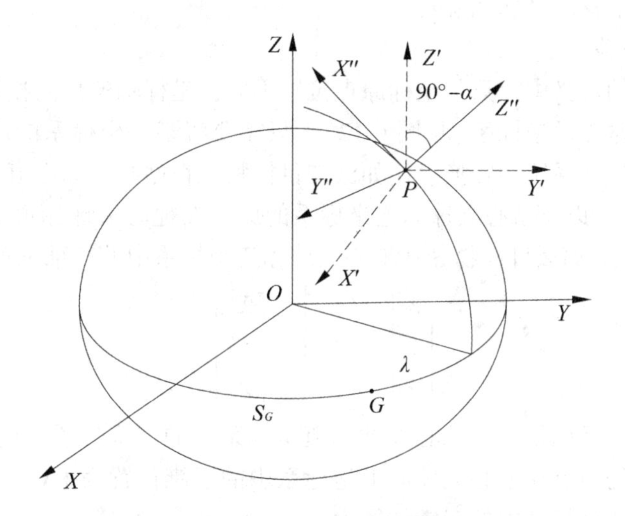

图 6-15 站心、地平坐标系及坐标转换

直角坐标，若需要用球面极坐标的形式 (r，α，δ) 来表示目标的位置时，只需再采用式(6-23)即可。

如果对观测值进行了垂线偏差改正，将 Z 轴从当地垂线变为当地的法线，就可采用类似的方法，用距离 ρ、大地方位角 A 和经垂线偏差改正后的高度角 h' 来计算目标点在地球坐标系中的坐标。此时只需将测站的天文纬度 φ 换成大地纬度 B，将 ($S_G+\lambda$) 换成测站的大地经度 L 即可。在导航中当经度要求不高时，也可不对观测值进行垂线偏差改正。

6.5 导航常用坐标系之间的转换

在上到天体和航天器，下至地表的飞机、车辆及潜艇等不同的导航应用中，将涉及多种不同坐标系统之间的相互转换。总的来说，可以分为以下三种：一是国际天球坐标系与国际地球坐标系之间的相互转换；二是不同地球坐标系之间的相互转换；三是载体坐标系、测站坐标系等常用坐标系与地球坐标系之间的相互转换。在介绍坐标系相互转换之前，先讨论空间直角坐标的转换方法。

6.5.1 坐标转换的基本方法

不同的坐标系统，根据其各自的定义，它们的坐标系统的原点位置、各坐标轴的空间指向以及空间尺度存在较大的差异，比如测站坐标系的原点位于测站的标石中心，而地球坐标系的原点位于地球的质量中心，参心坐标系则位于参考椭球的中心，另外这些坐标系的空间指向也不同。为了实现导航算法及导航成果在不同坐标系下的表达，需要对计算得到的位置、速度以及姿态结果在不同的坐标系进行相互转换。

坐标系的转换方法通常采用坐标系平移、坐标系旋转和尺度比转换三种基本方法。这里主要讨论坐标系平移和坐标系旋转。

6.5.1.1 坐标系平移

如果两坐标系的定义中，只是坐标原点位置不同，坐标轴的指向相同，如站心天球赤道坐标系与地心天球赤道坐标系(见图6-12)，只需要将某一坐标系的原点平移到目标坐标系的原点，实现坐标系统的转换。比如已知目标物 S 在站心天球赤道坐标系中的三维坐标为 (X', Y', Z')，以及站心天球赤道坐标系的原点在地心天球赤道坐标系中的三维位置为 (X_p, Y_p, Z_p)，那么目标物 S 在地心天球赤道坐标系中的三维位置为

$$\begin{bmatrix} X \\ Y \\ Z \end{bmatrix} = \begin{bmatrix} X_p \\ Y_p \\ Z_p \end{bmatrix} + \begin{bmatrix} X' \\ Y' \\ Z' \end{bmatrix} \tag{6-26}$$

反之，如果已知目标物 S 在地心天球赤道坐标系中的三维位置 (X, Y, Z)，以及站心天球赤道坐标系的原点在地心天球赤道坐标系中的三维位置为 (X_p, Y_p, Z_p)，则目标物 S 在站心天球赤道坐标系中的三维位置为

$$\begin{bmatrix} X' \\ Y' \\ Z' \end{bmatrix} = \begin{bmatrix} X \\ Y \\ Z \end{bmatrix} - \begin{bmatrix} X_p \\ Y_p \\ Z_p \end{bmatrix} \tag{6-27}$$

6.5.1.2 坐标系旋转

通常，大多数空间直角坐标系均定义为三轴正交，因此用三个旋转角足以表示两个坐标系的相对定向。坐标系旋转根据空间旋转角度的表示方法及其旋转方法不同，分为方向余弦法、欧拉法和四元数等。其中欧拉法最为直观易懂，而四元数法则计算效率更高且没有奇异性。这里只介绍欧拉法。

设坐标系 $O\text{-}X_1Y_1Z_1$ 绕 OZ_1 轴旋转 α 角后得到坐标系 $O\text{-}X_2Y_2Z_2$，空间矢量 r 在 $O\text{-}X_1Y_1Z_1$ 内的坐标为 $(r_{x_1}, r_{y_1}, r_{z_1})$，在 $O\text{-}X_2Y_2Z_2$ 内的坐标为 $(r_{x_2}, r_{y_2}, r_{z_2})$，要求推导出两组坐标值间的关系。由于旋转轴绕 OZ_1 轴进行，所以 Z 坐标未变，即有 $r_{z_2} = r_{z_1}$，由图6-16得

$$\begin{cases} r_{x_2} = OA + AB + BC = OD\cos\alpha + BD\sin\alpha + BF\sin\alpha \\ \quad = r_{x_1}\cos\alpha + r_{y_1}\sin\alpha \\ r_{y_2} = DE - AD = DF\cos\alpha - OD\sin\alpha \\ \quad = r_{y_1}\cos\alpha - r_{x_1}\sin\alpha \\ r_{z_2} = r_{z_1} \end{cases} \tag{6-28}$$

将式(6-28)写出矩阵形式：

$$\begin{bmatrix} r_{x_2} \\ r_{y_2} \\ r_{z_2} \end{bmatrix} = \begin{bmatrix} \cos\alpha & \sin\alpha & 0 \\ -\sin\alpha & \cos\alpha & 0 \\ 0 & 0 & 1 \end{bmatrix} \begin{bmatrix} r_{x_1} \\ r_{y_1} \\ r_{z_1} \end{bmatrix} \tag{6-29}$$

该式描述了同一矢量在不同坐标系内坐标的变换关系，坐标系2是经坐标系1绕 Z_1 轴旋

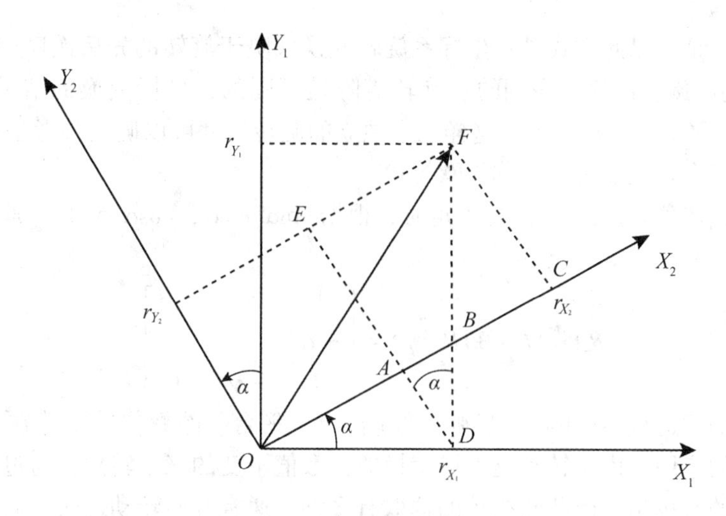

图 6-16　坐标系间的变换关系

转 α 角后得到，其中旋转矩阵可以表示为

$$R_z(\alpha)=\begin{bmatrix}\cos\alpha & \sin\alpha & 0\\ -\sin\alpha & \cos\alpha & 0\\ 0 & 0 & 1\end{bmatrix} \tag{6-30}$$

同理可以推导出绕 Y 轴旋转 β 角，绕 X 轴旋转 γ 角的旋转矩阵：

$$\begin{cases}R_y(\beta)=\begin{bmatrix}\cos\beta & 0 & -\sin\beta\\ 0 & 1 & 0\\ \sin\beta & 0 & \cos\beta\end{bmatrix}\\ R_x(\gamma)=\begin{bmatrix}1 & 0 & 0\\ 0 & \cos\gamma & \sin\gamma\\ 0 & -\sin\gamma & \cos\gamma\end{bmatrix}\end{cases} \tag{6-31}$$

上述旋转角度的正负号确定方法为：从旋转轴正向朝坐标系原点方向看，沿着逆时针方向的旋转角为正(对右手坐标系而言)，沿着顺时针方向则旋转角为负值；而对左手坐标系而言，顺时针方向旋转时，旋转角为正值。因为旋转矩阵为单位正交阵，则具有下述特性

$$R_i^{-1}(\theta)=R_i(-\theta)=R_i^{\mathrm{T}}(\theta) \tag{6-32}$$

如果坐标系 2 是由坐标系 1 经过下述一系列旋转得到的，首先绕 X 轴旋转 γ 角，然后绕新的坐标系的 Y 轴旋转 β 角，最后绕更新的坐标系 Z 轴旋转 α 角，那么从坐标系 1 到坐标系 2 的整个旋转矩阵可以表示为 $R_z(\alpha)R_y(\beta)R_x(\gamma)$，坐标系 1 中的任意矢量 r_1，在坐标系 2 中可以表示为

$$r_2=R_z(\alpha)R_y(\beta)R_x(\gamma)r_1 \tag{6-33}$$

因为每个子旋转矩阵是单位正交阵，那么总的旋转矩阵也是单位正交阵，那么有

$$(R_z(\alpha)R_y(\beta)R_x(\gamma))^{-1}=(R_z(\alpha)R_y(\beta)R_x(\gamma))^{\mathrm{T}}=R_x(-\gamma)R_y(-\beta)R_z(-\alpha) \tag{6-34}$$

需要注意的是，以此方式进行坐标系旋转变换取决于旋转的先后次序(旋转角度非常小除外)，不同的旋转次序，得到的总旋转矩阵是不同的，坐标变换的结果也是不同的。如 $R_y(\beta)R_x(\gamma) \neq R_x(\gamma)R_y(\beta)$。这样三个独立的旋转角度可以确定参考坐标系的相对关系，通常将该三个独立旋转角度称为欧拉角。

如果三个旋转角 α，β，γ 都是小角时，根据 $\sin\alpha \approx \alpha$，$\cos\alpha \approx 1$，那么总旋转矩阵可以表示为

$$R_z(\alpha)R_y(\beta)R_x(\gamma) = \begin{bmatrix} 1 & \alpha & -\beta \\ -\alpha & 1 & \gamma \\ \beta & -\gamma & 1 \end{bmatrix} \tag{6-35}$$

欧拉角在描述运载体(飞机、导弹、舰船等)、平台、陀螺仪转子等在空间的角位置中，有着广泛的应用。由于转动是不可交换的，数值不变的三个转角，通过不同的转动顺序将得到不同的欧拉角，因此欧拉角的选取有多种。通常开始转动之时，假设载体坐标系与参考坐标系重合，第一次转动可以绕载体坐标系的任一轴，第二次转动要绕第一次转动之外的任意一轴。第三次转动绕第二次转动之外的任意一轴转动。

6.5.2 ITRS 与 GCRS 间的坐标转换

在卫星和航天相关的导航应用中，常涉及坐标原点位于地球质心的国际天球坐标系 GCRS 与国际地球坐标系 ITRS 间的坐标转换。例如，导航卫星的定轨工作一般总是在准惯性系 GCRS 中进行的，但用户最终需要知道的是自己在 ITRS 中的位置，因而需要将求得的卫星轨道从 GCRS 中转换至 ITRS。

ITRS 与 GCRS 之间有下列转换关系：

$$\begin{pmatrix} X \\ Y \\ Z \end{pmatrix}_{\mathrm{GCRS}} = \boldsymbol{P} \cdot \boldsymbol{N} \cdot \boldsymbol{R} \cdot \boldsymbol{W} \begin{pmatrix} X \\ Y \\ Z \end{pmatrix}_{\mathrm{ITRS}} \tag{6-36}$$

$$\begin{pmatrix} X \\ Y \\ Z \end{pmatrix}_{\mathrm{ITRS}} = \boldsymbol{W}^{-1} \cdot \boldsymbol{R}^{-1} \cdot \boldsymbol{N}^{-1} \cdot \boldsymbol{P}^{-1} \begin{pmatrix} X \\ Y \\ Z \end{pmatrix}_{\mathrm{GCRS}} \tag{6-37}$$

式中，$\boldsymbol{P}$ 为岁差矩阵；$\boldsymbol{N}$ 为章动矩阵；$\boldsymbol{R}$ 为地球自转矩阵；$\boldsymbol{W}$ 为极移矩阵。

为了便于理解，我们分步进行解释：

(1)将 GCRS 转换至观测时刻 t_i 的平天球坐标系。

我们知道 GCRS 是参考时刻 t_0=J2000.0 时的平天球坐标系，要把它转换为观测时刻 t_i 时的平天球坐标系，只要考虑 $t_0 - t_i$ 时间段内的岁差改正，即乘上 $\boldsymbol{P}^{-1}$矩阵即可。

(2)将 t_i 时的平天球坐标系转换为同一时刻的真天球坐标系。

要把观测时刻 t_i 时的平天球坐标系转换为真天球坐标系，只需顾及该时刻的章动，即只需乘上 $\boldsymbol{N}^{-1}$矩阵即可。

(3)将 t_i 时的真天球坐标系转换为同一时刻的真地球坐标系。

我们知道真天球坐标系 X 轴是指向该时刻的真春分点 γ 的，而真地球坐标系的 X 轴是指向起始子午线与赤道的交点，两者之间的夹角称为格林尼治真恒星时 GAST。其计算

公式如下：

$$\mathrm{GAST} = \frac{360°}{24^{\mathrm{h}}}(\mathrm{UT1} + 6^{h}41^{\mathrm{m}}50.54841^{\mathrm{s}} + 8640184.812866^{\mathrm{s}} \cdot T + 0.093104^{\mathrm{s}} \cdot T^2 - 6.2^{\mathrm{s}} \times 10^{-6} \cdot T^3) + \Delta\Psi\cos(\bar{\varepsilon} + \Delta\varepsilon) \tag{6-38}$$

式中，T 为离 J2000.0 的儒略世纪数；$\bar{\varepsilon}$ 为仅顾及岁差时的黄赤交角，$\bar{\varepsilon} = 23°26'21.448'' - 46.815''T - 0.00059''T^2 + 0.001813''T^3$；$\Delta\Psi$ 为黄经章动；$\Delta\varepsilon$ 为交角章动；UT1 则可据观测时的 UTC 和(UTC−UT1)值求得。

把真天球坐标系绕 Z 轴旋转 GAST 角后就能转换到真地球坐标系，旋转矩阵 $\boldsymbol{R}$ 为：

$$\boldsymbol{R} = \begin{pmatrix} \cos \mathrm{GAST} & \sin \mathrm{GAST} & 0 \\ -\sin\mathrm{GAST} & \cos\mathrm{GAST} & 0 \\ 0 & 0 & 1 \end{pmatrix} \tag{6-39}$$

(4)将 t_i 时的真地球坐标系转换为 ITRS(WGS 84)。

从图 6-17 可以看出，只需要将 t_i 时的真地球坐标系绕 y 轴旋转（$-X_p$）角后，然后再绕 x 轴旋转（$-Y_p$）角后就可以把真地球坐标系 $O\text{-}xyz$ 转换为 ITRS(WGS 84)坐标系 $O\text{-}XYZ$。

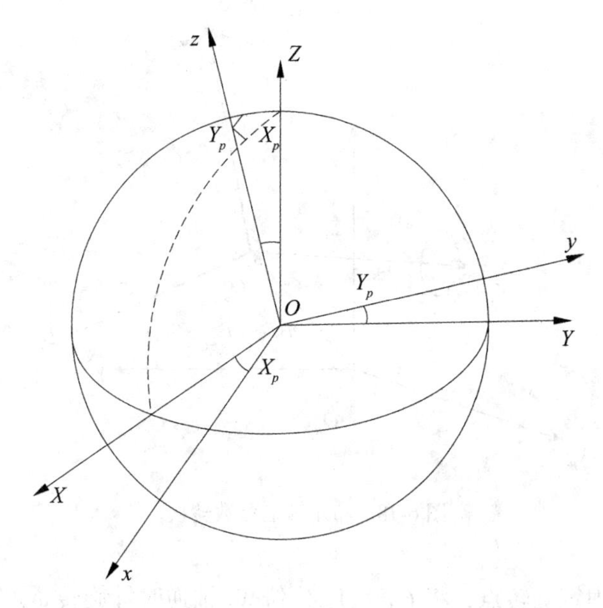

图 6-17 极移改正

$$\begin{pmatrix} X \\ Y \\ Z \end{pmatrix} = R_x(-Y_p)R_y(-X_p)\begin{pmatrix} x \\ y \\ z \end{pmatrix} = \begin{pmatrix} 1 & 0 & 0 \\ 0 & \cos Y_p & -\sin Y_p \\ 0 & \sin Y_p & \cos Y_p \end{pmatrix}\begin{pmatrix} \cos X_p & 0 & \sin X_p \\ 0 & 1 & 0 \\ -\sin X_p & 0 & \cos X_p \end{pmatrix}\begin{pmatrix} x \\ y \\ z \end{pmatrix} \tag{6-40}$$

由于极移值 X_p 和 Y_p 都是小于 0.5″的微小值，所以 $\cos X_p = \cos Y_p = 1$，$\sin Y_p = Y_p$，$\sin X_p =$

X_p，于是有：

$$\begin{pmatrix} X \\ Y \\ Z \end{pmatrix} = \begin{pmatrix} 1 & 0 & 0 \\ 0 & 1 & -Y_p \\ 0 & Y_p & 1 \end{pmatrix} \begin{pmatrix} 1 & 0 & X_p \\ 0 & 1 & 0 \\ -X_p & 0 & 1 \end{pmatrix} \begin{pmatrix} x \\ y \\ z \end{pmatrix} = \begin{pmatrix} 1 & 0 & X_p \\ 0 & 1 & -Y_p \\ -X_p & Y_p & 1 \end{pmatrix} \begin{pmatrix} x \\ y \\ z \end{pmatrix} = [W] \begin{pmatrix} x \\ y \\ z \end{pmatrix} \tag{6-41}$$

上述计算公式足以满足导航中的精度要求，更为精确的计算公式和其他计算方法可参阅相关参考文献。坐标转换时所需的程序和数据均可以从 IERS Convention 中心网站下载。

6.5.3　不同地球椭球坐标系之间的转换

不同地球坐标系统的转换本质上是不同基准间的转换，不同基准间的转换方法有很多，其中最为常用的有布尔莎-沃尔夫(Bursa-Wolf)模型，又称为七参数转换法(3个平移参数、3个旋转参数和1个尺度参数)。

如图6-18所示，假设有两个分别基于不同基准的空间直角坐标系 O_A-$X_AY_AZ_A$ 和 O_B-$X_BY_BZ_B$，采用布尔莎模型将 O_A-$X_AY_AZ_A$ 下的坐标转换为 O_B-$X_BY_BZ_B$ 下的坐标步骤为：

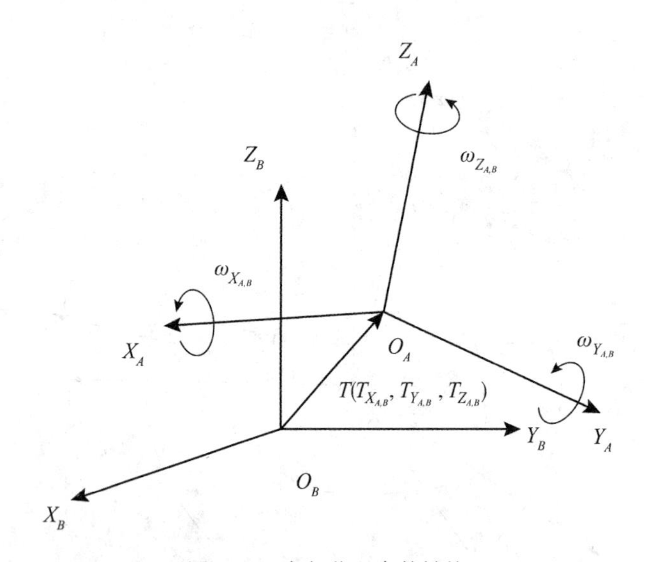

图6-18　布尔莎七参数转换

(1)以 O_A 点为固定旋转点，将 O_A-$X_AY_AZ_A$ 绕 X_A 轴逆时针旋转 $\omega_{X_{AB}}$，使经过旋转后的 Y_A 轴与 O_B-X_BY_B 平面平行；

(2)以 O_A 点为固定旋转点，将 O_A-$X_AY_AZ_A$ 绕 Y_A 轴逆时针旋转 $\omega_{Y_{AB}}$，使经过旋转后的 X_A 轴与 O_B-X_BY_B 平面平行。此时 Z_A 轴也与 Z_B 平行；

(3)以 O_A 点为固定旋转点，将 O_A-$X_AY_AZ_A$ 绕 Z_A 轴逆时针旋转 $\omega_{Z_{AB}}$，使经过旋转后的 X_A 轴与 X_B 平行。此时 O_A-$X_AY_AZ_A$ 的三个坐标轴已与 O_B-$X_BY_BZ_B$ 中的相应坐标轴平行；

(4)将 O_A-$X_AY_AZ_A$ 中的长度单位缩放 $1+m$ 倍，使其与 O_B-$X_BY_BZ_B$ 中的长度单位一致；

(5)将 O_A-$X_AY_AZ_A$ 的原点进行坐标平移，使其与 O_B-$X_BY_BZ_B$ 的原点重合，可用数学公式将转换过程表达如下：

$$\begin{bmatrix} X_B \\ Y_B \\ Z_B \end{bmatrix} = \begin{bmatrix} T_{X_{AB}} \\ T_{Y_{AB}} \\ T_{Z_{AB}} \end{bmatrix} + (1+m)R_Z(\omega_{Z_{AB}})R_Y(\omega_{Y_{AB}})R_X(\omega_{X_{AB}})\begin{bmatrix} X_A \\ Y_A \\ Z_A \end{bmatrix} \tag{6-42}$$

其中，$(X_A \quad Y_A \quad Z_A)$ 和 $(X_B \quad Y_B \quad Z_B)$ 为某点分别在 $O_A - X_AY_AZ_A$ 和 $O_B - X_BY_BZ_B$ 下的坐标；$\omega_{X_{AB}}$，$\omega_{Y_{AB}}$，$\omega_{Z_{AB}}$ 为由 $O_A - X_AY_AZ_A$ 到 $O_B - X_BY_BZ_B$ 的旋转角度参数；m 为由 $O_A - X_AY_AZ_A$ 到 $O_B - X_BY_BZ_B$ 的尺度参数；$T_{X_{AB}}$，$T_{Y_{AB}}$，$T_{Z_{AB}}$ 为由 $O_A - X_AY_AZ_A$ 到 $O_B - X_BY_BZ_B$ 的平移参数。

不同 ITRF 参考框架之间以及不同国际地球坐标系之间，如果已知了平移、旋转角和尺度共七参数，可以使用布尔莎模型进行坐标系之间的相互转换。

6.5.4 惯性导航常用坐标系间的转换

在惯性导航中，惯性器件测量的观测值是载体坐标系相对于惯性坐标系的加速度和角速度，惯性导航的数据处理通常采用导航（地理）坐标系，导航结果需要用地球坐标系来表示，因此需要频繁地在这些坐标系之间进行相互转换。

6.5.4.1 地心惯性坐标系和地球坐标系之间的变换矩阵

地球坐标系（ECEF）和地心惯性坐标系（ECI）之间的转动是由地球自转引起的，从导航开始时刻，ECEF 绕 z 轴转过 $\omega_{ie}t$（见图 6-19）。

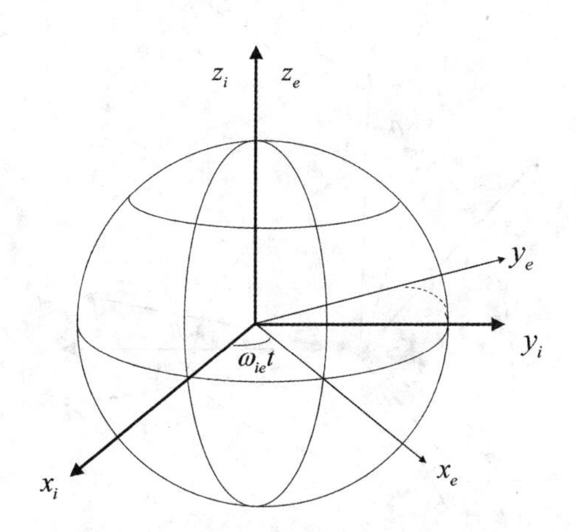

图 6-19 地球系与地心惯性系之间的角度关系

惯性坐标系到地球坐标系的变换矩阵为

$$C_i^e = \begin{bmatrix} \cos\omega_{ie}t & \sin\omega_{ie}t & 0 \\ -\sin\omega_{ie}t & \cos\omega_{ie}t & 0 \\ 0 & 0 & 1 \end{bmatrix} \tag{6-43}$$

其中，ω_{ie} 为地球自转角速度。

6.5.4.2　地理坐标系和地球坐标系之间的变换矩阵

对于在地球上经纬高分别为 λ、L、H 的点的地理坐标系和地球坐标系之间转动可由经纬度来表示。根据经纬度的定义，地球坐标系到东北天地理坐标系可通过绕 Z_e 转动 $(90° + \lambda)$，再绕所得的坐标系的 x 轴转 $(90° - L)$ 得到，如图 6-11 所示，地球坐标系到地理坐标系的变换矩阵为：

$$C_e^n = \begin{bmatrix} -\sin\lambda & \cos\lambda & 0 \\ -\sin L\cos\lambda & -\sin L\sin\lambda & \cos L \\ \cos L\cos\lambda & \cos L\sin\lambda & \sin L \end{bmatrix} \tag{6-44}$$

6.5.4.3　载体坐标系和地理坐标系之间的变换矩阵

载体坐标系和地理坐标系之间的变换矩阵反映了巡航式载体的姿态，见图 6-20。对于巡航式的载体，当其航向、俯仰、横滚依次为 ψ、θ、γ 时，地理坐标系经过绕方位轴 z 轴转 $-\psi$，再绕俯仰轴，即所得到坐标系的 x 轴转 θ，最后绕横滚轴，即所得的坐标系 y 轴转 γ，可转到载体坐标系，地理坐标系和载体坐标系的变换矩阵为

$$\begin{aligned} C_n^b &= \begin{bmatrix} \cos\gamma & 0 & -\sin\gamma \\ 0 & 1 & 0 \\ \sin\gamma & 0 & \cos\gamma \end{bmatrix} \begin{bmatrix} 1 & 0 & 0 \\ 0 & \cos\theta & \sin\theta \\ 0 & \sin\theta & \cos\theta \end{bmatrix} \begin{bmatrix} \cos\psi & -\sin\psi & 0 \\ \sin\psi & \cos\psi & 0 \\ 0 & 0 & 1 \end{bmatrix} \\ &= \begin{bmatrix} \cos\gamma\cos\psi + \sin\gamma\sin\theta\sin\psi & -\cos\gamma\sin\psi + \sin\gamma\sin\theta\cos\psi & -\sin\gamma\cos\theta \\ \cos\theta\sin\psi & \cos\theta\cos\psi & \sin\theta \\ \sin\gamma\cos\psi - \cos\gamma\sin\theta\sin\psi & -\sin\gamma\cos\psi - \cos\gamma\sin\theta\cos\psi & \cos\gamma\cos\theta \end{bmatrix} \end{aligned} \tag{6-45}$$

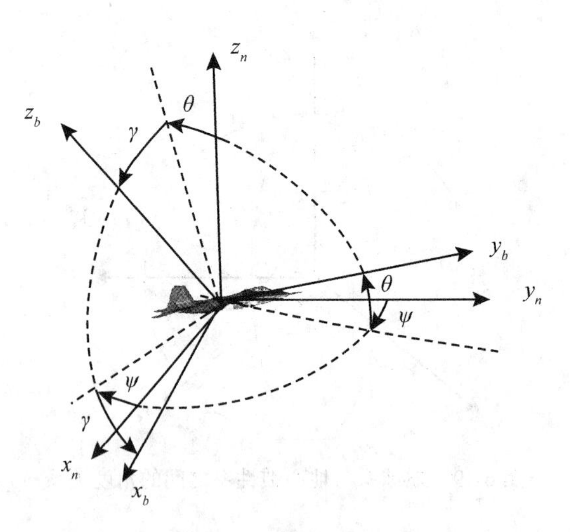

图 6-20　载体坐标系和地理坐标系之间的角度关系

第 7 章　导航地图的数学基础

7.1　地图与导航电子地图

7.1.1　地图

地图作为人类描述、分析和传递时空信息的最有效工具，至今已有几千年的历史。随着地理信息科学的发展和地理信息技术的进步，虚拟现实技术、可视化技术、多媒体技术等在地图制图学领域的应用，给地图学理论、地图制作技术甚至地图应用，都带来了革命性的变革，同时也使地图的品种得到了极大的丰富和扩展。地图表达的内容从陆地到海洋、从地下到空中再到太空，并已经扩展到月球、火星等其他星球；地图符号不再是表示地理要素的唯一形式，还有影像、三维模型等其他可视化表现形式；纸质地图不再是地图内容的唯一载体，出现了数字地图、电子地图、影像地图和网络电子地图等多种载体；地图不再只是二维的、静态的，出现了多维、动态地图和“可进入”的虚拟仿真地图等。不管地图的品种有多么丰富、载体如何变化，它们都是地图的不同表现形式，其基本特性是不会改变的。

7.1.1.1　基本特性

1. 由特殊的数学法则产生的可量测性

地图是按严格的数学法则编制的，它具有地图投影、比例尺和定向等数学基础，从而可以在地图上量测位置、长度、面积、体积等数据，使地图具有可量测性。

从不规则的地球自然表面到制成地图，首先是要将自然表面上的物体沿铅垂方向投影到大地水准面上，由于大地水准面是一个不规则的球面，无法用解析的方法精确描述，需要用一个经过定位的旋转椭球面去代替它，然后再将椭球面经过地图投影法则转换成平面。经过这些步骤，我们将自然表面上的经纬线投影到平面上，建立了坐标系统，成为地图的数学基础。通过地图投影生成的地面物体的图形，我们可以控制其变形性质，精确地确定其变形大小，使地图具有更高的科学价值和实用价值。

2. 由使用地图符号表达事物产生的直观性

地图符号系统称为地图的语言，它们是按照世界通用的法则设计的、同地面物体对应的经过抽象的符号和文字标记。地图由于使用了特殊的地图语言来表达事物，具有以下优点：

(1)地面物体往往具有复杂的外貌轮廓，地图符号由于进行了抽象概括，按性质归类，使图形大大简化，即使比例尺缩小，也可以有清晰的图形。

(2)实地上形体小而又非常重要的物体，如控制点、路标、灯塔等，在像片上不能辨认或根本没有影像，在地图上则可以根据需要，用非比例符号表示，且不受比例尺的限制。

(3)事物的数量和质量特征不能在照片上确切显示，但在地图上可以通过专门的符号和注记表达出来。

(4)地面上一些被遮盖的物体，在像片上无法显示，在地图上则可以通过专门的符号显示出来，如等高线表示的地貌形态可以不受植被覆盖的影响，隧道、地下管线、水下建筑物等都可以不受影响地显示出来。

(5)许多无形的自然现象和社会现象，如境界线、经纬线、磁力线、太阳辐射等，在像片上都没有影像，在地图上却可以用符号表达出来。

用地图语言再现的客观实体，具有很强的直观易读性。

3. 由制图综合产生的一览性

制图综合是地图作者在缩小比例尺制图时的第二次抽象，用概括和选取的手段突出地理事物的规律性和重要目标，在扩大读者视野的同时，能使地理事物一览无遗。

地面事物千差万别，在符号化的过程中，将性质类似、大小相近的物体赋予同样的符号，即实施对地理事物的分类分级，完成了制图过程中的第一次抽象。随着地图比例尺的缩小，地图图上面积迅速缩小，可能表达在地图上的物体数量、等级、类别都要减少，这就要对地图上的物体进行选取和概括。选取那些重要的、大的物体表示在地图上，而舍掉那些次要的和较小的物体。同时还要将复杂的轮廓加以简化，对以质量或数量标志区分的众多等级合并和缩减，这是制图过程中对地理事物的第二次抽象和升华。

7.1.1.2　地图定义

根据以上地图的三个基本特性，就可以给地图下一个比较科学的定义：地图是根据一定的数学法则，使用地图语言，通过制图综合，表示地面上地理事物的空间分布、联系及在时间中发展变化状态的图形。

7.1.2　导航电子地图

随着科学技术的发展，导航电子地图也像其他电子地图一样，伴随着地学空间信息技术、数字制图技术、电子计算机技术、多媒体技术和虚拟现实等技术在地图制图领域与导航定位领域应运而生。

7.1.2.1　电子地图

电子地图是以可视化的数字地图为基础，用文本、照片、图表、声音、动画、视频等多媒体技术显示地图数据的现代信息可视化产品。电子地图均带有操作界面，一般与数据库连接，能进行查询、统计等。电子地图制作方便、更新速度快、应用灵活、形式多变，比模拟式纸质地图有着更大的优越性。因此，在国民经济和国防建设、科学研究与现代生活中得到广泛应用。随着信息社会的到来，电子地图已成为一个发展迅速、应用深入、日益普及的新领域，它的编制与应用，逐渐成为现代地图发展的主流。相对纸质地图，电子地图具有以下明显特点：

(1)动态性：电子地图具有实时、动态表现空间信息的能力。一是用时间维的动画地图来反映事物随时间变化的动态过程；二是利用闪烁、渐变、缩放、漫游等虚拟动态显示技术来表示没有时间维的静态信息。

(2)交互性：电子地图的数据存储与数据显示相分离，地图用户可以对显示内容及显示方式进行选择。

(3)无级缩放：纸质地图都具有一定的比例尺，并且其比例尺是一成不变的。电子地图可以任意无级缩放和开窗显示，以满足应用的需求。

(4)无缝拼接：电子地图能够完整显示，无需分幅，无缝拼接，利用漫游和平移可一览全图。

(5)多尺度显示：电子地图能够按照预先设计好的显示模式，动态调整地图显示量。比例尺越小，显示的地图信息越概略；反之，显示的地图信息越详细。

(6)地理信息多维化表示：电子地图可以生成三维立体影像，并可对三维地图进行拉近、推远、三维漫游及绕轴旋转，还能在三维地形上叠加遥感图像，逼真地再现地面形态。

(7)超媒体集成：电子地图以地图为主体结构，能够集成图像、图表、文字、声音、视频、动画等各种媒体，通过各种媒体的互补，以丰富地图信息。

(8)共享性：电子地图能够大量无损复制，并且通过计算机网络传播，实现信息共享。

(9)空间分析功能：电子地图除了能用地图符号反映地物的属性，还能配合外挂数据库查询地物的属性，还可进行路径查询分析、量算分析和统计分析等空间分析。

7.1.2.2 导航电子地图

导航电子地图(Navigable Electronic Map)产生于20世纪90年代初，当时无论是欧美，还是日本，卫星导航技术和汽车导航市场都处于初级阶段，导航电子地图技术和产品也还处于萌芽状态。我国于2003年左右开始进入汽车导航市场，从此拉开了导航电子地图的研发、生产和商业化的序幕。

导航电子地图是在电子地图的基础上增加了很多与车辆、行人相关的信息，如立交桥形状、交通限制、过街天桥、道路相关属性及出入口信息等，结合这些信息，通过特定的理论算法，能够用于计算出起点与目的地间路径并提供实时引导的数字化地图。所以，导航电子地图除了具有电子地图的特点外，还具有如下特点：

(1)能够查询目的地信息。导航电子地图记录了大量的目的地信息和坐标，为用户提供目的地检索及所在地到目的地的路径计算依据。

(2)存有大量能够用于引导的交通信息。为了能够计算出一条实际的路径供车辆引导，数据中必须记录实地的交通限制，这样才能计算出与实地相符的路径用于引导。

(3)需要不断进行实地信息更新和扩大采集。由于实地的交通信息和兴趣点(POI)的信息会随着当地的发展而不断变化，地图开发的范围、深度和功能也在不断增加，因此相应数据中记录的交通信息和POI信息就需要不断地进行实地的更新和扩大采集。

7.1.2.3 导航电子地图数据

导航电子地图是含有空间位置地理坐标，能够与空间定位系统结合，准确引导人或交通工具从出发地到达目的地的电子地图及数据集。

由此可见，导航地图数据是导航的核心组成部分，是否具有高质量的导航地图数据，直接影响到整个导航的应用。所以，数据信息丰富、信息内容准确、数据现势性高是高质量电子地图数据的三个关键因素。

导航地图数据，主要是在基础地理数据的基础上经过加工处理生成的面向导航应用的基础地理数据集，主要包括道路数据、POI 数据、背景数据、行政境界数据、图形数据、语音数据等。

1. 道路数据

道路数据是导航地图的核心数据，它包括表 7-1 里的内容。

表 7-1　**导航电子地图的道路数据**

要　素	类　别	要素类型	功　能
道路 LINK	高速公路	线类	路经计算
	城市高速	线类	路经计算
	国道	线类	路经计算
	省道	线类	路经计算
	县道	线类	路经计算
	乡镇公路	线类	路经计算
	内部道路	线类	路经计算
	轮渡(车渡)	线类	路经计算
节点	道路交叉点	点类	拓扑描述
	图廓点	点类	拓扑描述

2. POI 兴趣点数据

POI 兴趣点数据是导航地图的目标检索数据，它包括表 7-2 里的内容。

表 7-2　**导航电子地图的 POI 兴趣点数据**

要　素	类　别	要素类型	功　能
POI	一般兴趣点	点类	检索
	道路名	点类	检索
	交叉点	点类	检索
	邮编检索	点类	检索
	地址检索	点类	检索

3. 背景数据

背景数据是导航地图的地理框架数据，它包括表 7-3 里的内容。

表 7-3 导航电子地图的背景数据

要素	类别	要素类型	功能
建筑层	街区	面状要素	显示城市道路布局结构
	房屋建筑	面状要素	显示建筑物轮廓
	围墙	线状要素	显示建筑物之间的相互关系和连接状况
铁路数据	干线铁路	线状要素	显示干线铁路的基本走向
	地铁	线状要素	显示地铁的基本走向
	城市轻轨	线状要素	显示城市轻轨的基本走向
水系	江	面状要素	背景显示
	河	面状要素	背景显示
	湖	面状要素	背景显示
	水库	面状要素	背景显示
	池塘	面状要素	背景显示
	海	面状要素	背景显示
	游泳池	面状要素	背景显示
	水渠	线状要素	背景显示
	水沟	线状要素	背景显示
植被	树林	面状要素	背景显示
	绿化带	面状要素	背景显示
	草地	面状要素	背景显示
	公园	面状要素	背景显示
	经济植物	面状要素	背景显示

4. 行政境界数据

行政境界数据是导航地图的区域显示数据，它包括表 7-4 里的内容。

表 7-4 导航电子地图的行政境界数据

要　素	类　别	要素类型	功　能
行政区界	国界	面状要素	显示行政管理区域范围
	省级界	面状要素	显示行政管理区域范围
	地市级界	面状要素	显示行政管理区域范围
	区县级界	面状要素	显示行政管理区域范围
	乡镇级界	面状要素	显示行政管理区域范围

5. 图形文件数据

图形文件数据是导航地图的复杂路口引导数据，它包括表 7-5 里的内容。

表 7-5　　导航电子地图的图形文件数据

要素	类别	要素类型	功能
图形	高速分支模式图	图片	显示增强
	3D 分支模式图	图片	显示增强
	普通道路分支模式图	图片	显示增强
	高速出入口实景图	图片	显示增强
	普通路口实景图	图片	显示增强
	POI 分类示意图	图片	显示增强
	3D 图	模型、图片	显示增强
	标志性建筑物图片	图片	显示增强
	道路方向看板	图片	显示增强

6. 语音数据

语音数据是导航地图的语音提醒和引导数据，它包括表 7-6 里的内容。

表 7-6　　导航电子地图的语音数据

要素	类别	要素类型	功能
语音	泛用语音	声音文件	导航辅助
	方面名称语音	声音文件	导航辅助
	道路名语音	声音文件	导航辅助

7.2　地图投影的基本理论

7.2.1　地图投影的概念

地图投影(Map Projection)是把一个不可展平的地球椭球面上的点，利用一定的数学法则，转换到地图平面上的理论和方法。其实质就是建立地球椭球面上点的坐标(φ, λ)与地图平面上对应点的坐标(x, y)之间的函数关系。

7.2.1.1　基本表达式

根据地图投影的定义，可用下列函数关系式表示：

$$\begin{cases} x = f_1(\varphi, \lambda) \\ y = f_2(\varphi, \lambda) \end{cases} \tag{7-1}$$

由于球面上经纬线是连续而规则的曲线，而地图上一定范围之内经纬线也必定是连续和规则的，因此我们规定：在一定的区域内，函数 f_1、f_2 应是单值，有限而连续的。否则，投影将没有意义。

如果从上述方程中消去 φ，可得经线投影方程式：

$$F_1(x, y, \lambda)=0 \tag{7-2}$$

如若消去 λ，便有纬线投影方程式：

$$F_2(x, y, \varphi)=0 \tag{7-3}$$

如在式(7-1)中，令 $\lambda=\lambda_0=$ 常数，则方程

$$\begin{cases} x=f_1(\varphi, \lambda_0) \\ y=f_2(\varphi, \lambda_0) \end{cases} \tag{7-4}$$

表示经度为 λ_0 的经线方程式。

同样，如在式(7-1)中，令 $\varphi=\varphi_0=$ 常数，则方程

$$\begin{cases} x=f_1(\varphi_0, \lambda) \\ y=f_2(\varphi_0, \lambda) \end{cases} \tag{7-5}$$

表示纬度为 φ_0 的纬线方程式。

以上各式就是地图投影中曲面与平面关系的基本表达式。

7.2.1.2 变形表达式

由于地球椭球面是不可展的曲面，要把它完整连续地表示到地图平面上，就必须有条件地进行局部拉伸和局部缩小，因此投影必然会产生各种各样的变形，主要表现在长度变形、面积变形、角度变形三个方面。

为了准确描述和计算长度变形、面积变形和角度变形，掌握和控制这些变形的分布和大小，我们需要对这些变形进行基本定义：

长度比 μ：地面上微分线段投影后长度 ds' 与它固有长度 ds 之比值。以公式表示，即

$$\mu=\frac{ds'}{ds} \tag{7-6}$$

面积比 P：地面上微分面积投影后的大小 dF' 与它固有面积 dF 之比值，用公式表示为

$$P=\frac{dF'}{dF} \tag{7-7}$$

在同一个投影中，不同点上的长度比和面积比的数值一般是不固定的。长度比和面积比的变化显示了投影中长度和面积的变化。为确切地赋予这种变化在数量上的描述，应引进长度变形与面积变形的概念。

长度变形 ν_μ：长度比与 1 之差值。以公式表示为

$$\nu_\mu=\mu-1 \tag{7-8}$$

面积变形 ν_P：面积比与 1 之差值。用公式表达即为

$$\nu_P=P-1 \tag{7-9}$$

可见，长度变形与面积变形都是一种相对变形，而且以上两个表达式按数学意义而言，它们表示的仅为数量的相对变化。然而，量变可导致质变，从而引起形状的变异。故

ν_μ 与 ν_P 被赋予“变形”的名称。

显然，$\nu_\mu = 0$ 为没有长度变形，而 $\nu_P = 0$ 则为没有面积变形。亦即投影前后相应的微分线段或微分面积大小保持相等。如变形为负值，则表示投影后长度缩短或面积缩小，反之，变形为正值时，表示投影后长度增加或面积增大。在应用时，ν_μ 与 ν_P，也常用百分比数表示。如 $\nu_\mu = -0.02$ 表示为 $\nu_\mu = -2\%$，即投影后该线段缩短百分之二。

角度变形 ω：投影面上任意两方向线所夹之角与椭球面上相应的两方向线夹角之差，以 ω 的二分之一表示角度最大变形，即

$$\frac{\omega}{2} = \beta - \beta' \tag{7-10}$$

7.2.1.3　比例尺概念

主比例尺：计算地图投影或制作地图时，必须将地球(椭球体或球体)按一定比率缩小而表示在平面上，这个比率称为地图的主比例尺，或称普通比例尺。

实际上，由于投影中必定存在着某种变形，地图仅能在某些点或线上保持着这个比例尺，而图幅上其余位置的比例尺都与主比例尺不相同，即大于或小于主比例尺，因而一幅地图上注明的比例尺实际上仅是该图的主比例尺。

局部比例尺：地图上除保持主比例尺的点或线以外其他部分上的比例尺。局部比例尺的变化比较复杂，它们依投影的性质不同，常常是随线段的方向和位置而变化的。对于某些用途的要求而需要在图上进行量测的地图，便要采用一定的方式设法表示出该图的局部比例尺。这就是我们有时在大区域小比例尺地图上看到的那种较复杂的图解比例尺。

应当指出，主比例尺只有在计算地图投影时才应用。如果在理论上研究投影及其变形性质，那么由上面的变形定义可见，变形的大小是用相对的百分比数(对于长度及面积)与角值(对于角度)表示的，因此变形的大小与比例尺无关。为方便起见，在研究投影和推导公式时，常令主比例尺数值为 1。

7.2.2　地图投影的公式

为建立由曲面到平面的表象，先要建立地球表面上的各元素，如线段、面积、角度与它们在平面上的对应关系式，以便于利用这些关系式导出地图投影的基本公式。

我们以旋转椭球体面上一个微分梯形为研究对象，如图 7-1 中的 $ABCD$。其中 P 是极点，PDA 和 PCB 是经差为 $\mathrm{d}\lambda$ 的两条经线的一部分，DC 和 AB 是纬差为 $\mathrm{d}\varphi$ 的两条纬线的一部分，经、纬线两两相交构成球面梯形 $ABCD$，AC 为球面梯形的对角线，它与经线的夹角(方位角)为 α。

由此可得经线、纬线和对角线的微分长度：

$$\left.\begin{aligned} AD &= M\mathrm{d}\varphi \\ AB &= r\mathrm{d}\lambda \\ \mathrm{d}s = AC &= \sqrt{M^2\mathrm{d}\varphi^2 + r^2\mathrm{d}\lambda^2} \end{aligned}\right\} \tag{7-11}$$

C 点对 A 点方位角 α 为：

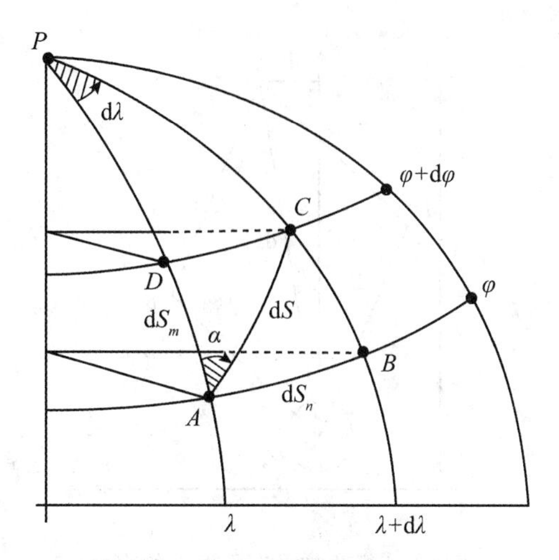

图 7-1 旋转椭球体上的微分梯形

$$
\begin{cases}
\sin\alpha = \dfrac{r\mathrm{d}\lambda}{\mathrm{d}s} \\
\cos\alpha = \dfrac{M\mathrm{d}\varphi}{\mathrm{d}s} \\
\tan\alpha = \dfrac{r\mathrm{d}\lambda}{M\mathrm{d}\varphi}
\end{cases}
\tag{7-12}
$$

由微分几何的概念，可得微分梯形 $ABCD$ 的微分面积为：

$$
\mathrm{d}F = Mr\mathrm{d}\varphi\mathrm{d}\lambda \tag{7-13}
$$

以上就是地球表面上一个微分梯形各要素的表达式。下面再研究这个微分梯形表示在平面上时，各对应要素的表达式。

如图 7-2 所示，微分梯形 $ABCD$ 在平面上的表象一般为平行四边形 $A'B'C'D'$，其中 A 点的对应点为 $A'(x, y)$；C 点的对应点为 $C'(x + \mathrm{d}x, y + \mathrm{d}y)$，而对角线 $\mathrm{d}s$ 对应的 $\mathrm{d}s'(A'C')$ 显然应为：

$$
\mathrm{d}s' = \sqrt{\mathrm{d}x^2 + \mathrm{d}y^2} \tag{7-14}
$$

为获得 $A'D'$、$A'B'$等沿经、纬线的微分线段投影后长度的表达式，需要将投影的一般表达式 x，y 对 φ，λ 全微分。对(7-1)式全微分有：

$$
\begin{cases}
\mathrm{d}x = \dfrac{\partial x}{\partial \varphi}\mathrm{d}\varphi + \dfrac{\partial x}{\partial \lambda}\mathrm{d}\lambda \\
\mathrm{d}y = \dfrac{\partial y}{\partial \varphi}\mathrm{d}\varphi + \dfrac{\partial y}{\partial \lambda}\mathrm{d}\lambda
\end{cases}
\tag{7-15}
$$

对各偏导数的组合采用以下记号：

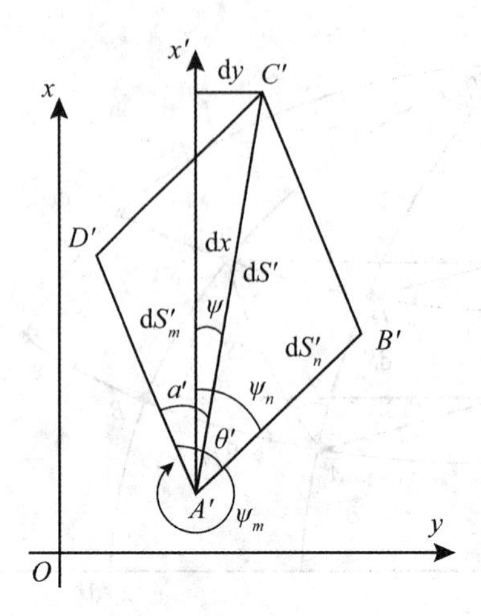

图 7-2　微分梯形在平面上的表象

$$\left.\begin{aligned}\left(\frac{\partial x}{\partial \varphi}\right)^2+\left(\frac{\partial y}{\partial \varphi}\right)^2&=E\\\left(\frac{\partial x}{\partial \lambda}\right)^2+\left(\frac{\partial y}{\partial \lambda}\right)^2&=G\\\frac{\partial x}{\partial \varphi}\cdot\frac{\partial x}{\partial \lambda}+\frac{\partial y}{\partial \varphi}\cdot\frac{\partial y}{\partial \lambda}&=F\\\frac{\partial x}{\partial \varphi}\cdot\frac{\partial y}{\partial \lambda}-\frac{\partial x}{\partial \lambda}\cdot\frac{\partial y}{\partial \varphi}&=H\end{aligned}\right\}\tag{7-16}$$

E、F、G、H① 称为一阶基本量或高斯系数。

将式(7-15)、式(7-16)代入式(7-14)，便得平面上微分线段 $A'C'$ 的表达式：

$$ds'=\sqrt{E d\varphi^2+G d\lambda^2+2F d\varphi d\lambda}\tag{7-17}$$

利用式(7-17)可获得平面上经、纬线微分线段的表达式：

$$\begin{cases}\text{当 } d\lambda=0 \text{ 时，} A'D'=ds'_m=\sqrt{E}\,d\varphi\\\text{当 } d\varphi=0 \text{ 时，} A'B'=ds'_n=\sqrt{G}\,d\lambda\end{cases}\tag{7-18}$$

式中，ds'_m、ds'_n 为经线和纬线投影后的微分线段，如图 7-2 所示。

在得到基本线段的表达式后，便可导出一些角度的表达式。由图 7-2 可知，对角线 $A'C'$ 与 x 轴之夹角 ψ 可有表达式：

① 按 $H=\sqrt{EG-F^2}$

$$\begin{cases} \sin\psi = \dfrac{\mathrm{d}y}{\mathrm{d}s'} \\ \cos\psi = \dfrac{\mathrm{d}x}{\mathrm{d}s'} \\ \tan\psi = \dfrac{\mathrm{d}y}{\mathrm{d}x} \end{cases} \tag{7-19}$$

如将式(7-15)代入式(7-19)，便得

$$\tan\psi = \frac{\dfrac{\partial y}{\partial\varphi}\mathrm{d}\varphi + \dfrac{\partial y}{\partial\lambda}\mathrm{d}\lambda}{\dfrac{\partial x}{\partial\varphi}\mathrm{d}\varphi + \dfrac{\partial x}{\partial\lambda}\mathrm{d}\lambda} \tag{7-20}$$

ψ 是任意方向与 x 轴夹角的表达式，特殊情况下，即当 $\mathrm{d}\lambda$ 和 $\mathrm{d}\varphi$ 为零时，经、纬线方向与 x 轴夹角为 ψ_m 与 ψ_n：

$$\begin{cases} \sin\psi_m = \dfrac{\mathrm{d}y}{\mathrm{d}s'_m} = \dfrac{\dfrac{\partial y}{\partial\varphi}\mathrm{d}\varphi}{\sqrt{E}\,\mathrm{d}\varphi} = \dfrac{1}{\sqrt{E}} \cdot \dfrac{\partial y}{\partial\varphi} \\ \cos\psi_m = \dfrac{\mathrm{d}x}{\mathrm{d}s'_m} = \dfrac{\dfrac{\partial x}{\partial\varphi}\mathrm{d}\varphi}{\sqrt{E}\,\mathrm{d}\varphi} = \dfrac{1}{\sqrt{E}} \cdot \dfrac{\partial x}{\partial\varphi} \\ \sin\psi_n = \dfrac{\mathrm{d}y}{\mathrm{d}s'_n} = \dfrac{\dfrac{\partial y}{\partial\lambda}\mathrm{d}\lambda}{\sqrt{G}\,\mathrm{d}\lambda} = \dfrac{1}{\sqrt{G}} \cdot \dfrac{\partial y}{\partial\lambda} \\ \cos\psi_n = \dfrac{\mathrm{d}x}{\mathrm{d}s'_n} = \dfrac{\dfrac{\partial x}{\partial\lambda}\mathrm{d}\lambda}{\sqrt{G}\,\mathrm{d}\lambda} = \dfrac{1}{\sqrt{G}} \cdot \dfrac{\partial x}{\partial\lambda} \end{cases} \tag{7-21}$$

利用 ψ_m、ψ_n 之表达式，可推导出十分重要的经、纬线投影后的夹角 θ' 的表达式。在图 7-2 中，$\theta' = \angle D'A'B' = 360° + \psi_n - \psi_m$，故运用式(7-21)可有：

$$\begin{cases} \sin\theta' = \sin(\psi_n - \psi_m) = \dfrac{1}{\sqrt{EG}}\left(\dfrac{\partial x}{\partial\varphi} \cdot \dfrac{\partial y}{\partial\lambda} - \dfrac{\partial x}{\partial\lambda} \cdot \dfrac{\partial y}{\partial\varphi}\right) = \dfrac{H}{\sqrt{EG}} \\ \cos\theta' = \cos(\psi_n - \psi_m) = \dfrac{1}{\sqrt{EG}}\left(\dfrac{\partial x}{\partial\varphi} \cdot \dfrac{\partial x}{\partial\lambda} - \dfrac{\partial y}{\partial\varphi} \cdot \dfrac{\partial y}{\partial\lambda}\right) = \dfrac{F}{\sqrt{EG}} \\ \tan\theta' = \dfrac{H}{F} \end{cases} \tag{7-22}$$

因为在地图投影的研究与应用中，常需要利用经、纬线投影后的夹角 θ' 与 90°之差值 ε，从图 7-3 可知，θ' 是过经、纬线交点与经、纬线相切的二切线所夹之角度，故 ε 可表示为：

$$\tan\varepsilon = \tan(\theta' - 90°) = -\frac{F}{H} \tag{7-23}$$

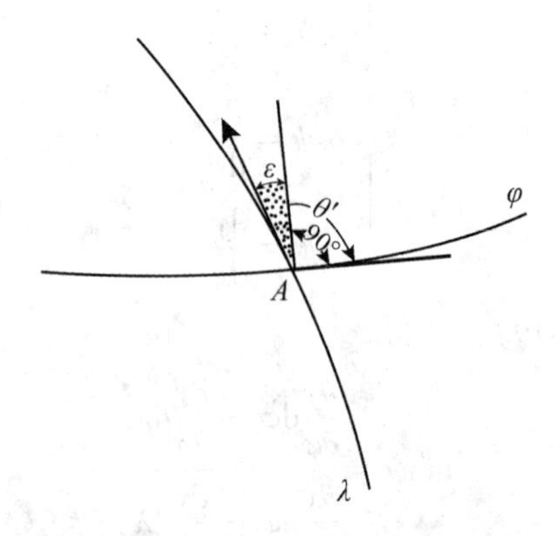

图 7-3　经纬线投影后夹角与 90°之差角

再求微分线段 ds' 的方位角 α'，规定 α' 是以经线顺时针方向计算至 ds' 之角度，亦即 α' 就是 α 在平面上的投影。由图 7-2 可知，

$$\alpha' = \psi - \psi_n$$

利用式(7-19)及式(7-21)代入式(7-23)，可有：

$$\sin\alpha' = \sin(\psi - \psi_m) = \frac{1}{ds'\sqrt{E}}\left(\frac{\partial x}{\partial \varphi}dy - \frac{\partial y}{\partial \varphi}dx\right)$$

$$\cos\alpha' = \cos(\psi - \psi_m) = \frac{1}{ds'\sqrt{E}}\left(\frac{\partial x}{\partial \varphi}dx + \frac{\partial y}{\partial \varphi}dy\right)$$

$$\tan\alpha' = \frac{\dfrac{\partial x}{\partial \varphi}dy - \dfrac{\partial y}{\partial \varphi}dx}{\dfrac{\partial x}{\partial \varphi}dx + \dfrac{\partial y}{\partial \varphi}dy}$$

再将式(7-15)代入上列各式经化简整理后有：

$$\begin{cases} \sin\alpha' = \dfrac{Hd\lambda}{ds'\sqrt{E}} \\ \cos\alpha' = \dfrac{Ed\varphi + Fd\lambda}{ds'\sqrt{E}} \\ \tan\alpha' = \dfrac{Hd\lambda}{Ed\varphi + Fd\lambda} \end{cases} \tag{7-24}$$

至于微分梯形投影后的面积，即平行四边形 $A'B'C'D'$ 的面积，可以表达为

$$dF' = ds'_m \cdot ds'_n \cdot \sin\theta'$$

如以式 (7-18)、式(7-22)代入，即有

$$dF' = Hd\varphi d\lambda \tag{7-25}$$

至此，我们已分别建立了地面上微分梯形与它在平面上对应表象(平行四边形)的各对应元素的表达式。以这一系列表达式为基础，便可建立各种地图投影的条件公式，从而进一步研究各类具体的地图投影。

7.2.3 地图投影的条件

7.2.3.1 等角投影条件

等角投影可定义为任何点上二微分线段组成的角度投影前后保持不变。亦即投影前后对应的微分面积保持图形相似，故亦可称为正形投影。这一条件可叙述并以数学关系式表示：

(1)经纬线投影后正交，即 $\theta' = 90°$；

(2)一点上任一方向的方位角投影前后保持相等，即 $\alpha = \alpha'$。

因为 $\theta' = 90°$，所以由式(7-22)有：

$$F = 0 \text{ 或 } H = \sqrt{EG}$$

因为 $\alpha = \alpha'$，从式(7-12)及式(7-24)有：

$$\frac{r\mathrm{d}\lambda}{\mathrm{d}s} = \frac{H\mathrm{d}\lambda}{\mathrm{d}s'\sqrt{E}}$$

$$\frac{M\mathrm{d}\varphi}{\mathrm{d}s} = \frac{E\mathrm{d}\varphi}{\mathrm{d}s'\sqrt{E}}$$

因此

$$\left.\begin{aligned}&\mu = \frac{\mathrm{d}s'}{\mathrm{d}s} = \frac{\sqrt{G}}{r} = \frac{\sqrt{E}}{M}\\&\frac{\partial x}{\partial\varphi}\cdot\frac{\partial x}{\partial\lambda} + \frac{\partial y}{\partial\varphi}\cdot\frac{\partial y}{\partial\lambda} = 0\end{aligned}\right\} \tag{7-26}$$

式(7-26)即为等角条件的表达式。为了更普遍地给予平面直角坐标 x，y 与地理坐标 φ，λ 的联系，等角条件常用以下方程式表达：

因为 $F = 0$ 及 $\alpha = \alpha'$，故有

$$\left.\begin{aligned}&\frac{\partial x}{\partial\varphi}\cdot\frac{\partial x}{\partial\lambda} + \frac{\partial y}{\partial\varphi}\cdot\frac{\partial y}{\partial\lambda} = 0\\&\frac{1}{r^2}\left[\left(\frac{\partial x}{\partial\lambda}\right)^2 + \left(\frac{\partial y}{\partial\lambda}\right)^2\right] = \frac{1}{M^2}\left[\left(\frac{\partial x}{\partial\lambda}\right)^2 + \left(\frac{\partial y}{\partial\lambda}\right)^2\right]\end{aligned}\right\} \tag{7-27}$$

由式(7-27)之第一式求出 $\frac{\partial y}{\partial\lambda}$ 并代入第二式，便有等角条件如下：

$$\begin{cases}\dfrac{\partial x}{\partial\lambda} = -\dfrac{r}{M}\cdot\dfrac{\partial y}{\partial\varphi}\\[2ex]\dfrac{\partial y}{\partial\lambda} = +\dfrac{r}{M}\cdot\dfrac{\partial x}{\partial\varphi}\end{cases} \tag{7-28}$$

式(7-28)在高等数学中称为保角变换条件，也称为柯西-黎曼条件。式(7-28)方程右边采用正负号是由于式(7-27)偏导数开方后应有正、负二值，而顾及 H 的几何意义为面积元素，应恒为正，由式(7-16)的最后一式看来，$\frac{\partial x}{\partial\lambda}$、$\frac{\partial y}{\partial\varphi}$ 必取相反的符号。

7.2.3.2　等面积投影条件

等面积投影定义为某一微分面积投影前后保持相等，亦即其面积比为 1。依此条件有：

$$P = \frac{\mathrm{d}F'}{\mathrm{d}F} = 1 \quad 或 \quad \mathrm{d}F' = \mathrm{d}F$$

用式(7-13)及式(7-25)代入便有：

$$H = Mr$$

或仿等角条件之方式写成 x，y 与 φ，λ 的表达式，则为：

$$\frac{\partial x}{\partial \varphi} \cdot \frac{\partial y}{\partial \lambda} - \frac{\partial x}{\partial \lambda} \cdot \frac{\partial y}{\partial \varphi} = Mr \tag{7-29}$$

7.2.3.3　等距离投影条件

地图投影中有一种常用的称为等距离投影的类别，其定义是沿某一特定方向之距离，投影前后保持不变，即沿该特定方向长度比等于 1。

通常，这个特定方向在正轴投影时，是在沿经线方向上等距离。下面即为沿经线上等距离之投影条件：

$$\frac{\mathrm{d}s'_m}{\mathrm{d}s_m} = \frac{\sqrt{E}}{M} = 1$$

或

$$\left(\frac{\partial x}{\partial \varphi}\right)^2 + \left(\frac{\partial y}{\partial \varphi}\right)^2 = M^2 \tag{7-30}$$

由于长度变形是一切变形的基础，因而长度变化在研究投影中十分重要，应当较深入地研究其变化的规律。下面我们将用已有公式来推导出长度比的一般表达式，并用以表达等角、等面积与等距离投影条件。

由式(7-11)和式(7-17)，按长度比定义有：

$$\mu = \frac{\mathrm{d}s'}{\mathrm{d}s} = \frac{\sqrt{E\mathrm{d}\varphi^2 + G\mathrm{d}\lambda^2 + 2F\mathrm{d}\varphi\mathrm{d}\lambda}}{\sqrt{M^2\mathrm{d}\varphi^2 + r^2\mathrm{d}\lambda^2}} \tag{7-31}$$

式(7-31)在特殊情况(即 $\mathrm{d}\lambda = 0$ 或 $\mathrm{d}\varphi = 0$)时，便成为十分有用的沿经、纬线长度比公式，即

$$\begin{cases} 沿经线长度比\ m = \dfrac{\sqrt{E}}{M} \\ 沿纬线长度比\ n = \dfrac{\sqrt{G}}{r} \end{cases} \tag{7-32}$$

把式(7-32)与式(7-26)对照，等角投影条件也可以理解为沿经、纬线长度比必须相等，即 $m = n$。

在式(7-32)中，如果 $m = \dfrac{\sqrt{E}}{M} = 1$，即为沿经线等距离条件。

又因等面积条件为 $H = Mr$，将式(7-22)代入式(7-32)中，有：

$$\sqrt{EG}\cdot\sin\theta' = Mr$$

$$\frac{\sqrt{E}}{M}\cdot\frac{\sqrt{G}}{r}\cdot\sin\theta' = 1$$

即 $m\cdot n\cdot\sin\theta' = 1$，此为等面积条件的另一表达式。

此外，还应注意到，在小比例尺地图上，当地图的比例尺较小时，计算投影常用半径为 R 的球体代替地球椭球体，从而使计算得到简化。用球体替代椭球体时有：$R=M=N$ 和 $r=R\cos\varphi$。于是等角投影条件为：

$$\begin{cases}\dfrac{\partial x}{\partial\lambda} = -\dfrac{\partial y}{\partial\varphi}\cos\varphi \\[2ex] \dfrac{\partial y}{\partial\lambda} = +\dfrac{\partial x}{\partial\varphi}\cos\varphi\end{cases} \tag{7-33}$$

等面积投影条件为：

$$\frac{\partial x}{\partial\varphi}\cdot\frac{\partial y}{\partial\lambda} - \frac{\partial y}{\partial\varphi}\cdot\frac{\partial x}{\partial\lambda} = R^2\cos\varphi \tag{7-34}$$

沿经线等距离投影条件为：

$$\left(\frac{\partial x}{\partial\varphi}\right)^2 + \left(\frac{\partial y}{\partial\varphi}\right)^2 = R^2 \text{ 或 } E = R^2 \tag{7-35}$$

7.2.4　地图投影的变形

由上述地球表面在平面上表象的基本概念中知道，投影中必定有着某些变形的存在，因此我们还要研究变形变化的规律以及各种变形的表示方法。

7.2.4.1　长度比

由于地图投影上各点的变形是不相同的，我们先从普遍的意义上来研究某一点上变形变化的特点，再深入地认识不同点上变形变化的规律，便不难掌握整个投影的变形变化规律。由上面叙述可知，各种变形(面积，角度等)均可用长度变形表达，因此长度变形是各种变形的基础。为此，我们首先研究一点上长度比的特征。

按长度比的定义，以公式表示为：

$$\mu = \frac{\mathrm{d}s'}{\mathrm{d}s}$$

以式(7-17)代入得：

$$\mu = \frac{\sqrt{E\mathrm{d}\varphi^2 + G\mathrm{d}\lambda^2 + 2F\mathrm{d}\varphi\mathrm{d}\lambda}}{\sqrt{\mathrm{d}s^2}} = \sqrt{E\left(\frac{\mathrm{d}\varphi}{\mathrm{d}s}\right)^2 + G\left(\frac{\mathrm{d}\lambda}{\mathrm{d}s}\right)^2 + 2F\left(\frac{\mathrm{d}\varphi\mathrm{d}\lambda}{\mathrm{d}s^2}\right)}$$

以式(7-12)中的 $\sin\alpha$，$\cos\alpha$ 表达式代入上式有：

$$\mu = \sqrt{\frac{E}{M^2}\cos^2\alpha + \frac{G}{r^2}\sin^2\alpha + \frac{F}{Mr}\sin 2\alpha} \tag{7-36}$$

式(7-36)便是一点上任意方向长度比的表达式。不难看出，E、G、F、M、r 是随点的位置(即经、纬度)而变化的，α 是该点上微分线段在椭球面上的方位角。由此可见：一点上的长度比，不仅随点的位置，而且随着线段的方向而发生变化。也就是说，不同点上长度比都不相同，同一点上不同方向的长度比也不相同。

如果一点上的方位角为特殊角值，即 $\alpha=0°$ 或 $\alpha=90°$，式(7-36)便成为一点上沿经、纬线长度比，即式(7-32)。

在理论研究及实用上，常用沿经、纬线长度比表达任意方向的长度比，它们之间可有如下关系：

$$\begin{cases} m^2 = \dfrac{E}{M^2} \\ n^2 = \dfrac{G}{r^2} \end{cases}$$

故 $\sqrt{EG}=m\cdot n\cdot M\cdot r$。

从式(7-22)得到：

$$F=\sqrt{EG}\cos\theta'$$

将以上各式代入式(7-36)，得

$$\mu=\sqrt{m^2\cos^2\alpha+n^2\sin^2\alpha+mn\cos\theta'\sin2\alpha} \tag{7-37}$$

7.2.4.2 主方向与极值长度比

投影后一点上的长度比依不同方向而变化，因此在描述一个点上不同方向的长度变化时，常常需要指出各长度比中之最大者及最小者，以作为衡量该点上变形变化的程度或界限。为此，我们引入极值长度比的概念，极值长度比即为一点上各长度比中的最大值与最小值。

下面推求极值长度比的表达式。为便于求极值，将式(7-36)平方后取其对方位角的一阶导数(因为一个函数如有极值，则此函数之平方仍有极值)，可得：

$$\frac{d\mu^2}{d\alpha}=-\frac{E}{M^2}\sin2\alpha+\frac{G}{r^2}\sin2\alpha+\frac{2F}{Mr}\cos2\alpha$$

设在 $\alpha=\alpha_0$ 时有极值，则函数的一阶导数之表达式等于零，故

$$-\frac{E}{M^2}\sin2\alpha_0+\frac{G}{r^2}\sin2\alpha_0+\frac{2F}{Mr}\cos2\alpha_0=0$$

化简后有

$$\tan2\alpha_0=\frac{\dfrac{2F}{Mr}}{\dfrac{E}{M^2}-\dfrac{G}{r^2}} \text{ 或 } \tan2\alpha_0=\frac{2mn\cos\theta'}{m^2-n^2} \tag{7-38}$$

在上述方程中，考虑到正切函数的周期，$2\alpha_0$ 值应有两个解，其中一个是 $2\alpha_0$，另一个是 $2\alpha_0+180°$，所以极值长度比的方位角一个是 α_0，而另一个是 $\alpha_0+90°$。由此可以得到一个重要的结论：极值长度比在椭球体表面处于两个互相垂直的方向上。对这两个特殊的方向，我们命名为主方向。

当然，由式(7-38)不难证明，两个极值长度比方向中，其中一个必为极小值，而另一个则为极大值。

现取函数的二阶导数，有

$$\frac{d^2\mu^2}{d\alpha^2}=-2\frac{E}{M^2}\cos2\alpha+2\frac{G}{r^2}\cos2\alpha-4\frac{F}{Mr}\sin2\alpha$$

当 $\alpha=\alpha_0$ 时有极值，且极值方向为 $\alpha=\alpha_0$ 及 $\alpha=\alpha_0+90°$，不论 α_0 在何象限，分别用 α_0 与 $\alpha_0+90°$ 代入上式，均可有其符号相反的两个表达式，这说明了 α_0 与 $\alpha_0+90°$ 两方向中，必有一个为极大值，而另一个为极小值。

我们接着研究椭球体面上这一对主方向投影在平面上的特征。

按式(7-24)有

$$\tan\alpha'=\frac{H\mathrm{d}\lambda}{E\mathrm{d}\varphi+F\mathrm{d}\lambda}=\frac{H\dfrac{\mathrm{d}\lambda}{\mathrm{d}\varphi}}{E+\dfrac{F\mathrm{d}\lambda}{\mathrm{d}\varphi}}$$

又由式(7-12)得

$$\tan\alpha=\frac{r\mathrm{d}\lambda}{M\mathrm{d}\varphi}$$

则

$$\frac{\mathrm{d}\lambda}{\mathrm{d}\varphi}=\frac{M}{r}\tan\alpha$$

用此式代入 $\tan\alpha'$ 的表达式，有

$$\tan\alpha'=\frac{HM\tan\alpha}{Er+MF\tan\alpha}$$

上式表达了微分线段分别在椭球体面与平面上方位角的相互关系，如果将地面一点上两个主方向的方位角 α_0 和 $\alpha_0+90°$（记为 α_{01}）代入，则得到投影后在平面上对应方位角的表达式：

$$\begin{cases}\tan\alpha_0'=\dfrac{HM\tan\alpha_0}{Er+FM\tan\alpha_0}\\[2ex]\tan\alpha_{01}'=\dfrac{-HM\cot\alpha_0}{Er-FM\cot\alpha_0}\end{cases}\tag{7-39}$$

为进一步研究 α_0' 与 α_{01}' 的关系，可将上面二式相乘，有

$$\tan\alpha_0'\cdot\tan\alpha_{01}'=\frac{-H^2M^2}{E^2r^2-F^2M^2+ErFM(\tan\alpha_0-\cot\alpha_0)}$$

利用三角公式：

$$\tan x-\cot x=-2\cot2x$$

则(7-38)式可写成：

$$2\cot2\alpha_0=\frac{Er^2-GM^2}{FMr}$$

将上式代入 $\tan\alpha_0'\cdot\tan\alpha_{01}'$ 表达式，有

$$\tan\alpha_0'\cdot\tan\alpha_{01}'=\frac{-H^2M^2}{E^2r^2-F^2M^2-E^2r^2+EGM^2}=\frac{-H^2}{EG-F^2}=-1$$

可见，投影后的 α_0' 和 α_{01}' 也是相互垂直的，即在平面上两个主方向仍能保持正交的特征。亦即当一个方向的方位角为 α_0' 时，另一个则为 $\alpha_0' + 90° = \alpha_{01}'$。

了解与掌握极值长度比在平面上沿着两个互相垂直的方向——主方向有着十分重要的意义，这样便可以利用极值长度比作为显示各种变形的基础。例如，一点上面积变形及最大角度变形就常常是通过该点上极值长度比而求得的。

7.2.4.3　变形椭圆

我们还可以利用一些解析几何的方法论述上面所阐述过的变形问题。变形椭圆就是常常用来论述和显示投影变形的一个良好的工具。变形椭圆的意思是，地面一点上的一个无穷小圆——微分圆(也称单位圆)，在投影后一般地成为一个微分椭圆，利用这个微分椭圆能较恰当地、直观地显示变形的特征。

我们先证明微分圆投影后一般地成为微分椭圆的道理，再利用变形椭圆去解释各种变形的特征。

设有半径为 r 的微分圆 O，Ox、Oy 为通过圆心的一对正交的直径(为便于研究，令此二直径为通过 O 点的经纬线的微分线段)，A 为圆上一点(见图 7-4(a))。

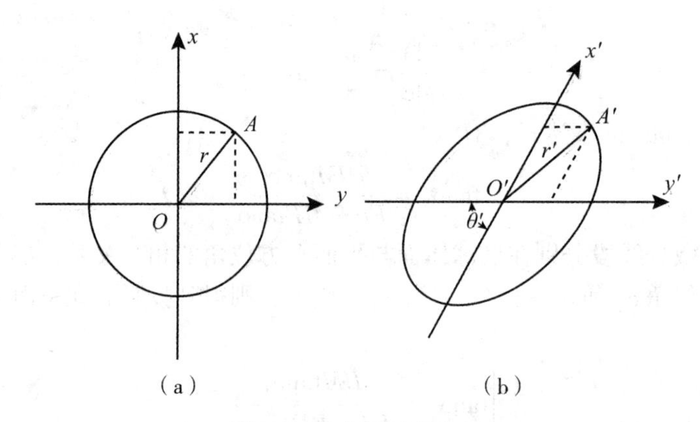

图 7-4　微分圆及其表象

微分圆各元素投影到平面上相应地为 O'、$O'x'$ 和 $O'y'$、A'(见图 7-4(b))，一般地，$O'x'$ 与 $O'y'$ 不一定正交，设其交角为 θ'，我们取 $O'x'$ 与 $O'y'$ 为斜坐标轴。按长度比的概念可以写出：

$$x' = mx,\ y' = ny$$

对于微分圆有方程：

$$x^2 + y^2 = r^2$$

以 $x = \dfrac{x'}{m}$，$y = \dfrac{y'}{n}$ 代入上式：

$$\left(\frac{x'}{m}\right)^2 + \left(\frac{y'}{n}\right)^2 = r^2$$

即

$$\left(\frac{x'}{mr}\right)^2 + \left(\frac{y'}{nr}\right)^2 = 1 \tag{7-40}$$

可见，式(7-40)即为椭圆的方程式，而 mr、nr 则为椭圆的两个半径，这就证明了微分圆投影到平面上一般地成为一个微分椭圆。

由于斜坐标系在应用上不甚方便，为此我们取一对互相垂直的相当于主方向的直径作为微分圆的坐标轴，由于主方向投影后保持正交且为极值的特点，则在对应平面上它们便成为椭圆的长短半轴，并以 μ_1 和 μ_2 表示沿主方向的长度比(见图 7-5)。

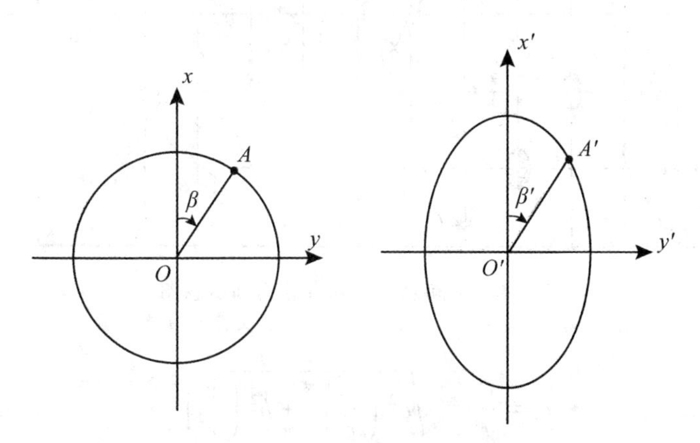

图 7-5 微分圆及其投影中的主方向

于是椭圆的方程式可写为：

$$\left(\frac{x'}{\mu_1 r}\right)^2 + \left(\frac{y'}{\mu_2 r}\right)^2 = 1 \tag{7-41}$$

如果用 a、b 表示椭圆的长短半轴，则式(7-41)中 $a = \mu_1 r$，$b = \mu_2 r$。为着方便起见，令微分圆半径为单位 1，即 $r = 1$，在椭圆中即有 $a = \mu_1$ 及 $b = \mu_2$。因此，可以得出以下结论：微分椭圆长、短半轴的大小，等于 O 点上主方向的长度比。这就是说，如果一点上主方向的长度比(极值长度比)已经决定，则微分圆的大小及形状即可决定。

图 7-6 是同一个投影的不同点位上微分椭圆的示意图。可见，椭圆的形状与大小都有着不同的变化，这种变化能够反映出地图投影中的变形特征。

利用变形椭圆显示投影变形的方法是由法国数学家底索(Tissot)首先提出来的，所以国外文献亦称变形椭圆为底索曲线(指线)。

下面利用变形椭圆的性质来叙述一些投影中的变形问题。

求定一点上与主方向夹角为 β 的 OA 半径的长度比，如图 7-5 所示。

$$\mu_\beta = \frac{O'A'}{OA} = \frac{r'}{r}$$

式中，$O'A'$即 r'，r'为半径 r 在平面上的投影，r'与 $O'x'$组成的方位角 β'为 β 的投影，故 $r' = \sqrt{x'^2 + y'^2}$。而 $x' = ax$，$y' = by$，故 $r' = \sqrt{(ax)^2 + (by)^2}$，则长度比为：

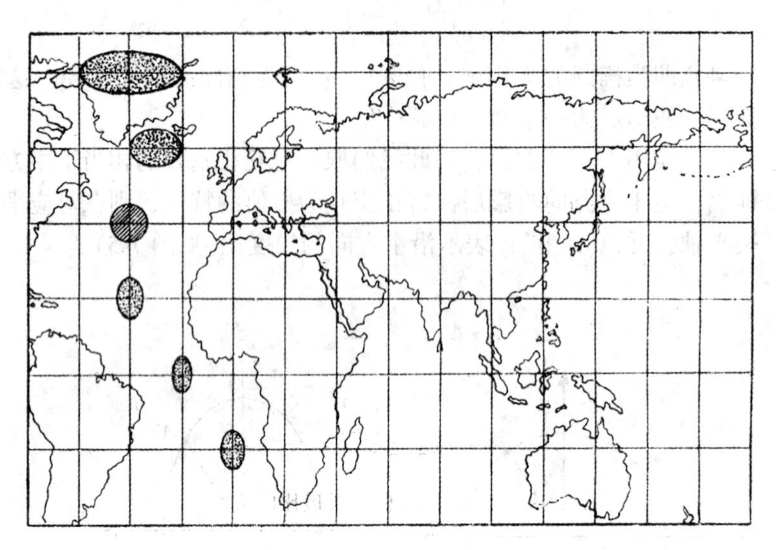

图 7-6　不同点位上的微分椭圆示意图

$$\mu_\beta = \frac{r'}{r} = \sqrt{a^2\left(\frac{x}{r}\right)^2 + b^2\left(\frac{y}{r}\right)^2}$$

又

$$\frac{x}{r} = \cos\beta,\ \frac{y}{r} = \sin\beta$$

所以

$$\mu_\beta = \sqrt{a^2\cos^2\beta + b^2\sin^2\beta} \tag{7-42}$$

式(7-42)即为微分圆上任一点长度比与变形椭圆两半轴(极值长度比)之关系式。μ_β 依 β 而变化。当 $\beta = 0°$ 时，则 $\mu_\beta = a$，$\beta = 90°$ 时，则 $\mu_\beta = b$，就是长度比中的极大值与极小值。

如果投影中 $a = b$，则 $\mu_\beta = a = b$，即一点上的长度比不随方向而变化，此时椭圆的长，短半轴相等，椭圆便成为圆，因此投影具有等角的特征，亦即等角投影中变形椭圆都被表示为圆，圆内任何一对互相垂直的直径都是主方向。

通常我们是在投影的经纬线交点上绘出一定数量的变形椭圆，以直观地显示投影变形的特征。而当投影后经纬线不正交时，变形椭圆的长，短半轴就并不与经纬线一致，因而要确定变形椭圆在一点上的位置，还必须考虑变形椭圆的方位角。

我们规定变形椭圆的方位角为其长半轴与经线的夹角 a'_0，于是按图 7-7 可推导其表达式如下：

由椭圆方程式有：

$$\frac{x'^2}{a^2} + \frac{y'^2}{b^2} = 1$$

在直角三角形 $A'O'A'_0$ 中，有

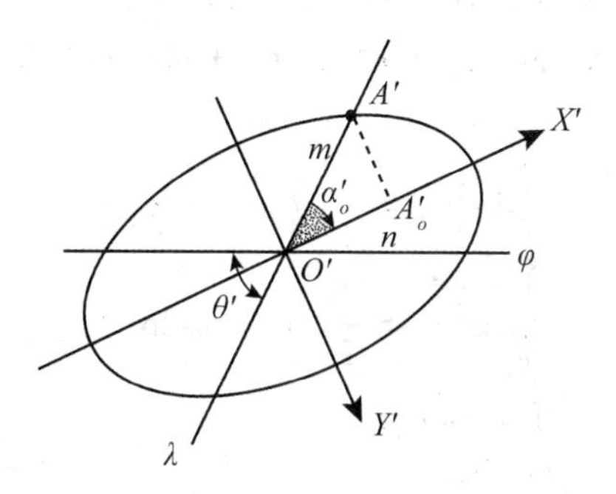

图 7-7　变形椭圆的方位角

$$\begin{cases} x' = O'A_0' = m\cos\alpha_0' \\ y' = A'A_0' = m\sin\alpha_0' \end{cases}$$

代入椭圆方程得：

$$\frac{m^2\cos^2\alpha_0'}{a^2} + \frac{m^2\sin^2\alpha_0'}{b^2} = 1$$

用三角基本公式：

$$\begin{cases} \cos^2\alpha_0' = \dfrac{1}{1+\tan^2\alpha_0'} \\ \sin^2\alpha_0' = \dfrac{\tan^2\alpha_0'}{1+\tan^2\alpha_0'} \end{cases}$$

代入上式得：

$$\frac{m^2}{a^2(1+\tan^2\alpha_0')} + \frac{m^2\tan^2\alpha_0'}{b^2(1+\tan^2\alpha_0')} = 1$$

化简后即为变形椭圆方位角 α_0' 的表达式：

$$\tan\alpha_0' = \frac{b}{a}\sqrt{\frac{a^2-m^2}{m^2-b^2}} \tag{7-43}$$

已知变形椭圆的方位角及长、短半轴，即能描绘出一点上的变形椭圆。

如果投影后经纬线正交，此时经纬线的方向就是主方向，即 $a = m$ 或 $b = m$。于是方位角 $\alpha_0' = 0°$ 或 $\alpha_0' = 90°$，即变形椭圆的两半轴与经纬线重合。

7.2.4.4　沿经、纬线长度比与极值长度比的关系式

极值长度比是计算和估量投影变形的基础，它的数值即变形椭圆的长、短半轴 a、b。由上面叙述可知，在计算投影的变形时，往往因为经纬线不正交而不能直接获得 a、b 的数值，只能利用地图上沿经、纬线长度比与经纬线夹角而求定 a、b。因此，我们需要建立极值长度比 a、b 与经、纬线长度比 m、n 的关系式。

式(7-37)即为一点上任意方向长度比与沿经、纬线长度比的关系式：

$$\mu = \sqrt{m^2\cos^2\alpha + n^2\sin^2\alpha + mn\cos\theta'\sin2\alpha}$$

当 $\alpha=\alpha_0$ 时有极值，并记 μ 的极值为 μ_c，使上式平方后成为：

$$\mu_c^2=m^2\cos^2\alpha_0+n^2\sin^2\alpha_0+mn\cos\theta'\sin2\alpha_0$$

用三角公式：

$$\begin{cases}\sin^2\alpha_0=\dfrac{1}{2}(1-\cos2\alpha_0)\\ \cos^2\alpha_0=\dfrac{1}{2}(1+\cos2\alpha_0)\end{cases}$$

将此式代入上面 μ_c^2 的式子中，便得：

$$\mu_c^2=m^2\frac{1+\cos2\alpha_0}{2}+mn\cos\theta'\sin2\alpha_0+n^2\frac{1-\cos2\alpha_0}{2}$$

又从式(7-38)可求出：

$$\begin{cases}\sin2\alpha_0=\pm\dfrac{2mn\cos\theta'}{\sqrt{(m^2+n^2)^2-4m^2n^2\sin^2\theta'}}\\ \cos2\alpha_0=\pm\dfrac{m^2-n^2}{\sqrt{(m^2+n^2)^2-4m^2n^2\sin^2\theta'}}\end{cases}$$

把 $\sin2\alpha_0$ 与 $\cos2\alpha_0$ 的表达式代入 μ_c^2 式：

$$\begin{aligned}\mu_c^2&=\frac{m^2+n^2}{2}\pm\frac{(m^2-n^2)^2+4m^2n^2\cos^2\theta'}{2\sqrt{(m^2+n^2)^2-4m^2n^2\sin^2\theta'}}\\&=\frac{m^2+n^2}{2}\pm\frac{(m^2+n^2)^2-4m^2n^2\sin^2\theta'}{2\sqrt{(m^2+n^2)^2-4m^2n^2\sin^2\theta'}}\\&=\frac{(m^2+n^2)\pm\sqrt{(m^2+n^2)^2-4m^2n^2\sin^2\theta'}}{2}\end{aligned}$$

从上式可见，如果有一个以 μ_c^2 为变量的二次方程，A、B、C 分别为方程之系数，则方程便可写成：

$$A(\mu_c^2)^2+B\mu_c^2+C=0$$

此方程的解为：

$$\mu_c^2=\frac{-B\pm\sqrt{B^2-4AC}}{2A}$$

用此式与上面 μ_c^2 之表达式对照，便可有以下相应关系：

$$A=1$$

$$B=-(m^2+n^2)$$

$$C=m^2n^2\sin^2\theta'$$

若以 a、b 分别为极值长度比之二极值，则按二次方程式中根与系数的关系(韦达定理)可写出：

$$a^2+b^2=-\frac{B}{A}=m^2+n^2$$

$$a^2b^2=\frac{C}{A}=m^2n^2\sin^2\theta'$$

所以 $ab = mn\sin\theta'$。由此可得以下关系式：

$$a \pm b = \sqrt{m^2 \pm 2mn\sin\theta' + n^2} \tag{7-44}$$

此式即极值长度比与沿经纬线长度比的关系式，式中 m、n、θ' 可通过计算或从图中量测而得。不难发现，如 $\theta' = 90°$，即投影后经、纬线正交，则上式便为：

$$a \pm b = m \pm m$$

即 a、b 相当于 m、n，主方向就是经、纬线方向。

7.2.4.5 面积比

运用式(7-25)和式(7-13)可得面积比表达式如下：

$$P = \frac{\mathrm{d}F'}{\mathrm{d}F} = \frac{H\mathrm{d}\varphi\mathrm{d}\lambda}{Mr\mathrm{d}\varphi\mathrm{d}\lambda} = \frac{H}{Mr} \tag{7-45}$$

如以沿经纬线长度比表示面积比时，则以式(7-22)和式(7-26)代入式(7-45)得：

$$P = \frac{H}{Mr} = \frac{\sqrt{EG}\sin\theta'}{Mr} = mn\sin\theta' \tag{7-46}$$

如在 $\theta' = 90°$ 的特殊情况下，即有

$$P = mn \tag{7-47}$$

如用极值长度比表示面积比，则利用从推导式(7-44)过程中得到的 $ab = mn\sin\theta'$ 代入式(7-47)，即

$$P = ab \tag{7-48}$$

7.2.4.6 角度变形

前已叙述，角度变形是某一角度投影后其角值 β' 与它在地面上固有角值 β 之差，即 $\beta - \beta'$。β 与 β' 的起算是由主方向开始的，于是我们分别选定地面二主方向与平面上二主方向为坐标轴，而利用变形椭圆的性质去推导其角度变形的表达式，见图 7-8。

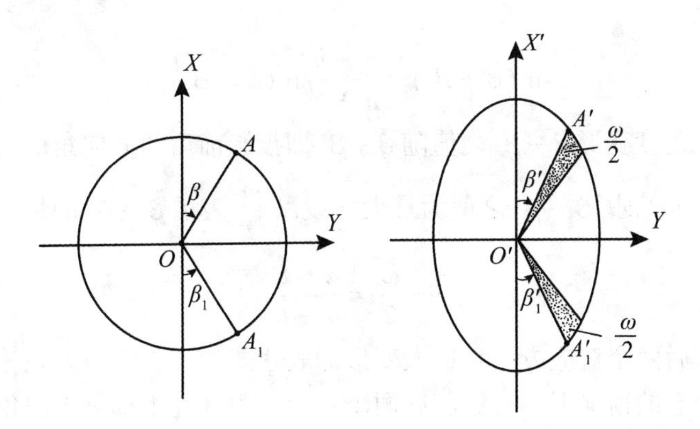

图 7-8 投影前后的角值 β 与 β'

由图 7-8 可知：

$$\tan\beta' = \frac{y'}{x'}$$

由变形椭圆的概念有：

$$x' = ax, \qquad y' = by$$

故

$$\tan\beta' = \frac{by}{ax} = \frac{b}{a}\tan\beta \tag{7-49}$$

这就是地面上某一方向与主方向组成的角度与它投影后角度关系的表达式。

然而，一点上可有无数的方向角，投影后这无数的方向角一般都不能保持原来的大小。因此当需要描述一点上的角度变形时，亦应采用类似于描述一点上长度变形的方法，就是指出该点上可能有的最大角度变形。

下面我们来推导出一点上最大角度变形的表达式。

用 $\tan\beta$ 分别加、减式(7-49)之等号两边，即

$$\tan\beta - \tan\beta' = \tan\beta - \frac{b}{a}\tan\beta = \tan\beta\left(1 - \frac{b}{a}\right)$$

$$\tan\beta + \tan\beta' = \tan\beta + \frac{b}{a}\tan\beta = \tan\beta\left(1 + \frac{b}{a}\right)$$

利用三角公式以上两式可写为：

$$\frac{\sin(\beta - \beta')}{\cos\beta\cos\beta'} = \frac{a - b}{a}\tan\beta$$

$$\frac{\sin(\beta + \beta')}{\cos\beta\cos\beta'} = \frac{a + b}{a}\tan\beta$$

两式相除有：

$$\frac{\sin(\beta - \beta')}{\sin(\beta + \beta')} = \frac{a - b}{a + b}$$

即

$$\sin(\beta - \beta') = \frac{a - b}{a + b}\sin(\beta + \beta') \tag{7-50}$$

从上式可见，角度变形 $\beta - \beta'$ 之值随 $\beta + \beta'$ 即投影前后两方向角值之和而变化。不难看出，当 $\beta + \beta' = 90°$ 时，$\beta - \beta'$ 之值为最大，设以 $\frac{\omega}{2}$ 表示 $\beta - \beta'$ 的最大值，则

$$\sin\frac{\omega}{2} = \frac{a - b}{a + b} \tag{7-51}$$

这就是投影前后两个对应方向角最大变形的表达式。

但是，在更普遍的情况下，投影前后两个对应的角度并不都是方向角，因而组成该角的两边不在主方向上，如图 7-8 中的 $\angle AOA_1$ 投影后成为 $\angle A'O'A'_1$，OA_1 与 x 轴夹角为 β_1，$O'A'_1$ 与 x' 轴夹角为 β'_1。此时按式(7−50)的原理，当 $\beta_1 + \beta'_1 = 90°$ 时，$\beta_1 - \beta'_1$ 有最大值。

因为 $\beta + \beta' = 90°$，$\beta_1 + \beta'_1 = 90°$ 所以 $\beta + \beta' = \beta_1 + \beta'_1$。又

$$\sin(\beta - \beta') = \frac{a - b}{a + b},\ \sin(\beta_1 - \beta'_1) = \frac{a - b}{a + b}$$

故
$$\beta - \beta' = \beta_1 - \beta'_1$$

因此必有

$$\beta = \beta_1, \qquad \beta' = \beta'_1$$

可见，OA_1 方向与 OA 对称，$O'A'_1$ 与 $O'A'$ 对称，因此

$$\beta_1 - \beta'_1 = \frac{\omega}{2}$$

于是

$$\angle AOA_1 - \angle A'O'A'_1 = (\beta - \beta') + (\beta_1 - \beta'_1) = \frac{\omega}{2} + \frac{\omega}{2} = \omega$$

故称 ω 为一点上的最大角度变形。

按三角函数的概念，由(7-51)式可得到：

$$\begin{cases} \cos\dfrac{\omega}{2} = \dfrac{2\sqrt{ab}}{a+b} \\ \tan\dfrac{\omega}{2} = \dfrac{a-b}{2\sqrt{ab}} \end{cases} \tag{7-52}$$

此外，在实用中还经常用到以下的表达式，即以 β_0 与 β'_0 表示式(7-50)中 $\beta - \beta'$ 有最大差值时的角值，则

$$\begin{cases} \beta_0 + \beta'_0 = 90°,\ \beta_0 - \beta'_0 = \dfrac{\omega}{2} \\ \beta_0 = 45° + \dfrac{\omega}{4},\ \beta'_0 = 45° - \dfrac{\omega}{4} \end{cases} \tag{7-53}$$

代入式(7-49)有：

$$\tan\left(45° - \frac{\omega}{4}\right) = \frac{b}{a}\tan\left(45° + \frac{\omega}{4}\right)$$

由于

$$\tan\left(45° - \frac{\omega}{4}\right) = \cot\left(45° + \frac{\omega}{4}\right)$$

故

$$\begin{cases} \tan\left(45° + \dfrac{\omega}{4}\right) = \sqrt{\dfrac{a}{b}} \\ \tan\left(45° - \dfrac{\omega}{4}\right) = \sqrt{\dfrac{b}{a}} \end{cases} \tag{7-54}$$

由式(7-54)可反求投影前后的方向角，把式(7-53)代入式(7-54)便有：

$$\begin{cases} \tan\beta_0 = \sqrt{\dfrac{a}{b}} \\ \tan\beta'_0 = \sqrt{\dfrac{b}{a}} \end{cases} \tag{7-55}$$

从上述各近似式可见，在等角投影中没有角度变形，而面积变形最大，这种投影主要

是依靠增大面积变形而达到保持角度不变(即图形相似)的。在等面积投影中没有面积变形，但角度变形最大，即这种投影主要是依靠增大角度变形而保持面积相等。至于等距离投影，既有角度变形又有面积变形，两种变形其量值近似相等，而且这种投影的变形值也是介于等角与等面积投影之间的。

7.2.5　地图投影的分类

地图投影的种类很多，从理论上讲，由椭球面上的坐标（φ，λ）向平面坐标（x，y）转换可以有无穷多种方式，也就是说可能有无穷多种地图投影。以何种方式将它们进行分类，寻求其投影规律，是很有必要的。人们对于地图投影的分类已经进行了许多研究，并提出了一些分类方案，但是没有任何一种方案是被普遍接受的。目前主要是依外在的特征和内在的性质来进行分类。前者体现在投影平面上经纬线投影的形状，具有明显的直观性；后者则是投影内蕴含的变形的实质。在决定投影的分类时，应把两者结合起来，才能较完整地表达投影。

7.2.5.1　按变形性质分类

按投影的变形性质，可将地图投影分为等角投影、等面积投影、任意投影。

1. 等角投影

等角投影是指角度没有变形的投影。椭球面上一点处任意两个方向的夹角投影到平面上保持大小不变。等角投影应满足

$$a = b$$

在等角投影中，变形椭圆的长、短半轴相等，微分圆投影后仍为圆，其面积大小可能发生变化。

由于投影后保持区域形状相似，又将等角投影称为相似投影、正形投影。等角投影的面积变形较大。

2. 等积投影

等积投影是指面积没有变形的投影。投影面上的面积与椭球面上相应的面积保持一致。等面积投影应保持

$$P = 1,\ \nu_P = 0 \text{ 或 } a \cdot b = 1$$

这种投影会破坏图形的相似性，角度变形比较大。

3. 任意投影

任意投影是指既不能满足等角条件，又不能满足等面积条件，长度变形、面积变形以及角度变形同时存在的投影。

在任意投影中，有一种成为特例的投影，它使得 $a=1$ 或者 $b=1$，即沿主方向之一长度没有变形，称为等距离投影。

任意投影中三种变形都有，但其角度变形没有等面积投影中的角度变形大，面积变形没有等角投影中的面积变形大。

7.2.5.2　按投影方式分类

地图投影前期是建立在透视几何原理基础上，借助于辅助面将地球(椭球)面展开成平面，称为几何投影。后期则跳出这个框架，产生了一系列按数学条件形成的投影，称为

条件投影。

几何投影的特点是将椭球面上的经纬线投影到辅助面上，然后再展开成平面。在地图投影分类时是根据辅助投影面的类型及其与地球椭球的关系划分的(见图 7-9)。

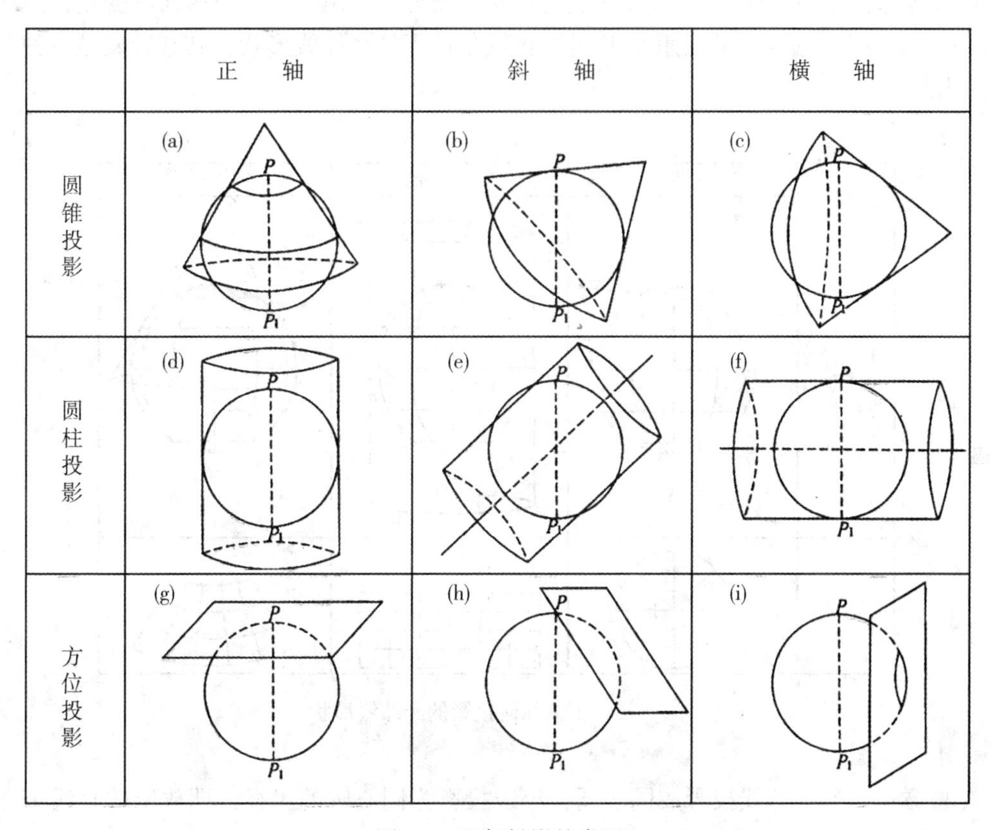

图 7-9 几何投影的类型

1. 按投影面的类型划分

(1)方位投影：以平面作为投影面的投影(如图 7-9(g)、(h)、(i))；

(2)圆柱投影：以圆柱面作为投影面的投影(如图 7-9(d)、(e)、(f))；

(3)圆锥投影：以圆锥面作为投影面的投影(如图 7-9(a)、(b)、(c))。

2. 按投影面和地球椭球体的轴位关系划分

(1)正轴投影：投影平面与地轴垂直(如图 7-9(g))，或者圆锥、圆柱面的轴与地轴重合(如图 7-9(a)、(d))的投影；

(2)横轴投影：投影平面与地轴平行(图 7-9(i))，或者圆锥、圆柱面的轴与地轴垂直(如图 7-9(c)、(f))的投影；

(3)斜轴投影：投影平面的中心法线或圆锥、圆柱面的轴与地轴斜交(如图 7-9(b)、(e)、(h))的投影。

3. 按投影面与地球椭球面的切割关系划分

(1)切投影：投影面与地球椭球面相切(如图 7-9(b)、(c)、(d)、(f)、(g)、(h))；

(2)割投影：投影面与地球椭球面相割(如图 7-9(a)、(e)、(i))。

4. 按投影后经纬线的形状分类

条件投影是在几何投影的基础上，根据某些条件按数学法则加以改造形成的。对条件投影进行分类实质上是按投影后经纬线的形状进行分类。由于随着投影面的变化，经纬线的形状会变得十分复杂，在此我们只讨论正轴条件下的经纬线形状，其基础又是三种几何投影(见图 7-10)。

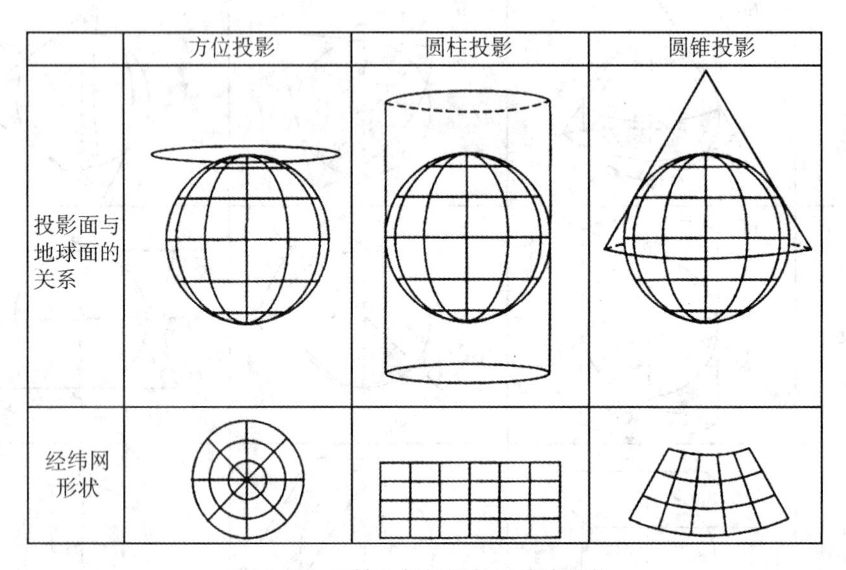

图 7-10　正轴几何投影的经纬线形状

(1)方位投影：纬线投影成同心圆，经线投影为同心圆的半径，即放射的直线束，且两条经线间的夹角与经差相等。

(2)圆柱投影：纬线投影成平行直线，经线投影为与纬线垂直的另一组平行直线，两条经线间的间隔与经差成比例。

(3)圆锥投影：纬线投影成同心圆弧，经线投影为同心圆弧的半径，两经线间的夹角小于经差且与经差成比例。

(4)多圆锥投影：纬线投影成同轴圆弧，中央经线投影成直线，其他经线投影为对称于中央经线的曲线。

(5)伪方位投影：纬线投影成同心圆，中央经线投影成直线，其他经线投影为相交于同心圆圆心且对称于中央经线的曲线。

(6)伪圆柱投影：纬线投影成一组平行直线，中央经线投影为垂直于各纬线的直线，其余经线投影为对称于中央经线的曲线。

(7)伪圆锥投影：纬线投影成同心圆弧，中央经线投影成过同心圆弧圆心的直线，其余经线投影为对称于中央经线的曲线。

7.2.5.3　地图投影的命名

对于一个地图投影，完整的命名参照以下四个方面进行：

(1)投影面与地球椭球体的轴位关系(正轴、横轴或斜轴);

(2)地图投影的变形性质(等角、等积、任意(等距)性质三种);

(3)投影面与地球椭球面的切割关系(切或割);

(4)投影面的类型(方位、圆柱、圆锥)。

例如，正轴等角割圆锥投影(也称双标准纬线等角圆锥投影)、斜轴等面积方位投影、正轴等距离圆柱投影、横轴等角切椭圆柱投影(也称高斯-克吕格投影)等。也可以用该投影的发明者的名字命名。

在地图作品上，有时还注明标准纬线纬度或投影中心的经纬度，以更便于地图的科学使用。历史上也有些投影以设计者的名字命名，缺乏投影特征的说明，只有在学习中了解和研究其特征，才能在生产实践中正确地使用。

7.3 导航地图常用的投影

7.3.1 墨卡托投影

7.3.1.1 墨卡托投影的由来

墨卡托(Gerardus Mercator)于1512年出生于荷兰佛兰德斯省，是16世纪的地图制图学家，精通天文、数学和地理，他的著作极大地帮助并影响了后来的深海航海者。墨卡托在卢慰恩大学攻读了哲学、数学以及天文学，他在那里还学会了雕刻和制作仪器，他的第一件重要作品是一幅非常详细的佛兰德地图。他的作品质量精绝，当时的皇帝查理五世大加赞赏，委派他制作地球仪，他于1541年完成了这项工作，后来还绘制出第一张现代欧洲大陆和不列颠岛地图。

十五十六世纪航海探险事业空前活跃，墨卡托意识到世界需要一张准确清晰的航海图。早期的航海家们发现很难将他们的航线画在图上，因为地球是圆形的球体，子午线像橘子瓣一样会合在南北两极。那么怎样将球面上的一部分绘制在平面上，从而使航海者可以用直线来表示航线呢?

墨卡托把地球表面切成若干份，将每一份展铺在平面上，然后每一部分好像都有弹力一样，将它们向两头伸拉，直到它们的两端连在一块儿。在离南北两极最近的地方伸拉的幅度最大，因此格陵兰岛会变得硕大无比。而在南北回归线之间的部分，尽管绝大多数的航海活动都是在这里进行的，但却伸拉的幅度最小。这样做的结果，每一部分都变成了一个长方形，和其他部分拼接起来就形成一幅完整的世界地图，如图7-11所示。平行的纬线同平行的经线相互交错形成了经纬网，这样一来，航海者就可以在平面上用直线画出他们的航线图来了。

1569年，墨卡托出版了他的世界地图，开创了地理学史上的新篇章。今天，大多数深海航行者依旧使用借助墨卡托投影画出来的航海图。百度地图和Google Maps使用的投影都是墨卡托投影。

7.3.1.2 圆柱投影的一般公式

在正常位置的圆柱投影中，纬线表象为平行直线，经线表象也是平行直线，且与纬线

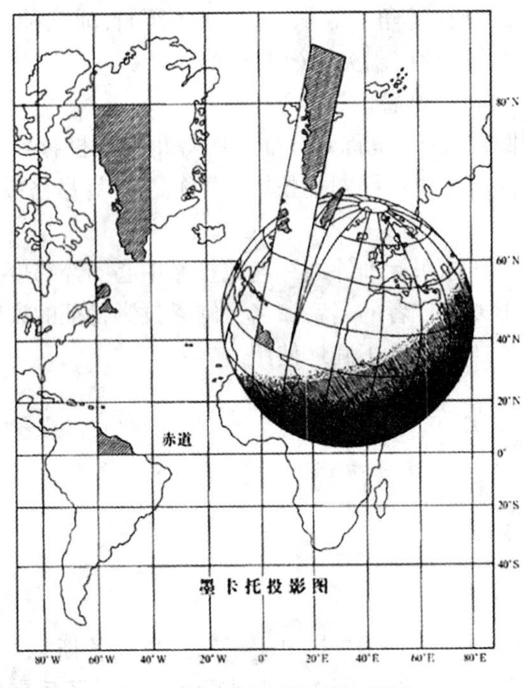

图 7-11　墨卡托投影示意图

正交。从几何意义上看，圆柱投影是圆锥投影的一个特殊情况，设想圆锥顶点延伸到无穷远时，即成为一个圆柱面。显然在圆柱面展开成平面以后，纬圈成了平行直线，经线交角等于 0，也是平行直线(见图 7-12)。

根据经纬线表象特征，不难看出，投影直角坐标 x、y 分别是 φ 和 λ 的函数，而且 y 坐标简单地与经差成正比。由此可写出一般公式：

$$x = f(\varphi),\ y = \alpha\lambda \tag{7-56}$$

式中，函数 f 取决于投影变形性质。α 为常数，当圆柱面与地球相切于赤道上时，等于赤道半径 a，相割时小于 a。

通常采用投影区域的中央经线 λ_0 作为 x 轴，赤道或投影区域最低纬线为 y 轴。

在正轴圆柱投影中经纬线正交，故沿经纬线长度比就是极值长度此(即 $m = a$，$n = b$ 或 $m = b$，$n = a$)。

按式(7-56)可知

$$E = \left(\frac{\mathrm{d}x}{\mathrm{d}\varphi}\right)^2,\ G = \alpha^2$$

代入长度比一般公式(7-32)中，得圆柱投影沿经纬线长度比一般公式

$$m = \frac{\mathrm{d}x}{M\mathrm{d}\varphi},\ n = \frac{\alpha}{r} \tag{7-57}$$

而面积比与最大角度变形的一般公式为

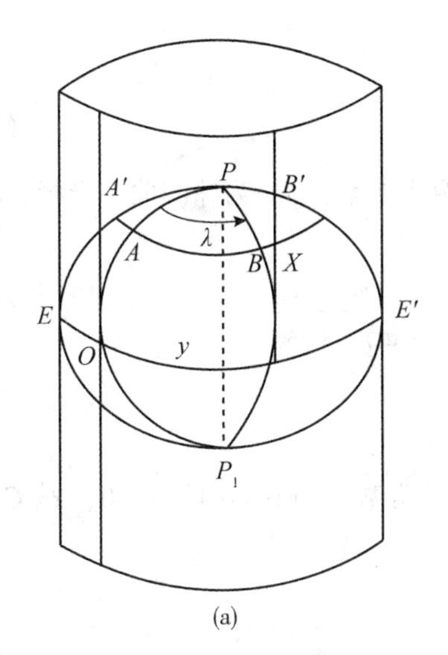

(a)

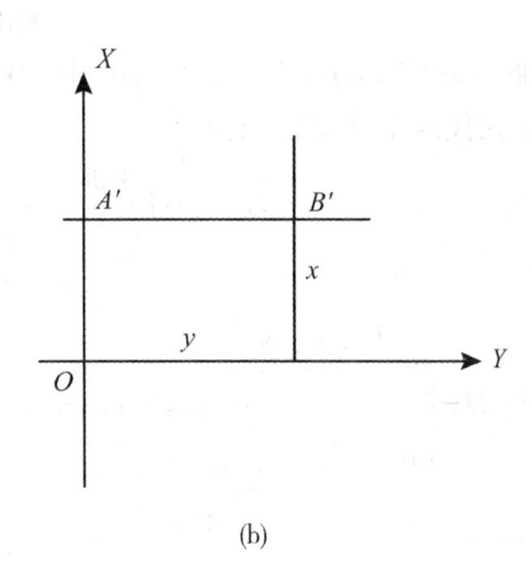

(b)

图 7-12　圆柱投影示意图

$$\left.\begin{aligned} P &= ab = mn \\ \sin\frac{\omega}{2} &= \frac{a-b}{a+b} \end{aligned}\right\} \tag{7-58}$$

这就是圆柱投影的一般公式。

7.3.1.3　圆柱投影的分类

圆柱投影可以按变形性质而分为等角、等面积和任意投影(其中主要是等距离投影)。此外尚有所谓透视圆柱投影，其特点是建立 x 坐标的方法不同，从变形性质上看，也是属于任意投影。

等角、等距离、等面积或其他圆柱投影，当投影面与地球相对位置一定的情况下，其差别仅是 x 的表达式，也就是 x 大小的差别。为此我们先提出等角、等距离、等面积投影的统一条件式(假定在正轴情况下)

$$m = n^N \tag{7-59}$$

显然，当 $N=1$ 时，构成等角条件：$m=n$；当 $N=0$ 时，构成等距离条件：$m=1$；当 $N=-1$ 时，构成等面积条件：$m=\frac{1}{n}$，或 $mn=1$。

按圆柱面与地球不同的相对位置可分为正轴、斜轴和横轴投影。又因圆柱面与地球球体相切(于一个大圆)或相割(于两个小圆)而分为切圆柱或割圆柱投影。

在应用上，以等角圆柱投影为最广，其次为任意圆柱投影，而等面积圆柱投影极少应用，故以下主要阐述等角圆柱投影。

7.3.1.4　墨卡托投影(等角圆柱投影)

在等角圆柱投影中，微分圆的表象保持为圆形，即一点上任何方向的长度比均相等，也就是没有角度变形，即

$$m = n$$

按式(7-57)有

$$\frac{\mathrm{d}x}{M\mathrm{d}\varphi} = \frac{\alpha}{r} \tag{7-60}$$

由此可求定 $x = f(\varphi)$。式(7-60)中，M 为子午圈曲率半径，r 为纬圈曲率半径：将 m、r 的表达式代入上式得移项积分

$$\int \mathrm{d}x = \alpha \int \frac{M\mathrm{d}\varphi}{r} = \alpha \int \frac{1 - e^2}{(1 - e^2 \sin^2\varphi)} \cdot \frac{\mathrm{d}\varphi}{\cos\varphi} \tag{7-61}$$

$$x = \alpha \ln U + C$$

此处 $U = \dfrac{\tan\left(45° + \dfrac{\varphi}{2}\right)}{\tan^e\left(45° + \dfrac{\psi}{2}\right)}$，$\sin\psi = e\sin\varphi$。C 为积分常数，当 $\varphi = 0$ 时，$x = 0$，故 $C = 0$。

则上式成为：

$$x = \alpha \ln U \tag{7-62}$$

墨卡托投影的 x 坐标有一个特殊的名称叫做“经长”(或渐长续度)，常以 D 表示：

$$D = x = \alpha \ln U \tag{7-63}$$

在上式中尚有一个常数需要确定，为此令纬度 φ_K 上长度比 $n_K = 1$，则

$$n_K = \frac{\alpha}{r_K} = 1$$

故得

$$\alpha = r_K \tag{7-64}$$

这就是割圆柱投影常数，r_K 为所割纬线半径。

特别是，当 $\varphi_K = 0$ 时

$$\alpha = a \tag{7-65}$$

这就是切圆柱投影常数，a 为赤道半径。

得到了 a，可得本投影长度比公式：

$$\left.\begin{array}{ll} \text{割圆柱} & m = n = \dfrac{r_K}{r} \\ \text{切圆柱} & m = n = \dfrac{a}{r} \end{array}\right\} \tag{7-66}$$

这是一个重要的常用投影，所以我们把该投影公式汇集如下：

$$\left.\begin{array}{l} x = \alpha \ln U \\ y = \alpha\lambda \\ \alpha = r_K(\text{在切圆柱中 } \alpha = a) \\ m = n = \dfrac{\alpha}{r} \\ P = m^2 \\ \omega = 0 \end{array}\right\} \tag{7-67}$$

这个投影是16世纪荷兰地图学家墨卡托(Mercator)所创造的，故又称为墨卡托投影，迄今还是广泛应用于航海、航空方面的重要投影之一。

7.3.1.5 等角航线

等角航线是地面上两点之间的一条特殊的定位线，它是两点间同所有经线构成相同方位角的一条曲线。由于这样的特性，它在航海中具有特殊意义，当船只按等角航线航行时，则理论上可不改变某一固定方位角而到达终点。等角航线又名恒向线、斜航线。它在墨卡托投影中的表象成为两点之间的直线。这点不难理解，墨卡托投影是等角投影，而经线又是平行直线，那么两点间的一条等方位曲线在该投影中当然只能是连接两点的一条直线。

这个特点也就是墨卡托投影之所以被广泛应用于航海、航空方面的原因。

下面我们来研究等角航线(见图7-13)。

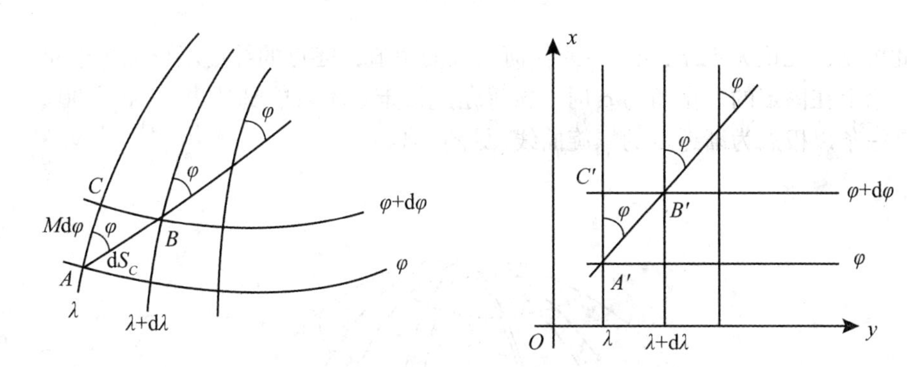

图7-13 等角航线示意图

设图7-13中等角航线方位角为α，由微分三角形ABC可得

$$\tan\alpha=\frac{BC}{AC}=\frac{N\cos\varphi\mathrm{d}\lambda}{M\mathrm{d}\varphi}$$

故

$$\mathrm{d}\lambda=\tan\alpha\frac{M}{N}\cdot\frac{\mathrm{d}\varphi}{\cos\varphi}$$

予以积分

$$\int_{\lambda_1}^{\lambda_2}\mathrm{d}\lambda=\tan\alpha\int_{\varphi 1}^{\varphi_2}\frac{M}{N}\cdot\frac{\mathrm{d}\varphi}{\cos\varphi}$$

积分后得

$$\lambda_2-\lambda_1=\tan\alpha(\ln U_2-\ln U_1)\tag{7-68}$$

各乘以α并移项

$$\tan\alpha=\frac{y_2-y_1}{D_2-D_1}=\frac{y_2-y_1}{x_2-x_1}\tag{7-69}$$

这里证明，两点间的等角航线在墨卡托投影中表现为与x轴相交成α角的直线。

等角航线的弧长自微分三角形ABC中有$AB=\mathrm{d}s_L$，$AC=M\mathrm{d}\varphi=\mathrm{d}s_m$，$\angle CAB=\alpha$，

可得：

$$ds_L = ds_m \cdot \sec\alpha$$

按纬度积分

$$s_L = \sec\alpha \int_{\varphi_1}^{\varphi_2} M d\varphi \tag{7-70}$$

式中，$\int_{\varphi_1}^{\varphi_2} M d\varphi$ 为纬度 φ_1、φ_2 间子午线弧长；α 为等角航线的方位角。

等角航线的特征：等角航线是两点间对所有经线保持等方位角的特殊曲线，所以它不是大圆(对椭球体而言不是大地线)，也就不是两点间的最近路线，它与经线所交之角，也不是一点对另一点(大圆弧)的方位角。

令式(7-68)中起点 $\varphi_1 = 0$、$\lambda_1 = 0$，并设地球为正球体，则有

$$\lambda = \tan\alpha \cdot \ln\tan\left(45° + \frac{\varphi}{2}\right) \tag{7-71}$$

由此可见，无论 $\lambda = 2\pi$，4π …或任何更大的角值，终点的纬度不可能等于90°。也就是说，理论上在固定的方位角为 α 时，按等角航线走，不可能到达极点($\varphi = 90°$)，故等角航线是一条以极点为渐近点的螺旋曲线(见图 7-14)。

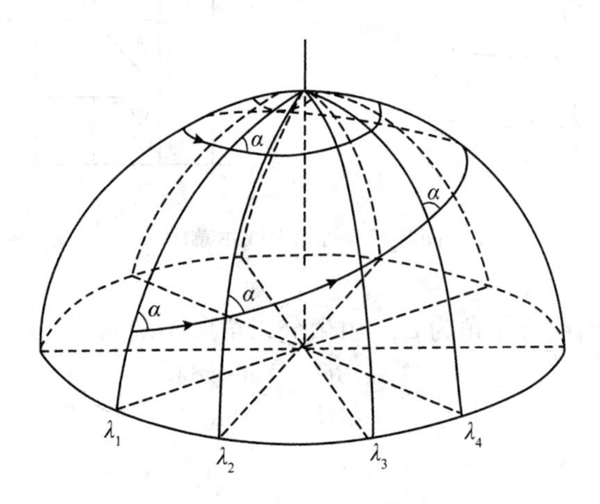

图 7-14　地球椭球上的等角航线

等角航线有两种极限情况：

1. 方位角 $\alpha = 0°$，则由式(7-68)得 $\Delta\lambda = 0$，即等角航线与经线相合(起终两点在同一经线上)。

2. 方位角 $\alpha = 90°$，将式(7-68)改化(把地球作为球体)为：

$$\tan\alpha = \frac{\lambda_2 - \lambda_1}{\ln\tan\left(45° + \frac{\varphi_2}{2}\right) - \ln\tan\left(45° + \frac{\varphi_1}{2}\right)} \tag{7-72}$$

因 $\tan\alpha = \tan 90° = \infty$，故必须有 $\varphi_2 = \varphi_1$，即等角航线与纬线相合(起终两点在同一纬线上)。

7.3.1.6 圆柱投影变形分析及其应用

由研究圆柱投影长度比的公式(指正轴投影)可知，圆柱投影的变形仅随纬度而变化的。在同纬线上各点的变形相同而与经度无关。因此，在圆柱投影中，等变形线与纬线相合，成为平行直线(见图7-15)。

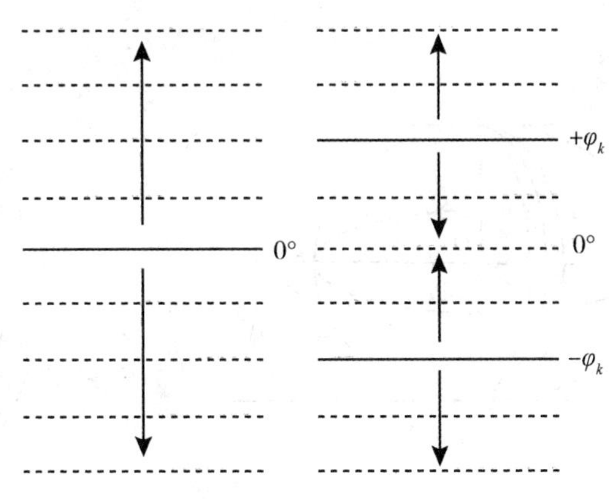

图7-15 圆柱投影等变形线

圆柱投影中变形变化的特征是以赤道为对称轴，南北同名纬线上的变形大小相同。

因标准纬线不同可分成切(切于赤道)圆柱及割(割于南北同名纬线)圆柱投影。

在切圆柱投影中，赤道上没有变形，自赤道向两侧随着纬度的增加而增大。

在割圆柱投影中，在两条标准纬线($\pm\varphi_k$)上没有变形，自标准纬线向内(向赤道)及向外(向两极)增大。

圆柱投影中经线表象为平行直线，这种情况与低纬度处经线的近似平行相一致。因此，圆柱投影一般较适宜于低纬度沿纬线伸展的地区。

在斜轴或横轴圆柱投影中，变形沿着等高圈的增加而增大，在所切的大圆上(横轴为中央经线上)没有变形。所以对于沿某大圆方向伸展的地区，为要求变形分布均匀而较小，可以选择一斜圆柱切于该大圆上，对于沿经线伸展的地区，则可采用横轴圆柱投影。

例如，为编制两点间长距离不着陆飞行用图，可以设计切在通过起终两点大圆上的斜轴专用墨卡托投影。

墨卡托投影除了编制海图外，在赤道附近，例如印度尼西亚、赤道非洲、南美洲等地区，也可用来编制各种比例尺地图。

墨卡托投影因其经线为平行直线，便于显示时区的划分，故较多用来编制世界时区图。

现代人造地球卫星运行轨道等宇航图也是在墨卡托投影图上反映出来，在这种地图上可以表示大于经度360°的范围。

7.3.2 高斯-克吕格投影

7.3.2.1 高斯-克吕格投影的条件和公式

高斯-克吕格投影是等角横切椭圆柱投影，从几何意义上来看，就是假想用一个椭圆柱套在地球椭球体外面，并与某一子午线相切(此子午线称中央子午线或中央经线)，椭圆柱的中心轴位于椭球的赤道上，如图 7-16 所示，再按高斯-克吕格投影所规定的条件，将中央经线东、西各一定的经差范围内的经纬线交点投影到椭圆柱面上，并将此圆柱面展为平面，即得本投影。

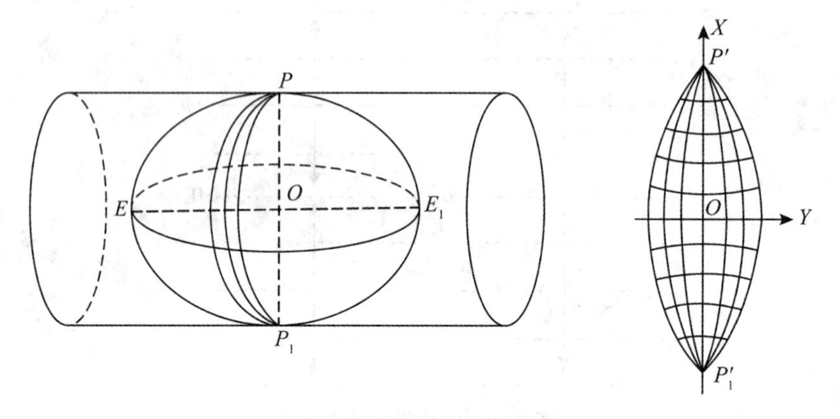

图 7-16　高斯-克吕格投影示意图

这个投影可由下述三个条件确定：

(1)中央经线和赤道投影后为互相垂直的直线，且为投影的对称轴；

(2)投影具有等角性质；

(3)中央经线投影后保持长度不变。

下面根据上述条件而推导出这种投影的数学表达式。

根据第一个条件，中央经线投影后为直线，并作为其他经线的对称轴，如图 7-17 所示的投影具有“对称性”，在数学上即函数的奇偶性。图 7-17(a)中 $A(\varphi, \lambda)$ 与 $B(\varphi, -\lambda)$ 是椭球体面上对称于中央轴子午线的两点，图 7-17(b)中 A' 与 B' 分别是点 A 与 B 的投影。根据对称条件，点 A' 与 B' 也应对称于 x 轴，即它们的坐标为 $A'(x, y)$，$B'(x, -y)$，这就要求投影函数满足以下关系：

由投影基本公式

$$\begin{cases} x = f_1(\varphi, \lambda) \\ y = f_2(\varphi, \lambda) \end{cases} \tag{7-73}$$

则有

$$\begin{cases} x = f_1(\varphi, \lambda) = f_1(\varphi, -\lambda) \\ y = f_2(\varphi, \lambda) = -f_2(\varphi, -\lambda) \end{cases} \tag{7-74}$$

具有这种“对称性”的函数，在数学上 f_1 称为 λ 的偶函数，f_2 称为 λ 的奇函数。如果将投影函数展开为幂级数，根据这一条件可将式(7-74)写为

$$\begin{cases} x = a_0 + a_2\lambda^2 + a_4\lambda^4 + a_6\lambda^6 + \cdots \\ y = a_1 + a_3\lambda^3 + a_5\lambda^5 + a_7\lambda^7 + \cdots \end{cases} \tag{7-75}$$

式中，a_0，a_1，a_2，a_3，… 为一些待定的纬度函数。

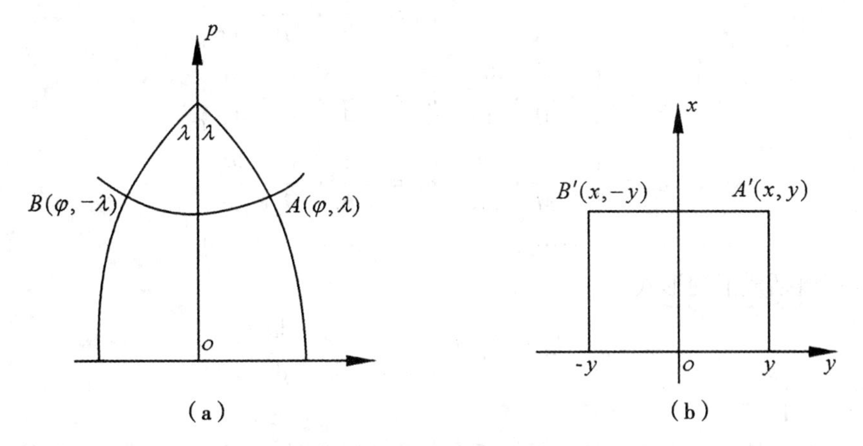

图 7-17 高斯-克吕格投影坐标

由第二个条件，该投影具有等角性质，因此必须满足等角条件

$$\frac{\partial x}{\partial \lambda}=-\frac{r}{M}\frac{\partial y}{\partial \varphi}$$

$$\frac{\partial y}{\partial \lambda}=+\frac{r}{M}\frac{\partial x}{\partial \varphi}$$

现在利用这个等角条件，逐一推导各系数 a_i 的值，为此求式(7-75)中的偏导数

$$\left.\begin{aligned}&\frac{\partial x}{\partial \varphi}=\frac{\mathrm{d}a_0}{\mathrm{d}\varphi}+\lambda^2\frac{\mathrm{d}a_2}{\mathrm{d}\varphi}+\lambda^4\frac{\mathrm{d}a_4}{\mathrm{d}\varphi}+\lambda^6\frac{\mathrm{d}a_6}{\mathrm{d}\varphi}+\cdots\\&\frac{\partial x}{\partial \lambda}=2a_2\lambda+4a_4\lambda^3+6a_6\lambda^5+\cdots\\&\frac{\partial y}{\partial \varphi}=\lambda\frac{\mathrm{d}a_1}{\mathrm{d}\varphi}+\lambda^3\frac{\mathrm{d}a_3}{\mathrm{d}\varphi}+\lambda^5\frac{\mathrm{d}a_5}{\mathrm{d}\varphi}+\lambda^7\frac{\mathrm{d}a_7}{\mathrm{d}\varphi}+\cdots\\&\frac{\partial y}{\partial \lambda}=a_1+3a_3\lambda^2+5a_5\lambda^4+7a_7\lambda^6+\cdots\end{aligned}\right\}\tag{7-76}$$

将这些偏导数代入等角条件，则有

$$\left.\begin{aligned}&2a_2\lambda+4a_4\lambda^3+6a_6\lambda^5+\cdots=-\frac{r}{M}(\lambda\frac{\mathrm{d}a_1}{\mathrm{d}\varphi}+\lambda^3\frac{\mathrm{d}a_3}{\mathrm{d}\varphi}\\&\quad+\lambda^5\frac{\mathrm{d}a_5}{\mathrm{d}\varphi}+\cdots)\\&a_1+3a_3\lambda^2+5a_5\lambda^4+7a_7\lambda^6+\cdots=\frac{r}{M}\left(\frac{\mathrm{d}a_0}{\mathrm{d}\varphi}+\lambda^2\frac{\mathrm{d}a_2}{\mathrm{d}\varphi}\right.\\&\quad\left.+\lambda^4\frac{\mathrm{d}a_4}{\mathrm{d}\varphi}+\lambda^6\frac{\mathrm{d}a_6}{\mathrm{d}\varphi}+\cdots\right)\end{aligned}\right\}\tag{7-77}$$

因为上面的等角条件在 λ 为任何值时都应满足，故比较每一方程内同次幂的系数可得下列一组公式：

$$\left.\begin{aligned}
a_1 &= \frac{r}{M} \cdot \frac{da_0}{d\varphi} & a_2 &= -\frac{1}{2} \cdot \frac{r}{M} \cdot \frac{da_1}{d\varphi} \\
a_3 &= \frac{1}{3} \cdot \frac{r}{M} \cdot \frac{da_2}{d\varphi} & a_4 &= -\frac{1}{4} \cdot \frac{r}{M} \cdot \frac{da_3}{d\varphi} \\
a_2 &= \frac{1}{5} \cdot \frac{r}{M} \cdot \frac{da_4}{d\varphi} & a_6 &= -\frac{1}{6} \cdot \frac{r}{M} \cdot \frac{da_5}{d\varphi} \\
&\cdots\cdots & &\cdots\cdots
\end{aligned}\right\} \tag{7-78}$$

上式可概括成下列形式

$$a_{k+1} = (-1)^K \frac{1}{1+\mathrm{K}} \cdot \frac{r}{M} \cdot \frac{da_K}{d\varphi} \tag{7-79}$$

式中，$K = 0，1，2，\cdots$。

由第三个条件，中央经线长度保持不变，当 $\lambda = 0$ 时，$x = s$，由式(7-75)得 $x = a_0$。

所以

$$a_0 = x = s = \int_0^{\varphi} M d\varphi \tag{7-80}$$

式中，s 是由赤道到纬度 φ 的经线弧长。

有了 a_0，将式(7-80)代入式(7-78)用微分方法分别求得各系数 a，则

$$a_1 = \frac{r}{M} \cdot \frac{da_0}{d\varphi} = \frac{r}{M} \cdot \frac{ds}{d\varphi} = r \tag{7-81}$$

为了求 a_2，可求导数 $\frac{da_1}{d\varphi}$，应先求 $\frac{dr}{d\varphi}$：

$$\begin{aligned}
\frac{dr}{d\varphi} &= \frac{d(N\cos\varphi)}{d\varphi} = \frac{d}{d\varphi}\left[\frac{a\cos\varphi}{(1 - e^2\sin^2\varphi)^{1/2}}\right] \\
&= -\frac{a\sin\varphi\,(1 - e^2\sin^2\varphi + e^2\cos^2\varphi)}{(1 - e^2\sin^2\varphi)^{3/2}} = -M\sin\varphi
\end{aligned} \tag{7-82}$$

故

$$a_2 = -\frac{r}{2M} \cdot \frac{da_1}{d\varphi} = \frac{1}{2} N\cos\varphi\sin\varphi \tag{7-83}$$

将 a_2 微分可得 a_3：

$$\begin{aligned}
a_3 &= \frac{1}{3}\frac{r}{M} \cdot \frac{da_2}{d\varphi} = \frac{r}{3M} \cdot \frac{d}{d\varphi}\left(\frac{1}{2} r\sin\varphi\right) \\
&= \frac{N\cos\varphi}{6M}(N\cos^2\varphi - M\sin^2\varphi) = \frac{N\cos^2\varphi}{6}\left(\frac{N}{M} - \tan^2\varphi\right)
\end{aligned}$$

因为 $\frac{N}{M} = \frac{1 - e^2\sin^2\varphi}{1 - e^2} = \frac{1}{1 - e^2} - \frac{e^2}{1 - e^2}\sin^2\varphi$，按下列公式引用第二偏心率 e'，这样对计算工作较为方便。

因 $e'^2 = \frac{e^2}{1 - e^2}$，故 $1 + e'^2 = \frac{1}{1 - e^2}$，所以有

$$\frac{N}{M} = 1 - e'^2 - e'^2 \sin^2\varphi = 1 + e'^2 \cos^2\varphi$$

如令

$$e'^2 \cos^2\varphi = \eta^2 \tag{7-84}$$

则

$$\frac{N}{M} = 1 + \eta^2$$

故 a_3可以写成

$$a_3 = \frac{N\cos^2\varphi}{6}(1 - \tan^2\varphi + \eta^2) \tag{7-85}$$

对 a_3求导数可得 a_4，依此类推可得：

$$a_4 = \frac{N\sin\varphi\cos^3\varphi}{24}(5 - \tan^2\varphi + 9\eta^2 + 4\eta^4) \tag{7-86}$$

$$a_5 = \frac{N\cos^5\varphi}{120}(5 - 18\tan^2\varphi + \tan^4\varphi) \tag{7-87}$$

将以上所得的系数 a_0，a_1，a_2，a_3，…代回式(7-75)中，经整理得高斯-克吕格投影的直角坐标公式：

$$\begin{cases} x = s + \dfrac{\lambda^2 N}{2}\sin\varphi\cos\varphi + \dfrac{\lambda^4 N}{24}\sin\varphi\cos^3\varphi(5 - \tan^2\varphi + 9\eta^2 \\ \quad + 4\eta^4) + \cdots \\ y = \lambda N\cos\varphi + \dfrac{\lambda^3 N}{6}\cos^2\varphi(1 - \tan^2\varphi + \eta^2) + \dfrac{\lambda^5 N}{120}\cos^5\varphi(5 \\ \quad - 18\tan^2\varphi + \tan^4\varphi) + \cdots \end{cases} \tag{7-88}$$

在这些公式中略去 λ^6 以上各项的原因，是因为这些值不超过0.005m，这样在制图上是能满足精度要求的。

实用上将 λ 化为弧度，并以秒为单位，得

$$\begin{cases} x = s + \dfrac{\lambda''^2 N}{2\rho''^2}\sin\varphi\cos\varphi + \dfrac{\lambda''^4 N}{24\rho''^4}\sin\varphi\cos^3\varphi(5 - \tan^2\varphi + 9\eta^2 + 4\eta^4) + \cdots \\ y = \dfrac{\lambda''^2}{\rho''^2}N\cos\varphi + \dfrac{\lambda''^3 N}{6\rho''^3}\cos^2\varphi(1 - \tan^2\varphi + \eta^2) \\ \quad + \dfrac{\lambda''^5 N}{120\rho''^5}\cos^5\varphi(5 - 18\tan^2\varphi + \tan^4\varphi) + \cdots \end{cases} \tag{7-89}$$

式中，$\rho'' = 206264''.81$。

现在我们推算长度比公式。因为该投影具有等角性质，故以式(7-76)代入式(7-16)G的表达式

$$\left(\frac{\partial x}{\partial \lambda}\right)^2 + \left(\frac{\partial y}{\partial \lambda}\right)^2 = (a_1 + 3a_3\lambda^2 + 5a_5\lambda^4)^2 + (2a_2\lambda + 4a_4\lambda^3)^2$$

$$= a_1^2 + (6a_1a_2 + 4a_2^2)\lambda^2 + (9a_3^2 + 10a_1a_5 + 16a_2a_4)\lambda^4$$

将以上所得 a_1，a_2，a_3，…诸值代入上式，则得

$$\left(\frac{\partial x}{\partial \lambda}\right)^2+\left(\frac{\partial y}{\partial \lambda}\right)^2=N^2\cos^2\varphi+[N^2\cos^4\varphi(1-\tan^2\varphi+\eta^2)+N^2\sin^2\varphi\cos^2\varphi]\lambda^2$$
$$+\left[\frac{1}{4}N^2\cos^6\varphi(1-\tan^2\varphi+\eta^2)^2+\frac{1}{12}N^2\cos^6\varphi(5-18\tan^2\varphi+\tan^4\varphi)\right.$$
$$\left.+\frac{1}{3}N^2\sin^2\varphi\cos^4\varphi(5-\tan^2\varphi)\right]\lambda^4 \tag{7-90}$$

在上式中略去右边第三项中的 η^2 代入长度比公式得

$$\mu^2=\frac{1}{r^2}\left[\left(\frac{\partial x}{\partial \lambda}\right)^2+\left(\frac{\partial y}{\partial \lambda}\right)^2\right]=1+(\cos^2\varphi-\sin^2\varphi+\cos^2\varphi\eta^2+\sin^2\varphi)\lambda^2$$
$$+\frac{\cos^4\varphi}{12}(3-6\tan^2\varphi+3\tan^4\varphi+5-18\tan^2\varphi+\tan^4\varphi+20\tan^2\varphi-4\tan^4\varphi)\lambda^4$$
$$=1+\cos^2\varphi(1+\eta^2)\lambda^2+\frac{1}{3}\cos^4\varphi(2-\tan^2\varphi)\lambda^4 \tag{7-91}$$

将上式开方，按已知公式

$$\sqrt{1+x}=1+\frac{1}{2}x-\frac{1}{8}x^2+\cdots$$

展开则得

$$\mu=1+\frac{1}{2}\cos^2\varphi(1+\eta^2)\lambda^2+\frac{1}{6}\cos^4\varphi(2-\tan^2\varphi)\lambda^4-\frac{1}{8}\cos^4\varphi\lambda^4$$

或

$$\mu=1+\frac{1}{2\rho''^2}\cos^2\varphi(1+\eta^2)\lambda^2+\frac{1}{24\rho''^4}\cos^4\varphi(5-4\tan^2\varphi)\lambda^4 \tag{7-92}$$

下面我们推导子午线收敛角 γ 的公式。

现代地形图，除了表示图幅的经纬线之外，还要表示图幅的方里网线。所谓方里网线，就是在投影平面上按一定的距离绘出平行于中央经线和赤道的两组平行的直线。由于图幅的经线是向两极收敛的曲线，而方里网线是平行中央经线的直线，这样方里网纵线和图幅的经线在图内相交成一个角度，这个角度称为该点的平面子午线收敛角，简称子午线收敛角，如图7-18所示的 γ 角。

设 A' 点为椭球体上 A 点在平面上的表象点，NS是通过 A' 点的经线在平面上的表象，$A'W$ 是通过同一点的纬线在平面上的表象，$A'B'$ 是平行于纵轴的直线，$A'F$ 是平行于横轴的直线，γ 为子午线的收敛角，等于在 A' 点上直线 $A'B'$ 与经线 $A'N$ 所组成的角。

可以看出，γ 角亦等于纬线 $A'W$ 与直线 $A'F$ 所夹的角，设在纬线 $A'W$ 上有 A_1 点，它与 A' 十分靠近，A' 与 A_l 两点坐标差为 $\mathrm{d}x$，$\mathrm{d}y$，它构成微小的 $\triangle A'A_2A_1$，有

$$\tan\gamma=\frac{-\mathrm{d}x}{-\mathrm{d}y}=\frac{\mathrm{d}x}{\mathrm{d}y} \tag{7-93}$$

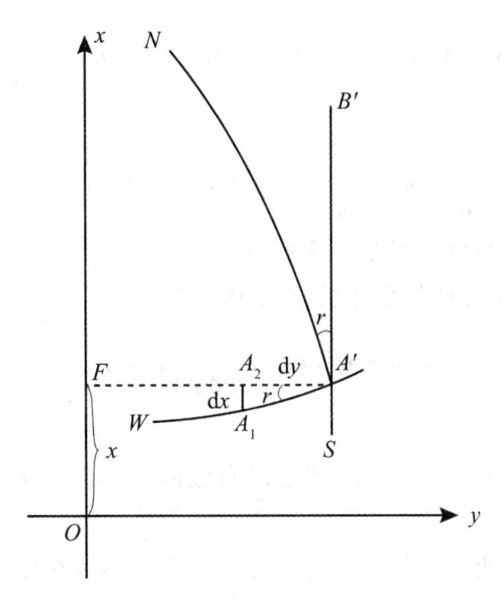

图 7-18 子午线收敛角

式中负号是因为高斯-克吕格投影中 γ 角是反方向计算的，为了便于微分，我们将上式改写为

$$\tan\gamma=\frac{\mathrm{d}x}{\mathrm{d}y}=\frac{\dfrac{\partial x}{\partial\lambda}}{\dfrac{\partial y}{\partial\lambda}} \tag{7-94}$$

将(7-76)式中的偏导数代入，并限于三次项，则有

$$\tan\gamma=\frac{2a_2\lambda+4a_4\lambda^3}{a_1+3a_3\lambda^2}=\left(\frac{2a_2}{a_1}\lambda+\frac{4a_4}{a_1}\lambda^3\right)\left(1+\frac{3a_3}{a_1}\lambda^2\right)^{-1}$$

$$=\frac{2a_2\lambda}{a_1}+\frac{4a_4\lambda^3}{a_1}-\frac{6a_2a_3\lambda^3}{a_1^2}$$

以各个 a 值代入上式得

$$\tan\gamma=\lambda\sin\varphi+\frac{\lambda^3}{6}\sin\varphi\cos^2\varphi(5-\tan^2\varphi+9\eta^2+4\eta^4)$$

$$-\frac{\lambda^3}{2}\sin\varphi\cos^2\varphi(1-\tan^2\varphi+\eta^2)+\cdots$$

或

$$\tan\gamma=\lambda\sin\varphi+\frac{\lambda^3}{3}\sin\varphi\cos^2\varphi(1+\tan^2\varphi+3\eta^2+2\eta^4)+\cdots \tag{7-95}$$

因为 γ 角甚小，为便于计算，我们引用反正切函数的级数

$$\gamma=\tan\gamma-\frac{1}{3}\tan^3\gamma+\frac{1}{5}\tan^5\gamma,\ \cdots$$

展开并略去 η^4 项，最后得

$$\gamma = \lambda \sin\varphi + \frac{\lambda^3}{3}\sin\varphi \cos^2\varphi(1 + 3\eta^2) + \cdots \tag{7-96}$$

λ 以弧度表示

$$\gamma = \frac{\lambda''}{\rho''}\sin\varphi + \frac{\lambda''^3}{3\rho''^2}\sin\varphi \cos^2\varphi(1 + 3\eta^2) + \cdots \tag{7-97}$$

7.3.2.2　高斯-克吕格投影的变形分析及应用

分析高斯-克吕格投影可从长度比公式(7-92)进行。

$$\mu = 1 + \frac{1}{2\rho''^2}\cos^2\varphi(1 + \eta^2)\lambda''^2 + \frac{\lambda''^4}{24\rho''^4}\cos^4\varphi(5 - 4\tan^2\varphi) + \cdots$$

由上式可见：

(1)当 $\lambda = 0$ 时，$\mu = 1$，即中央经线上没有任何变形，满足中央经线投影后保持长度不变的条件。

(2) λ 均以偶次方出现，且各项均为正号，所以在本投影中，除中央经线上长度比为 1 以外，其他任何点上长度比均大于 1。

(3)在同一条纬线上，离中央经线愈远，则变形愈大，最大值位于投影带的边缘。

(4)在同一条经线上，纬度愈低，变形愈大，最大值位于赤道上。

(5)本投影属于等角性质，故没有角度变形，面积比为长度比的平方。

(6)长度比的等变形线平行于中央轴子午线。

高斯投影的长度变形值见表 7-7。

表 7-7　　**高斯投影的长度变形值**

	0°	1°	2°	3°
90°	0. 00000	0. 00000	0. 00000	0. 00000
80°	0. 00000	0. 00000	0. 00002	0. 00004
70°	0. 00000	0. 00002	0. 00007	0. 00016
60°	0. 00000	0. 00004	0. 00015	0. 00034
50°	0. 00000	0. 00006	0. 00025	0. 00057
40°	0. 00000	0. 00000	0. 00030	0. 00081
30°	0. 00000	0. 00012	0. 00046	0. 00103
20°	0. 00000	0. 00013	0. 00054	0. 00121
10°	0. 00000	0. 00014	0. 00059	0. 00134
0°	0. 00000	0. 00015	0. 00061	0. 00138

高斯投影是我国地形图系列中 1∶500000，1∶250000，1∶100000，1∶50000，1∶25000，1∶10000 及更大比例尺的数学基础。

7.3.2.3　通用横轴墨卡托投影公式

通用横轴墨卡托投影(Universal Transverse Mercatar Projection)取前面三个英文字母大写而称 UTM 投影。它与高斯-克吕格投影相比较，这两种投影之间仅存在着很少的差别，从几何意义看，UTM 投影属于割轴等角横椭圆柱投影，圆柱割地球于两条等高圈上，投影后两条割线上没有变形，中央经线上长度比小于 1(假定 $\mu=0.9996$)(见图 7-19)。

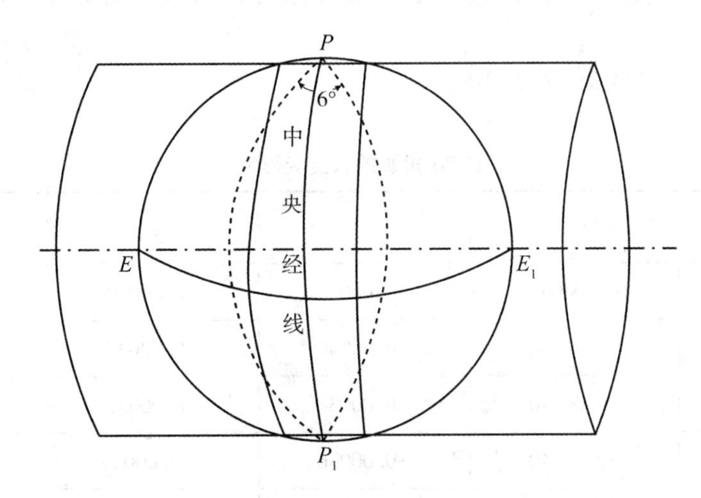

图 7-19　UTM 投影示意图

由此 UTM 投影的直角坐标(x，y)公式、长度比计算公式及子午线收敛角的计算公式，亦可依照高斯-克吕格投影得。

直角坐标公式：

$$\begin{cases} x = 0.9996\left[s + \dfrac{\lambda^2 N}{2}\sin\varphi\cos\varphi + \dfrac{\lambda^4}{24}N\sin\varphi\cos^3\varphi(5-\tan^2\varphi \right. \\ \qquad \left. +9\eta^2+4\eta^4)+\cdots\right] \\ y = 0.9996\left[\lambda N\cos\varphi + \dfrac{\lambda^3 N}{6}\cos^3\varphi(1-\tan^2\varphi+\eta^2) + \dfrac{\lambda^5 N}{120}\cos^5\varphi(5 \right. \\ \qquad \left. -18\tan^2\varphi+\tan^4\varphi+\cdots)\right] \end{cases} \tag{7-98}$$

长度比公式：

$$\mu = 0.9996\left[1+\frac{1}{2}\cos^2\varphi(1+\eta^2)\lambda^2+\frac{1}{6}\cos^4\varphi(2-\tan^2\varphi)\lambda^4 - \frac{1}{8}\cos^4\varphi\lambda^4+\cdots\right] \tag{7-99}$$

子午线收敛角公式：

$$\gamma = \lambda \sin\varphi + \frac{\lambda^3}{3}\sin\varphi \cos^2\varphi(1 + 3\eta^2) + \cdots \tag{7-100}$$

上式中所用的符号同高斯-克吕格投影。

7.3.2.4　通用横轴墨卡托投影变形分析和应用

该投影的变形可通过公式(7-99)来进行分析。它为了改善高斯-克吕格投影的低纬度地区变形，使得在 $\varphi = 0°$，$\lambda = 3°$ 处的最大长度变形小于+0.001，于是中央经线长度变形为-0.00040；在赤道上离中央经线大约±180km(约±1°40′)位置的两条割线上没有任何变形，离开这两条割线愈远则变形愈大，在两条割线以内长度变形为负值，在两条划线以外长度变形为正值。

UTM 投影的长度变形值见表 7-8。

表 7-8　**UTM 投影的长度变形值**

	0°	1°	2°	3°
90°	-0.00040	-0.00040	-0.00040	-0.00040
80°	-0.00040	-0.00040	-0.00038	-0.00036
70°	-0.00040	-0.00038	-0.00033	-0.00024
60°	-0.00040	-0.00036	-.0.00025	-0.00006
50°	-0.00040	-0.00034	-0.00015	+0.00017
40°	-0.00040	-0.00031	-0.00004	+0.00041
30°	-0.00040	-0.00028	+0.00006	+0.00063
20°	-0.00040	-0.00027	+0.00014	+0.00081
10°	-0.00040	-0.00026	+0.00019	+0.00094
0°	-0.00040	-0.00025	+0.00021	+0.00098

UTM 投影在应用中具有下列特征：

(1)该投影将世界划分为 60 个投影带，带号 1，2，3，…，60 连续编号，每带经差为 6°，经度自 180°W 和 174°W 之间为起始带且连续向东计算，带的编号系统与 1∶100 万比例尺地图有关规定是一致的。

(2)该投影在南纬 80°到北纬 84°和经差 6°的范围内使用 UTM 投影，对于两极地区则采用 UPS 投影(即通用球面极投影)坐标系。

使用时直角坐标的实用坐标公式为：

$y_{实} = y + 500000$　(轴之东用)，$x_{实} = 10000000 - x$　(南半球用)

$y_{实} = 500000 - y$　(轴之西用)，$x_{实} = x$　(北半球用)

(3)该投影已被许多国家、地区和集团采用为地形图的数学基础，例如美国、日本、加拿大、泰国、阿富汗、巴西、法国、瑞士等约80个国家。有的国家则局部地采用该投影作为地图数学基础。

7.3.3　日晷投影

7.3.3.1　方位投影的一般公式

方位投影可视为圆锥投影的一种特殊情况。设想当圆锥顶角扩大到180°时，这圆锥面就将成为一个平面，再将地球椭球体上的经纬线网投影到此平面上。可以想象，在正轴方位投影中，纬线投影后成为同心圆，经线投影后成为交于一点的直线束(同心圆的半径)，两经线间的夹角与实地经度差相等。对于横轴或斜轴方位投影，则等高圈投影后为同心圆，垂直圈投影后为同心圆的半径，两垂直圈之间的交角与实地方位角相等(对于地球作为正球体而言)。根据这个关系，我们来推导方位投影的一般公式。

如图7-20所示，设E为投影平面，C为地球球心，Q为投影中心，即球面坐标原点。QP、QA为垂直圈，其投影成为$Q'P'$、$Q'A'$的直线。设球面上有一点A，其投影为A'，在投影平面上，命$Q'P'$为x轴，在Q'点垂直于$Q'P'$的直线为y轴，又命QA的投影$Q'A'$为ρ，QA与QP的夹角为α，其投影为δ，于是有

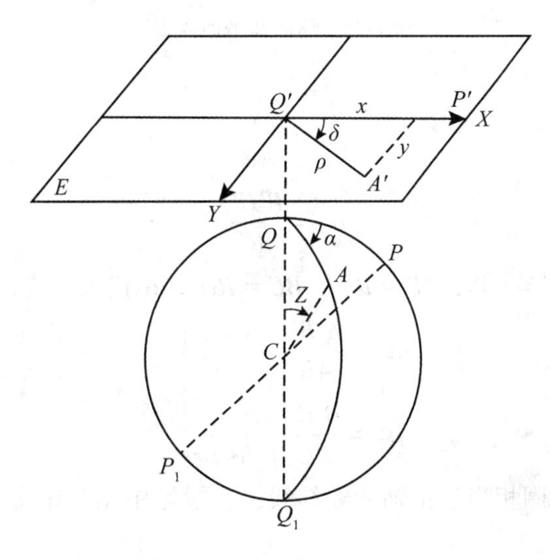

图7-20　方位投影示意图

$$\left.\begin{aligned}\delta &= \alpha\\ \rho &= f(z)\end{aligned}\right\}\tag{7-101}$$

式中，z，α是以Q为原点的球面极坐标。

若用平面直角坐标表示，则有

$$\left.\begin{aligned}x &= \rho\cos\delta\\ y &= \rho\sin\delta\end{aligned}\right\}\tag{7-102}$$

由此看来，方位投影主要是决定 ρ 的函数形式。由于决定 ρ 的函数形式的方法不同，方位投影可以有很多类型。

关于 z 和 α，可由地理坐标变换为球面极坐标的方法来求定。

现在来研究方位投影的长度比，面积比和角度变形的公式。如图 7-21 所示，设 A'、B'、C'、D'为球面上 A、B、C、D 的投影，垂直圈 QA 与 QD 的夹角为 $\mathrm{d}\alpha$，弧 $QB=z$。在投影面上，$\angle A'Q'D'=\mathrm{d}\delta$，$Q'B'=\rho$，命 μ_1 表示垂直圈的长度比，μ_2 表示等高圈的长度比，则

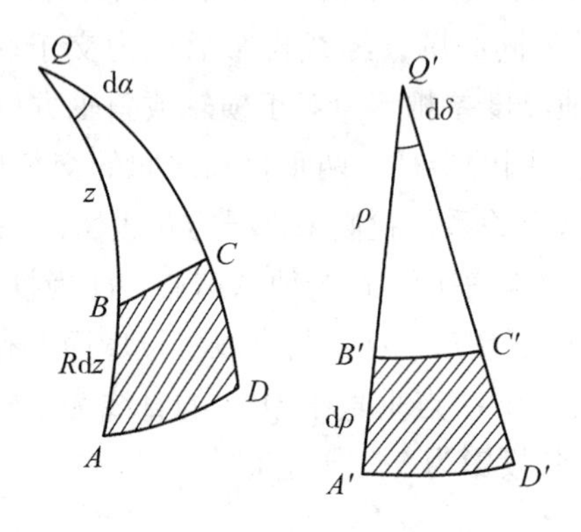

图 7-21　球面和平面表象

$$\mu_1=\frac{A'B'}{AB}$$

$$\mu_2=\frac{B'C'}{BC}$$

因 $A'B'=\mathrm{d}\rho$，$B'C'=\rho\mathrm{d}\delta$，$AB=R\mathrm{d}z$，$BC=R\sin z\mathrm{d}\alpha$ 代入上式，则有

$$\left.\begin{aligned}\mu_1&=\frac{A'B'}{AB}=\frac{\mathrm{d}\rho}{R\mathrm{d}z}\\ \mu_2&=\frac{B'C'}{BC}=\frac{\rho}{R\sin z}\end{aligned}\right\}\tag{7-103}$$

因为垂直圈与等高圈相当于正轴的经纬线，在投影中相互正交，所以 μ_1、μ_2 就是极值长度比，故面积比为

$$P=ab=\mu_1\mu_2=\frac{\rho\mathrm{d}\delta}{R^2\sin z\mathrm{d}z}\tag{7-104}$$

最大角度变形为

$$\sin\frac{\omega}{2}=\frac{a-b}{a+b}\tag{7-105}$$

式中，a、b 即为 μ_1、μ_2(其大者为 a，小者为 b)。

下面是方位投影的一般公式：

$$\left.\begin{aligned}
&\delta = \alpha \\
&\rho = f(z) \\
&x = \rho\cos\delta \\
&y = \rho\sin\delta \\
&\mu_1 = \frac{\mathrm{d}\rho}{R\mathrm{d}z} \\
&\mu_2 = \frac{\rho}{R\sin z} \\
&P = \mu_1 \cdot \mu_2 \\
&\sin\frac{\omega}{2} = \frac{a-b}{a+b}
\end{aligned}\right\} \tag{7-106}$$

由此可见，所有方位投影具有共同的特征，就是由投影中心到任何一点的方位角保持与实地相等(无变形)。

方位投影的计算步骤如下：

(1)确定球面极坐标原点的经纬度 φ_0，λ_0；

(2)由地理坐标 φ 和 λ 推算球面极坐标 z 和 α；

(3)计算投影极坐标 ρ，δ 和平面直角坐标 x，y；

(4)计算长度比、面积比和角度变形。

7.3.3.2 方位投影的分类

方位投影可以划分为非透视投影和透视投影两种。前者按投影性质又可分为等角、等面积和任意(包括等距离)投影。后者有一定视点，随视点位置不同又可分为正射、外心、球面和球心投影。

按投影面与地球相对位置的不同，可分为：

(1)正轴方位投影，此时 Q 与 P 重合，又称为极方位投影($\varphi_0 = 90°$)；

(2)横轴方位投影，此时 Q 点在赤道上，又称赤道方位投影($\varphi_0 = 0°$)；

(3)斜轴方位投影，此时 Q 点位于上述两种情况以外的任何位置，又称水平方位投影($0° < \varphi_0 < 90°$)。

根据投影面与地球相切或相割的关系，又可分为切方位投影与割方位投影。

7.3.3.3 透视方位投影

透视方位投影属于方位投影的一种，它是用透视的原理来确定 $\rho = f(z)$ 的函数形式的。它除了具有方位投影的一般特征外，还有透视关系，即地面点和相应投影点之间有一定的透视关系。所以在这种投影中有固定的视点，通常视点的位置处于垂直于投影面的地球直径或其延长线上，如图 7-22 所示。

设想视点在指定的直径(或其延长线)上取不同的位置，就可看到地面上某点 A 的投影 A'，也有不同的位置(例如视点位置取 1、2、3、4，则 A 点的投影分别为 A'_1、A'_2、A'_3、A'_4)。

还可以看出，由于透视关系，投影面在某一固定轴上作移动(与地球相切或者相割)并不影响投影的表象形状，而仅是比例尺的变化。

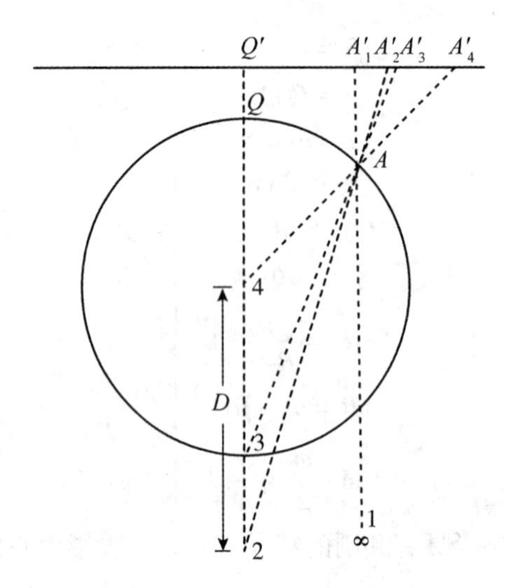

图 7-22　透视方位投影示意图

透视投影因视点离球心的距离 D 的大小不同可分为：

(1)正射投影，此投影的视点位于离球心无穷远处，即 $D=\infty$；

(2)外心投影，此投影的视点位于球面外有限的距离处，即 $R<D<\infty$；

(3)球面投影，此投影的视点位于球面上，即 $D=R$；

(4)球心投影，此投影的视点位于球心，即 $D=0$。

随投影面与地球相对位置的不同(即投影中心 Q 的纬度 φ_0 的不同)，又可分为：

(1)正轴投影($\varphi_0=90°$)；

(2)横轴投影($\varphi_0=0°$)；

(3)斜轴投影($0°<\varphi_0<90°$)。

下面我们来推导透视方位投影的一般公式。

在图 7-23 中，视点 O 离球心距离为 D，Q 为投影中心，A 点投影为 A'点，通过 Q 点的经线 PQ 投影 $P'Q'$作为 x 轴，过 Q'点垂直于 x 轴的直线作为 y 轴(注意：这里视投影面 E 到球面的距离 QQ'为零，即切于 Q 点)。大圆弧$\widehat{QA}$投影为 $Q'A'$（即ρ），$\widehat{QA}$的方位角 α 投影为δ，显然可知$\delta=\alpha$。

由相似$\triangle Q'A'O$ 及$\triangle qAO$ 有

$$\frac{Q'A'}{qA}=\frac{Q'O}{qO}$$

因为 $Q'A'=\rho$，$qA=R\sin z$，$QO=R+D=L$，$qO=R\cos z+D$，代入上式得极坐标向径ρ，即

$$\rho=\frac{LR\sin z}{D+R\cos z} \tag{7-107}$$

由此可得投影直角坐标公式

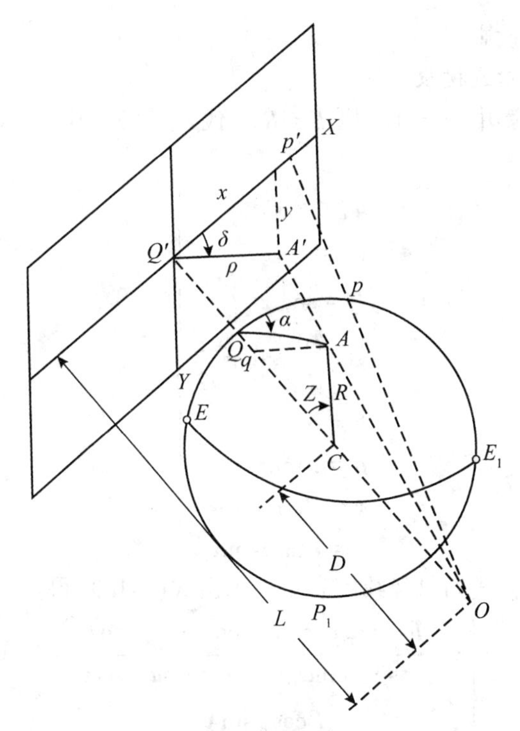

图 7-23 透视关系

$$\begin{cases} x = \rho\cos\delta = \dfrac{LR\sin z\cos\alpha}{D + R\cos z} \\ y = \rho\sin\delta = \dfrac{LR\sin z\sin\alpha}{D + R\cos z} \end{cases} \tag{7-108}$$

将球面三角公式代入，并令 Q 点的经度 $\lambda_0 = 0$，则

$$\begin{cases} x = \dfrac{LR(\sin\varphi\cos\varphi_0 - \cos\varphi\sin\varphi_0\cos\lambda)}{D + R(\sin\varphi\sin\varphi_0 + \cos\varphi\cos\varphi_0\cos\lambda)} \\ y = \dfrac{LR\cos\varphi\sin\lambda}{D + R(\sin\varphi\sin\varphi_0 + \cos\varphi\cos\varphi_0\cos\lambda)} \end{cases} \tag{7-109}$$

以 μ_1、μ_2 表示垂直圈与等高圈长度比，根据透视关系及长度比定义，可得

$$\left.\begin{aligned} \mu_1 &= \frac{d\rho}{Rdz} = \frac{L(D\cos z + R)}{(D + R\cos z)^2} \\ \mu_2 &= \frac{\rho d\delta}{R\sin z d\alpha} = \frac{L}{D + R\cos z} \\ P &= \mu_1 \cdot \mu_2 = \frac{L^2(D\cos z + R)}{(D + R\cos z)^2} \\ \sin\frac{\omega}{2} &= \frac{a - b}{a + b} \end{aligned}\right\} \tag{7-110}$$

式中，a、b 即为 μ_1、μ_2，其大者为 a，小者为 b。

下面重点研究日晷投影。

7.3.3.4　日晷投影(球心透视投影)

根据定义，球心投影中 $D=0$，则 $L=R$，代入式(7-101)、式(7-107)、式(7-108)、式(7-110)，可得

$$\left.\begin{aligned}&\mu_1=\sec^2 z\\&\mu_2=\sec z\\&P=\sec^3 z\\&\sin\frac{\omega}{2}=\tan^2\frac{z}{2}\\&\delta=\alpha\\&\rho=R\tan z\\&x=R\tan z\cos\alpha\\&y=R\tan z\sin\alpha\end{aligned}\right\}\tag{7-111}$$

上式中的直角坐标公式如以经纬度表示，则由式(7-109)得：

$$\begin{cases}x=\dfrac{R(\sin\varphi\cos\varphi_0-\cos\varphi\sin\varphi_0\cos\lambda)}{\sin\varphi\sin\varphi_0+\cos\varphi\cos\varphi_0\cos\lambda}\\[2ex]y=\dfrac{R\cos\varphi\sin\lambda}{\sin\varphi\sin\varphi_0+\cos\varphi\cos\varphi_0\cos\lambda}\end{cases}\tag{7-112}$$

球心投影具有它独特的特性，就是地面上任何大圆在此投影中的表象为直线，这是因为任何大圆面都包含着球心(即视点)，因此大圆面延伸与投影面相交成直线，此直线就是大圆的投影。从(7-112)式中可以分别消去 φ 和 λ 求得经纬线方程而证实这一特点。

经线方程为

$$y\cot\lambda+x\sin\varphi_0=R\cos\varphi_0$$

式中，φ_0 为投影中心的纬度，此式是交于一点的直线方程(交点坐标为 $x=R\cot\varphi_0$，$y=0$)。当正轴时，$\varphi_0=90°$，则

$$\frac{x}{y}=-\cot\lambda$$

表示经线为交于原点的辐射直线。

当横轴时，$\varphi_0=0°$，则

$$y=R\tan\lambda$$

表示经线为平行直线，离中央经线愈远，则间隔距离愈大。

纬线方程为：

$$(\sin^2\varphi_0-\cos^2\varphi_0\cot^2\varphi)x^2-(2R\sin\varphi_0\cos\varphi_0\csc^2\varphi)x+y^2=R^2(\sin^2\varphi_0\cot^2\varphi-\cos^2\varphi_0)$$

上式是二次曲线方程，应用判别二次曲线的解析方法，可以证明纬线形状如下：

当 $\varphi>90°-\varphi_0$ 时，纬线投影为椭圆；

当 $\varphi=90°-\varphi_0$ 时，纬线投影为抛物线；

当 $\varphi<90°-\varphi_0$ 时，纬线投影为双曲线；

当 $\varphi=0°$ 时，赤道投影为直线。

球心投影的正、横、斜轴投影的经纬线网形状分别如图 7-24、图 7-25、图 7-26 所示。

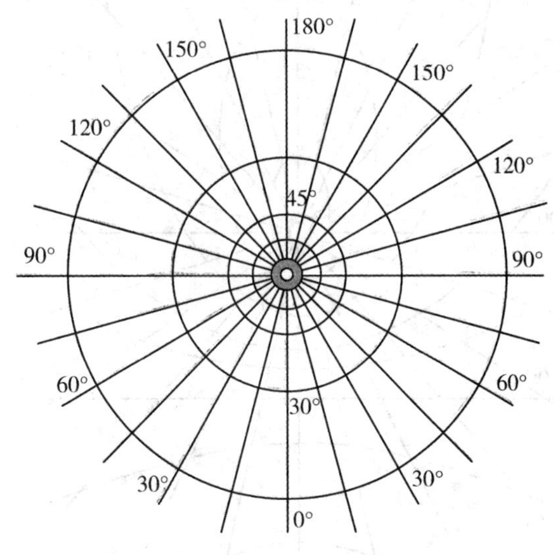

图 7-24　正轴球心投影

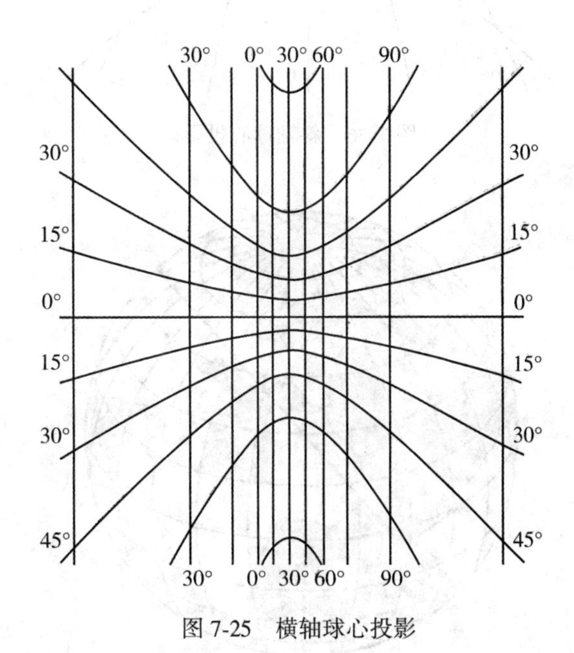

图 7-25　横轴球心投影

7.3.3.5　大圆航线

大圆航线定义：地球面上两点间最短距离是通过两点间大圆的劣弧，即地球表面两点与球心构成的平面相交形成大圆圈的一部分。如图 7-27 所示。

球心投影因具有“任何大圆投影后皆成为直线”这一特点，所以，该投影广泛应用于编制航空图或航海图。在这种图上，可用图解法直接求定起终点之间的大圆航线(最短距离，也称大环航线)位置，就是在地图上找到两点后，用直线连接，即为大圆弧的投影，

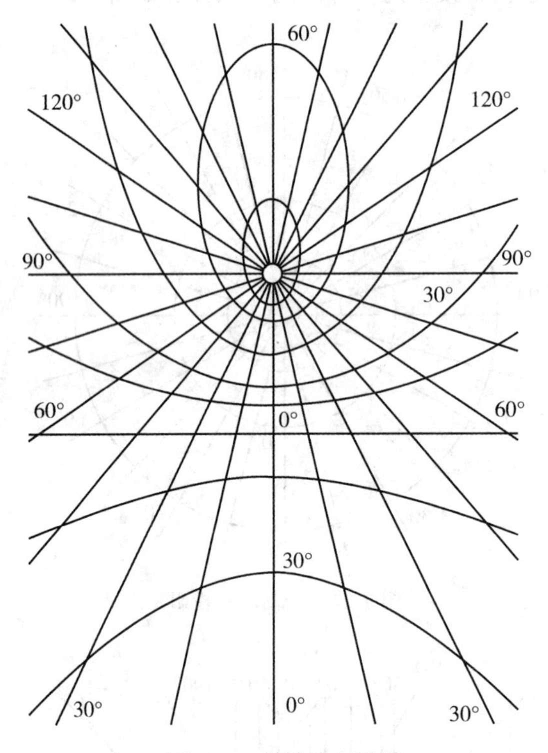

图 7-26　斜轴球心投影

图 7-27　大圆航线示意图

该直线与诸经纬线的交点即为大圆航线应通过之点。把这些点转绘到其他投影的地图上(例如墨卡托投影)，连以光滑曲线，就是大圆航线在墨卡托图上的投影。由于球心投影离中心愈远变形增大愈快，且不可能表示出半球，故实践中常备有正轴、横轴、斜轴几套经纬线格网以供使用。

7.3.3.6 方位投影变形分析及其应用

根据方位投影的长度比公式可以看出，在正轴投影中，m、n 仅是纬度 φ 的函数，在斜轴或横轴投影中，沿垂直圈或等高圈的长度比 μ_1、μ_2 仅是天顶距 z 的函数，因此等变形线成为圆形，即在正轴中与纬围一致，斜轴或横轴中与等高圈一致(见图 7-28)。

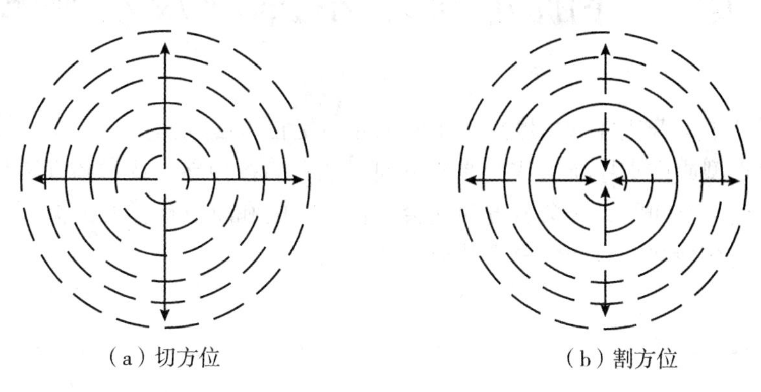

图 7-28 方位投影等变形线

由图 7-28 可以看出，方位投影中变形的增长方向，在切方位投影中，切点 Q 上没有变形，其变形随着远离 Q 点而增大。在割方位投影中，在所割小圆上 $\mu_2=1$。角度变形与“切”的情况一样。其他变形(垂直圈长度变形与面积变形)则自所割小圆向内与向外增大。

由于这个特点，就制图区域形状而言，方位投影适宜于具有圆形轮廓的地区。按制图区域地理位置而言，在两极地区，适宜用正轴投影(见图 7-29)，在赤道附近地区，适宜用横轴投影，其他地区用斜轴投影。

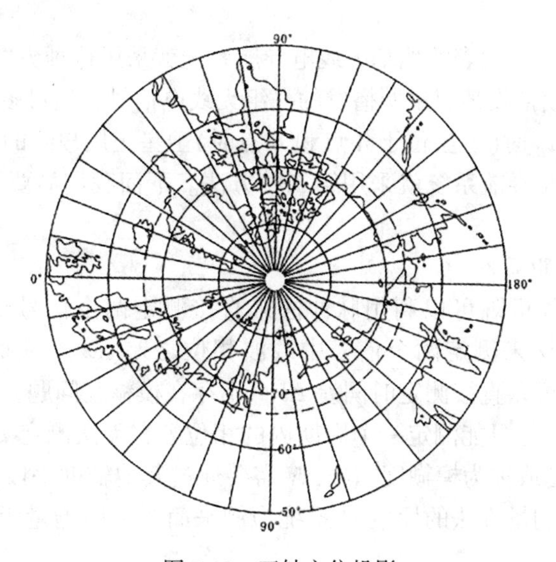

图 7-29 正轴方位投影

第 8 章　导航定位基本原理及观测模型

本章力图从更具普适性的角度描述不同的导航定位方法及其数学模型。按照推求导航参数的观测值类型或推求导航参数的原理不同，现有的各种导航技术和方法基本可以归纳为：距离差交会、空间距离交会、方向交会、特征匹配和航位推算五大类。其中，距离差交会、空间距离交会和方向交会属于几何定位方法。

8.1　距离差交会

8.1.1　距离差观测

在导航中，为了测定从用户 U 至两个无线电信号发射台站 A、B 间的距离 D_A 和 D_B 之差 $\Delta D = D_A - D_B$，一般可采用两种方法：一是用无线电信号接收机通过脉冲法或相位法来测定 A、B 两站所发射的无线电信号到达接收机的时间差 Δt。为讨论问题简单，我们不妨先假设这两个信号是同时从 A、B 两站发射出来的。此时显然有下列关系式：

$$\Delta D = \Delta t \cdot c = t_A \cdot c - t_B \cdot c \tag{8-1}$$

式中，t_A、t_B 分别为无线电信号从 A 站和 B 站传播到用户 U 所花费的时间；c 为信号的传播速度。

以罗兰 C(Loran-C)为代表的地基无线电导航系统就采用这种方式来进行距离差测量。另一种方式是用户连续接收某卫星所播发的一组无线电信号，通过多普勒测量的方法来测定两个不同时刻 t_A 和 t_B 时(卫星位于 A 点和 B 点时)卫星至用户间的距离差。子午卫星系统及 DORIS 系统等卫星导航系统就采用第二种方法。下面我们简要地对这两种方法的工作原理加以介绍。

8.1.1.1　脉冲法测量距离差

在这种方法中接收机既可以利用脉冲法来直接测定两个信号到达接收机的时间差 Δt，也可以采用相位法来测定两个信号中载波相位之差 $\Delta\varphi$，从而来间接测定时间差 Δt。脉冲法的优点是可以直接测定时间差 Δt，不存在模糊度问题，但测量精度较差。相位法的优点是精度高，但只能测定一个周期内的相位差，无法测定 Δt 中的载波整周波数 N，即存在多值性问题或称为模糊度问题，N 需要通过其他辅助手段加以确定。下面我们以综合采用脉冲-相位测量方法的罗兰 C 系统为例来简要说明测量距离差(时间差 Δt)的原理。

接收机接收到的无线电信号经放大后的脉冲信号是包络状的，见图 8-1(a)。在罗兰 C 导航系统中，地面无线电信号发射台站中有一个为主站，其余若干个台站则称为副站。我

们不妨设主站为 A 站，其中一个副站为 B 站。主站的信号先到达接收机，副站的信号后到达接收机，现在欲精确测定这两个信号之间的时间差。来自主、副台的无线电信号通过检波后将包络线取出。虽然主、副台信号的包络线从理论上讲具有相同的形状，但由于信号在长距离传播过程中会产生畸变，所以要精确测定的是这两个具有不同畸变的包络线之间的时间差。为此要将接收到的主、副台信号分别延迟 $5\mu s$，见图 8-1(b)。然后再将延迟后的包络线倒相，见图 8-1(c)。接下去再将图 8-1(a)和图 8-1(c)中的包络线相加，以形成取样点，见图 8-1(d)。此采样点也就是合成后的包络线的振幅从正变为负时的零点，对于罗兰 C 信号而言，该采样点离包络线前端为 30μs(取决于信号的具体形状和结构)。以取样点为基准，分别产生两个信号的采样波门，见图 8-1(e)。最后能自动化工作的罗兰 C 接收机就能产生一个脉冲并自动调整至与主台脉冲(波门)对齐，与此同时时间延迟器也产生一个脉冲并通过调整延迟时间来与副台脉冲对齐。一旦完成了上述工作，时延器中的延迟时间 τ 就是我们需要精确测定的主、副台脉冲信号间的时间差 Δt。

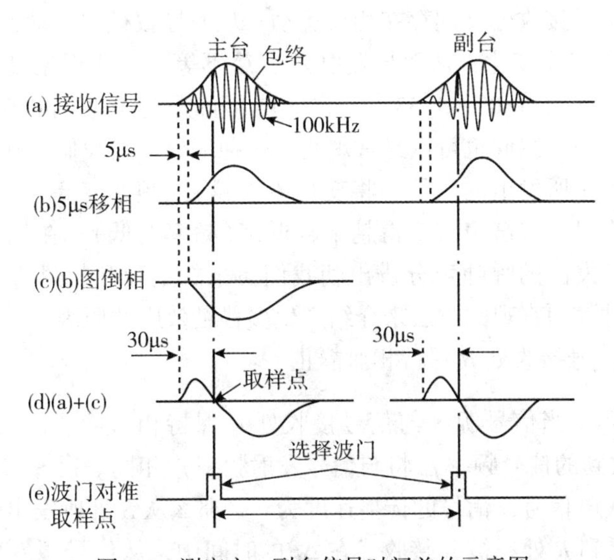

图 8-1 测定主、副台信号时间差的示意图

通常罗兰 C 接收机数秒钟才需给出一次定位结果。在此期间一般可获得数十组距离差观测值。因而在定位前一般还需对这数十组观测值进行平滑处理，以便将它们“压缩”成一组精度较好的观测值后再来进行定位计算。

罗兰 C 无线电信号的载波频率为 100kHz，其波长为 3 km，周期为 10μs。由于载波的波长要远小于脉冲包络的宽度，因而如果对载波进行相位测量，其精度要远高于脉冲法测量的精度。为此接收机也需产生一个频率为 100kHz 的本机振荡信号，并以此作为基准，采用类似于脉冲法测量的方法来测定主、副台信号中载波相位之间的差值。相位测量的精度虽然要高于脉冲测量的精度，但能测量的只是相位差中不足一个整波段的小数部分。主、副台信号的时间差中究竟含有多少个载波的整周期数 N 是无法直接测量的，这就是载波相位测量中所谓的不确定性问题或称整周模糊度问题。

在罗兰 C 系统中我们是用脉冲法来测定主、副台信号之间的时间差 Δt 的粗略值的，故这种测量又称为粗测。粗测的精度能优于载波的半个周期，即±5μs。因而用粗测的结果可以准确确定在整个时间差 Δt 中究竟含有多少个整周期数 N，而不足一个周期的小数部分则是依靠相位测量来精确测定的，故相位测量又称为精测。这就是综合利用脉冲-相位法的优点。

最后需要说明的是，在罗兰 C 系统中，主、副台信号实际上并不是同时发送的，副台的信号要比主台的信号延迟一段时间 Δ_i 后才发送，每个副台延迟的时间 Δ_i 均已事先确定。因而接收机直接测定的主、副台时间差中还包含 Δ_i，在计算时需顾及此项影响。将主、副台信号到达接收机的时间差 Δt 乘以信号传播速度 c 后，即可求得用户至主、副台的距离差。由于罗兰 C 信号是在大气层中传播的，因而其数值将小于真空中的光速，其具体数值可据气温 T、大气压 P 和水汽压 e 顾及大气改正后求得，也可采用经验值。

8.1.1.2　多普勒法测量距离差

当信号源 S 与信号接收处 R 间存在相对运动，从而导致径向运动速度 $\dot{D} \neq 0$ 时，接收到的信号频率 f_R 就会发生变化，从而与发射频率 f_S 不等。上述现象是由奥地利物理学家多普勒(Christian Doppler，1803—1853 年)于 1842 年首先发现的，故将这种现象称为多普勒效应。在日常生活中，我们也可以经常观测到这种现象，当我们站在铁路边，若火车离我们越来越近时，火车所发出的汽笛声将变得越来越尖(频率变高)；反之，当火车经过我们身旁而逐渐远去时，汽笛声将变得越来越低沉(频率变低)。在战场上，老兵可以根据炮弹与空气摩擦所发出的呼啸声分辨出朝我们飞来的炮弹和越过头顶离我们远去的炮弹。下面我们用一种较为直观的方法来介绍产生多普勒效应的原因。

1. 信号源 S 与信号接收处 R 保持相对静止

如图 8-2(a)所示，当信号源 S 与信号接收处 R 保持相对静止时(即径向速度 $\dot{D}=0$ 时)，在 R 处所接收到的信号频率 f_R 将与信号发射频率 f_S 相同。设 S 与 R 间的距离为 D，信号源发出的是无线电信号，信号的传播速度为 c。那么从 S 处所发出的信号再经过 $\Delta t = D/c$ 的时间后将传播到 R 处，被 R 接收。在 Δt 的时间中，从信号源发出的无线电波的个数(周期数)为 $n = \Delta t \cdot f_s$。由于这些信号在同一介质中传播，这 n 个波将均匀地分布在距离 D 内，因此在 R 处所接收的信号波长 λ_R 为：

$$\lambda_R = \frac{D}{n} = \frac{c \cdot \Delta t}{f_S \cdot \Delta t} = \frac{c}{f_S} = \lambda_S \tag{8-2}$$

则 R 处所接收到的信号频率 $f_R = \dfrac{c}{\lambda_R} = f_S$。

2. 当 S 与 R 做相向运动

如图 8-2(b)所示，当信号源 S 以速度 V 向 R 方向运动时，由于信号的传播速度只与传播介质有关而与信号源的运动速度无关，故该无线电信号仍然以光速 c 传播。该信号经 $\Delta t = D/c$ 后到达 R，在 Δt 的时间段内信号源总共发出 $n = \Delta t \cdot f_S$ 个波。由于信号传播的同时，信号源 S 也在向 R 方向运动，所以当第一个信号传播到 R 时，信号源已向 R 方向运动了 $D' = V \cdot \Delta t$ 的距离，到达 S' 处。也就是说最后的信号是从 S' 处发出的，而 S' 离 R 的距

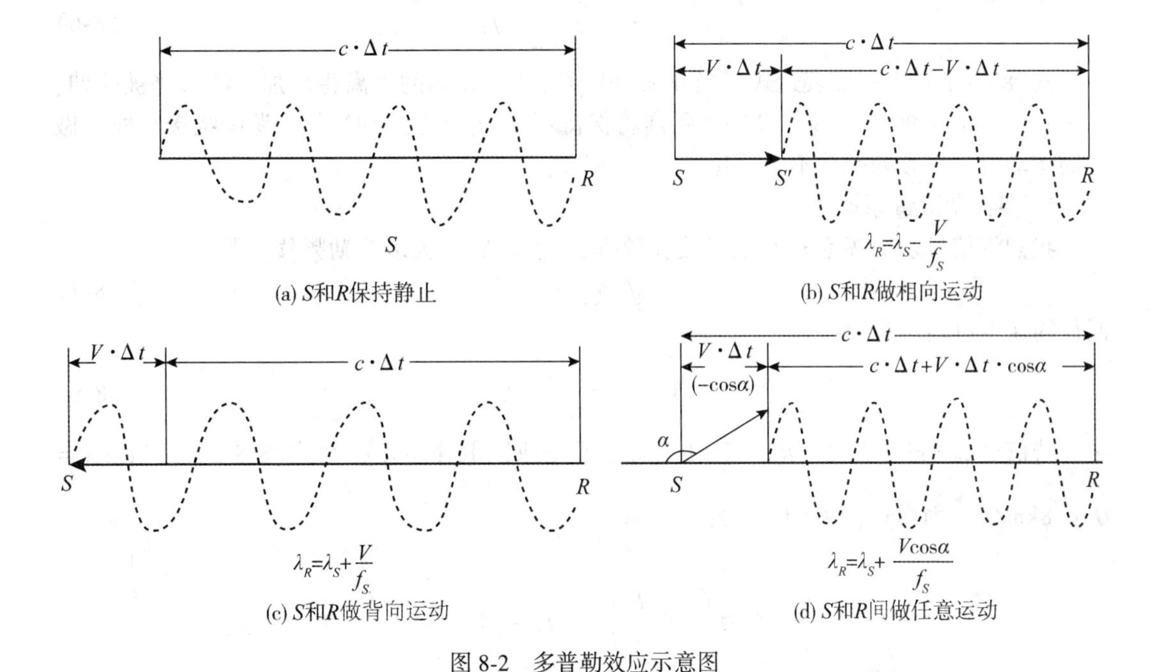

图 8-2　多普勒效应示意图

离是 $c\cdot\Delta t-V\cdot\Delta t=(c-V)\cdot\Delta t$。因此，从信号源发出的 n 个波将均匀地分布在 $(c-V)\cdot\Delta t$ 的距离内。在 R 处接收到的信号的波长 λ_R 将变成：

$$\lambda_R=\frac{(c-V)\cdot\Delta t}{f_S\cdot\Delta t}=\frac{c-V}{f_S}\tag{8-3}$$

也就是说，R 处接收到的信号频率 f_R 将变成 $f_R=\dfrac{c}{\lambda_R}=\dfrac{c}{c-V}\cdot f_S$。

3. 当 S 与 R 做背向运动

如图 8-2(c)所示，类似地，若 S 以速度 V 背向 R 运动时，这 n 个波将均匀地分布在 $(c+V)\cdot\Delta t$ 的距离内，所以接收到的信号波长 λ_R 将变为：

$$\lambda_R=\frac{(c+V)\cdot\Delta t}{f_S\cdot\Delta t}=\frac{c+V}{f_S}\tag{8-4}$$

信号接收频率 f_R 将变成 $f_R=\dfrac{c}{\lambda_R}=\dfrac{c}{c+V}\cdot f_S$。

4. 当 S 与 R 做任意运动

若 S 以速度 V 朝任意方向运动时，我们可以把速度 V 分解为径向速度和横向速度两部分。其中，径向速度会使 S 和 R 间的距离发生变化，从而使波长拉伸或压缩，最终影响信号的接收频率 f_R。若以图 8-2(d)中的方式来定义 α 角，则有：

$$\lambda_\alpha=\frac{c\cdot\Delta t+V\cos\alpha\cdot\Delta t}{f_S\cdot\Delta t}=\frac{c+V\cos\alpha}{f_S}\tag{8-5}$$

于是 R 所接收到的信号频率将变为：

$$f_R = \frac{c}{c + V\cos\alpha} \cdot f_S \tag{8-6}$$

式(8-6)是一个一般表达式，当 $\alpha < 90°$ 时，S 与 R 间的距离将增加，波长将被拉伸，$f_R < f_S$。当 $\alpha = 90°$ 时，S 与 R 间的距离将保持不变，$f_R = f_S$，如当信号源围绕接收处 R 做圆周运动时，接收频率就不会变化。

5. 多普勒测量原理

我们将信号发射频率 f_S 与信号接收频率 f_R 之差 Δf 称为多普勒频移，即

$$\Delta f = f_S - f_R \tag{8-7}$$

而径向速度可表示为：

$$V\cos\alpha = \frac{\mathrm{d}D}{\mathrm{d}t} = \dot{D} \tag{8-8}$$

若信号源置于卫星上，R 位于地面固定不动或以低速运动，则式(8-8)中的 $V\cos\alpha = \dot{D} < 8\text{km/s}$，因而式(8-6)可写为：

$$\begin{aligned} f_R &= \frac{c}{c\left(1 + \dfrac{\dot{D}}{c}\right)} \cdot f_S = \left(1 + \frac{\dot{D}}{c}\right)^{-1} \cdot f_S = \left(1 - \frac{\dot{D}}{c} + \frac{\dot{D}^2}{2c^2} + \cdots\right) \cdot f_S \\ &\approx \left(1 - \frac{\dot{D}}{c}\right) \cdot f_S \end{aligned} \tag{8-9}$$

考虑到 $c = 299792.458\text{km/s}$，所以 $\dfrac{\dot{D}^2}{2c^2} < 3.6 \times 10^{-10}$，在目前的观测精度下，$\dfrac{\dot{D}}{c}$ 的平方项及更高次项可略而不计。将上式代入式(8-7)后，可得：

$$\Delta f = f_S - \left(1 - \frac{\dot{D}}{c}\right) \cdot f_S = \frac{\dot{D}}{c} \cdot f_S \tag{8-10}$$

如果信号接收机中也可产生频率为 f_S 的振荡信号，并将它与接收到的频率 f_R 的信号混频，求得差频信号$(f_S - f_R)$，然后将它在时间段 $[t_1, t_2]$ 内进行积分，则积分值 N' 可写为：

$$N' = \int_{t_1}^{t_2} (f_S - f_R)\,\mathrm{d}t = \int_{t_1}^{t_2} \frac{f_S}{c} \dot{D}\,\mathrm{d}t = \frac{f_S}{c}(D_2 - D_1) \tag{8-11}$$

式中，D_1 和 D_2 分别为 t_1 时刻和 t_2 时刻从信号源(卫星)至接收机间的距离。所以，多普勒测量也被称为距离差测量。但采用上述方法时会出现无法判断$(D_2 - D_1)$的符号问题。例如，当 $f_S = 100\text{MHz}$，无论 $f_R = 100.1\text{MHz}$ 还是 99.9MHz，与 f_S 混频后都会产生一个频率为 0.1MHz 的差频信号。为解决这个问题，我们可以提高接收机所产生的信号频率(设为 f_0)，使 f_0 在任何情况下都大于 f_R。以子午卫星系统为例，该卫星发射两个信号，其频率分别为：

$$f_{S_1} = 399.968\text{MHz},\ f_{S_2} = 149.988\text{MHz}$$

采用两个频率的目的是为了采用双频改正技术来消除电离层延迟。将 $\dot{D} \leqslant 8\text{km/s}$、$c=199792.458\text{km/s}$ 及 f_{S_1} 和 f_{S_2} 的值代入式(8-10)后可得：

$$\Delta f_1 \leqslant 0.011\text{MHz},\ \Delta f_2 \leqslant 0.004\text{MHz}$$

而接收机所产生的频率 $f_{01}=400\text{MHz}$ 和 $f_{02}=150\text{MHz}$，这样就能保证 f_0 永远大于 f_R。将 f_0 与接收到的来自卫星的信号进行混频，在时间间隔 $[t_1,\ t_2]$ 内对差频信号进行积分，所得的积分值 N 称为多普勒计数。N 是多普勒测量中的观测值，它与距离差 (D_2-D_1) 间有下列关系：

$$\begin{aligned} N &= \int_{t_1}^{t_2}(f_0-f_R)\mathrm{d}t = \int_{t_1}^{t_2}[(f_0-f_S)+(f_S-f_R)\mathrm{d}t \\ &= \int_{t_1}^{t_2}(f_0-f_S)\mathrm{d}t + \int_{t_1}^{t_2}(f_S-f_R)\mathrm{d}t \\ &= (f_0-f_S)(t_2-t_1) + \frac{f_S}{c}(D_2-D_1) \end{aligned} \tag{8-12}$$

即

$$\Delta D_{1,\ 2} = D_2 - D_1 = \lambda_S[N_{1,\ 2} - (f_0-f_S)(t_2-t_1)] \tag{8-13}$$

式中，λ_S 为卫星发射信号的波长，$\lambda_S=\dfrac{c}{f_S}$。多普勒计数的几何意义见图 8-3。

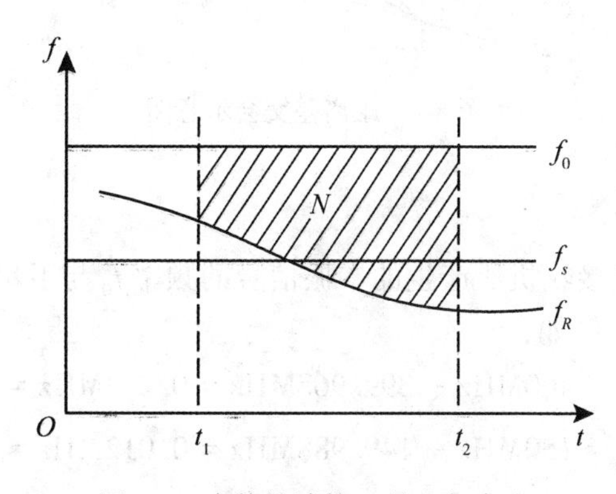

图 8-3　多普勒计数 N 的几何意义

8.1.2　定位原理

8.1.2.1　利用多普勒观测值进行三维定位

1. 几何意义

设某卫星以 f_S 的频率连续发射信号，在 t_1 时刻卫星位于 S_1 处，在 t_2 时刻卫星位于 S_2 处。利用地面卫星跟踪站对卫星进行跟踪观测，即可确定并预报卫星轨道，编制成广播星历向用户播发。用户利用多普勒接收机来接收卫星信号，进行多普勒测量，求得 $[t_1,\ t_2]$ 时间段内的多普勒计数 $N_{1,\ 2}$，然后就能利用(8-13)式求得距离差 $\Delta D_{1,\ 2}=D_2-D_1$。

根据几何学的知识(见图 8-4)，此时用户(接收机)必位于以 S_1 和 S_2 为焦点的一个旋转双曲面上，该曲面上任何一点至 S_1 和 S_2 的距离差均等于 $\Delta D_{1,2}$。类似地，如果我们又求得了在 $[t_2, t_3]$ 时段内的多普勒计数 $N_{2,3}$，进而间接求得了距离差 $\Delta D_{2,3}=D_3-D_2$，则可以 S_2 和 S_3 为焦点，根据距离差 $\Delta D_{2,3}=D_3-D_2$ 作出第二个旋转双曲面，显然用户必定位于这两个旋转双曲面的交线上。同样，如果我们继续进行多普勒测量，测得多普勒计数 $N_{3,4}$，求得距离差 $\Delta D_{3,4}=D_4-D_3$ 后就能以 S_3 和 S_4 为焦点作出第三个旋转双曲面，从而交出用户的位置。这就是多普勒定位的几何解释。当然，卫星一次通过时的轨道几乎是在一个平面上的，因此，用这种办法交出的用户坐标在垂直于轨道的方向上会产生较大的误差，实际应用时还会采用其他一些措施来加以弥补。

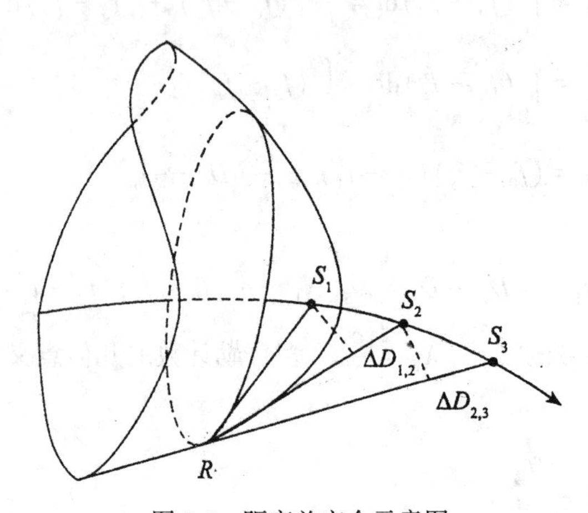

图 8-4　距离差交会示意图

2. 观测方程

令 $\Delta f=f_0-f_S$，Δf 是接收机所产生的本振信号的频率 f_0 与卫星所发射的信号频率 f_S 之差，理论上应为一常数。例如，

$$\Delta f=f_{01}-f_{S_1}=400\text{MHz}-399.968\text{MHz}=0.032\text{MHz}=32000.0\text{Hz}$$

$$\Delta f=f_{02}-f_{S_2}=150\text{MHz}-149.988\text{MHz}=0.012\text{MHz}=12000.0\text{Hz}$$

但实际上由接收机所产生的本振信号的频率 f_0 与卫星所发出的信号频率 f_S 均有误差，从而使 Δf 的值与理论值不等。

$$\Delta f=\Delta f_0+\mathrm{d}\Delta f \tag{8-14}$$

式中，Δf_0 为理论值，如对子午卫星系统的第一频率而言，Δf_0 应该为 32000.0Hz，对第二频率而言，Δf_0 应为 12000.0Hz；$\mathrm{d}\Delta f$ 称为频率偏移(简称频偏)，是标称值 Δf_0 的修正值，其值取决于接收机钟和卫星钟的误差。在子午卫星系统的数据处理中，某卫星在一次卫星通过中，一个频率的偏移值 $\mathrm{d}\Delta f$ 一般被视为是一个常数(需引入一个待定参数)。此时，式(8-13)可写为：

$$D_2-D_1=\lambda_S[N_{1,2}-\Delta f_0(t_2-t_1)]-\lambda_S(t_2-t_1)\mathrm{d}\Delta f \tag{8-15}$$

设观测时用户的三维坐标为 (X, Y, Z)，近似坐标为 (X_0, Y_0, Z_0)，坐标改正数为 $(\mathrm{d}X, \mathrm{d}Y, \mathrm{d}Z)$：

$$\begin{cases}X = X_0 + \mathrm{d}X \\ Y = Y_0 + \mathrm{d}Y \\ Z = Z_0 + \mathrm{d}Z\end{cases} \tag{8-16}$$

S_1 的三维坐标为 $(X_{S_1}, Y_{S_1}, Z_{S_1})$，$S_2$ 的三维坐标为 $(X_{S_2}, Y_{S_2}, Z_{S_2})$，可据卫星星历求得，则有：

$$D_2 = [(X_{S_2} - X)^2 + (Y_{S_2} - Y)^2 + (Z_{S_2} - Z)^2]^{\frac{1}{2}} \tag{8-17}$$

用泰勒级数将上式在用户的近似位置 (X_0, Y_0, Z_0) 处展开后可得：

$$D_2 = D_2^0 - \frac{X_{S_2} - X}{D_2^0}\mathrm{d}X - \frac{Y_{S_2} - Y}{D_2^0}\mathrm{d}Y - \frac{Z_{S_2} - Z}{D_2^0}\mathrm{d}Z \tag{8-18}$$

式中，$D_2^0 = [(X_{S_2} - X_0)^2 + (Y_{S_2} - Y_0)^2 + (Z_{S_2} - Z_0)^2]^{\frac{1}{2}}$，即根据 S_2 的坐标 $(X_{S_2}, Y_{S_2}, Z_{S_2})$ 和用户的近似位置 (X_0, Y_0, Z_0) 求得的从用户的近似位置至卫星 S_2 的距离。

同样可得：

$$D_1 = D_1^0 - \frac{X_{S_1} - X}{D_1^0}\mathrm{d}X - \frac{Y_{S_1} - Y}{D_1^0}\mathrm{d}Y - \frac{Z_{S_1} - Z}{D_1^0}\mathrm{d}Z \tag{8-19}$$

将式(8-18)和式(8-19)代入式(8-15)后可得：

$$\begin{aligned}&\left(\frac{X_{S_1} - X}{D_1^0} - \frac{X_{S_2} - X}{D_2^0}\right)\mathrm{d}X + \left(\frac{Y_{S_1} - Y}{D_1^0} - \frac{Y_{S_2} - Y}{D_2^0}\right)\mathrm{d}Y + \left(\frac{Z_{S_1} - Z}{D_1^0} - \frac{Z_{S_2} - Z}{D_2^0}\right)\mathrm{d}Z \\ &+ \lambda_S(t_2 - t_1)\mathrm{d}\Delta f + (D_2^0 - D_1^0) - \lambda_S[N_{1,2} - \Delta f_0(t_2 - t_1)] = 0\end{aligned} \tag{8-20}$$

令

$$\begin{cases}\dfrac{X_{S_1} - X}{D_1^0} - \dfrac{X_{S_2} - X}{D_2^0} = a_{11}, \quad \dfrac{Y_{S_1} - Y}{D_1^0} - \dfrac{Y_{S_2} - Y}{D_2^0} = a_{12} \\ \dfrac{Z_{S_1} - Z}{D_1^0} - \dfrac{Z_{S_2} - Z}{D_2^0} = a_{13}, \quad \lambda_S(t_2 - t_1) = a_{14} \\ (D_2^0 - D_1^0) - \lambda_S[N_{1,2} - \Delta f_0(t_2 - t_1)] = W_1\end{cases} \tag{8-21}$$

最后可得多普勒测量的误差方程如下：

$$V_1 = a_{11}\mathrm{d}X + a_{12}\mathrm{d}Y + a_{13}\mathrm{d}Z + a_{14}\mathrm{d}\Delta f + W_1 \tag{8-22}$$

3. 单点定位时的误差方程

式(8-22)中有 4 个未知参数 $\mathrm{d}X$、$\mathrm{d}Y$、$\mathrm{d}Z$ 和 $\mathrm{d}\Delta f$，因而至少需要测得 4 个多普勒计数，列出 4 个观测方程才有可能解得这 4 个未知参数。当观测值多于 4 个时，可采用最小二乘法求出上述未知参数的最优估值。若某次卫星通过时共获得 m_i 个多普勒计数，则这次卫星通过的误差方程式可写为：

$$\begin{bmatrix}V_1 \\ V_2 \\ \vdots \\ V_{m_i}\end{bmatrix} = \begin{bmatrix}a_{11} & a_{12} & a_{13} & a_{14} \\ a_{21} & a_{22} & a_{23} & a_{24} \\ \vdots & \vdots & \vdots & \vdots \\ a_{m_i1} & a_{m_i2} & a_{m_i3} & a_{m_i4}\end{bmatrix}\begin{bmatrix}\mathrm{d}X \\ \mathrm{d}Y \\ \mathrm{d}z \\ \mathrm{d}\Delta f\end{bmatrix} + \begin{bmatrix}W_1 \\ W_2 \\ \vdots \\ W_{m_i}\end{bmatrix} \quad (m_i \geqslant 4) \tag{8-23}$$

对于子午卫星系统而言，卫星从用户视场中通过的时间为 8~18 分钟。当积分间隔为 2 分钟时，一般可获取 4~9 个多普勒计数。然而对于船舶等用户而言，在此期间用户也在不断运动，不同时间用户的三维坐标并不相同，而且在组成式(8-23)时还需根据船的运动速度和方位，将不同时刻的船位归算至某一设定的参考时刻的船位，然后再来进行解算。用上述方法求得的用户位置是用空间直角坐标系来表示的，如有必要还可通过坐标转换将其转换为大地坐标 B、L 和 H。要说明的另一个问题是：用户一般并不直接用上述系统来进行导航，而是为船上的惯性导航系统提供间断的精确的修正，使惯导系统的误差不致积累得过大，而日常的导航是由惯性系统来提供的。

8.1.2.2　用罗兰 C 等双曲面导航系统来确定用户的平面位置

某些用户(例如在海洋中航行的船舶)往往只关心自己在地球上的平面位置 (B, L) 而不关心高程。对这些用户来讲可以利用罗兰 C 等双曲面导航系统所测得的距离差观测值直接在椭球面上解算其平面位置 (B, L)。

1. 用空间直角坐标进行解算

位于某一地区的一个罗兰 C 导航系统至少将包含一个主台 M 和两个副台 S_1、S_2。用户可以用主台 M 和副台 S_1 所发射的无线电导航信号来测定自己至这两个台站间的距离差 $\Delta D_1 = D_M - D_1$，其中 D_M 为用户至主台的距离，D_1 为用户至副台 S_1 的距离。据此就能以 M 和 S_1 为焦点作出一个旋转双曲面并使该旋转双曲面上任意一点至 M 和 S_1 的距离差都等于 ΔD_1，因而用户必位于此双曲面上。设用户的三维坐标为 (X, Y, Z)。主台的坐标为 (X_M, Y_M, Z_M)，副台 S_1 的坐标为 (X_1, Y_1, Z_1)，则该旋转双曲面的数学模型可写为：

$$\sqrt{(X-X_M)^2+(Y-Y_M)^2+(Z-Z_M)^2}-\sqrt{(X-X_1)^2+(Y-Y_1)^2+(Z-Z_1)^2}=\Delta D_1 \tag{8-24}$$

同样利用主台 M 和副台 S_2 的导航信号，也可测定距离差 ΔD_2，建立第二个旋转双曲面的方程：

$$\sqrt{(X-X_M)^2+(Y-Y_M)^2+(Z-Z_M)^2}-\sqrt{(X-X_2)^2+(Y-Y_2)^2+(Z-Z_2)^2}=\Delta D_2 \tag{8-25}$$

而地球椭球面的方程为：

$$\frac{X^2}{a^2}+\frac{Y^2}{a^2}+\frac{Z^2}{b^2}=1 \tag{8-26}$$

显然，在椭球面上进行解算时用户坐标应同时满足式(8-24)、式(8-25)和式(8-26)，即 (X, Y, Z) 为上述三个方程所组成的联立方程组的解。从几何意义上讲，用户应位于上述两个旋转双曲面和椭球面的交点上。

在导航中观测瞬间用户位置的近似值(初值) (X_0, Y_0, Z_0) 通常是可以求得的。例如据上次导航定位的结果以及用户的航向和航速推算而得。此时就可以将上述三个式子用泰勒级数在初值 (X_0, Y_0, Z_0) 处展开：

$$\begin{cases}\left(\dfrac{X_0-X_M}{D_M^0}-\dfrac{X_0-X_1}{D_1^0}\right)\mathrm{d}X+\left(\dfrac{Y_0-Y_M}{D_M^0}-\dfrac{Y_0-Y_1}{D_1^0}\right)\mathrm{d}Y+\left(\dfrac{Z_0-Z_M}{D_M^0}-\dfrac{Z_0-Z_1}{D_1^0}\right)\mathrm{d}Z+\\ \quad(D_M^0-D_1^0)-\Delta D_1=0\\ \left(\dfrac{X_0-X_M}{D_M^0}-\dfrac{X_0-X_2}{D_2^0}\right)\mathrm{d}X+\left(\dfrac{Y_0-Y_M}{D_M^0}-\dfrac{Y_0-Y_2}{D_2^0}\right)\mathrm{d}Y+\left(\dfrac{Z_0-Z_M}{D_M^0}-\dfrac{Z_0-Z_2}{D_2^0}\right)\mathrm{d}Z+\\ \quad(D_M^0-D_2^0)-\Delta D_2=0\\ 2\left(\dfrac{X_0}{a^2}\mathrm{d}X+\dfrac{Y_0}{a^2}\mathrm{d}Y+\dfrac{Z_0}{b^2}\mathrm{d}Z\right)+\left(\dfrac{X_0^2}{a^2}+\dfrac{Y_0^2}{a^2}+\dfrac{Z_0^2}{b^2}\right)-1=0\end{cases} \tag{8-27}$$

式中，D_M^0、D_1^0、D_2^0分别为从用户的近似坐标（X_0，Y_0，Z_0）至M点、S_1和S_2点的距离。式(8-27)是一个线性方程组，系数及常数项均可求得。计算时远比用公式(8-24)、式(8-25)、式(8-26)方便。求得近似值（X_0，Y_0，Z_0）的改正数 dx、dy、dz后，即可用下式求得用户的正确位置：

$$\begin{cases}X=X_0+\mathrm{d}x\\ Y=Y_0+\mathrm{d}y\\ Z=Z_0+\mathrm{d}z\end{cases} \tag{8-28}$$

当近似坐标（X_0，Y_0，Z_0）的精度较差时，需将式(8-28)求得的坐标再作为近似坐标进行迭代计算，一般来说迭代2~4次即可获得最终的正确结果。求得用户的三维直角坐标（X，Y，Z）后，如有必要还可通过第4章中介绍的坐标转换公式将其转换为大地坐标（B，L），或再通过某种地图投影(如高斯-克吕格投影、兰勃脱投影等)将其进一步转换为平面坐标（x，y），参见第7章。

2. 直接在椭球面上求解用户的大地坐标（B，L）

设三个已知台站M、S_1、S_2的大地坐标分别为（B_M，L_M）、（B_1，L_1）、（B_2，L_2）。距离差$\Delta D_1=D_M-D_1$，D_M、D_1分别为椭球面上从用户至M点和S_1点的大地线长度，它们均为用户位置（B，L）的函数。同样设观测时刻用户的近似坐标已知，设为（B_0，L_0），从该点到M点和S_1的大地方位角分别为A_M^0和A_1^0。将D_M和D_1用泰勒级数在（B_0，L_0）上展开后可得：

$$\Delta D_1=D_M-D_1=D_M^0+\frac{\partial D_M}{\partial B}\mathrm{d}B+\frac{\partial D_M}{\partial L}\mathrm{d}L-D_1^0-\frac{\partial D_1}{\partial B}\mathrm{d}B-\frac{\partial D_1}{\partial L}\mathrm{d}L \tag{8-29}$$

从第4章大地线微分公式可知：

$$\begin{cases}\dfrac{\partial D}{\partial B}=\dfrac{M}{\cos A}\\ \dfrac{\partial D}{\partial L}=\dfrac{N\cos B}{\sin A}\end{cases} \tag{8-30}$$

代入式(8-29)后可得：

$$\left(\frac{M_0}{\cos A_M^0}-\frac{M_0}{\cos A_1^0}\right)\mathrm{d}B+\left(\frac{N_0\cos B_0}{\sin A_M^0}-\frac{N_0\cos B_0}{\sin A_1^0}\right)\mathrm{d}L+D_M^0-D_1^0-\Delta D_1=0 \tag{8-31}$$

同样利用主台站 M 和副台 S_2 的信号可测得另一个距离差 ΔD_2，并列出第二个方程：

$$\left(\frac{M_0}{\cos A_M^0}-\frac{M_0}{\cos A_2^0}\right)\mathrm{d}B+\left(\frac{N_0\cos B_0}{\sin A_M^0}-\frac{N_0\cos B_0}{\sin A_2^0}\right)\mathrm{d}L+D_M^0-D_2^0-\Delta D_2=0 \tag{8-32}$$

解式(8-31)和式(8-32)，求得用户近似的位置（B_0，L_0）的改正数 $\mathrm{d}B$、$\mathrm{d}L$ 后可得：

$$\begin{cases}B=B_0+\mathrm{d}B\\ L=L_0+\mathrm{d}L\end{cases} \tag{8-33}$$

同样，整个计算过程一般也需要进行迭代计算。用这种方法虽然可直接求得用户的地理坐标（B，L），但在椭球面上计算 M、N、A 等工作量也不小，未必比前一种方法(在空间直角坐标系下进行解算)来得方便。

8.2　空间距离交会

8.2.1　距离测量

在导航中一般都采用物理测距的方式来进行距离测量，即通过测定信号的传播时间 Δt 和信号传播速度 v 来测定距离。这种测距方式又可分为主动式测距和被动式测距两类。

8.2.1.1　主动式测距

采用这种测距方式时，将由用户发出测距信号，该信号达到测线的另一端的台站(地面信标台或导航卫星)所接收，然后由这些台站发出一个应答信号，用户接收到应答信号后即可测定出测距信号往返传播的时间 Δt，根据信号传播速度 v 不难求出测线长度 $D=\frac{1}{2}\Delta t\cdot v$。在导航中信号的传播速度，如电磁波信号的传播速度、声呐信号的传播速度等，一般认为是已知值(用户可根据传播介质的状态，如大气中的气温、气压、相对湿度；海水中的水温、含盐度等加以修正而求得较为准确的值)。应答器在接收到用户的测距信号后，也可按规定延迟一段时间 τ 之后再发出应答信号以免来自不同信标台的应答信号同时到达用户处产生相互干扰。由于各信标台的延迟时间 τ 为预先规定的常数，因而在数据处理时很容易加以修正。民用导航领域常采用主动式测距方式，如 VOR/DME 系统、塔康系统等。采用这种测距方式时用户钟只需要精确测定测距信号的往返传播时间，而不要求用户钟长时期与某一时间系统保持一致，对钟的要求相对较低。

8.2.1.2　被动式测距

在被动式测距中，测距信号是由位于测线另一端的卫星或地面台站按照预先的规定而发出的，用户只需接收这些信号并依据信号到达的时间及信号的发送时间即可求得信号单程传播时间 $\Delta t'$，从而求得测线长 $D=\Delta t'\cdot v$，v 为信号传播速度。这一简单的数学公式的实现(测距)却并不简单。它涉及一系列技术问题，这些技术问题解决的完善程度决定了测距的精度，进而决定了导航定位的精度。主要技术问题之一是传播时间的测定。由于电磁波在真空中的传播速度约 30 万千米/秒，如果时间测定误差为 30 万分之一秒(0.0033ms)，将产生 1 千米的测距误差；定位解算还将使结果的精度降低(精度衰减)。要达到较高的时间测定精度，除了精密时间记录设备外还要求信号具有很好的相关性能。

采用被动式测距方式时用户无需播发测距信号而只需被动地接收信号，因而在战时容易隐蔽自己而不易被对方发现，故军事用户一般都喜欢采用被动式测距方式。但是采用这种方式时，信号的发射时刻是由卫星钟(或地面台站的钟)来确定的，而信号到达时刻则是由用户端的接收机钟来确定的，这就会对发射端和接收端的两台钟的同步性能提出极高的要求。

这里所说的测距信号可以是一个脉冲信号，也可以是被称为测距码的连续编码，甚至还可以把调制信号用的载波作为测距信号而对其进行相位测量。但是在进行载波相位测量时，接收机直接量测的只是不足一周的载波相位($0°\sim360°$)，整波段数 N 则无法量测，需采用其他方法来加以确定，即存在所谓的整周模糊度问题。

8.2.2 定位原理

采用主动式测距和被动式测距方式时，定位的数学模型有所不同，下面分别加以介绍。

8.2.2.1 主动式测距时的数学模型

采用应答方式进行主动式测距时，用户测定的是信号往返传播的时间，在如此短的时间内用户钟的误差一般是可以忽略不计的，因而在导航定位中一般认为用户与应答台站之间的距离是可以直接测定的。而这些信标台站的位置也是已知的，其天线相位中心的三维坐标事先可精确加以测定。因而用户只需同时测定至 i 个信标台之间的距离 ($i \geqslant 3$)，就能以这些台站为球心，以测定的距离为半径作出 i 个定位球面，这些球面的交点即为用户所在位置，因而上述方法也被称为距离交会法。其数学模型可表示如下：

$$D_i = [(X_i - X)^2 + (Y_i - Y)^2 + (Z_i - Z)^2]^{\frac{1}{2}} \quad (i \geqslant 3) \tag{8-34}$$

式中，D_i 为用户至第 i 个信标台(天线相位中心)间的距离，是导航中的观测值；(X_i，Y_i，Z_i) 为第 i 个信标台(天线相位中心)的空间直角坐标，为已知值；(X，Y，Z) 为用户(也是指天线相位中心)的三维坐标，为待定值。

在导航中，用户近似位置通常是已知的，例如可用上一次测定的位置及航速推算出来。现用 (X_0，Y_0，Z_0) 来表示，而其改正数则用 (dX，dY，dZ) 表示，这样(8-34)式就可用泰勒级数在 (X_0，Y_0，Z_0) 处展开：

$$D_i = D_0 - \frac{X_i - X_0}{D_0}\mathrm{d}X - \frac{Y_i - Y_0}{D_0}\mathrm{d}Y - \frac{Z_i - Z_0}{D_0}\mathrm{d}Z \tag{8-35}$$

式中，$D_0 = [(X_i - X_0)^2 + (Y_i - Y_0)^2 + (Z_i - Z_0)^2]^{\frac{1}{2}}$，即从用户的近似位置至第 i 个信标台之间的距离，为已知值；$\frac{X_i - X_0}{D_0}$、$\frac{Y_i - Y_0}{D_0}$、$\frac{Z_i - Z_0}{D_0}$ 则分别为从用户的近似位置至第 i 个信标台的三个方向余弦，为方便起见分别用 l_i、m_i、n_i 表示；$D_i - D_0 = L_i$ 为误差方程中的常数项。

于是，主动式测距时距离交会的误差方程式就可写为：

$$V_i = l_i\mathrm{d}X + m_i\mathrm{d}Y + n_i\mathrm{d}Z + L_i \quad (i \geqslant 3) \tag{8-36}$$

有时用户所在处的高程 H 是已知的，例如可用飞机上的高程计加以测定，此时用户必定位于以地球质心为球心，以地球的平均曲率半径 R 加上 H 为半径的一个球面上，用户只需同时测定至两个信标台间的距离即可求得自己的位置。即用 $(X^2+Y^2+Z^2)^{\frac{1}{2}}=R+H$ 来取代式(8-34)中的一个方程。当精度要求较高时，应认为用户是位于一个椭球面上，该椭球面离地球椭球面的距离为 H。

8.2.2.2　被动式测距时的数学模型

采用被动式测距方式时，测距信号是由位于测线另一端的卫星或地面信标台在自己的钟的控制下在规定时刻 t^S 播发的，而信号到达时间 t_R 则是由用户接收机中的钟来测定的，从而来测定信号单程传播的时间 $\Delta T=t_R-t^S$。由于电磁波信号的传播速度几乎达 30 万千米每秒，因而会对卫星(地面信标台)钟与用户钟的同步精度提出极高的要求。卫星(地面信标台)尚有可能采用稳定度极好的高质量的原子钟(并通过高精度的时间比对来加以修正)，使自己与标准时间保持一致，而数以万计的接收机钟由于受到接收机体积、重量、价格，以及能耗等方面的限制，一般只能采用稳定度较差的石英钟，难以与标准时间长期保持一致。因而在数据处理时通常要把观测时刻接收机钟相对于标准时间的钟改正数 V_t 也当成一个未知参数来一并求解。于是式(8-34)将变为：

$$D_i+cV_t=[(X_i-X_0)^2+(Y_i-Y_0)^2+(Z_i-Z_0)^2]^{\frac{1}{2}} \tag{8-37}$$

误差方程式(8-36)将变为：

$$V_i=l_i\mathrm{d}X+m_i\mathrm{d}Y+n_i\mathrm{d}Z+c\mathrm{d}t+L_i \quad (i\geqslant 4) \tag{8-38}$$

在式(8-38)中有 4 个未知数 $\mathrm{d}X$、$\mathrm{d}Y$、$\mathrm{d}Z$ 和 $\mathrm{d}t$，因而用户至少需同时测定至 4 个已知点的距离后方可求得这些未知参数。当 $i>4$ 时，则可用最小二乘法来求得这些未知参数的最优估值。

8.3　方向交会

方向交会是无线电导航定位中的又一种工作模式。如果用户能用无线电测量的方法来测定无线电信标台的方位或自己的方位，就能通过后方交会和前方交会等方法来测定自己的位置，这种定位模式在早期的无线电导航系统中曾得到过应用，但由于通过无线电测量的方式来测定的方位角精度欠佳，而且方向交会的误差又将随着距离的增加而增加，因而在无线电导航中逐步被距离交会、距离差交会及极坐标定位等方法所取代。

8.3.1　方向测量

在无线电导航中用户可利用接收机天线所具有的特殊的天线方向图来确定无线电信标的方向。方向图反映了接收天线对来自不同方向的无线电信号的接收能力，也就是说同强度的无线电信号如果入射至接收天线的方向不同，接收机所接收的信号强度也不相同。例如，采用一个环形平面天线时，若天线平面与入射信号方向垂直时所接收到的信号强度最大，若天线平面与入射信号方向平行时接收信号的强度最小，据此可确定信标台的方向。常用的方法有：

8.3.1.1　最小值法

图 8-5 为一个简单的平面环形天线的方向图，当天线平面与入射信号方向平行时，接

收信号强度最小，但由于接收机分辨率的限制，在某一角度的范围内(角 β)便难以分辨，该角称为静寂角。

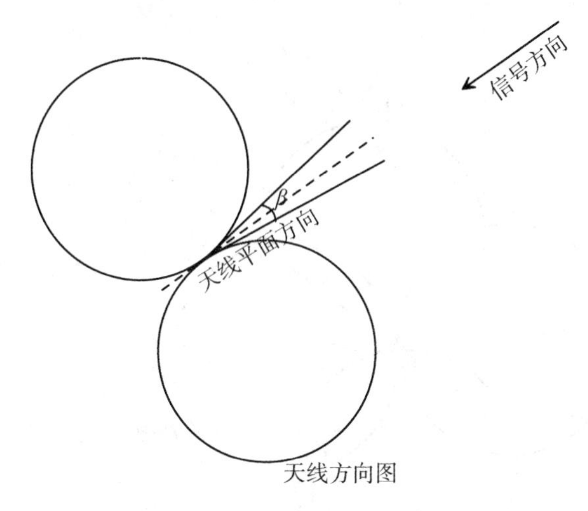

图 8-5 最小值测向法示意图

8.3.1.2 最大值法

类似地，我们也可以依据接收信号强度最大的原则来确定信号源的方向。图 8-6 为最大值法测定信标台方向的示意图。同样由于接收机分辨率的限制，在某一角度范围内接收机也会难以分辨出究竟何处是最大值。

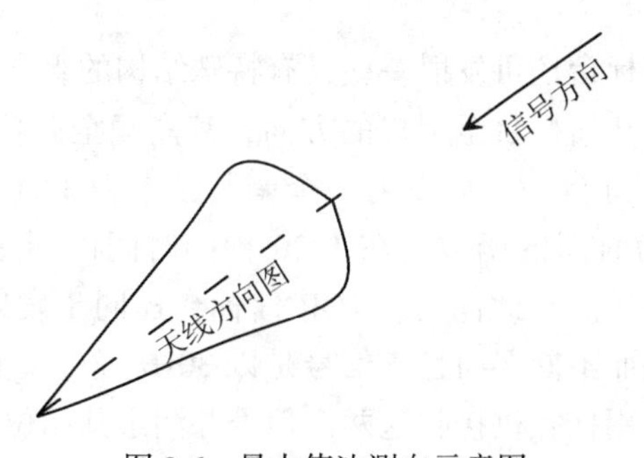

图 8-6 最大值法测向示意图

采用极值法来测定方向时，测向精度与天线方向图的形态以及接收机的灵敏度有关。当天线方向图的曲线在极值点附近变化很平缓时，测向精度就很低，当曲线在极值点附近变化很显著时，测向精度就高，同样当接收机可以分辨出信号强度的细微变化时，测向精度就高，反之测向精度就低。

8.3.1.3 比较法

比较法是把两个相互垂直的同类天线组合在一起，通过比较这两个天线所接收到的信号强度来确定信标台的方向，图 8-7 为两个相互垂直的平面环形天线的天线方向图，当信号从两个互相垂直的天线平面的角平分面方向入射时，两个天线所接收到的信号强度相同，当天线稍旋转一角度后，一个天线的接收信号会增大，而另一个则会减小，因而较容易辨别。采用这种方法可提高接收机的分辨能力。

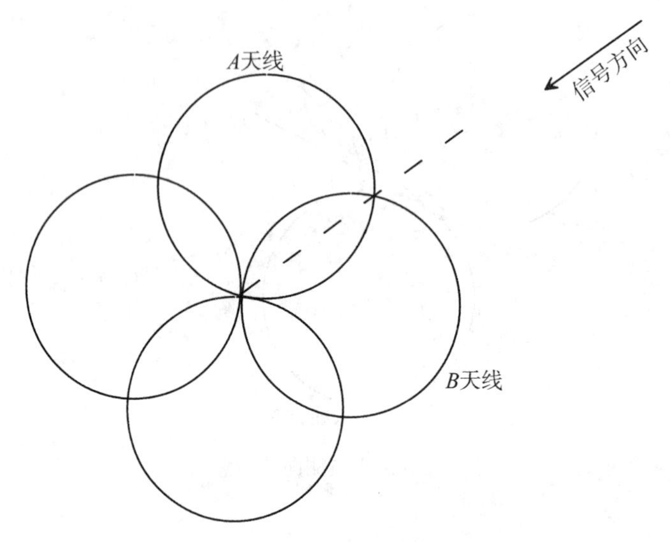

图 8-7　比较法定向示意图

用户如果能用上述方法来测定至 3 个已知的信标台的方向，就能用后方交会的方法来确定自己的位置。

8.3.1.4　测相法

除了上述方法外，信标台还可发射一些具有特殊结构的组合信号，以便用户通过测定这些信号的相位差来测定从信标台至用户的方向，甚高频全向信标系统 VOR 就采用这种方法，VOR 系统的地面信标台一方面发射一个调制频率为 30 Hz 的全向信号，全向信号的相位与方向无关，仅为时间的函数，在 1/30 秒的时间内同一地点的信号相位会变化 360°，该信号称为基准信号。与此同时，VOR 信标台还同步发射另一种信号，该信号的相位会随着的方向的不同而不同，而且该信号是以 30Hz 速度旋转播发。这两个信号在北方向被设置为同相，用户用接收机接收这两个信号并测定其相位差就能测定用户的方位角 θ（见图 8-8）。采用这种方法测出 2 个信标台至用户的方向后就能采用前方交会的方法确定出用户的位置。

8.3.2　定位原理

8.3.2.1　极坐标定位

1. 在平面坐标系中定位

在导航中，若用户离信标台的距离不太远，如数十公里，一般可在平面坐标系中进行定位。设地面信标台的已知站坐标为（x_A，y_A，H_A），信标台至用户间的水平距离为 D，信标台至用户的方位角为 θ（见图 8-9），则用户的平面坐标为：

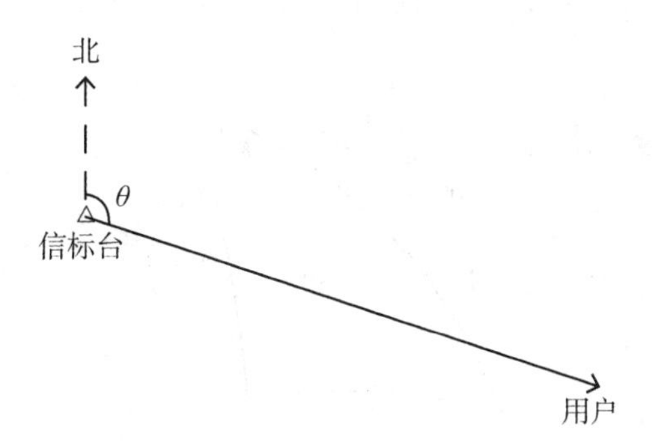

图 8-8 VOR 系统的测向原理

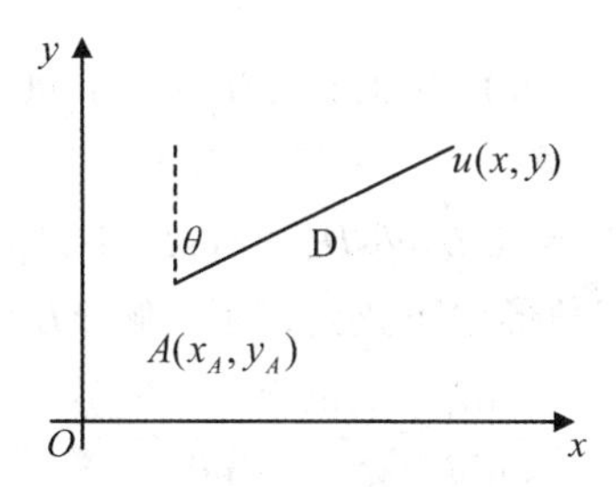

图 8-9 平面极坐标定位示意图

$$\begin{cases} x = x_A + D\cos\theta \\ y = y_A + D\sin\theta \end{cases} \tag{8-39}$$

注意，由 DME 测定的是信标台与用户间的斜距 ρ，当用户与信标台的高差不大时，一般可直接将其视为平距，当两者间的高差较大时，需用式(8-40)将斜距归算为平距 D：

$$D = \sqrt{\rho^2 - (H_A - H)^2} \tag{8-40}$$

式中，H 为用户的高程，其值可通过其他途径获得。例如，当用户为大海中航行的船舶时，H 一般可视为是接收机天线至海面的高度；当用户为飞机时，H 可由机上的测高仪器来提供；用户为地面车辆时，H 由地图或地面高程模型来提供。如果测向时测得的 θ 是磁方位角，则还需施加磁偏角改正。

2. 在球面上进行定位

当用户与信标台间的距离较远(例如数百公里)或精度要求较高时，也可在球面上进行极坐标定位，即将地球看成是一个圆球，该圆球的半径取 $R = 6371\text{km}$，或取信标台所在之处的平均曲率半径 $R = \sqrt{MN}$（参见式(4-53)）。在图 8-10 中 N 为北极点，A 为信标台，其平面坐标为 (L_A, B_A)，θ 为信标台至用户 P 的方位角，D_0 为信标台 A 与用户 P 之间的大圆弧长，$D_0 = \dfrac{D}{R} \cdot \dfrac{180°}{\pi}$，$D$ 为两点间的平距。在球面三角形 NAP 中已知两边一夹角 $(90° - B_A)$，D_0 及 θ，而要解算用户 P 的坐标 (L_P, B_P)，就相当于要解算边 $(90° - B_P)$

及 $\angle ANP = \Delta L = L_P - L_A$。据球面三角形中的边余弦公式有：

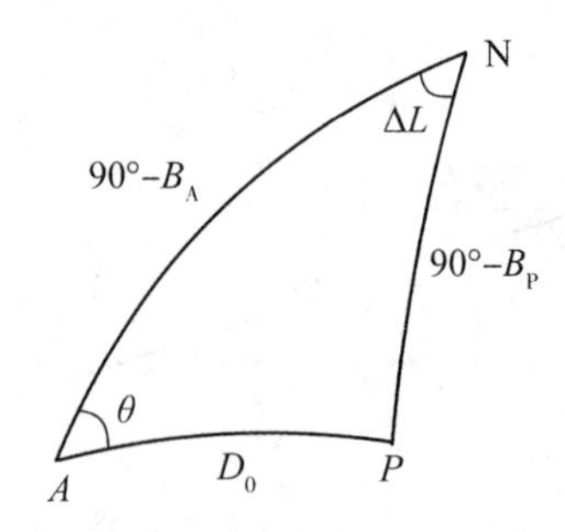

图 8-10　在球面上进行极坐标定位

$$\cos(90° - B_P) = \cos(90° - B_A)\cos D_0 + \sin(90° - B_A)\sin D_0\cos\theta$$

即

$$\sin B_P = \sin B_A\cos D_0 + \cos B_A\sin D_0\cos\theta \tag{8-41}$$

求得 B_P 后，即可用球面三角形中正弦公式来求解 $\Delta L = L_P - L_A$：

$$\frac{\sin D_0}{\sin 2L} = \frac{\sin(90° - B_P)}{\sin\theta}$$

即

$$\sin\Delta L = \frac{\sin D_0\sin\theta}{\cos B_P} \tag{8-42}$$

当用户与信标台间的距离很远，精度要求很高时，可在椭球面上进行解算，方法如第四章中介绍的那样，但导航中一般很少出现这种情况。

8.3.2.2　前方交会

1. 在平面坐标系中交会

在图 8-11 中，A、B 为两个信标台，其站坐标分别为 $(X_A，Y_A)$ 和 $(X_B，Y_B)$，两站间的距离 $S_{AB} = [(X_A - X_B)^2 + (Y_A - Y_B)^2]^{\frac{1}{2}}$，从 A 至 B 的方位角 $T_{AB} = \arctan\dfrac{Y_B - Y_A}{X_B - X_A}$，均可据已知站坐标求出，两站至用户 P 的方位角 T_{AP} 和 T_{BP} 已用 VOR 等方法测得，因而 α、β 两个角度也为已知值，$\angle APB = 180° - \alpha - \beta$，在平面三角形 PAB 中，据正弦定理可求得：

$$S_{AP} = \sin\beta \cdot \frac{S_{AB}}{\sin(\alpha + \beta)} \tag{8-43}$$

然后就能用极坐标定位法求出 P 点的坐标 $(X_P，Y_P)$。

2. 在球面上进行前方交会

类似地，当用户离信标台的距离较远或精度要求较高时，应在球面上进行解算。圆球的定义同前，在图 8-12 中，N 为北极，A、B 为两个信标台，其站坐标分别为 $(L_A，B_A)$ 和 $(L_B，B_B)$，在球面三角形 NAB 中已知两边 $(90° - B_A)$ 和 $(90° - B_B)$ 以及夹角 $\Delta L =$

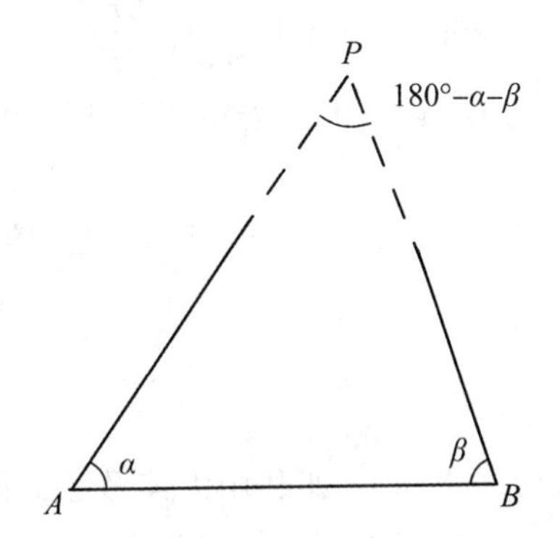

图 8-11 在平面坐标中进行前方交会

$L_B - L_A$，求另一条边 S_{AB} 的计算公式如下：

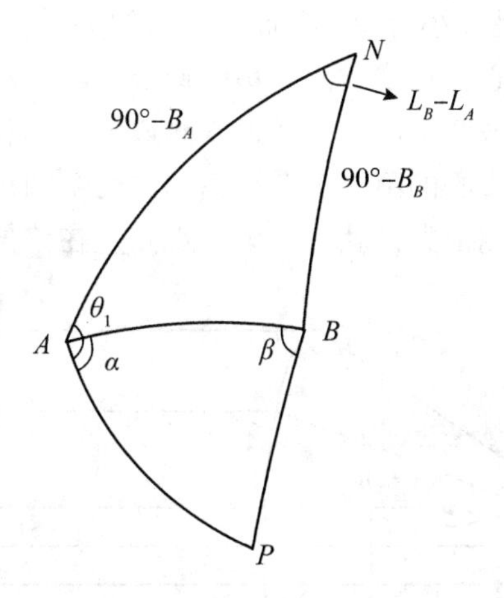

图 8-12 在球面上进行前方交会

$$\cos S_{AB} = \sin B_A \sin B_B + \cos B_A \cos B_B \cos(L_B - L_A) \tag{8-44}$$

$\angle NAB$ 即 AB 的方位角为：

$$\sin\angle NAB = \cos B_B \cdot \frac{\sin(L_B - L_A)}{\sin S_{AB}} \tag{8-45}$$

于是可求得：$\alpha = \theta_1 - \angle NAB$。$\theta_1$ 为用 VOR 测向技术测得的从信标台 A 至用户 P 的方位角。

采用同样的方法可求得 β 角。这样在球面三角形 ABP 中就已知了两个角 α、β 及夹边 S_{AB}，进而可求得边长 S_{AP}。

先计算 $\angle APB$：

$$\cos\angle APB = -\cos\alpha\cos\beta + \sin\alpha\sin\beta\cos S_{AB} \tag{8-46}$$

求得 $\angle APB$ 后再用正弦公式求 S_{AP}：

$$\sin S_{AP} = \sin\beta \cdot \frac{\sin S_{AB}}{\sin\angle APB} \tag{8-47}$$

由于 S_{AP} 及 θ_1(即方位角 T_{AP})均已知，进而就可用极坐标法求得用户的平面坐标(L_P，B_P)。

后方交会在导航中已很少使用，限于篇幅不再介绍，感兴趣的同学可参阅相关参考资料。

8.3.3　天文导航

天文导航的本质就是空间方向交汇，即利用天体敏感器测得的天体(地球、太阳、月亮、其他行星和恒星等)方位信息确定观测者位置和姿态。

天文导航的基本原理是：天体在惯性空间中任意时刻的位置可以通过查询星历表获得，通过观测点处的天体敏感器(恒星敏感器、行星敏感器等)观测得到的天体方位信息可以确定观测点在该时刻的位置和姿态信息。通过天体敏感器观测得到一个恒星和一个近天体(如太阳、行星及其卫星、小行星等)质心之间的夹角，可以确定一个圆锥面。该圆锥面的顶点位于近天体的质心，轴线指向恒星，锥心角等于观测得到的恒星和近天体质心之间的夹角，观测点必位于该圆锥面上。通过观测该近天体和第二个恒星之间的夹角，可以得到顶点也位于该近天体质心的第二个圆锥面。这两个圆锥面相交便确定了观测点的位置线。通过第三个恒星的观测信息，就可以确定观测点在该位置线上的位置(见图 8-13)。

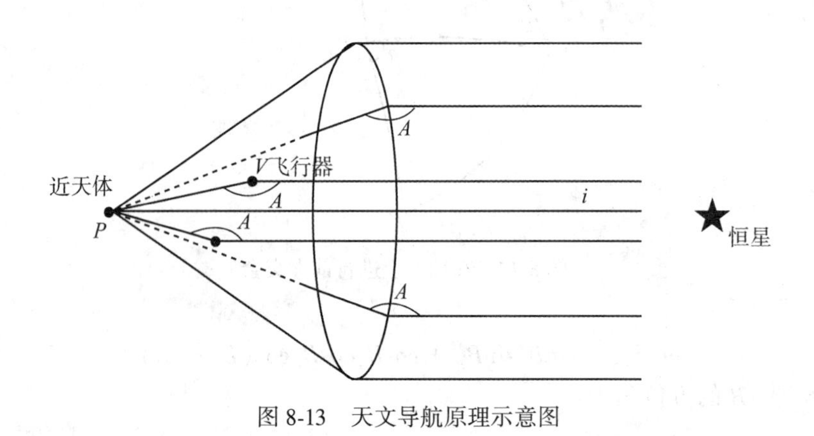

图 8-13　天文导航原理示意图

有关天文导航的详细内容，将在后续的课程中深入学习。

8.4　特征匹配概述

特征匹配技术是通过测量环境特征，如地形高度、磁场强度和重力值等地球几何或物理的特征信息，并与基准数据库进行比较来确定用户的位置。特征匹配系统需初始化一个近似位置来限定数据库的搜索区域，这样可以降低计算量，并减少特征测量值与数据库发生多重匹配的情况。为了确定所测特征量的相对位置，大多数特征匹配系统还需要惯性导航系统或其他航位推算传感器提供的速度信息。因此，特征匹配不是一种独立的导航技术，它仅能用作组合导航系统的一部分。此外，由于数据库过期，或者选择了多种匹配可能中的错误匹配，特征匹配系统优势会得到错误的匹配结果，这时必须用组合算法进行处理。

根据特征信息源的种类，特征匹配导航包括：

(1)地形特征匹配导航。

(2)图像匹配导航。

(3)地图匹配导航。

(4)重力梯度匹配导航。

(5)地磁场匹配导航等。

在图像匹配时，实时图是低空摄取的大视角图像，而参考图是卫星遥感图，由于不同天气条件下光照不同，不同季节地表覆盖物的灰度不同，以及山地、建筑物的相互遮挡等影响，实时图和参考图之间存在较大的差异，灰度和位移特征也都有变化，影响匹配精度和可靠性。此外当飞行器飞越海洋和平原时，其灰度和纹理等特征基本相同，无法实现图像匹配，因而利用稳定地形的地形匹配技术，在海面和平原地区无法使用。因此，在跨海制导方面，地磁匹配制导具有无比的优越性。另外，地磁/重力匹配导航属于被动导航，隐蔽性强，不受敌方干扰。

下面重点介绍地图匹配导航、地形辅助导航、地磁场辅助导航和重力梯度匹配导航等的基本原理和方法。

8.5 地图匹配

地图匹配，也称为地图辅助或地图适配，其实质是利用了陆地车辆通常在公路上行驶，火车总在铁轨上穿梭，行人在路上行走的先验约束信息，利用这些限制来校正陆地应用中的组合导航解。

8.5.1 地图匹配导航原理

地图匹配(Map Matching，MM)方法的思想是将已知车辆行驶路线的数学特征与地图数据库中道路的特征比较，从而用直接或间接(例如通过卡尔曼滤波)的方法确定车辆的位置和行驶轨迹并校正传感器的误差。通常，地图匹配算法用来辅助航位推算系统校正航位推算的积累误差。地图匹配方法使用的前提是假设车辆是行驶在道路上，如图8-14所示，当车辆驶过交叉路口越远，拐到路R_2上的概率越小，当这种概率下降到一定程度后，剩下的选择路R_1就作为车辆正确的行驶道路，这样，航位推算的误差得到修正。

MM方法实际上是一个伪定位系统。通常先识别道路交叉点，再通过地图坐标来确定车辆的位置。其具体过程是：

在道路的交叉点和形状点(道路方向改变的节点，但不是道路交叉点)得到车辆的行驶位置。如果算法得到的位置精度高于车载定位系统的精度，则采用计算得到的位置(但这不包括车辆不在道路网络中行驶的情况)。一般来说，地图需具有优于15m的位置

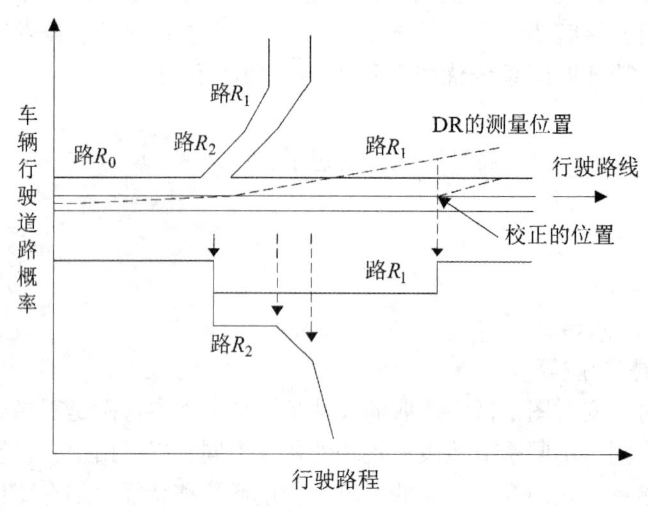

图 8-14　地图匹配方法

精度。

地图匹配算法比较导航系统的位置参数与数据库中的道路信息，当导航结果偏离道路时，可以得到垂直于道路方向的位置修正。当载体沿直线行驶时，地图匹配仅仅提供一维定位；要获得二维修正需要转弯。在 GNSS 卫星可见性很差的城市环境中，地图匹配在轨迹垂线方向的位置修正可以辅助 GNSS 沿轨迹方向的定位。。

8.5.2　地图匹配算法

地图匹配成功的关键是识别载体行驶在哪个路段。最简单的技术成为点到点(point-to-point)或点到线(point-to-curve)匹配，这种技术仅仅搜索数据库中离导航系统指示位置最近的公路。这种方法在乡间公路上能够正常工作，因为公路间的距离大大超过了导航解的不确定区间。然而，在公路网密集、GNSS 性能差的城市地区，这种方法经常产生错误。对路段的识别也可通过额外匹配行驶方向来改变。但是这种方法仍然可能导致错误匹配，特别是当路段排布成网格形式时。交通规则信息，例如单行道和非法拐弯也可以提供辅助。可靠的路段识别需要线到线(curve-to-curve)匹配技术，它将连续得到的一系列位置与地图数据库匹配。这可利用剖面匹配技术来实现；或者也可以提出多种假设，然后逐渐去掉那些连续的位置修正不能连成一个路段的假设。

1. 相关性算法

地图匹配算法采用的基本原理是概率论与数理统计。地图匹配的前提是必须知道起始点的位置和方向，从起始点开始定位系统给出的车辆轨迹，通常是速率陀螺仪给出的航向变化与车辆预期位置附近的地图特征进行相关性比较。当测量出的车辆航向角的变化与数字地图的矢量路线变化相关，那么，车辆的真实位置就可以在地图上确定下来。根据车辆的具体位置，还可校正角度传感器的漂移误差，同时对车轮直径误差进行标定。

假设车辆在 $t=1, 2, \cdots, k(k \leqslant N)$ 时刻内，定位系统测出的车辆行驶轨迹分别是

s_1，s_2，…，s_k，对应于电子地图有 k 条行驶路线(此路线的位置和航向在地图数据中是已知的)，并设地图上与导航传感器测出数据对应的轨迹分别为 L_{i1}，L_{i2}，…，L_{ik}，则相关性系数

$$\rho_i = \frac{\sum_{k=1}^{N}(s_k - \bar{s})(L_{ik} - \bar{L}_i)}{N_{\sigma_s}\sigma_{L_i}} \tag{8-48}$$

其中，

$$\bar{s} = \frac{\sum_{k=1}^{N} s_k}{N},\quad \bar{L}_i = \frac{\sum_{k=1}^{N} L_{ik}}{N} \tag{8-49}$$

式中，σ_s，σ_{L_i} 分别是序列 s_k 和 s_{L_i} 的标准差。若 ρ_i 值较大，表示传感器测出轨迹和地图上某一条道路轨迹具有较高的相似性。在所有候选路线中与实际测出路线相关性最高的路线即为车辆行驶的真实路线。相关性地图匹配算法在车辆行驶航向有比较大的改变(例如车辆在十字路口拐弯时)时效果最好，但在其他情况下，容易出现两条候选路线相关性相差不大的情况，造成实际行驶路线无法确定。

2. 基于卡尔曼滤波残差的地图匹配算法

假设在 $t = 1, 2, \cdots, k(k \leqslant N)$ 时刻内，由车载定位系统测得的车辆行驶的轨迹为 s_1，s_2，…，s_k，与其对应的地图数据库中车辆实际行驶路线为 $L_i(i = 1, 2, \cdots, m)$，m 为可能行驶轨迹的数量。对于其中任意一条候选路线 L_i，与 s_1，s_2，…，s_k 对应的地图轨迹为 L_{i1}，L_{i2}，…，L_{ik}。

系统状态方程为：

$$s_k = L_i X_{i,k} + w_{i,k} \tag{8-50}$$

其中，$L_i = [L_{i,k-2} L_{i,k-1} L_{i,k} L_{i,k+1} L_{i,k+2}]$，$X_{i,k} = [x_1 x_2 x_3 x_4 x_5]$ 为匹配系数。

影响定位系统的误差源是不同的，且有不同的统计属性，但是它们的统计特性可以认为是高斯分布。采用这样的假设，则 $w_{i,k}$ 为零均值高斯白噪声的变化值，大大简化问题。

假设车辆在行驶过程中不发生大的机动即突然改变其行驶方向，则有测量方程

$$X_{i,k+1} = X_{i,k} \tag{8-51}$$

根据线性离散卡尔曼滤波的原理，滤波后得到的匹配系数 $X_{i,k}$ 的最优估计值 $\hat{X}_{i,k}$，同时残差为

$$w_{i,k} = s_k - L_i \hat{X}_{i,k}$$

如果地图上的第 i 条候选路线为车辆行驶的实际轨迹，则残差 $w_{i,k}$ 应是满足高斯白噪声分布的序列。反之，残差 $w_{i,k}$ 不满足白噪声分布的特性。换言之，误差 $w_{i,k}$ 的白噪声特性反映了测量轨迹 s_k 与车辆实际运行轨迹 L_i 的相似程度。

白噪声实际上是一种具有特定方差且互不相关的随机序列，因此可采用序列的自相关系数作为判别标准，构造相关系数如下：

$$\rho_i = \frac{\sum_{k=1}^{N-1}(w_{i,k} - \bar{w}_i)(w_{i,k} - \bar{w})}{N\sigma_i^2} \tag{8-52}$$

其中，$\overline{w}_i = \dfrac{\sum_{k=1}^{N} w_{i,k}}{N}$，$\sigma_i^2$ 为残差序列 $w_{i,k}$ 的方差。

地图匹配具体算法过程如下：

(1)根据车辆导航系统获得的车辆位置信息，确定地图数据库中与之相关的候选最优路线。

(2)对地图上每条候选路线，采用前述状态方程和观测方程的卡尔曼滤波方程，得到匹配系数最优估计值 $\hat{X}_{i,k}$。

(3)根据匹配系数的最优估计值 $\hat{X}_{i,k}$ 计算残差 $w_{i,k}$。

(4)计算判别系数 ρ_i。

(5)根据白噪声的性质，选取判别系数 ρ_i 最小的候选路线作为车辆行驶轨迹的最优估计。

上述算法是基于车辆在行驶过程中不发生大的机动而突然改变其行驶方向的假设，但在车辆运行的实际过程中，可能出现突然改变行驶方向的情况，此时假设条件 $X_{i,k+1} = X_{i,k}$ 并不成立。为了避免出现这种现象，算法引入了一个判别过程：当 $|L_i - L_{i-k}| > \Delta(k=-2, -1, 1, 2)$ 时，令 $L_{i-k} = L_i$，然后再计算 $\hat{X}_{i,k}$。参数 Δ 由仿真实验确定，通常在 30°~50°之间。

地图匹配算法在不断地发展之中，除了上述的两种算法之外，新的算法不断出现，例如基于代价函数的地图匹配，基于模糊逻辑的地图匹配，等等。

8.6　地形辅助导航

8.6.1　地形辅助导航原理

地形辅助导航 TAN(Terrain Aided Navigation)是指利用地形和地物特征进行导航，它自 20 世纪 70 年代开始出现，在 20 世纪 90 年代得到迅速发展，在军事领域成为一种重要的导航技术。地形辅助导航的核心技术是地形匹配技术，其基本工作原理如图 8-15 所示，测量得到的地形与存储在导航计算机中的数字地形数据进行匹配，得到运载体的位置信息，并用此位置信息修正惯性导航系统的误差，以提高导航系统的精度。

地形匹配的核心思想是测量飞行器飞行路径正下方的地形高度，将测量得到的地形高度与存储在导航计算机中的参考高程地图进行匹配得出飞行器的位置信息。地形辅助导航是一种自主、隐蔽、全天候的导航技术，不受季节变化和天气条件的影响，在恶劣天气状况下以及夜间均可正常使用。由于地形高程相对稳定，不受季节、气候和光照等条件的影响，地形辅助导航精度相对稳定，定位精度一般为几十米。地形辅助导航系统既可用于无人机、战斗机以及导弹等空中运载体(陆地地形)，也可用于舰艇等水面以及水下运载体的自主导航(水下地形)(见图 8-15)。

图 8-15　地形辅助导航系统工作示意图

8.6.2　地形辅助导航算法

地形辅助导航的核心算法包括最优估计算法(最小二乘滤波、维纳滤波以及卡尔曼滤波等)和地形匹配算法等，最优估计算法是导航系统中应用广泛的算法，在本小节不做介绍。地形匹配算法解决实测地形数据与导航计算机中存储的地形数据的匹配问题，常用的地形匹配算法有 TERCOM 算法、SITAN 算法以及 ICCP 算法。

1. TERCOM 算法

TERCOM 的基本工作原理是：在地球陆地表面上任何地点的地理坐标，都可以根据其周围地域的等高线或地貌来单值地确定。它采用间歇式修正方法，当飞行器飞过某块匹配区域时，TERCOM 算法利用气压高度表经惯性平滑后所得的绝对高度 h_a，和雷达高度表实测相对高度 h_c 相减，得到地形的实际高程 h_r，再与数字地形数据库中的地形高程按照一定的算法做相关分析，所得的相关极值点对应的位置就是飞行器的飞行位置，进而修正主导航系统的导航参数，h_a、h_c、h_r 之间的关系如图 8-16 所示。

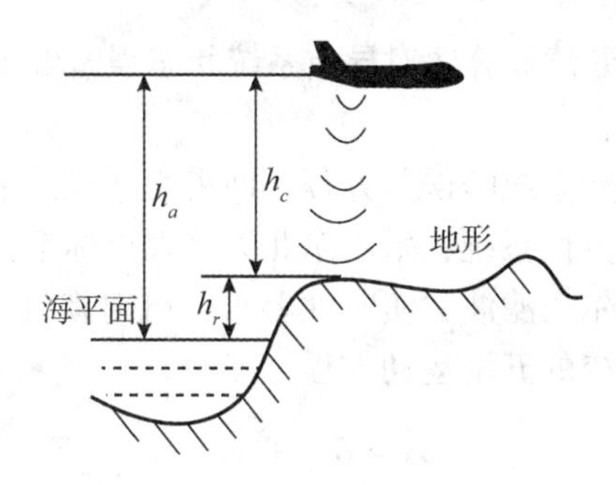

图 8-16　h_a、h_c、h_r 之间的关系

TERCOM 算法常用的三种相似性测度为：较差相关算法(COR)、平均绝对差法(MAD)以及均方差算法，它们的定义如下：

$$
\begin{cases}
J_{\mathrm{COR}}(\Delta e,\ \Delta n) = \dfrac{1}{n}\sum\limits_{i=1}^{n} h_r(i)h_m(i) \\
J_{\mathrm{MAD}}(\Delta e,\ \Delta n) = \dfrac{1}{n}\sum\limits_{i=1}^{n} \left| h_r(i) - h_m(i) \right| \\
J_{\mathrm{COR}}(\Delta e,\ \Delta n) = \dfrac{1}{n}\sum\limits_{i=1}^{n} \left[h_r(i) - h_m(i) \right]^2
\end{cases}
\tag{8-53}
$$

在 TERCOM 辅助导航中，地形的特征参数是影响定位精度和匹配概率的重要因素，它主要包括地形高程数据标准差、粗糙度和相关长度等，分别反映了地形的总体起伏、平均光滑程度和地形变化的快慢。由于山丘地形的特征参数比较明显，常被 TERCOM 系统选作适配区域。

2. SITAN 算法

SITAN 算法利用卡尔曼滤波原理连续地把惯性传感器数据与高度雷达表传感器数据结合起来，这样不仅能最佳地估算出飞行器的位置，而且还能估算出飞行器的速度和姿态，与 TERCOM 系统相比，该系统具有更好的实时性，更适合于高机动性的战术飞机使用，其原理如图 8-17 所示。

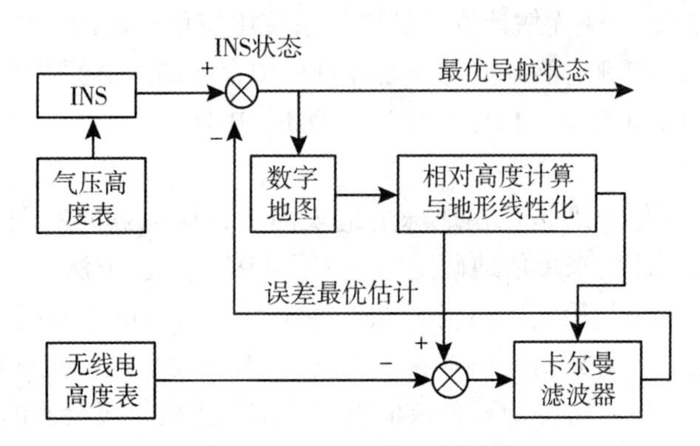

图 8-17　SITAN 算法原理图

SITAN 系统是利用卡尔曼滤波算法对导航系统状态误差做出最优估计的，所以必须建立系统的状态方程与量测方程。

其状态方程就是惯性导航系统的误差方程，即采用间接法估计惯性导航系统的状态误差。设惯性导航系统为指北方位系统，采用东北天地理坐标系，取三维位置误差和二维速度误差作为状态，为满足卡尔曼滤波的实时性要求，可对惯性导航系统的误差方程简化，并略去高阶小量，可得到系统的五维运动方程，即

$$\delta \dot{x} = \delta v_x + w_x \tag{8-54}$$

$$\delta \dot{y} = \delta v_y + w_y \tag{8-55}$$

$$\delta \dot{h} = w_z \tag{8-56}$$

$$\delta \dot{v}_x = w_{vx} \tag{8-57}$$

$$\delta \dot{v}_y = w_{vy} \tag{8-58}$$

于是 SITAN 算法的状态方程可写为：

$$\dot{X} = FX + W \tag{8-59}$$

其中，

$$F = \begin{bmatrix} 0 & 0 & 0 & 1 & 0 \\ 0 & 0 & 0 & 0 & 1 \\ 0 & 0 & 0 & 0 & 0 \\ 0 & 0 & 0 & 0 & 0 \\ 0 & 0 & 0 & 0 & 0 \end{bmatrix} \quad W = \begin{bmatrix} w_x \\ w_y \\ w_z \\ w_{vx} \\ w_{vy} \end{bmatrix} \tag{8-60}$$

选取不同的量测值就可建立不同的量测方程，这里选取相对高度之差作为观测值建立量测方程。

地形真实高度记为 $h_t(x, y)$，(x, y) 为载体的真实位置，惯性导航系统指示的三维位置为 (x_I, y_I, h_I)，根据 (x_I, y_I) 从数字地图中插值出地形高度 $h_m(x_I, y_I)$，估算的相对高度可表示为：$h_{I-mr} = h_I - h_m(x_I - y_I)$。

而 $h_m(x_I, y_I) = h_t(x_I, y_I) + \gamma_m$，式中，$\gamma_m$ 为数字地图制作时的测量与量化噪声。

此外，实测的相对高度 $h_{altr}(x, y) = h_r(x, y) + \gamma_r$，进而可得到卡尔曼滤波的量测值 Z，即

$$\begin{aligned} Z &= h_{I-mr} - h_{altr} = h_I - h_t(x_I, y_I) - h_r(x, y) - \gamma_m - \gamma_r \\ &= h + \delta h - h_t(x + \delta x, y + \delta y) - h_r(x, y) - \gamma_m - \gamma_r \\ &= h - h_t(x, y) - \frac{\partial h_t(x, y)}{\partial x}\delta x - \frac{\partial h_t(x, y)}{\partial y}\delta y - h_r(x, y) + \delta h - \gamma_l - \gamma_m - \gamma_r \\ &= h - h_t(x, y) - h_x\delta x - h_y\delta y - h_r(x, y) + \delta h - \gamma_l - \gamma_m - \gamma_r \end{aligned} \tag{8-61}$$

载体的真实高度 $h = h_t(x, y) + h_r(x, y)$，代入(8-61)得：

$$Z = -h_x\delta x - h_y\delta y + \delta h - \gamma_l - \gamma_m - \gamma_r \tag{8-62}$$

最后可得量测方程：

$$Z = HX + \tilde{a} \tag{8-63}$$

3. ICCP 算法

ICCP(Iterative Closest Contour Point)算法是由 ICP(Iterative Closest Point)算法发展而来的，它不需要事先确定对应估计，只是不断重复(初始)运动变换—确定最近点—求运动变换的过程，逐步改进运动的估计。

算法的主要思路是：将测得的沿着航迹的地面高度或水深值连接起来构成曲线，与已存在的地形图或水深等值图进行匹配。算法采用欧式距离平方最小为目标函数，求得测量航迹与真实航迹之间的最优变换，通过该变换校正航迹，实现对测量航迹的校正，如图 8-18 所示。

图 8-18 中，$P_i(i=1, 2, \cdots, n)$构成的是“指示航迹”，i 为航迹点序号，弯曲实线成

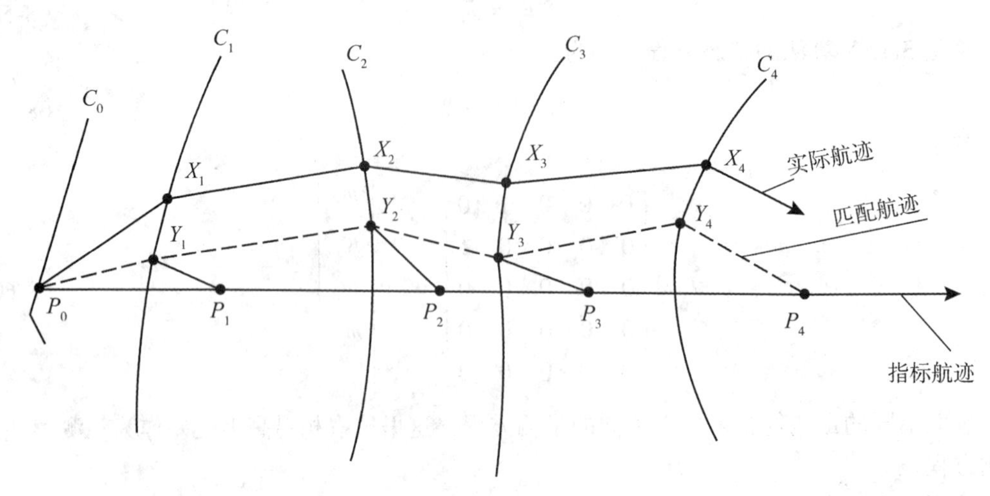

图 8-18　ICCP 算法原理

为实际航迹，由 $X_i(i=1, 2, \cdots, n)$构成，$C_i(i=1, 2, \cdots, n)$表示的是当地实测地形或水深等值线。由于惯性导航系统误差的存在，$\{P_i: i=1, 2, \cdots, n\}$以及$\{X_i: i=1, 2, \cdots, n\}$之间必定存在误差，根据 ICCP 算法的思路，$X_i$必定位于某等值线上，所以假设这条等值线为 C_i，那么按照一定的准则，使 P_i靠拢到 C_i上，从而可以找到最优估计点 Y_i以及对应的“匹配航迹”，实现对真实航迹的最优估计。

对于 ICCP 算法的匹配过程可以解释为：从已知点 P_0出发，沿真实轨迹航行，并不断测量地面高度或水深。在实时测高或测深传感器没有测量误差的情况下，那些测量点一定落在对应的等值线上。由于有测量误差的存在，测量航迹给出的位置会偏离对应等值线。分别设指示航迹位置点集合为$\{P_n\}$，对应的实际航迹点集合为$\{X_n\}$，为了求得真实位置，将测量航迹与真实航迹匹配，需要确定刚性变换 T(包括一个旋转分量和一个平移分量)，通过刚性变换 T 使集合$\{P_n\}$与集合$\{X_n\}$的距离最小。由于集合$\{X_n\}$一定在等值线上，只是无法确定在等值线上的确切位置，因而在最优化目标函数的基础上采用迭代方法寻找刚性变换 T，使之表示的距离最小。

$$M_k(C, TX) = M(Y, TX) = \sum_{i=1}^{n} \| y_i - Tp_i \|^2 \tag{8-64}$$

式中，T 表示变换，包括平移和旋转。

8.7　地磁场匹配导航

地磁导航作为一个跨学科的新兴研究领域，其分支涵盖了地球物理学、地质学、电磁学、测量与仪表、地理信息系统(GIS)、导航与控制等多个学科。从总体上来划分，地磁导航的研究内容包括：磁场测量技术、地磁场模型与地磁图制作、地磁匹配与地磁滤波技术这三个主要分支领域。

8.7.1 磁场测量技术

正确地获取磁场的幅值与方向等信息，是地磁导航实现的基础条件。由于地磁场非常微弱，其幅值范围为30000~70000纳特斯拉(简称纳特或nT)，其随空间位置产生的变化量更是相当微弱，不仅不易测量，而且很容易受到干扰。地磁场的梯度变化范围从每公里几纳特(地磁异常微弱区)到上百纳特(地磁异常剧烈区)不等。要测量如此微小的变化量无疑对传感器的分辨率和精度提出了相当严苛的要求。除此之外，来源于载体自身的磁场干扰也是一个不可回避的问题。载体自身的干扰磁场主要包含以下几个方面：

(1)载体自身的钢铁结构会被地磁场磁化而产生激磁；

(2)载体运动时通过自身导体材料的磁通会发生改变，进而产生涡流磁场；

(3)载体所携带的电器设备中的电流产生的干扰磁场。

这些磁场尽管幅值通常比较微弱，可是它们对地磁场测量造成的影响是绝对不可忽略的。因而，磁场测量不能被简单地局限于磁传感器的设计与制造，如何排除各种干扰，或者说是如何从各种干扰磁场中分离出导航所需要的地磁场信号，是一个关键性技术问题，也是未来限制地磁导航最终投入使用的瓶颈因素之一。

为了实时、精确地获取载体所在位置的地磁场，磁场测量技术应该包含以下几个方面：

1. 磁场传感器的设计与制造

近年来，国内外磁传感器的研究设计水平不断提高，新型磁场传感器不断问世。从10^{-14} T的人体弱磁场，到25T的强磁场都可以找到相应的传感器进行检测。传统的磁通门传感器的分辨率已可达到0.1nT，理论上已经可以满足地磁导航的需求，但响应速度还稍嫌不足，体积也相对过大。近年来，基于巨磁阻抗效应的非晶材料传磁感器正被受到广泛的关注，因其具有灵敏度高、响应速度快、体积微小等重要优势，在未来的地磁导航应用中具有广阔的应用前景。

2. 磁场传感器的标定与校准

优秀的设计并不能完全保障最终产品的质量，标定与校正环节是必不可少的。地磁导航中所普遍应用的三轴磁传感器在加工制造过程中，受到成本与加工工艺的限制，经常会出现传感器的三个敏感轴不严格垂直，各轴上的灵敏度等电器特性达不到严格对称等情况。理想的三轴传感器相当于一个标准正交坐标系，三轴严格垂直，且每个轴上的度量都为单位长度。而低精密度的三轴传感器则相当于是一个三轴不垂直的仿射坐标系，且各轴上的度量也不一定为单位长度。三轴磁传感器的标定是在产品出厂前通过一定的测量与解算，获取相关的参数，从而对于每个产品个体都建立起一个由仿射坐标系到标准正交坐标系的对应转换关系，这样就可以在不增加成本的条件下大大提高产品个体的测量精度。

3. 干扰磁场的排除

由于地磁场的微弱特性，干扰磁场是提高测量精度过程中需要克服的另外一个瓶颈，也是在研究中容易被忽视的一个问题。针对载体材料受地磁场影响而产生的同姿态相关的干扰场，可以通过航磁补偿的方式，通过建立模型，求解参数，进而反向补偿的方法来解决。而对于载体电磁设备辐射出来的干扰磁场，目前常用的方法一个是磁屏蔽技术，另外一个是滤波技术。对于高于 100kHz 的高频磁场，采用高频磁场屏蔽方式，这种方式是利用屏蔽导体上由电磁感应产生的反向涡流磁场来抵消部分入射磁场。而对于低频磁场，则是利用高磁导率的屏蔽体对磁通进行分流。从屏蔽机理上看，磁场屏蔽的难度要远远高于电场的屏蔽。从屏蔽效果上来说，磁场屏蔽通常仅能削弱干扰磁场，而难以达到完全消除其影响的目的。而低通滤波器或带通滤波器技术，则是利用了地磁场信号与干扰信号的频带不同来进行干扰过滤。这种技术虽然可以有效地抑制高频干扰，但是对频率特性与地磁场相近的低频干扰却无能为力。由此可见，低频电器干扰磁场由于难以屏蔽，无法滤波分离，更难以建模补偿，是阻碍地磁导航系统投入使用的主要障碍之一。对于这类干扰磁场的解决方法目前还鲜有报道。

8.7.2　地磁场模型与地磁图制作

地磁场按其起源可分为内源场和外源场，内源场是由地球内部结构产生的，外源场则由地球附近的电流体系产生的，如电离层电流、环电流、磁层顶电流等，它受诸如太阳活动、磁暴等多种因素的影响而不断变化。因此地磁场随空间 r 和时间 t 的不同而变化，其场强 $B(r, t)$ 可以表示为：

$$B_{(r,\ t)} = B_{m(r,\ t)} + B_a(r) + B_d(r,\ t) \tag{8-65}$$

其中，$B_{m(r,\ t)}$ 为主磁场(又叫地核场)，由处于地幔之下、地核外层的高温液态铁镍环流引起；随时间缓慢变化，全球平均变化幅值为每年 80nT；在地表处的强度为 30000～60000nT，占地磁场总量的95%以上；$B_a(r)$ 为异常场(也叫地壳场)，产生于磁化的地壳岩石，几乎不随时间变化，空间分布频率丰富，波长从几米到几千千米，在地表处的强度占地磁场总量的 4%以上；$B_d(r,\ t)$ 为干扰磁场，源于磁层和电离层，既包含规则的日变和年变干扰，又包含磁暴、亚磁暴等不规则干扰，非磁暴时期干扰磁场一般为数十纳特，磁暴时可超过 1000nT。

迄今为止，国内外已提出很多地磁场模型分析方法，但在研究全球地磁场时空变化时，从 19 世纪 30 年代高斯理论问世以来，球谐分析一直是被采用的主要方法。在地球物理学中，公认用来表示地球主磁场的是国际参考地磁场 IGRF（International Geo-magnetic Reference Field)，它以球谐级数的形式表达，其最高阶通常为 10，共 120 个球谐系数。2000 年以后的模型球谐级数截断到 13，共 195 个球谐系数，能够表示的最短波长为 3000 km。目前最新的是 2005 年修订的第十代，即 IGRF-10。然而对于区域地磁场模型研究，Alldredge 指出球谐分析法已不再适用，提出了用矩谐分析法表示区域磁异常。各国学者应用泰勒多项式、矩谐分析、球冠谐分析、曲面样条分析、自然正交等多种方法，得到了各个国家与区域的地磁场模型。

地磁场模型与地磁图是研究地磁导航制导技术的基础，地磁场建模和地磁图的精确程度是决定地磁导航技术是否可行的关键因素。

8.7.3　地磁匹配

所谓地磁匹配，就是把预先规划好的航迹上末段区域某些点的地磁场特征量绘制成参考图(或称基准图)存储在载体计算机中，当载体飞越这些地区时，由地磁匹配测量仪器实时测量出飞越这些点地磁场特征量，以构成实时图。在载体上的计算机中，对实时图与参考图进行相关匹配，计算出载体的实时坐标位置，供导航计算机解算导航信息。地磁匹配类似地形匹配系统，区别在于地磁匹配可有多个特征量。

由于图像匹配和地形匹配技术在某些场合存在一定缺陷，研究地磁匹配导航制导技术具有重要的现实意义。地磁匹配算法属于数字地图匹配技术，是地磁导航的核心技术，目前主要分两类：一类强调它们之间的相似程度，如互相关算法(COR)和相关系数法(CC)；另一类强调它们之间的差别程度，如平均绝对差算法(MAD)、均方差算法(MSD)。在求最佳匹配点时，前一类算法应求极大值，后一类应取极小值。有关地形、图像匹配导航算法也可以应用到地磁匹配导航中来。例如，地形匹配导航中的ICP匹配算法，将实时测量的地形特征数据通过反复的刚性变换(旋转和平移)减小匹配对象和目标对象之间的距离，使得匹配对象尽可能地接近目标对象，从而达到匹配的目的。在用于地磁匹配导航的算法中，比较典型的还有Hausdorf距离算法。该技术是一种极大极小距离，受物体平移、旋转、缩放等变换的影响较小的算法。它可以使地磁匹配基于一种新的测度，能更为有效地表征基准图和测量序列之间的相关性。天津航海仪器研究所刘飞等人采用这一技术进行了地磁匹配导航仿真试验，取得了较好的效果。

8.7.4 地磁滤波

地磁匹配特点是原理简单、可以断续使用；在航行载体需要导航定位时，即开即用；对初始误差要求低，导航不存在误差积累；具有较高的匹配精度和捕获概率，是一种较方便灵活的匹配方式。但是地磁匹配需要存储大量的地磁数据，对于卫星，导弹适用性不强，这时通常采用地磁滤波。地磁滤波的特点是，需要载体在较长一段时间内连续递推滤波导航定位，对初始误差要求较高；如果飞行器的飞行轨迹在等磁线变化较为丰富的区域，使用滤波修正导航偏差更为有效，在一定时间内既能提高滤波收敛速度，又能提高收敛精度。在地磁导航中，目前应用较多的还主要为卡尔曼滤波技术。

根据所采用磁传感器类型的不同，地磁滤波的实现方式可以分为两种。若采用当前发展迅速的三轴磁传感器敏感三个不同方向的地磁场强度，则可得到所测地点的完整的地磁矢量信息，在这种情况下，不需要得到异磁场强度而可以直接把三分量地磁数据作观测量进行地磁滤波，滤波精度和三轴磁传感器的观测精度有直接关系。然而目前三轴磁传感器设计得并不完善，测量精度有限，如果采用应用比较广泛的高精度的光泵磁力仪作为地磁传感器，测量得到的只是磁场的模量而对磁场的各个分量方向的变化不响应；若是采用质子磁力仪作为地磁传感器，可以测得垂直或者水平单一方向的地磁强度。在这种情况下，地磁导航存在系统不完全可观的弊端，因此地磁滤波过程中必须对载体的飞行轨迹进行优化。

由于地磁场观测模型是非线性的，在地磁导航滤波算法里，多采用扩展卡尔曼滤波(Extended Kalman Filter，EKF)、UKF、自适应卡尔曼滤波、联邦卡尔曼滤波，等等。

8.8　重力匹配辅助导航

8.8.1　基准数据获取

基准重力数据是进行重力匹配的基础。在重力匹配技术研究中，需要高精度、高分辨率的全球重力场数据。

1. 海洋重力数据的测量

地球上任何物体都会受到地球及其他天体的引力和离心力的作用，引力和离心力的合力称为重力，重力的大小取决于地球内部物质及外部物质的分布和地球自转。由于物质分布和地球自转是随时间变化而变化的。因此严格地说，重力是时间和空间的函数。重力测量学的研究目的就是要通过在地球表面或者地球表面附近所进行的重力测量和重力梯度测量，来测定作为位置和时间函数的地球重力场和其他天体的重力场。

海洋重力测量是在陆地重力测量基础上发展起来的。在现有的技术条件下，人们主要通过以下手段获取海洋重力场的数据：

(1)海底重力测量。

(2)海面重力测量。

(3)海洋航空重力测量。

(4)重力梯度测量。

(5)卫星重力测高。

(6)重力场模型的反演。

2. 海洋重力场数据的内插

重力匹配理论上要求重力数据能够连续地布满整个地球表面，但是事实上，在地球表面实施重力观测的重力点数总是有限的，为了满足使用上的要求，对于未测点的重力异常就只能利用其附近的实测值来推求，这就是重力异常的内插和推值问题。海洋重力测量一般比陆地重力测量困难得多，测量成本也高很多。在某个海域实施一次测量相对比较容易，但对于海域中由于客观原因造成的漏测或有疑问的测点一般不容易进行补测。因此，对于海洋重力测量来说，重力异常的推值理论比起陆地更显得重要。

从重力资料应用起步至今，围绕重力异常的推值问题，已经相继提出了许多种计算方法，具有代表性的有早期的线性内插、几何图形内插和加权中数法，有近代的最小二乘推估法，还有从应用数学引进的函数插值和逼近方法。这些方法可归为两类：解析推值和统计推值。

设函数 $f(x)$ 在一些离散点上有已知值 $f(x_1)$，$f(x_2)$，…，$f(x_m)$。插值的任务就是寻找一个比 $f(x)$ 更近的函数 $\varphi(x)$ 去逼近函数 $f(x)$。当要求

$$\varphi(x_i)=f(x_i)\ (i=1,\ 2,\ \cdots,\ m) \tag{8-66}$$

时，这样的逼近问题为插值逼近；当要求

$$\sum_{i=1}^{m}\left[\varphi(x_i)-f(x_i)\right]^2=\min \tag{8-67}$$

时，称这样的逼近问题为最小二乘逼近。

统计推值是指利用重力异常的统计特性来推估未测点上的重力异常值，按距离加权就属于统计推值，协方差反映了重力异常的相关性，距离近相关性就强，距离远相关性就弱。

重力场是由地球本身质体密度分布决定的保守力场，其结构在相当长的时间尺度上可以认为保持不变，对这个场的现代研究任务主要是不断改进对其精细结构的认识，在项目研究中，主要研究处理多代卫星测高数据用于恢复高分辨率地球重力场的理论和新技术，并利用多代卫星测高数据，联合地球重力场模型、船测重力数据反演高分辨率高精度海洋重力场，建立 $1' \times 1'$ 格网空间重力异常数据库，设计和开发多分辨率重力图三维管理信息系统，为重力匹配导航提供重力场数据。

3. 重力数据测量及其潜深改正

在海洋和航空重力测量中，由于重力测量仪器安置在运载体上(如船只或飞机)，而受到外界干扰加速度的影响，其中有些可以校正，而另一些则可以通过适当的装置加以消除。归纳起来，主要影响有以下七个方面：

(1)潜深改正。由于不同的深度，重力值不同。

(2)径向加速度影响。由于船只航迹为曲线所产生的径向加速度对重力测量的影响。

(3)航行加速度影响。由于船只航行加速度对重力观测的影响。

(4)周期性水平加速度的影响。由于波浪或气流起伏以及机器震动等因素而引起的船只在水平方向上的周期性振动对重力观测的影响。

(5)周期性垂直加速度的影响。由于波浪、气流起伏或机器震动等因素而引起的船只在垂直方向上的周期性振动对重力观测的影响。

(6)旋转影响。由于波浪、风力或驾驶因素而引起的船只绕三个相互正交轴的旋转对重力观测的影响。这种影响有常量的和周期的两种。

(7)厄特弗斯效应。由于重力测量仪器随船只相对地球在运动，因此改变了作用在仪器上的离心力而对重力观测值的影响。

对于水下载体来说，由于没有在海面上航行，受到的影响少，重力的测量精度也比较高。进行重力匹配，对于实测数据主要进行潜深改正。

4. 可匹配区域的划分与选择

由于测量误差的存在和重力分布的相似性等原因，重力匹配必须在特征明显的区域进行匹配，才能保证匹配结果精度和可靠性。选择可匹配区域首先要进行重力场的特征分析，然后在具有不同特征的区域进行匹配，找到适合匹配的特征区域，并根据此特征进行可匹配区域的划分。

可匹配区域的划分与选择主要进行以下工作：

(1)重力场基准图最优尺度分析。

(2)重力场基准图结构特征分析与自动提取。

(3)重力场分类准则及重力场分类。

8.8.2　重力匹配算法

1. TERCOM算法

TERCOM算法原来是一种地形匹配算法，这里应用在重力匹配的研究中。它的原理就是将载体航迹上所测量的序列数据与基准数据进行相关匹配寻找最相似的位置。

TERCOM算法工作的基础理论在于：对于地球海面上的不同位置，重力场的分布是不同的。对于地球海面上任意位置的地理坐标，都可以根据其周围的重力场的等值线或重力场分布来单值的确定(袁信等，1993)。水下重力辅助导航就是当载体沿着某一方向在某一海域航行时，惯性导航的误差随时间累积，偏离了真实的位置。在匹配区域，载体上的重力仪测量若干个采样点的重力值，水压式测深仪测出相应位置潜器的深度，对测量的重力值进行深度改正换算到海面上重力值。由惯导系统位置信息和误差信息在已有的数字重力图上确定相关区域，将换算的重力值序列和相关区域按一定的算法作相关分析，所得的相关极值点对应的位置就是载体的真实位置，进而修正主导航系统导航参数。

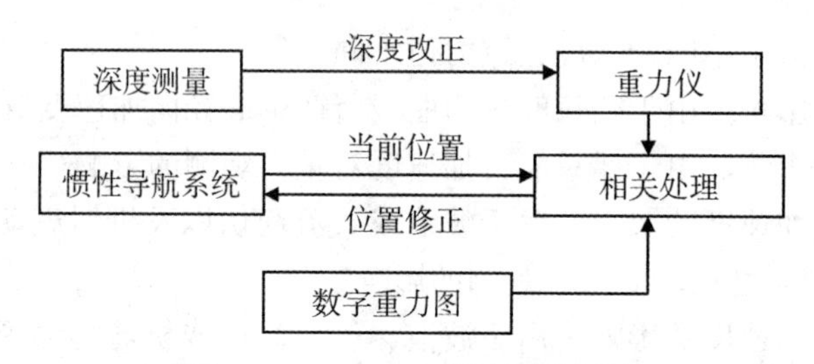

图8-19　TERCOM算法原理框图

TERCOM算法采用的是批相关处理技术，其作用是在存储重力图中找出一条路径，这条路径平行于导航系统指示的路径并且最接近于重力仪实测的路径。TERCOM算法分为以下几个步骤进行：

(1)实测重力剖面；

(2)从重力图中提取重力剖面；

(3)相关分析；

(4)修正导航系统；

(5)匹配算法对匹配区域适应性分析。

有研究表明，TERCOM算法不需要初始位置，当重力场粗糙度达到3.7mgal时，即使重力测量误差超过3mgal，定位误差也在1个格网单位以内，在重力场分布比较独特，搜索范围足够大，即使误差较大的条件下，也可以实现精确的匹配。它是一种很有效的方法。

但是TERCOM算法本质上是一种最小二乘估计方法，它没有考虑被估参数和观测数据的统计特性，因此不是最优估计方法。相关算法要在获得一条重力值序列后才能进行匹配，属于后验估计，因而实时性较差。重力匹配区域选择时间较长，匹配区域要求高，有可能发生误匹配的问题，对重力图质量要求高，任务规划也有很高的要求，规划周期长，并且在匹配过程中不允许机动航行，难以连续定位，匹配耗时，计算量大。另外这种算法对航向误差较敏感。

对于重力匹配，如何实现避免误匹配，实现实时、连续、快速的导航，寻找环境适应性强的最优估计算法还需要考虑其他算法。

2. 基于卡尔曼滤波的匹配算法

水下载体长时间隐蔽航行依赖于自主水下定位手段，由于重力的测量不需要接收外部或向外部辐射信息，最大程度保证了潜艇导航的隐蔽性和自主性，是严格意义上的无源导航，因此受到了格外的关注，但是前面介绍的TERCOM算法只可以实现可靠的导航定位，仅仅给出位置信息，而且不是实时的。在实际的应用中，需要的导航信息往往不仅包括位置信息，还包括速度信息、航向信息，同时最好可以实现实时的导航。TERCOM是不满足这种要求的，因而研究适用的重力匹配辅助导航算法，对于突破水下组合导航技术发展的瓶颈，满足对水下无源导航定位技术的需求具有更加重大的现实意义(袁书明等，2004)。

卡尔曼滤波算法是一种实时动态的最优估计算法，它有严格的数学模型和误差模型，可以同时实现航行器位置、速度、姿态等参数的估计，其改进算法还可以对误差的统计特性进行估计，非常适合于动态导航系统和组合导航系统的状态估计，并已成功应用于地形匹配辅助导航(秦永元等，1998；Baird，C. A.，1990；徐克虎等，2000)。重力匹配辅助导航与地形匹配辅助导航类似，但是重力数据分辨率小，数据间隔大，数据相关性小，重力的线性化误差很大，很容易导致滤波发散，使得滤波器失效。论文中根据惯性导航仪器的误差特性，取适当的数值作为阈值对状态向量进行限制，有效地抑制了滤波的发散。

3. ICCP算法

TERCOM算法利用航迹上序列重力值与重力基准图进行相关运算，求取匹配位置；扩展卡尔曼滤波算法是将重力测量值的观测方程与惯导的状态方程结合起来进行动态滤波，推算导航位置。通过算法研究，TERCOM一次匹配需要的重力测量数据较多，匹配时间很长，而且不允许载体机动航行；扩展卡尔曼滤波算法可以实现实时导航，每测量一个重力数据就可以进行滤波，但是这种算法易于发散，需要其他算法监控。ICP算法可以完全基于几何形状、颜色或者格网等来进行处理，它不需要事前确定对应点，具有匹配精度高，即使在缺乏明显特征的条件下也可以取得较好匹配结果的特点。

上述这些算法大部分是一维的匹配算法。它虽然具有计算所需的测量数据少，匹配速度快的特点，但是由于水下情况复杂，一维的匹配算法匹配的可靠性不高，容易出现误匹配和算法的发散。因此，后来由相继引入了基于相位相关的二维匹配算法、基于互信息的匹配算法和基于二维对齐度的匹配算法等。

8.9 航位推算

8.9.1 航位推算概述

航位推算是在知道当前时刻位置的条件下，通过测量移动的距离和方位，推算下一时

刻位置的方法。在空间中有两点，设点 P_1 的坐标为 X_1，点 P_2 的坐标为 X_2，

$$X_2 = X_1 + X_{12} \tag{8-68}$$

其中，基线向量 X_{12} 可以由适当的观测值确定。重复应用该方法从某一已知坐标起点，连续获得后续航行体的位置坐标的方法，就称为航位推算。

根据确定 X_{12} 的观测方法不同，航位推算方法有所不同，主要有两类：一类是测距测角的航位推算，另一类就是惯性导航(见第十章第五节)，还有一种航位推算就是 GPS 相对定位方法。航位推算算法最初用于车辆、船舶等的航行定位中，所使用的加速度计、磁罗盘、陀螺仪成本高，尺寸大。随着微机电系统技术的发展，加速度计、数字罗盘、陀螺仪尺寸、重量、成本都大大降低，使航位推算可以在行人导航中得以应用。

8.9.2　测距测角的 DR 系统原理

航位推算(Dead Reckoning，DR)方法是一种常用的自主式车辆定位系统。DR 系统的距离、速度传感器为里程表，目前通常采用的里程表为光电式或电磁式。DR 系统测量航向的传感器在系统中起重要作用，如何选用既有一定精度，又有较低成本的航向传感器是一个重要问题。目前较常见的适用于车辆航向测量的传感器主要有三类：

(1)差分里程表。

(2)磁罗盘。

(3)速率陀螺仪。

由于采用差分里程表进行航向测量的误差较大，磁罗盘容易受车体磁化程度的变化及道路环境磁场的影响造成较大误差，故大多采用速率陀螺测量航向变化率(即角速率)，进而得到航向的变化量。考虑到成本因素，我国目前的 DR 车载系统大多采用压电陀螺和里程仪构成。在建立准确的 DR 系统模型的基础上，应用最优估计方法消除陀螺仪随机漂移误差，是减小 DR 系统推算误差积累的有效方法。

DR 系统的主要原理为使用航向和距离传感器测量位移矢量，从而推算车辆的位置。车辆在 t_k 时刻的位置可表示为：

$$\begin{cases} x_k = x_0 + \sum_{i=0}^{k-1} s_i \cos\theta_i \\ y_k = y_0 + \sum_{i=0}^{k-1} s_i \sin\theta_i \end{cases} \tag{8-69}$$

式中，$(x_0,\ y_0)$ 是车辆 t_0 时刻的初始位置，s_i，θ_i 分别是车辆从 t_i 时刻的位置 $(x_i,\ y_i)$ 到 t_{i+1} 时刻的位置 $(x_{i+1},\ y_{i+1})$ 的位移矢量的长度和绝对航向，如图 8-20 所示。相对航向定义为连续两个绝对航向之差，用 ω_i 表示。若给出了 t_0，t_1，…，t_k 时刻的相对航向测量值 ω_i，则 t_k 时刻的车辆绝对航向 θ_k 可由式 $\theta_k = \sum_{i=0}^{k} \omega_i$ 算出。

8.9.3　DR 系统非线性滤波模型

1. 车辆运动系统模型

取车辆分别在东向和北向的位置、速度和加速度分量为状态变量，即 $X = (e,\ v_\varepsilon,$

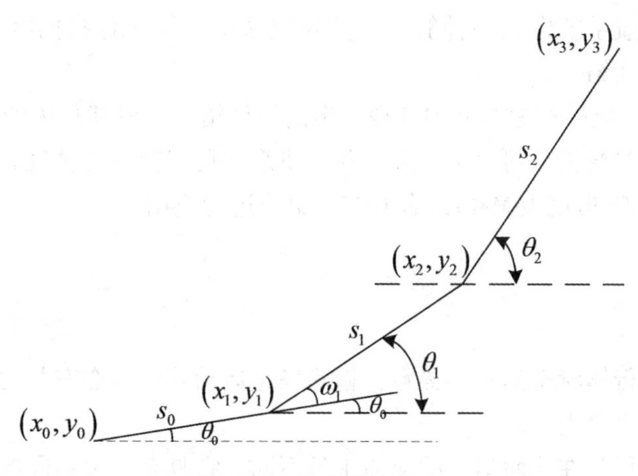

图 8-20　航位推算方法

a_ε, n, v_n, $a_n)^{\mathrm{T}}$, $\dot{X} = (v_\varepsilon, a_\varepsilon, \dot{a}_\varepsilon, v_n, a_n, \dot{a}_n)^{\mathrm{T}}$。

就 DR 系统应用的角度来说，以上定义的 6 个状态变量就够了，但是为了提高系统的精度，需对系统的状态变量进行扩充。压电陀螺漂移的误差模型，一般采取一阶马尔可夫过程来建立，即

$$\dot{\varepsilon} = -\frac{1}{\tau_\zeta}\varepsilon + \omega_\zeta \tag{8-70}$$

式(8-20)中，τ_ζ 为相关时间常数，ω_ζ 为服从 $(0, \sigma_\zeta^2)$ 的高斯白噪声。将压电陀螺漂移误差中的一阶马尔可夫成分 ε 扩充为一个状态变量，进行估计。这样，系统的状态变量增加为 7 个，即 $X = (e, v_\varepsilon, a_\varepsilon, n, v_n, a_n, \varepsilon)^{\mathrm{T}}$，$\dot{X} = (v_\varepsilon, a_\varepsilon, \dot{a}_\varepsilon, v_n, a_n, \dot{a}_n, \dot{\varepsilon})^{\mathrm{T}}$。根据机动载体的统计模型，东向及北向加速度也可以用一阶马尔可夫过程建立模型。则车辆运动的系统方程可以建立。

2. 系统量测方程

速率陀螺仪输出的为车辆航向的变化率，即角速率 ω，取 ω 和里程表在采样周期 T 内的输出 s 为外观测量，建立系统量测方程如下：

$$\omega = \frac{\partial}{\partial t}\left[\arctan\left(\frac{v_e}{v_n}\right)\right] + \varepsilon + \varepsilon_\omega = \frac{v_n a_e - v_e a_n}{v_e^2 + v_n^2} + \varepsilon + \varepsilon_\omega \tag{8-71}$$

$$s = \phi T\sqrt{v_e^2 + v_n^2} + \varepsilon_s \tag{8-72}$$

式中，ϕ 为常数(里程表的标定系数)，ε_ω 和 ε_s 分别为速率陀螺仪和里程表的测量误差，分别取为 $(0, \sigma_\omega^2)$ 和 $(0, \sigma_s^2)$ 的高斯白噪声，T 为采样周期。可见，系统量测方程为非线性的。令 $Z(t) = (\omega, s)^{\mathrm{T}}$，$V(t) = (\varepsilon_\omega, \varepsilon_s)^{\mathrm{T}}$，则可构造系统的量测方程。

有了系统状态方程、量测方程，则可以进行扩展卡尔曼滤波。对东向和北向机动加速度方差 $\sigma_{a_e}^2$、$\sigma_{a_n}^2$ 采用自适应算法求解，将有助于进一步提高系统的精度。有兴趣的读者

请参阅相关文献。

此外，惯性导航系统也是一种航位推算导航系统，其内容我们将在后续的课程中学习，这里就不再做介绍。

虽然单 DR 系统能够在短时间内获得一定的估计精度，但其总体的趋势是发散的。因此，为了使估计误差在长时间内不发散，并且使系统具有较高的精度，需要将 DR 系统与其他系统，例如，地图匹配(MM)或者 GPS，组合进行应用。

8.10　姿态确定

姿态是描述航行体状态的重要参数，精确确定运动载体的姿态并对其进行控制和调整是导航和制导中的重要内容。

飞机在空中飞行与在地面运动的交通工具不同，它具有各种不同的飞行姿态。这指的是飞机的仰头、低头、左倾斜、右倾斜等变化。飞行姿态决定着飞机的动向，既影响飞行高度，也影响飞行的方向。低速飞行时，驾驶员靠观察地面，根据地平线的位置可以判断出飞机的姿态。但由于驾驶员身体的姿态随飞机的姿态而变化，因此这种感觉并不可靠。例如，当飞机转了一个很小角度的弯，机身倾斜得很厉害，驾驶员一时不能很快地调整好自己的平衡感觉，从而不能正确地判断地平线的位置，就可能导致飞机不能恢复到正确的飞行姿态上来。还有飞机在海上做夜间飞行，漆黑的天空与漆黑的大海同样都会闪烁着星光或亮光。在这茫茫黑夜中很难分辨哪里是天空，哪里是大海，稍有失误，很容易就把飞机开进海中。

为了飞行的安全，极有必要制作出一种能指示飞机飞行姿态的仪表。这块仪表必须具有这样一种性能，即能够显示出一条不随着飞机的俯仰、倾斜而变动的地平线。在表上这条线的上方即为天，下方即为地。天与地都分别用不同的颜色予以区别，非常醒目。怎样才能造出这条地平线呢？设计者从玩具陀螺中获得了灵感。

许多人都玩过陀螺。它的神奇之处在于当它转动起来以后，无论你如何去碰它，它总是保持直立姿态，决不会躺倒。而且它转得越快，这种能保持直立的特性就越强。换句话说：陀螺转动起来后，它可以保持它的旋转轴的指向不受外界的干扰，指向它起始的方向。利用这个原理，在 19 世纪末就制造出来陀螺仪，它的核心部分是一个高速转动的陀螺，专业术语叫转子。把转子装在一个各方向均可自由转动的支架上，这就是陀螺仪。把陀螺仪安装到其他设备上，不管这个设备如何运动，陀螺仪内转子旋转轴的方向是不会改变的。飞机发明后不久，陀螺仪就被用到了飞机上。把陀螺仪的支架和机身连在一起，它的转子在高速旋转时，旋转轴垂直于地面，有一根横向指示杆和转子轴垂直交叉相连。飞机可以改变飞行姿态，但转子轴会始终指向地面，横向标示杆就始终和地平线平行，它在仪表中被叫做人造地平线，这个仪表被称为地平仪，也叫姿态指引仪。在实际飞行时，驾驶员在任何时都应相信地平仪指示出的飞行姿态而不是相信自己的感觉判断，从而避免因飞机的剧烈俯仰倾斜动作导致的判断失误，这样才能保证飞机安全飞行。

8.10.1 GPS 姿态确定原理

在姿态测量中，表述一个运动载体的瞬时特征要涉及两个独立的坐标系：载体坐标系和当地水平坐标系，通常利用表述两个坐标系关系的 3 个欧拉角来描述载体在当地水平坐标系中的姿态。GPS 的观测量都是定义在 WGS 84 坐标系中的，因此 GPS 测定姿态首先应明确上述的坐标系的定义及其相互关系。

载体坐标系(BFS)：通常定义 Y 轴与载体运动方向的中心线重合，正向指向载体的运动方向，X 轴垂直于 Y 轴并位于同一平面中，Z 轴垂直于 X 轴、Y 轴构成的平面形成右手坐标系。

当地水平坐标系(LLS)：坐标原点与载体坐标系的原点重合，Y 轴正向指向子午北方向，X 轴指向正东方向，Z 轴指向天顶并与 X 轴、Y 轴组成右手坐标系。

WGS 84 坐标系是 GPS 定位中所采用的地固坐标系，卫星广播星历和接收机定位结果都是在这个坐标系中给出的。

载体坐标系与当地水平坐标系的关系式为：

$$X^{\mathrm{BFS}} = R_Y(r)R_X(p)R_Z(y)X^{\mathrm{LLS}} \tag{8-73}$$

当地水平坐标系与 WGS 84 坐标系关系为：

$$X^{\mathrm{LLS}} = R_X(90° - B)R_Z(90° + L)(X^{\mathrm{WGS84}} - X_0^{\mathrm{WGS84}}) \tag{8-74}$$

X_0^{WGS84} 为测站近似坐标，从上述中可以看出，载体姿态确定就是把 GPS 天线阵列固定在载体坐标系中，用 GPS 载波相位的观测值解算载体坐标系与当地水平坐标系之间的 3 个欧拉角：p（俯仰角）、r(滚动角)、y(偏航角)。

利用 GPS 对载体进行姿态测量是一种新的姿态测量方法，它不仅成本低，而且测量误差不随时间积累。通过对天线的合理布置，并将其安装在载体上，再利用载波相位技术就能够实现载体姿态的实时测量。一般的姿态测量系统的硬件采用多个天线共一个接收机的方式，显然两个天线之间的单差观测值中就消除了与接收机和卫星相关的误差。

8.10.2 GPS/INS 组合姿态确定

传统的基于中、高精度惯性器件的姿态确定系统价格昂贵，而且由于陀螺误差随时间不断累积，姿态确定系统的误差随之增大。在船用姿态确定应用中，在低成本的条件下为了满足姿态确定系统的精度要求，使用纯惯性导航方案显然是不适用的，所以可以考虑基于 SINS/GPS 组合的姿态确定方案。采用 GPS 载波相位差分进行姿态确定，具有精度较高、成本低、体积小、数据长期稳定性好、误差不会累积等优点，但是也存在数据更新率低，受 GPS 信号质量影响严重等缺点。因此采用低精度 FOG 的 IMU 与 GPS 组合方案进行船用姿态确定系统研制，既可以满足系统精度要求，降低成本，又提高了静态数据更新率，可用于动态环境。

8.10.3 空间飞行器姿态确定

空间飞行器姿态确定是指通过带有噪声的姿态敏感器测量值来确定飞行器相对于某个参考坐标系的姿态参数的过程。飞行器姿态有很多表示方法，目前提出的姿态描述方法有姿态矩阵(也称方向余弦矩阵)、欧拉角、四元数、旋转矢量等。

航天器上应用的姿态敏感器种类多，如三轴磁强计、太阳敏感器、地平仪以及星敏感器等，而这些基于矢量观测的姿态确定问题又都可以归结为Wahba问题。在1965年，Wahba提出利用矢量观测信息确定航天器的姿态问题，其核心是求解行列式为+1的最优正交矩阵，使得损失函数

$$L(A) \equiv \frac{1}{2}\sum_{t} a_t \left| b_t - Ar_t \right|^2 \tag{8-75}$$

为最小。几十年来，人们提出了许多基于矢量观测求解姿态的算法，这些算法基本可以分为两大类：一类是确定性方法，另一类是状态空间估计方法。

星敏感器是一种以恒星作为观测目标从而确定航天器姿态的高精度姿态敏感器。基于星敏感器的卫星自主姿态确定技术在国外已经有了成熟的应用，它与惯性陀螺一样具有自主导航能力，已成为航空、航天以及军事领域备受关注的研究对象。随着我国空间飞行器有效载荷指向和跟踪精度要求的提高，采用高精度的星敏感器进行自主定姿是一个必然的发展趋势。

基于星敏感器的姿态确定方法可以分为两大类：静态确定性算法和动态状态估计算法。静态确定性算法是根据一组矢量观测值，求出卫星本体坐标系相对于惯性坐标系的方向余弦矩阵；动态状态估计方法一般采用卡尔曼滤波方法及其各种改进方法，根据姿态动力学方程，建立状态方程和观测方程，根据观测信息得到一定准则下的最优估计状态。

第9章　航路规划

导航的一项重要任务是引导航行载体沿所规划的行进路线，顺利地由一地导引到另一地。针对不同类型的目标，其行进路线常分别称为路线(地面车辆等)、航路(飞机、船舶等)或轨道(航天器等)等，本书中在大多数情况下采用航路这一表述方式。在导航中进行航路的规划时，选取的通常是使得航行时所重点关注的某项指标最优或多项指标综合达到最优的航线，即所谓的最佳航路。例如，对于普通船舶的航行，其最佳航路通常理解为在保证足够安全的同时，能使船舶航行时间为最短、最经济的航路。

9.1　航路点、航路及航路规划

所谓航路点就是计划航路中的各个转向点(机动点)，包括出发点和到达点。航路点通常是指航路上的一点，如航路的起点、终点、转向点、停泊点等。两个航路点的连线称为航路的一段，简称航段。这样的航路点串以及任意两航路点之间的连线就构成了航路。两相邻航路点之间的连线为一航路段。一条计划航路由一个航段或两个以上相连接的航段组成。如图9-1所示，起航点到计划航路起点的航段，编号为0，后面的航段依次编号为1，2，…，n，而航路点的号码不一定是连续的。航迹是运动载体在空中或空间实际形成的运动轨迹。航迹和航路是有区别的。譬如，就飞机飞行来说，飞行航路是预先设定好的，飞行航迹是飞机实际飞行在空间形成的连续轨迹，通常可由导航系统输出的导航结果确定。

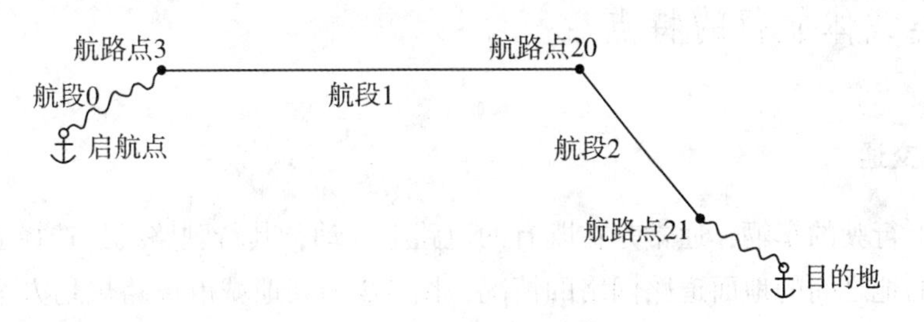

图9-1　航路点及航路示意图

航路点导航就是引导目标依次到达航路中的各个航路点。在一个航路段中，导航的具体任务就是引导目标驶向当前航路段的目标点。因此，整条航路的导航问题可分解为各航路段的导航问题。要引导目标驶向当前航路段的目标点，必须随时计算两个最基本的导航参数，即到目标点的距离和目标点的方位。有些场合，在引导目标驶向当前航路段目标点的过程中，要求目标始终保持在航路上，为此还必须随时计算目标偏离航路的距离，即偏航量，以指导操控。到前方航路点的距离、方位、目标偏离航路的偏航量三个参数是航路点导航的基本导航参数。航路点导航是导航的基本方法。

进入计划航路后，利用导航仪显示的各种导航信息，可随时判断目标的航行情况。主要的导航信息有：当前位置、航速、航迹偏差(当前位置偏离计划航路的距离)，当前位置到目标航路点的方位、距离、需要航行的时间，以及到目的地的航程、预计到达时间、需要航行时间等。主要导航信息如图 9-2 所示。

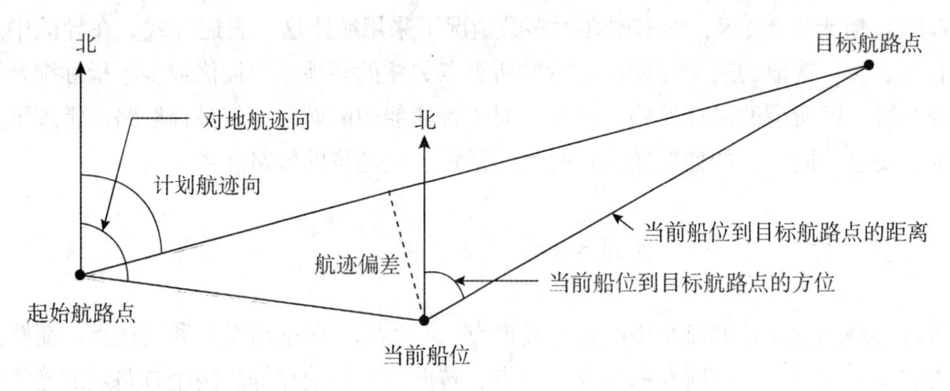

图 9-2 航路点及航路示意图

在载体运动过程中，由一点运动到另一点通常存在多条航路，所谓航路规划，就是在综合考虑多种因素的前提下，为载体选定出最优或者满意的航路，以保证其顺利地完成航行任务。航路规划技术已广泛应用于飞行器、水面舰艇、地面车辆以及机器人等的导航系统中(在舰艇、自主战车、机器人等领域一般称为路径规划，在本书将其统称为航路规划)。航路规划既可能针对单一目标载体，也可能针对多个目标载体的协同。

9.2 各类载体航行的特点

9.2.1 道路交通

在地面上行驶的车辆，通常是在既有的道路上运动，其行驶路线的选择通常需要考虑出发地及目的地之间的地面道路网络的情况，图 9-3 为某地城市道路规划方案。在车辆的航路规划(在这一领域常称为路径规划)是要找出最小旅行代价的路线，旅行代价可以是时间、距离或选择路线的复杂度，等等。通常需要顾及的因素包括距离、旅行时间、旅行速度、拐弯和交通灯的数目以及动态交通信息等。

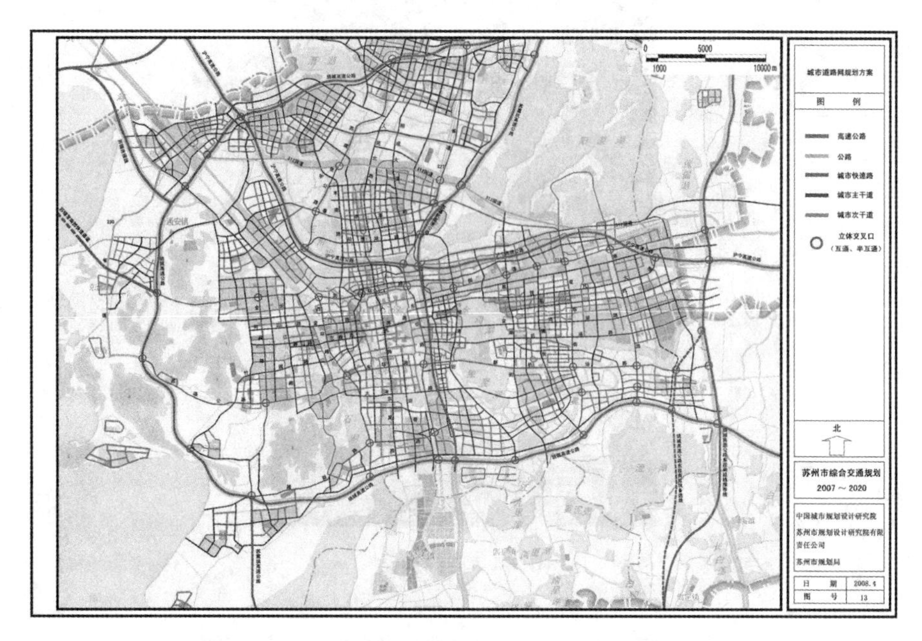

图 9-3　某地城市道路规划方案

9.2.2　水路交通

水路交通分为狭水道航行、沿岸航行和大洋航行。

狭水道是港口、海峡、江河、运河以及岛礁区等水道的统称，图 9-4 为属于狭水道航行的内河航运。一般而言，狭水道内不仅航道狭窄弯曲，而且水深、水流和航道宽度的变化可能较大；航道距危险物近，来往船只密集，一般不能用通常的定位方法进行定位，因此航行较为困难。世界上所发生的船舶交通事故，有相当一部分就是由于在狭水道中航行或操纵措施不当而引起的。狭水道航行，可用以定位的物标多、距离近，物标的方位变化较快，用一般的航海定位方法，在速度和精度上都不能满足航行安全要求。因此必须预先研究掌握各物标特点，采用目视引航方法来确保狭水道航行的安全。

沿岸航行距沿岸的危险物近，地形复杂；潮流影响大，水流较为复杂，水深一般较浅；来往船只和各种渔船可能较多，有时会造成避让困难；当距岸不很远而遇到紧迫局面时，在许多情况下回旋余地不大，这些都给船舶的航行带来困难。但沿岸航区的航海资料一般详尽、准确；沿岸航线距岸较近，可用于导航定位的物标也较多，常常可获得较准确的陆标船位。这些为船舶的航行安全提供了一定的保证。图 9-5 是沿岸航行示意图。

大洋航行离岸远，气象变化大，灾害性天气较难避离；航线长，受洋流总的影响较大；对航行海区不够熟悉，一般依赖航海图书资料的介绍；大洋水深宽广，航线具有很大的选择性。因此，如何选择一条既安全又经济的最佳航线，是大洋航行的关键。图 9-6 为全球海运航线示意图。

图 9-4　内河航运

图 9-5　沿岸航行

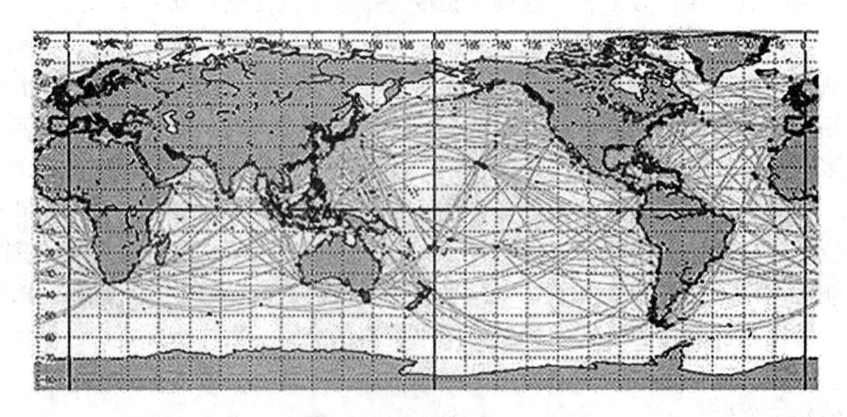

图 9-6　全球海运航线

9.2.3 空中交通

飞行航路是天上的空中走廊，是根据地面导航设施建立的供飞机作航线飞行之用的具有一定宽度的空域，以连接各导航设施的直线为中心线，规定有上限和下限高度与宽度，是管制空域的一部分。飞行航路一般由无线电导航设施或自主导航系统引导、定义和飞行的管制空域来确定。而飞行航路的规划，要充分考虑所经地区的地形、气象特征以及附近的机场和空域，充分利用地面导航设施，方便航空器飞行和提供空中交通服务。

民航飞机整个飞行过程由滑行—起飞—爬升—巡航—下降—进近—着陆组成。

1. 滑行和起飞

滑行和起飞是飞机飞行的第一阶段。经机场地面交通管制员同意后，机长启动发动机，副驾驶则计算飞机的最大起飞重量，如果超出允许范围，机长有权决定卸下部分货物或让免票旅客下飞机，以减轻飞机重量。重量调整好以后，机长用控制显示组件(专门输入数据的键盘)把这次飞行的飞行计划输入到飞机管理计算机中。

机场地面交通管制员发出允许飞机滑出的许可，并告知飞机由机坪到跑道端滑行的路线。机长示意地面工作人员撤去轮挡，飞机开始沿着指定路线滑行。到达跑道前端的等待区，停下飞机，机长接通机场空中交通管制员，请示进入跑道起飞。在等待起飞时，机长和副驾驶依据操作检查清单，一人朗读，另一人对应每项所提及的操纵机构和仪表依次检查。经过认真核对，无疏漏或差错后，就做好起飞准备。

接到起飞许可后，机长将飞机滑进跑道，右手前推油门，加大发动机功率，左手握住前轮控制手柄，副驾驶双手稳住驾驶杆。由于飞机开始滑跑速度很低，方向舵不起作用，机长操纵前轮控制手柄保持起飞方向。随着飞机增速，副驾驶报“80 节”(1 节 = 1 海里/小时 = 1.85 公里/小时)时，机长操纵飞机准确加速沿中心线滑跑。副驾驶报出“决断速度 V_1”时，机长松开右手，用双手紧握驾驶杆，操纵飞机起飞。

“决断速度 V_1”是根据飞机的载重、跑道的长度等数据预先计算好的速度。在达到此速度之前，如果发现飞机运行出现问题，机长可以紧急刹车中断起飞，飞机不会冲出跑道。一旦超过决断速度，飞机就不能中断起飞了，因为这时飞机的速度过大，再不升空就会冲出跑道，必然造成事故。所以当飞机速度超过决断速度后，不论出现什么情况，机长都必须果断地操纵飞机起飞，飞机离地后再行处理。当副驾驶喊“抬前轮速度 V_R”时，机长回答“抬前轮”，平稳向后拉驾驶杆抬起前轮，飞机平稳离地。当飞机高度达到 35 英尺，速度增大到 V_2 时即收起起落架，飞机转入加速爬升阶段。

2. 爬升和巡航

飞机爬升到高度 600 m，经管制员许可，就可按照标准离场程序进入爬升，飞向目的地站。当飞机上升到高度 3000m 以上，驾驶员操纵飞机减小爬升角，为进入航线做准备，飞机处于自动驾驶状态并以最佳状态进入航线飞行。

经区域管制员许可后飞机进入航路。继续上升到巡航高度(民航喷气客机一般是 8000m 以上)，改平飞进入巡航阶段飞行。此时飞机的升力和重力相等，推力和阻力抵消，飞机的高度保持不变，飞行速度也保持不变，机舱内平稳又宁静，空乘人员开始对旅客分发食品饮料开展服务。

3. 下降、进近、着陆阶段

飞机距离目的地机场半小时时，飞机转入下降阶段。在飞机下滑进近着陆阶段，此时是飞行员操纵飞机最为繁忙、精力高度集中的阶段。飞机上的仪表设备要同时接受地面航向台、下滑台、信标台等的引导信号，飞行员除要始终与指挥塔台保持无线电联络，听从塔台的指挥，并保持规定的飞行数据飞行。按照规定程序或区域管制员的指示，飞机由航路下降到4000m左右的高度，就进入进近管制员的责任范围，飞机进入进近下滑阶段。进近管制员根据空中的交通状况确定飞机等待或引导飞机对准跑道直接着陆。飞机继续降低高度，管制员用雷达把飞机引导到离跑道20km左右的指定点上空，这时飞机的高度已经在1000m以下，进近阶段完成。于是飞机进入飞行关键的最后阶段——着陆阶段。飞机由塔台管制员指挥。经塔台管制员许可，飞机进入仪表着陆系统发出的无线电波束之中。机长调整飞机对准跑道中心线，按照仪表着陆系统指示的空中下滑航道下降。机长操纵手柄放出襟翼、起落架，并加大油门使发动机的推力增加，以抵消放出起落架而增大的阻力。副驾驶读着检查单，完成着陆前的检查。飞机在40m左右的高度上断开自动驾驶仪由机长直接操纵，用目视对准跑道中心线，让飞机保持着最佳的下滑角。在飞机下降到决断高度之前，机长或管制员如果发现飞机的速度、下滑角度或其他方面出现问题，机长可以立即加大油门复飞。当飞机降低到飞行的决断高度以下后，飞机就不能复飞了。当飞机继续下降到离地高度约10m时，机长边收油门边根据地面高度在1m时将飞机拉平，结束下降率。此后随着速度减小，飞机下沉，在0.25m高度上将飞机拉成两点接地姿势使飞机平稳接地。在飞机前轮着地以后，机长启动反推装置，柔和地使用刹车，飞机就沿着跑道中心线慢慢停下来。在地面交通管制员的指挥下将飞机退出跑道，滑行到停机坪或廊桥旁的指定位置关车停机。

旅客和货物都离机后，这架飞机又开始新一轮的飞行准备，清洁客舱、上水、加油、飞机机体外部检查等工作又在紧张地进行中。一般飞机过站停留40分钟至1个小时，当班机组或后续机组将上机准备开始执行新的航班飞行任务。

9.2.4 航天器

航天器在空间的运动可以分为两部分：轨道运动和姿态运动。轨道运动是作为一个质点的直线或曲线运动，姿态运动则是航天器围绕自身某个点的转动。航天器在空间飞行的轨迹称为运行轨道。各种航天器由于任务不同，运行轨道也有区别，按照距离地球由近到远分为：地球轨道、月球轨道和星际轨道。航天器要顺利工作，不仅需要一定的轨道，还需要具有特定的姿态，如飞船和空间站对接的时候，必须将对接口调整到同一条轴线上。

1. 地球轨道

地球轨道又称为卫星轨道，是指运载火箭与卫星分离开始，到卫星返回地面为止，卫星质心的运动轨迹。采用卫星轨道的航天器包括卫星和卫星式载人飞船两种，如我国的"神舟"系列飞船。

卫星的运行轨道按照轨道倾角分为四种：顺行轨道、逆行轨道、赤道轨道、极地轨道。

顺行轨道：轨道倾角小于90°，卫星运行方向与地球自转方向相同(见图9-7)。在这种轨道上运行的卫星，绝大多数离地面较近，高度仅为几百千米，所以顺行轨道又称为近地轨道。顺行轨道能够利用地球自西向东自转的部分速度，从而可以节约火箭的能量。不难想象，在赤道上朝着正东方向发射卫星，可利用的速度最大，纬度越高能用的速度越小。我国用长征二号 F 运载火箭发射的神舟系列飞船，都是从酒泉发射中心起飞被送入近地轨道运行的。

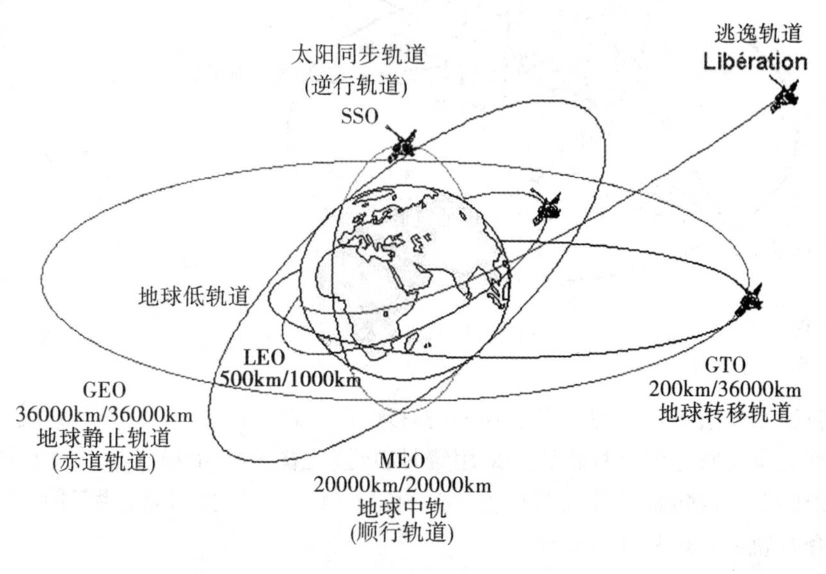

图 9-7　不同类型轨道

逆行轨道：轨道倾角大于 90°，卫星运行方向与地球自转方向相反，如太阳同步轨道(见图 9-7)。这种轨道不仅无法利用地球自转的部分速度，而且还要付出额外能量克服地球自转。太阳同步轨道的轨道平面绕地球自转轴旋转，大约每天旋转 1°，正好等于地球绕太阳公转的角速度。因此，太阳对这个轨道平面的照射方向保持不变。太阳同步轨道上的卫星，可在每天相同的时间和光照条件下观察云层和地面目标。气象、资源、侦察等应用卫星大多采用这类轨道。

赤道轨道：轨道倾角为 0°，卫星在赤道上空运行。由计算可知，卫星在赤道上空 36000km 高的圆形轨道上由西向东运行一周的时间与地球自转一周的时间相同，这条轨道被称为地球静止轨道(见图 9-7)。该轨道上运行的卫星与地球保持相对静止。从地面上看，卫星犹如固定在天空上某一点。在静止轨道上均匀分布 3 颗通信卫星即可进行全球通信，世界上主要的通信卫星都分布在这条轨道上，有的气象卫星、预警卫星也被送入静止轨道。这类卫星上要携带远地点发动机，运载火箭把卫星送入椭圆同步转移轨道后，地面再发出指令，让远地点发动机点火，将卫星转移到静止轨道上。

极地轨道：轨道倾角为 90°，轨道平面通过地球南北两极(见图 9-8)。由于地球的自转，在这种轨道上运行的卫星可以飞经地球上任何地区的上空。我国长征火箭为美国发射的 12 颗铱星就属于极地轨道卫星。

2. 月球轨道

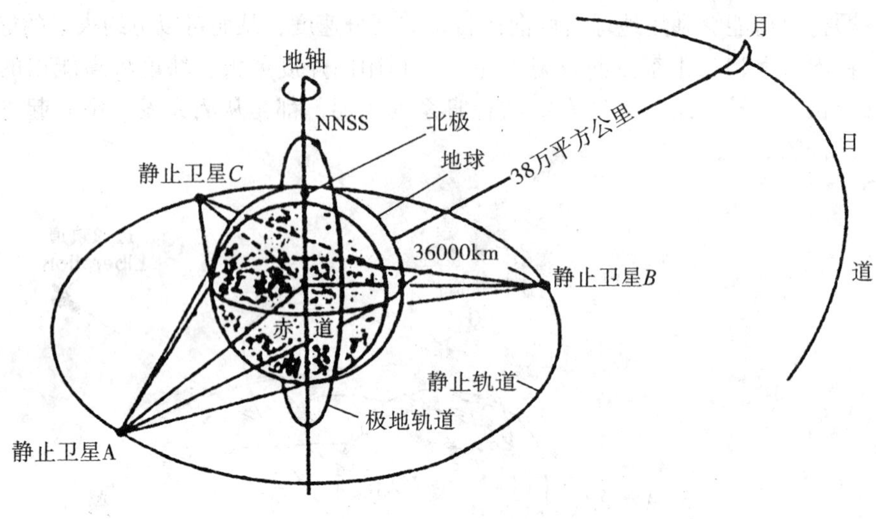

图 9-8　极地轨道及静止轨道

月球轨道是指航天器从地球出发到环绕月球飞行或登陆月球的过程中其质心的运动轨迹，分别称为绕月轨道和登月轨道。采用绕月轨道(见图 9-9)的航天器是绕月探测器，采用登月轨道的航天器包括登月飞船和登月探测器。其中，登月轨道包括三种：直接登月轨道、环地登月轨道和环月登月轨道。

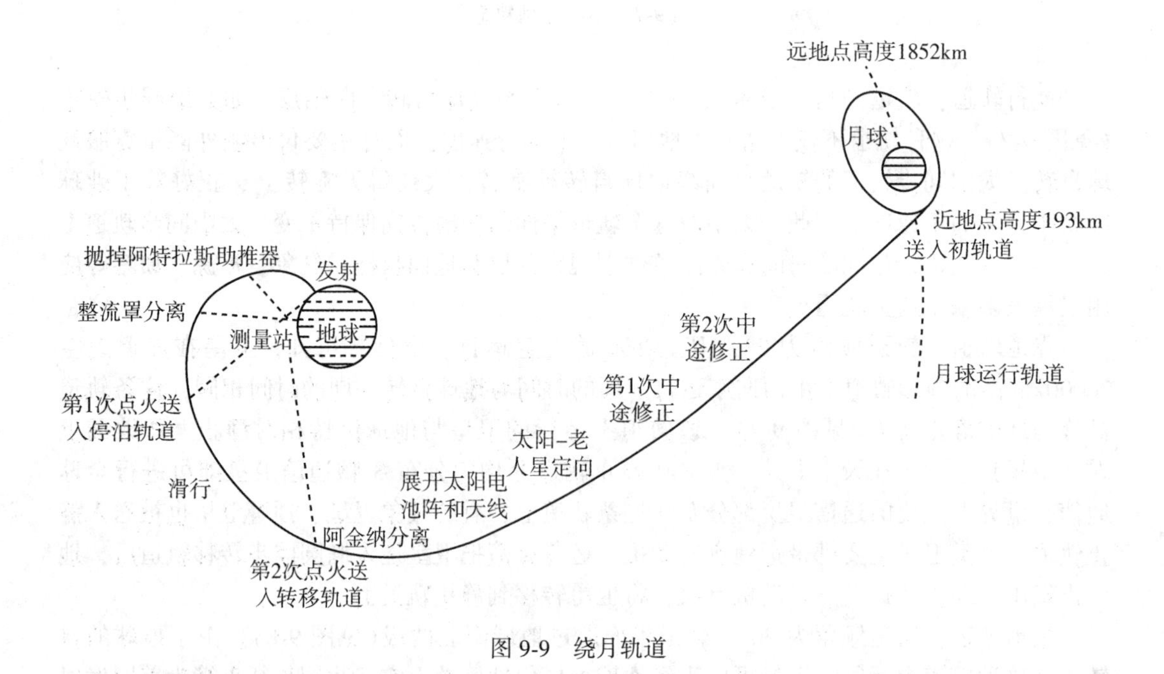

图 9-9　绕月轨道

(1)直接登月轨道，是最简单的登月轨道，如图 9-10 所示。它是一条连接地球和月球的二次曲线轨道。当航天器沿着这种轨道与月球相遇时，便在月球表面实现硬着陆。所谓硬着陆，通俗地说就是航天器直接与星球相撞。采用这种轨道登月需用大推力运载火箭，还必须进行精确的计算。

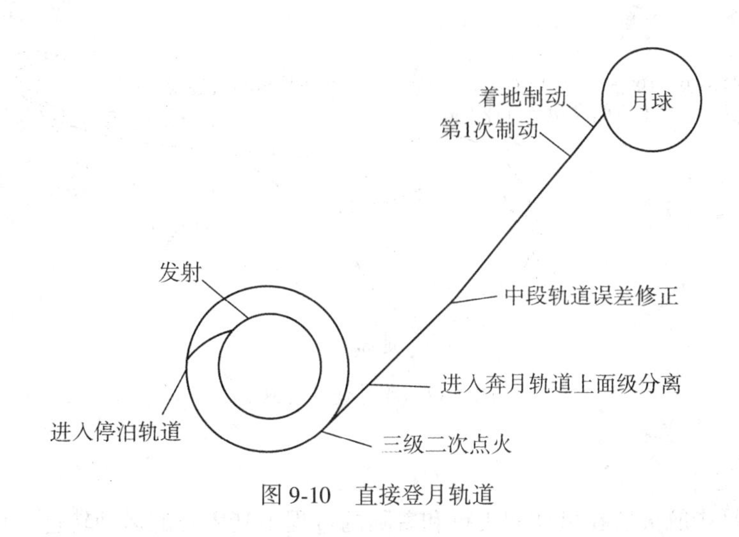

图 9-10　直接登月轨道

(2)环地登月轨道，如图 9-11 所示。在航天器飞向月球之前，先进入环绕地球的停泊轨道飞行，以选择最有利的时间和位置使其脱离停泊轨道，进入飞向月球的过渡轨道，最后与月球相遇，实现在月球表面的硬着陆。早期的月球探测器都采用这样的轨道来实现登月。与直接登月轨道相比，它在选择起飞时刻、航线和修正火箭的偏差方面都有较大的灵活性。

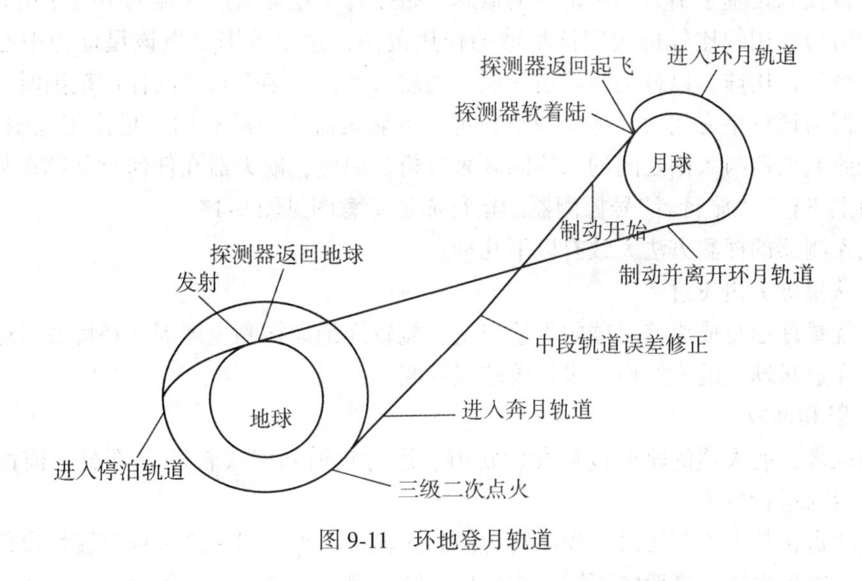

图 9-11　环地登月轨道

(3)环月登月轨道，是最常用的登月轨道，如图 9-12 所示。这种轨道与上述第二种登月轨道的不同点是在过渡轨道的最后阶段增加一个绕月飞行的月球卫星轨道段，航天器在这一轨道上绕月飞行一段时间后再脱离这一轨道进入月面降落段，最后登上月球表面。采用这种登月轨道的优点是在登月之前可以使用制动火箭、小推力发动机和缓冲着陆装置实现软着陆。“阿波罗”号载人飞船即采用这种登月轨道。

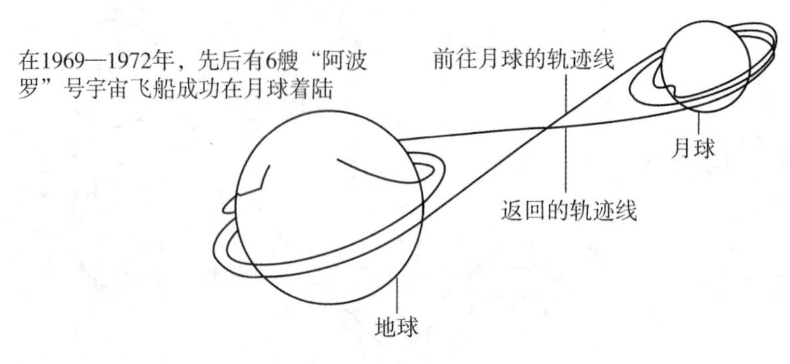

图 9-12　环月登月轨道

3. 星际轨道

星际轨道是指航天器在星球间飞行和着陆的过程中其质心的运动轨迹。星际轨道包括行星际轨道和恒星际轨道，在太阳系内称为行星际轨道，超出太阳系范围则称为恒星际轨道。目前采用星际轨道的航天器只有星际探测器。

实际的星际飞行轨道是很复杂的，但是在概念性设计阶段可以做简化处理。常用的方法是所谓的二次曲线(椭圆、抛物线和双曲线)拼接法，即把完整的轨道近似地看成是由一系列椭圆轨道、抛物线轨道和双曲线轨道拼接而成。

轨道拼接法是基于引力作用范围的概念。根据每个星球对航天器的引力作用同太阳对航天器的引力作用的比较可确定该星球的作用范围，这个范围是以该星球为中心的一个球，故又称为作用球。以行星际轨道为例，当航天器位于某个行星的作用范围时，其轨道按照航天器与该行星之间的二体问题来分析；当航天器位于所有的行星作用范围以外时，其轨道按照航天器与太阳之间的二体问题来分析。因此，航天器在任何时刻都在某条二次曲线轨道上飞行。“旅行者”号探测器的运行赤道示意图见图 9-13。

空间探测器的探测方法大致有以下几种：

(1) 从星球旁边飞过。

(2) 绕星球运行成为该星球的人造卫星，能较详细地探测星球周围环境及星球情况。

(3) 穿过星球上的大气层，进行着陆或探测。

4. 发射和回收

严格说来，航天器的轨道包括发射轨道、运行轨道和回收轨道 3 部分，前面讲述的只是航天器的运行轨道。

发射轨道包括垂直起飞段、程序转弯段和入轨段。垂直起飞段和程序转弯段都大同小异，但入轨段根据轨道高度的不同分为直接入轨、滑行入轨和过渡入轨。

低轨道卫星和卫星式飞船等低轨道航天器一般采用直接入轨，即火箭连续工作，当最后一级火箭发动机关机时，航天器就可进入预定轨道(见图 9-14)。

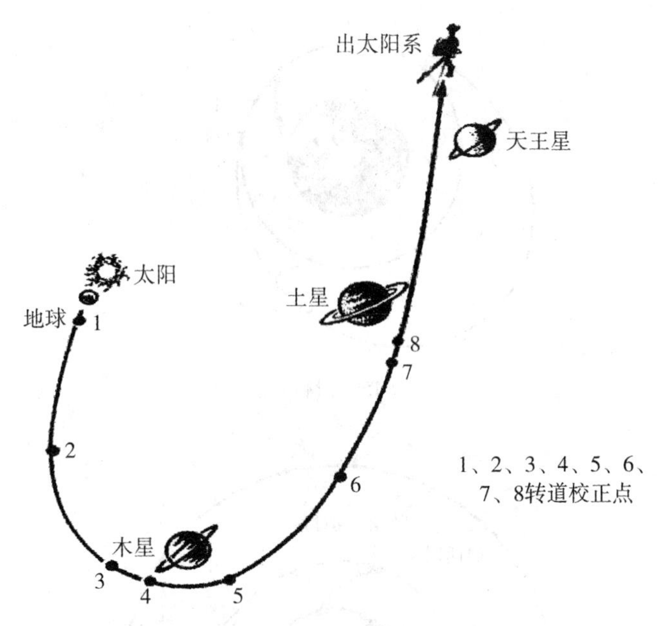

图 9-13 “旅行者”号探测器的运行轨道

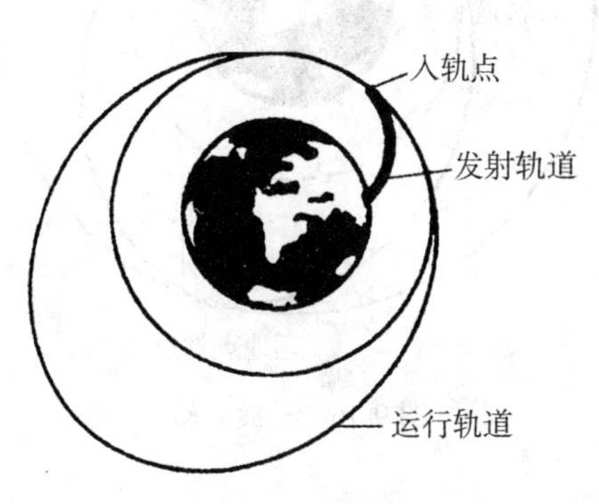

图 9-14 直接入轨

中、高轨道卫星常常滑行入轨(见图 9-15)。其发射轨道由火箭发动机工作时的主动段、发动机关机后靠惯性飞行的自由飞行段和发动机再次工作时的加速段组成。加入自由飞行段的目的是使运载火箭在满足航天器入轨高度和位置要求的前提下消耗的能量最小。

地球静止轨道卫星和环月探测器等高轨道航天器常常采用过渡入轨(见图 9-16)。过渡入轨包括加速段、停泊段、再加速段、过渡段和最后加速段组成,共有三个加速段。以三级火箭发射地球同步卫星为例:第一、二级火箭经主动段、停泊轨道段和加速段,将卫星连同火箭第三级送入停泊轨道运行;经过赤道上空时火箭第三级点火,把卫星从近地点送入椭圆转移轨道;当卫星运行到远地点时,地面测控站发出指令,让卫星上的远地点发动机点火,使卫星提高飞行速度、改变飞行方向,进入地球同步轨道。

返回轨道是航天器从运行轨道上返回地面的过程中,航天器质心的飞行轨迹返回轨道

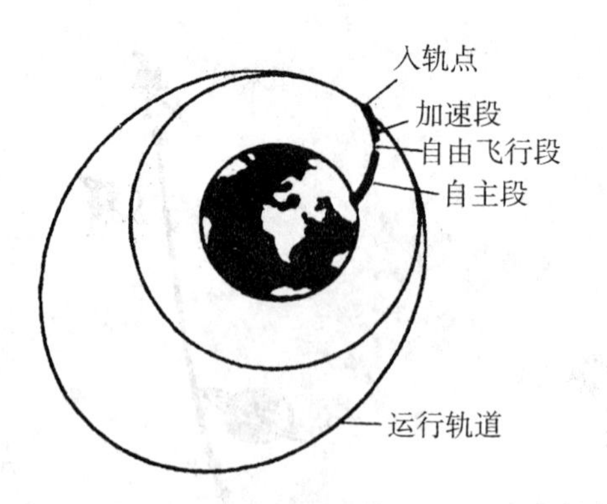

图 9-15　滑行入轨

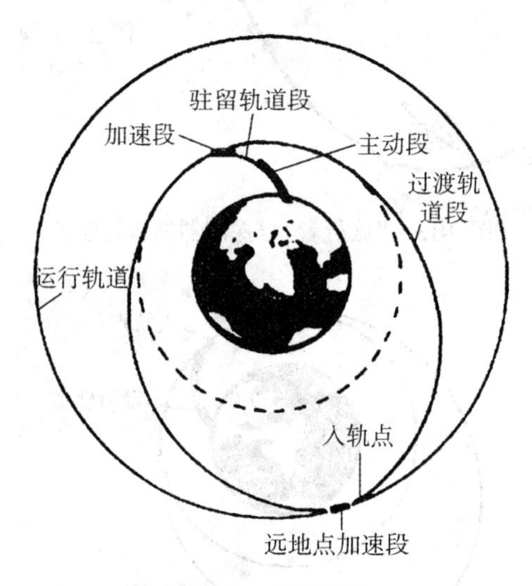

图 9-16　过渡入轨

主要包括离轨段、大气层外自由下降段、进入大气层段和着陆段。与发射轨道的加速过程相反，返回轨道是减速过程，如图 9-17 所示。

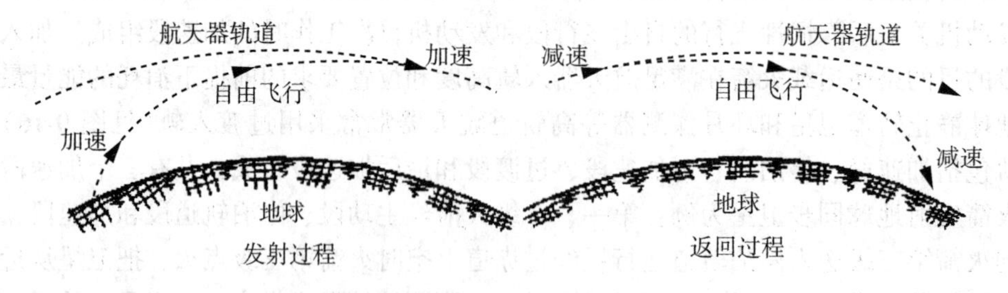

图 9-17　发射过程与返回过程

航天器返回的主要过程是：利用制动火箭脱离运行轨道、转入过渡轨道，在重力作用下沿过渡轨道自由下降，通过稠密大气层减速，利用降落伞进一步减速，最后在预定的回收区安全着陆。

9.2.5 无人飞行器

无人飞行器是指在大气层内或大气层外空间(太空)飞行的无人机、无人飞艇、导弹等飞行物。与有人驾驶或者遥控飞行器不同，无人飞行器具有自动起降(发射)、自动驾驶、自动导航、自动快速准确定位、自动信息采集与传送等多项功能，特别适合代替人在危险、恶劣和极限的环境下完成特定的工作和任务，因此在军事、测绘、航空航天、商业等领域有着广泛应用。

无人飞行器在完成任务过程中，需要对如何有效、安全地完成自己的任务过程进行规划，这就是所谓的任务规划。在任务规划过程中，最重要、也是最复杂的就是为无人飞行器规划出一条完成飞行任务所需要的飞行航迹，即无人飞行器航路规划。在无人飞行器，特别是导弹，如巡航导弹的航迹规划过程中，不仅需要考虑发射区、目标区的各种信息，对于飞行器途中飞过的区域也要满足一定的条件限制。这些限制不仅包括威胁区、禁飞区、障碍区等地理与作战信息，还必须包括飞行器自身的各种飞行限制性条件，比如匹配区、导航点、最小转弯半径和最低飞行高度等。对于导弹而言，在实际使用过程中，为了达到特定的目的，如为了达到突防和饱和攻击的目的，还必须考虑多航迹规划、协调航迹规划等问题，以最大限度地发挥无人飞行器的功效。

1. 巡航导弹

巡航导弹是依靠喷气发动机的推力和弹翼的气动升力，主要以巡航状态在大气层内飞行的导弹，曾被称为飞航式导弹。它可从地面、水面或水下发射，攻击地面，水面固定目标或移动目标。世界上第一枚巡航式导弹是德国的 V-1 飞弹。第二次世界大战期间，德国曾向英国发射了 10500 枚 V-1 飞弹，但落在英国本土的只有约 3200 枚。战后，美、苏借鉴 V-1 的技术，分别研制了本国的第一代巡航导弹，它们大多比较笨重、体积大、速度慢、飞行高度高、命中精度低，机动性差，易被对方发现和拦截。20 世纪 70 年代后，诞生了以美国“战斧”式巡航导弹为首的高性能新型巡航导弹，其特点是体积小、重量轻，雷达波有效反射面小、可超低空机动飞行、不易被发现和拦截，既能在地面、空中发射，又可从水面、水下发射，命中精度高。巡航导弹首次大规模应用于实战是在 1990 年海湾战争期间。在美国发起的阿富汗战争和伊拉克战争中也都使用了巡航导弹。2003 年的伊拉克战争期间，美军共发射了 802 枚 BGM-109 战斧巡航导弹以及 153 枚 AGM-86C/D 常规空射巡航导弹，大多准确命中了目标。

巡航导弹可以迂回飞行，精确打击远程目标。作为一种进攻性武器，它的助推与制导方式也是多种多样的；而且它还可以携带多种破坏性装置：从常规炸药、化学制剂到核弹头、电磁脉冲装置。一般来讲，巡航导弹具备三个共同的特点：

(1)有自己的助推装置，在飞行中可以为其持续提供动力；

(2)为确保准确性，巡航导弹制导系统可以根据情况对导弹的飞行进行调整；

(3)其主要有效荷载是一枚弹头。与高速飞行、弓形轨迹的弹道导弹相比，巡航导弹的飞行速度要慢一些，飞行的高度距离地面也很近。

相对于弹道导弹，巡航导弹就很难被发现和跟踪。不过，一旦被发现，它就很容易被击落。为了不被发现，许多先进的巡航导弹都采用了隐形技术，并提高了机动性能。一般来说，由于地形的崎岖和地面杂波等因素，地面、机载或者空间轨道传感器很难跟踪来袭的巡航导弹。尽管地面平坦的环境可以降低跟踪的难度，但是在这种情况下，巡航导弹距离地表的距离也会更近，同样会增加跟踪的难度。另外，同弹道导弹相比，巡航导弹的造价很低，也更容易操作。

20世纪90年代以来，巡航导弹的防御系统有了长足的进步，发展很快。例如，地面早期预警雷达、机载预警和控制系统、对空拦截导弹等，都有着惊人的防御能力。因此，未来的巡航导弹除了进一步增加射程、提高命中精度、缩短任务规划时间、增强攻击目标选择能力以外，提高突防能力便成为其重要的发展方向。

2. 无人机

无人机并不是近年来才出现的新兵器产物，早在1917年，采用无线电控制和惯性制导的一架无人驾驶飞机就曾进行过飞行试验。有趣的是，第一架实用型的军用无人机并不是用来攻击敌方目标，相反却是作为防空部队的靶机使用的。第二次世界大战的爆发为攻击型无人机提供了一显身手的战场，但当时的无人控制飞行器技术主要用在了导弹武器的定向和制导上。到了战后的20世纪50年代，军用无人机开始承担起空中侦察的任务，这也成为现代军用无人机在此后近半个世纪里的主要战术使命。军用无人机的首次大规模使用是在越南战场上，美军的无人机完成了多达数千架次的空中侦察任务，这对于有人驾驶侦察机而言几乎是无法做到的。随着数字摄像、卫星导航以及计算机微处理器技术的发展，当今世界军用无人机技术有了显著提高，从航模一般大小的微型无人机，到翼展几乎与喷气式作战飞机同样大小的远程无人机，其种类和任务能力也有了很大变化。近年来甚至有观点认为，在不久的将来，下一代军用无人机将彻底取代有人驾驶军用飞机。

军用无人机航路规划的目的是要找到一条能够保证其安全突防的飞行航路，既要尽量减少被敌防空设施捕获和摧毁的概率又要降低坠毁的概率，同时还必须满足各种约束条件。这些因素包括航路的隐蔽性、飞行器的物理限制、飞行任务要求、协作性要求和实时性要求等。这些因素之间往往相互耦合，改变其中某一因素就会引起其他因素的变化，因此在航路规划过程中需要协调多种因素之间的关系。

9.3 大洋航行

大洋航行的特点是：离岸远，气象变化大，灾害性天气较难避离；航线长，航海受洋流总的影响较大，航空则受气流影响较大；因而大洋航线具有很大的选择性。因此，如何选择一条既安全又经济的最佳航线，是跨大洋航行的关键。

大洋航行可采用以下几种航线：

(1) 恒向线航线：恒向线是地球上两点之间与经线处处保持角度相等的曲线。当等角航线与经线或赤道重合时，恒向线航线与大圆航线的方向、距离相等。在墨卡托投影地图上，恒向线航线是一条直线，故在航海中常用墨卡托投影地图绘算航迹，计算航线等。在其他投影地图上，恒向线航线是曲线。恒向线航线不是地球面上两点之间的最短航程航线

(子午线和赤道除外)，但在低纬度或航向接近南北时或航程不远时，它与最短航线相差不大，且操作方便。

(2) 大圆航线：大圆航线是跨洋长距离航行时采用的地理航程最短的航线。若将地球当作圆球体时，地面上两点间的距离，以连接两点的小于 180°的大圆弧为最短，而当航线所在纬度较高并又横跨经差较大时，大圆航程比恒向线航程有时会缩短达数百海里。除了赤道与子午线外，大圆弧与各子午线的交角都不相等。因此，船舶若要沿着大圆弧航行，就要随时改变航向，这在目前较难办到。所谓大圆航线，并不是真正沿着大圆弧航行，而是由大圆弧被分成为 n 个恒向线航段构成的，船舶沿各恒向线航段航行。大圆航线的航程是 n 个恒向线航段航程的总和，大圆航线分段越多，越接近大圆弧。

(3) 等纬圈航线：沿同一纬度圈航行的航线，即计划航迹向为 090° 或 270° 。它是恒向线航线的特例。

(4) 混合航线：为了避开高纬度的航行危险区，在设置限制纬度情况下的最短航程航线，由大圆航线与等纬圈航线混合构成。大洋航行中，两地相距较远，根据具体情况整个航程可能并不采用一种固定航线。

如果按考虑航线上可能遭遇到的水文气象因素来讲，大洋航线又可分为：

(1)最短航程航线：即地球面上两点之间的大圆航线或混合航线。

(2) 气候航线：它是在最短航程航线的基础上，考虑了航行季节的气候条件和可能遭遇到的其他因素而设计的航线。

(3)气象航线：是气象定线公司在气候航线的基础上，再根据中、短期天气预报、考虑气象条件和船舶本身条件后，向航行船舶推荐的航线。

(4) 最佳航线：在上述各种航线的基础上确定的既安全，又航行时间最少，周转最快，营运效率最高的航线。

9.4 航路规划

9.4.1 航路规划的基本要求

航路规划的目的，是找到一条能够保证载体顺利完成任务的最优或满意的航路。在航路规划过程中需要考虑的因素很多，并且这些因素之间往往相互耦合，改变其中某一因素通常会引起其他因素的变化。因此，在航路规划过程中需要协调多种因素之间的关系。

9.4.2 规划空间表示方法

9.4.2.1 概略图法

概略图也称路线图，它是由连接起点和终点的直线段构成的一个二维网络，而这些直线段不通过地图中定义的障碍物。换句话说，它是采用无方向图在二维环境上表示路径的方法。在基于概略图的路径规划方法中，首先根据一定规则将自由的布局空间(C 空间)表示成一个由一维的线段构成的网络图，然后采用某一搜索算法在该网络图上进行航迹搜索。这样，路径规划问题被转化为一个网络图的搜索问题。概略图必须表示出 C 空间中的所有可能的路径，否则该方法就是不完全的，即可能丢失最优解。常用的概略图方法包括通视图法、Voronoi 图法、轮廓图法、子目标网络法和随机路线图法。

1. 通视图法

通视图由规划空间中障碍物相互可见的顶点间的连线构成。图 9-18 给出了包含两个多边形障碍物的二维规划空间的通视图，其中较粗的线表示起始点 S 与目标点 G 之间的一条最短路径。通视图法可用于求解二维规划空间中的最短路径问题。尽管它也可用于高维规划空间，但此时生成的路径将不再是最短的。由于通视图不能表达物体运动的方向性约束，除非运动物体可以按任何方向以任意角度转弯，通常很少用通视图法求解实际的路径规划问题。

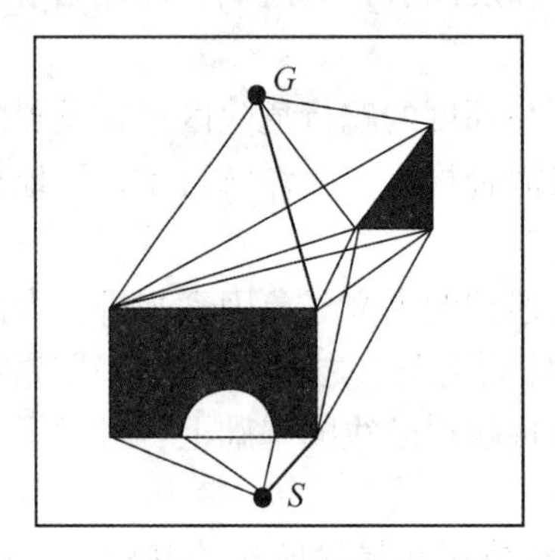

图 9-18　通视图

2. Voronoi 图法

如果运动物体要求与障碍(或威胁)的距离越远越好，可以采用 Voronoi 图方法。Voronoi 图由与两个或多个障碍(或威胁)的给定特征元素距离相等的点的集合构成。图 9-19 给出了以多边形障碍物自身作为特征元素生成的 Voronoi 图。如果以多边形的边作为特征元素则可以得到不同的 Voronoi 图。对于只包含有威胁的规划空间来说，可以将威胁源的中心点作为特征元素。Voronoi 图将规划空间分为多个区域，每个区域只包含一个特征元素。对于区域中的每一点，该区域的特征元素是所有特征元素中最近的。

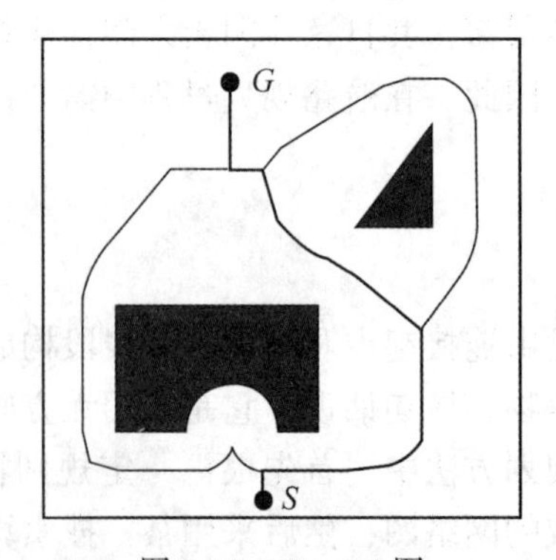

图 9-19　Voronoi 图

对于维数大于2的高维空间，通视图与Voronoi图将变得非常复杂，而且一般没有确定的特征元素选择方法。例如，多面体间的Voronoi图由二维曲面构成，它不再是一维的轮廓线。尽管通视图仍然可以由多面体的各顶点间的连线组成，但此时最短路径不再存在于通视图之中(见图9-20)。因此，通视图与Voronoi图一般只应用于二维航路规划。

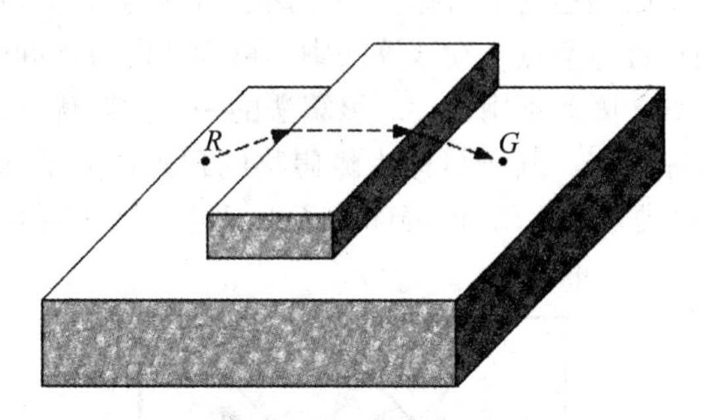

图9-20　最短路径不经过多面体的顶点

3. 轮廓线法

对于高维空间，Canny于1987年给出了另一种构造概略图的方法。该方法先将高维空间中的物体投影到一个较低维的空间中，然后在低维空间中找出其投影的边界曲线，称为轮廓。该轮廓又投影到一个更低维的空间中，如此继续下去，直到轮廓变成一维的轮廓线，如图9-21(a)所示。对于同一障碍物其轮廓不相连的部分，需用连接线将它们连接起来，图9-21(b)所示。这样得到的一维轮廓线图比原始的高维空间简单得多，可以从中找到一条可行的路径。该方法通常在理论上用于分析问题的复杂性，而很少用于实际中的路径规划。使用轮廓线方法得到的路径，运动物体总是沿着障碍物边缘移动。

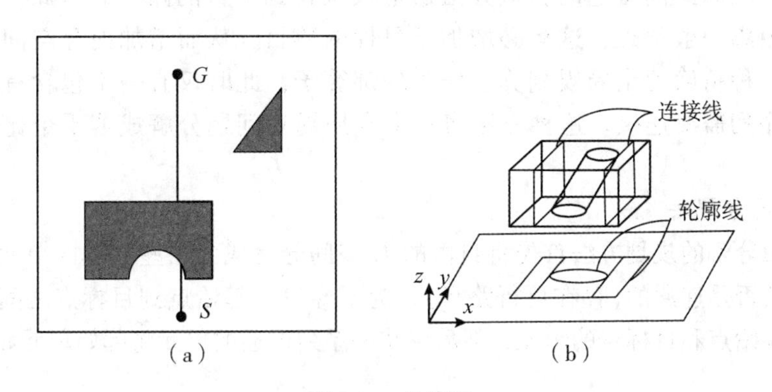

图9-21　轮廓线

4. 子目标网络法

子目标网络方法不直接构造明显的概略图，而是保存一个可以从起始点达到的节点列表。如果目标点出现在该表中，则规划成功结束。规划空间中两点之间的可达性由一个简单的局部规划算法来判断，该局部规划算法称为局部算子。局部算子的选择一般根据具体问题确定，例如，可以简单地在两节点之间按直线运动。

开始时，该算法在起始节点与目标点之间选取一个由称为子目标的中间节点组成的候选序列，并运用局部算子依次连接这些子目标。在选取子目标候选序列时可以采用某些启发式信息，也可以随机选取。如果连接过程不能到达目标点，则将已经连接的子目标保存在列表中。然后任取一个已到达的子目标，并在该子目标与目标节点之间选取一个候选序列，如此反复，直至到达目标节点。在该算法中，可到达的节点间的运动路径可以由局部算子非常容易地重新得到，因此不用保存。该算法的一个主要优点是节省内存空间。通视图可以看做是一个子目标网络，其子目标为障碍物的顶点，局部算子为“直线运动”。图9-22显示了一个“沿对角线方向运动”的局部算子生成的子目标网络。

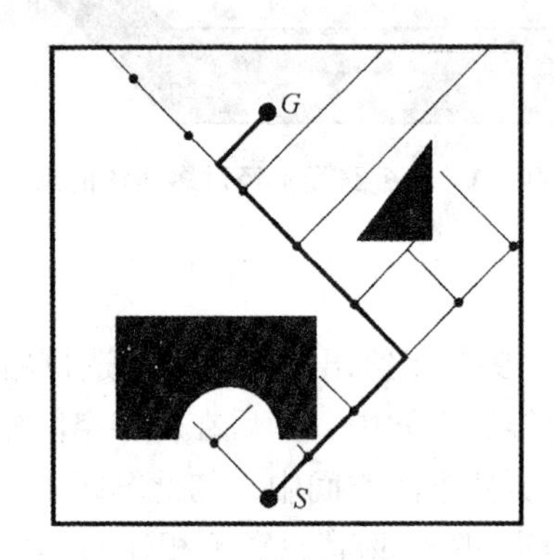

图9-22　子目标网络

局部算子的选择确定了规划算法的实现。一种极端的情形是采用“直线运动”，但当两个节点之间的距离很远时，该方法通常很难找到可行的路径。因此，相邻的两个子目标间的距离一般很近，这势必增加子目标的数目，从而增加内存空间。另一个极端就是采用一种精确的全局规划算法作为局部算子，此时仅有一个包含有起始点和目标点的候选序列需要连接。这种方法将一个全局规划问题分解成若干个比较简单的局部规划问题。

9.4.2.2　单元分解法

基于单元分解的规划方法首先将自由的C空间分解成为一些简单的单元，并判断这些单元之间是否是连通的(存在可行路径)。为了寻找从起始点到目标点之间的路径，首先找到包含起始点和目标点的单元，然后寻找一系列连通的单元将起始单元和目标单元连接起来即可。

单元的分解过程可以是对象依赖的，也可以是对象独立的。

在对象依赖的单元分解中，障碍物的边界被用作单元的边界，这样所有单元并在一起恰好与自由空间重合，如图9-23所示。对象依赖单元分解的另一个优点就是分解得到的单元数目较少，节省存储空间。但其分解过程较为复杂，各单元之间是否存在包含、交叉、连接、相邻关系的判断比较困难。

在对象独立的单元分解过程中，首先将C空间分解为规则形状的单元(通常为正方

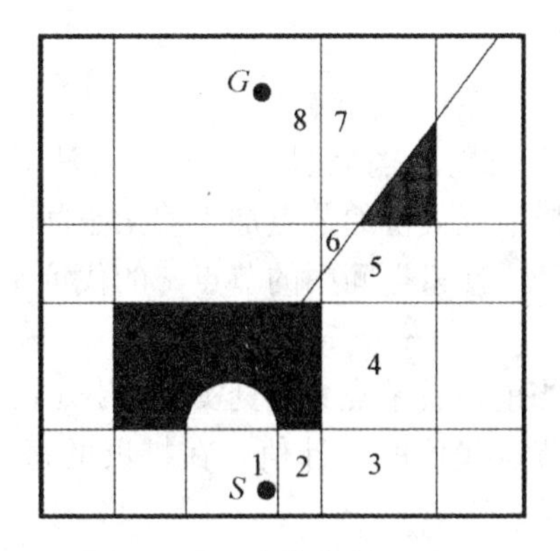

图 9-23 对象依赖单元分解

形)，然后检查各单元是否被障碍物覆盖或与障碍物相交。由于所有单元都是预先划分的，其形状和位置不随对象的形状和位置而改变，单元的边缘与对象的边缘也不一定重合，但其误差随着单元的细化而不断减少。与对象依赖单元分解相比，在实际应用中该方法的计算量要小得多。栅格法(见图 9-24(a))和四叉树法(见图 9-24(b))是最常用的两种对象独立单元分解方法。

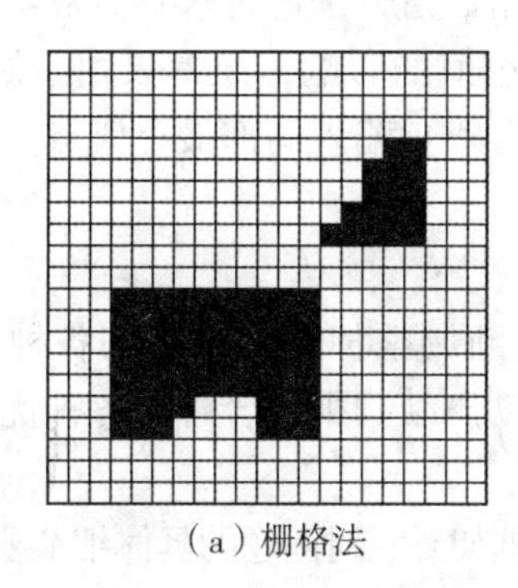
(a)栅格法

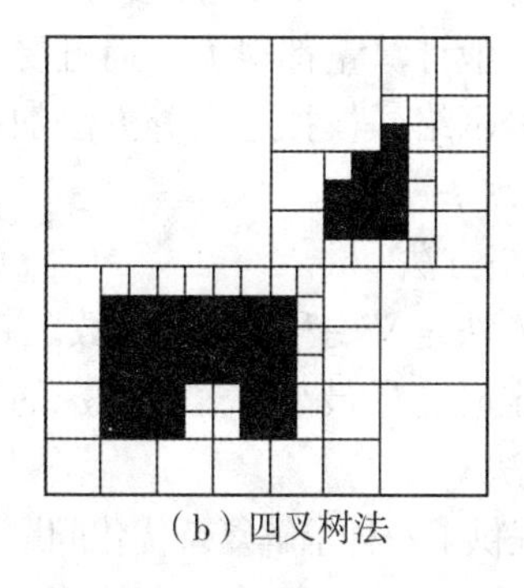
(b)四叉树法

图 9-24 对象独立单元分解

9.4.2.3 人工势场法

人工势场法最先由 Khatib 于 20 世纪 80 年代中期提出，它不需要利用图形的形式表示规划空间，而是将物体的运动看成是两种力作用的结果：一种是吸引力，它将运动物体拉向目标点；一种是排斥力，它使运动物体远离障碍物和威胁源。这样，物体总是沿着合力的方向运动。人工势场法最初是为机器人的在线导航而提出的，后来它也被用于离线路径规划中。该方法的一个显著优点就是规划速度快，但它可能找不到路径，从而导致规划失败，其原因是在吸引力和排斥力相等的地方存在局部最小点。许多学者提出了各种不同的势函数，以克服局部最小的问题。

9.4.3 航路搜索算法

9.4.3.1 A * 算法

A * 算法是一种经典的启发式搜索算法标准。A * 算法对当前位置的每一个可能到达的航路点计算代价，然后选择最低代价的节点加入搜索空间。加入搜索空间的这一新节点又被用来产生更多的可能路径。搜索空间中的节点 x 的代价函数为

$$f(x) = g(x) + u(x) \tag{9-1}$$

式中，$g(x)$ 为从起始位置到当前位置节点 x 的真实代价；$u(x)$ 为启发式因子，是从飞行器当前位置节点 x 到目标位置节点代价的估计值。在扩展的每一步都将选择具有最小 $f(x)$ 值的节点插入到可能路径的链表中。

9.4.3.2 数学规划方法

数学规划方法主要是研究目标函数在一定约束条件下最优解的存在性以及如何尽快地找出它们。根据目标及约束函数的特点，可分为线性规划、非线性规划、不可微规划、凸规划、多目标规划和多层规划等。

数学规划方法通常将避障问题表示成一系列不等式约束，这样路径规划问题就可以表示成带有约束条件的最优化问题。这类方法的一大优点就是除距离和障碍之外，可以综合考虑多种与路径相关的其他要素，如路径的安全性、可执行性等。由于该最优化问题通常是非线性的，并且带有多个不等式约束，一般需用数值方法进行求解。数学规划方法用于求解路径规划一般计算量都很大，而且受局部最小值的影响，通常只用于局部路径规划，并且借助于神经网络、模拟退火等方法加速计算，避免陷入局部最小值点。

9.4.3.3 其他方法

1. 神经网络方法

神经网络方法定义一种“能量函数”，通过不断调整神经网络中的各种加权系数，使网络在达到稳定时能量最小，这种特殊的非线性动态结构很适合解决各种优化问题。

2. 进化算法

进化算法提供了一种求解复杂优化问题的通用框架。它对问题的具体细节要求不高，对问题的种类有很强的鲁棒性，具有隐含的并行性，因此，被广泛地应用于各种优化问题求解中。

3. 蚁群算法

蚁群算法是基于群体的一种仿生算法。它通过人工模拟蚂蚁搜索食物的过程，即通过个体之间的信息交流与相互协作来实现路径搜索。该过程包含两个基本阶段：适应阶段和协作阶段。在适应阶段，各候选解根据积累的信息不断调整自身结构；在协作阶段，候选解之间通过信息交流，以期产生性能更好的解。

9.5 Dijkstra 最短路径算法

9.5.1 算法

最短路径算法主要代表之一是 Dijkstra 算法，该算法是 A * 算法的一个特例。Dijkstra

算法采用了在优化问题中常用的贪心技巧。贪心算法在每一步都选择局部最优解以期望产生一个全局最优解。

给定一个加权连通图，如图 9-25 所示。Dijkstra 算法是通过为每个顶点 v 保留目前为止所找到的从起点 s 到 v 的最短路径来工作的。初始时，起点 s 的路径长度值被赋为 0(d[s] = 0)，若存在能直接到达的边(s, m)，则把 d[m]设为 $w(s, m)$，同时把所有其他(s 不能直接到达的)顶点的路径长度设为无穷大，即表示我们不知道任何通向这些顶点的路径(对于 V 中所有顶点 v 除 s 和上述 m 外 d[v] = ∞)。当算法退出时，d[v]中存储的便是从 s 到 v 的最短路径，或者如果路径不存在的话是无穷大。

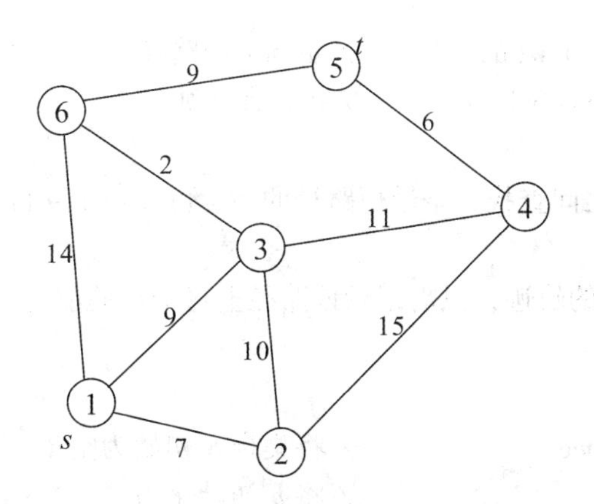

图 9-25　加权连通图

Dijkstra 算法的基础操作是边的拓展：如果存在一条从 u 到 v 的边，那么从 s 到 v 的最短路径可以通过将边(u, v)添加到尾部来拓展一条从 s 到 u 的路径。这条路径的长度是 d[u] + $w(u, v)$。如果这个值比目前已知的 d[v]的值要小，我们可以用新值来替代当前 d[v]中的值。拓展边的操作一直运行到所有的 d[v]都代表从 s 到 v 最短路径的花费。这个算法经过组织因而当 d[u]达到它最终的值的时候每条边(u, v)都只被拓展一次。

算法维护两个顶点集 $\boldsymbol{S}$ 和 $\boldsymbol{Q}$。集合 $\boldsymbol{S}$ 保留了我们已知的所有 d[v]的值已经是最短路径的值顶点，而集合 $\boldsymbol{Q}$ 则保留其他所有顶点。集合 $\boldsymbol{S}$ 初始状态为空，而后每一步都有一个顶点从 $\boldsymbol{Q}$ 移动到 $\boldsymbol{S}$。这个被选择的顶点是 $\boldsymbol{Q}$ 中拥有最小的 d[u]值的顶点。当一个顶点 u 从 $\boldsymbol{Q}$ 中转移到了 $\boldsymbol{S}$ 中时，算法对每条外接边(u, v)进行拓展。

在下面的算法中，u：=Extract_Min(Q) 在顶点集合 $\boldsymbol{Q}$ 中搜索有最小的 d[u]值的顶点 u。这个顶点被从集合 $\boldsymbol{Q}$ 中删除并返回给用户。

```
1  function Dijkstra(G, w, s)
2     for each vertex v in V[G]      // 初始化：对于每一顶点，进行下面步骤
3         d[v] := infinity           // 将各顶点的已知最短距离先设成无穷大
4         previous[v] := undefined   // 各点的已知最短路径上的前趋设为未定义
5     d[s] := 0                      // 出发点到出发点间的最小距离设为0
```

```
6     S := empty set                       // 集合S初始化为空
7     Q := set of all vertices             // 集合Q初始化为含所有顶点
8     while Q is not an empty set          // Dijkstra算法主体：若Q非空，进行下面步骤
9   u := Extract_Min(Q)                    // u为Q中的路径最短的顶点
10        S.append(u)                      // 将u添加到集合S
11        for each edge outgoing from u as (u, v) // 对于由u出发的每一边，进行下面步骤
12  if d[v] > d[u] + w(u, v)               // 拓展(u, v)：若拓展路径更短，则进行下面步骤
13  d[v] := d[u] + w(u, v)                 // 更新v的路径长度
14            previous[v] := u             //更新前趋顶点
```

如果只对在 s 和 t 之间查找一条最短路径的话，可以在第9行添加条件：如果满足 $u=t$，则终止程序。

为了记录最佳路径的轨迹，只需记录该路径上每个点的前趋，即可通过迭代来回溯出 s 到 t 的最短路径：

```
1S := empty sequence                  // 将集合S初始为空集
2 u := t                              // 将u初始化为t
3 while defined u                     // 若u有定义，则进行下面步骤
4   insert u to the beginning of S    // 将u加入到集合S
5    u := previous[u]                 // 将u改为其前趋
```

现在串行 S 就是从 s 到 t 的最短路径的顶点集。

9.5.2 算例

对于图9-25所给出的加权连通图，采用Dijkstra算法的搜索从1点到5点最短路径的过程如下：

第0次迭代：

d[1] = 0, d[2] = d[3] = d[4] = d[5] = d[6] = ∞

previous[1] = 1,

previous[2] = previous[3] = previous[4] = previous[5] = previous[6] =−1

S = {1}

Q = {2, 3, 4, 5, 6}

第1次迭代：(Q 中距离最近的点是2)

d[2] = 7, d[3] = 9, d[6]=14, d[4] = d[5] = ∞

previous[2] = previous[3] = previous[6] = 1,

previous[4] = previous[5] = previous[6] = −1,

S = {1, 2}

Q = {3, 4, 5, 6}

第 2 次迭代：(*Q* 中距离最近的点是 3)

d[3] = 9, d[4] = 22, d[6] = 14, d[5] = ∞

previous[1] = 1,

previous[3] = previous[6] = 1,

previous[4] = previous[5] = previous[6] = ∞,

S = {1, 2, 3}

Q = {4, 5, 6}

第 3 次迭代：(*Q* 中距离最近的点是 6)

d[4] = 20, d[6] = 11, d[5] = ∞

previous[1] = 1,

previous[3] = 1,

previous[4] = previous[6] = 3

previous[5] = -1,

S = {1, 2, 3, 6}

Q = {4, 5}

第 4 次迭代：(*Q* 中距离最近的点是 5)

d[4] = 20, d[5] = 20

previous[1] = 1,

previous[3] = 1,

previous[4] = previous[6] = 3

previous[5] = 6,

S = {1, 2, 3, 5, 6}

Q = {4}

由于已到达 5 点，且距离最近，故停止迭代。

从 1 点到 5 点的最短距离为 20；终点 5 的前趋为 6，6 的前趋为 3，3 的前趋为起点 1，因而最短路径为 1→3→6→5。

需要指出的是，在航路规划中，不能将“最短距离”狭义地理解为一个与航行距离有关的量，实际上用“航行代价”来表述更为确切，这个“代价”既可以是航行距离，也可以是航行时间、航行油耗及航行困难程度等。

第10章　导 航 系 统

10.1　导航系统概述

10.1.1　完整的导航系统

简单地说，能够为运动载体的操作者或控制系统提供载体的位置、速度、航向等即时运动状态的系统就称为导航系统。

导航的应用领域不同，其要求也相差甚远，体现在精度、更新率、可靠性、成本、尺寸和重量等方面，以及在位置、速度之外是否需要姿态结果。例如，昂贵、有严格安全性要求的飞机和船舶导航等，要求确保导航结果始终在指定的误差范围内，可用性要求很高，但精度要求可相对适中，可以容忍高成本。对于军用，可以承受一定的风险，但导航系统必须是隐蔽的，能够在电子站环境下工作，精度要求不尽相同。对于大多数的大众导航，如车辆导航与跟踪，关键是成本、尺寸、重量和功耗。因此必须采用不同的导航传感器组合以适应不同的应用场合。

定位系统和航位推算系统有着非常不同的误差特性，因此在很多实际应用中，航位推算系统(如 INS)与一种或多种定位系统(如 GNSS)组合。典型的组合导航体系结构如图10-1 所示。航位推算系统连续工作，提供组合导航结果，估计算法根据定位系统的测量值对航位推算系统的导航结果实施修正。估计算法通常基于卡尔曼滤波。

为了确保导航结果可靠，有必要在导航系统中进行故障检测，无论故障是源于用户设备硬件、无线电导航信号还是估计算法，这称为完好性监测，并有各种级别：故障检测(Fault Detection)只是告知用户出现了故障；而故障隔离(Fault Isolation)则确定故障出现在哪里，从而隔离故障部件的数据，产生新的导航结果；故障排除(Fault Exclusion)还进一步要求验证新的导航结果是无故障的。因此在导航系统中，用户导航设备中的故障检测和完好性监测是非常重要的内容，我们将在其他课程中学习。不过 GNSS 的无线电导航信号中的故障可以根据已知位置的基站更加有效地检测出来，随后向导航系统的用户播发报警信号。对于安全性有严格要求的应用场合，如民航，完好性监测系统必须得到正规的认证，以确保其符合民航对导航性能要求。

10.1.2　导航系统分类

依据是否依靠外界信息完成导航任务可分为自主式导航系统与非自主式导航系统。

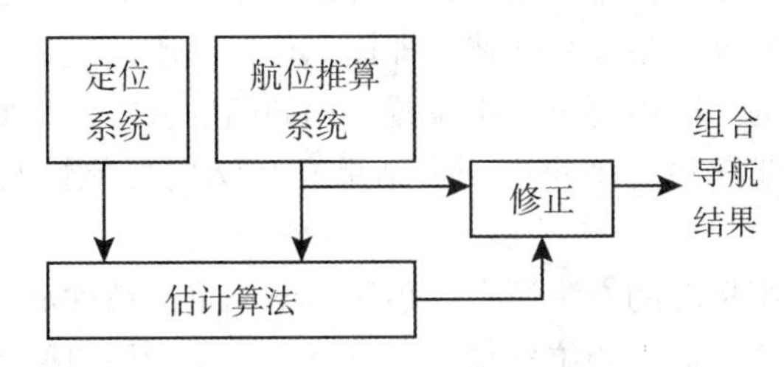

图 10-1　导航系统的组成及其基本工作流程

10.1.2.1　自主式导航系统

在不依靠外界信息或不与外界发生联系的情况下，独立完成导航任务，如惯性导航系统、天文导航。惯性导航基于牛顿力学定律，组成惯性导航系统的设备都安装在运载体内，工作时不依赖外界信息，也不向外界辐射能量，不易受到干扰，是一种自主式导航系统。天文导航系统是自主式导航系统，不需要地面设备，不受人工或自然形成的电磁场的干扰，不向外辐射电磁波，隐蔽性好。虽然短时间内的导航定位精度不及惯性导航，但其误差不随时间积累，这一特点对长期运行的载体来说非常重要。另外，它可以同时提供位置、速度和姿态信息。因而，天文导航成为深空探测、载人航天和远洋航海必不可少的关键技术和卫星、远程导弹、运载火箭、高空远程侦察机等的重要辅助导航手段。需要特别指出的是，天文导航因不需要设置专门的导航信息源，人们一般称之为自主式导航，但因为其导航信息源(恒星)在载体之外，有时候又将其称为半自主式导航。自主式导航系统主要有：惯性导航、航位推算、天文导航、匹配导航等。

10.1.2.2　非自主式导航系统

非自主式导航系统必须有地面设备或依靠其他外部信息才能完成导航任务(如无线电导航系统、卫星导航系统，等等)。除了要安置在运载体上的导航设备外，还需设在其他地方的一套或多套设备与其配合工作，才能完成导航任务。在运载体上的设备分别被称为弹载、机载、船(舰)载、车载或单兵导航设备，而设在其他地方的那套设备被称为导航台。导航台与运载器上的导航设备用无线电相联系，总体形成一个导航系统。非自主式导航系统主要有陆基无线电导航、卫星导航等。

10.1.3　描述导航系统性能的指标

导航的基本作用是为运载体航行服务，它所提供的服务应满足航行所提出的特定要求。现代导航不仅要解决航行的目的性，更要解决航行的安全性、服务连续性和有效性。为了便于国际和国内的顺利通航，要在全世界范围内使用一些具有规定性能的导航系统。导航系统的性能是由其信号特性和性能参数来描述的。一般来说，要衡量一个导航系统的优劣，必须考虑其精度、覆盖范围、信息更新率、可用性、可靠性、完好性、多值性、系统容量和导航信息的维数等指标参数。

1. 精度

导航系统的精度指系统为运动载体所提供的位置与运动载体当时的真实位置之间的重

合度。常用导航误差的大小来衡量。受到各种各样因素的影响，导航误差是一个随机变化的量，因此通常用统计的度量单位来描述，即用定位误差不超过一个数值的概率来描述。

有些导航系统只能为运载体提供一维位置，比如高度或方位，此时精度用两倍中误差来描述，相当于95%的置信度。即每次测量结果有95%的可能性其误差小于等于这个两倍中误差的值。

此外，衡量导航系统精度的方法还有：预测精度、重复精度和相对精度。预测精度是导航测量结果相对于地图上标出的位置精度。重复精度是指用户回到从前曾用同一导航系统测定过的位置的精度。相对精度指用户测量出的位置相对于另一个同时用同一导航系统测量出的位置的精度。

2. 可用性与可靠性

导航系统的可用性是指它为运动载体提供可用的导航服务的时间的百分比。导航系统的可靠性是系统给定的使用条件下在规定的时间内以规定的性能完成其功能的概率。可靠性的主要标志是系统发生故障的频率和平均无故障工作时间。在导航中还有信号可用性的提法。信号可用性指从导航台发射的导航信号可以使用的时间的百分比，它与发射台及电波传播环境有关。

3. 连续性

连续性定义为如果在飞行阶段的开始系统可用则整个飞行阶段系统均应可用。

4. 覆盖范围

覆盖范围指的是一个面积或立体空间，在这一范围内，导航信号足以使导航设备或操作人员以规定的精度引导载体航行。覆盖范围受到系统几何关系(许多无线电导航系统，当运动载体与导航台之间的距离或方位不同时，导航精度不同)、发射信号功率电平、接收机灵敏度、大气噪声条件，以及其他影响信号可用性等因素的影响。

5. 导航信息更新率

导航信息更新率是指导航系统在单位时间内提供定位或其他导航数据的次数。对更新率的要求与运载体的航行速度和所执行的导航任务有关。比如对于飞行器来说，如果导航信息更新率不够，在两次为飞行员提供定位数据之间的时间内，飞行器当前位置与上一次的指示位置有可能相差很远，这就会使导航系统服务的实际精度大打折扣。另外，现代飞行器常常依靠自动驾驶仪以实现自动化，因此导航系统必能与自动驾驶仪联合工作，自动驾驶仪要求导航系统输入的导航信息要与飞行器本身的航行条件和飞行操作相当的更新率，才能精确和平稳地操控飞器。

6. 导航信息多值性

有些导航系统为运载体给出的位置信息可能有多种解释或位置指示发生了重复，这便产生了多值性问题。当然运载体实际只能处在其中某一个位置上，不可能同时在多个位置上。为了确定其中正确的一个，必须采用辅助手段。因此，一旦存在多值性时，具有解决多值性的手段也是对导航系统的要求之一。

7. 系统容量

系统容量是导航系统提供导航服务的用户量的多少。导航要求能在其覆盖区内同时为所有需要导航服务的用户提供服务。导航系统的容量通常由系统的工作方式决定。有些导航系统的工作方式是，导航电台发射信号，运动载体上只需要有导航接收设备，因此无论有多少运载体都没有关系，即可以为无限的用户提供导航服务。这种用户设备由于工作时不发射信号，称为无源工作。有些导航系统则不然，一个导航台只能与数目有限的用户设备配合工作，及系统只能为有限数量的运动载体服务。

8. 系统完好性

所谓完好性指的是当导航系统发生任何故障或误差变得超出了允许的范围时，系统发出及时报警的能力。这显然是必要的。比如飞机向跑道下滑的阶段，如果导航系统发生了故障或误差超过了允许的范围而驾驶员未及时发觉，而继续按导航系统的指示飞行，便有可能使飞机偏离或滑出跑道，酿成事故。

9. 导航信息的维数

导航信息维数指的是导航系统为用户所提供的是一维、二维还是三维的运动状态信息。导航系统从导航信号中导出的第四维(如时间)信息和其他信息(如姿态)也属于这个参数。不同的导航系统或技术能够提供的导航信息的维数可能不同。

10.1.4 导航用户对导航性能指标的要求

导航用户的要求取决于导航应用的场合及实施导航的阶段。表 10-1 给出了典型的陆地、航海、航空导航的精度要求。

表 10-1 **不同导航用户典型的导航精度**

应用场合		精度(m)
陆地导航	私人交通	50~200
	公共交通	20~50
	紧急求援	5~20
航海导航	远海	≥100
	沿岸	20~100
	港口	5~20
航空导航	飞行段	≥100
	着陆段(位置)	5~20
	着陆段(高程)	0.5~5

导航阶段的不同，可用性要求也有所不同，导航可用性通常要求达到 99.0%~99.999%；导航的连续性主要是对航空导航而言并取决于飞行的阶段；导航覆盖范围要求可以是全球的、区域的或局部的；导航信息的维数取决于应用场合和导航阶段；完好性通常用系统发出及时报警的时间来衡量，通常为 1~15s；可靠性通常定义为 95%的概率水平；导航信息的更新率通常为 1s(取决于用户的要求)。

10.2　距离差交会的导航定位系统

10.2.1　陆基无线电导航系统

所谓陆基无线电导航系统是指无线电信号发射台站都是建立在陆地上的导航系统。由于这些台站是固定在地面上的，因而其台站坐标一经确定，便可长期使用。采用距离差交会的陆基无线电导航系统有罗兰 A、罗兰 C、罗兰 D、台卡、奥米加等系统。这些系统可采用脉冲法来测定主、副台信号到达用户接收机的时间差，也可采用相位法来测定主、副台信号中的载波到达接收机时的相位差并设法确定其中的整波段数来间接地、精确地测定时间差(当然也可以综合采用上述两种方法)从而测定用户至主、副台的距离差。在椭球面上进行数据处理时，上述测定值的点的轨迹为一双曲线，用户必位于该双曲线上，因而该双曲线在导航中也被称为用户的位置线。用第二对主、副台信号测出第二个距离差，作出第二条双曲线后即可交会出用户的位置。这就是双曲线定位的基本原理。上述各种陆基双曲线导航系统虽然在系统的组成、信号的频率、信号的结构、信号的覆盖范围及服务的对象等方面都有所区别，但工作原理是大致相同的。由于篇幅所限，无法一一加以介绍，下面以目前仍然有用户采用的罗兰 C 系统为例做一个介绍。

罗兰导航系统(Long Range Navigation，LORAN)是一种长距离的陆基、低频、双曲导航系统，由于随后又出现了作用距离要长得多的奥米加(Omega)导航系统，所以现在也有人将其归入中程导航系统)。罗兰 A 是由美国麻省理工学院等机构研制的，在“二战”时投入使用。其作用距离约为 750 海里，定位精度约为 0. 5～1. 5 海里。我国从 1968 年起也在沿海地区建立了罗兰 A 系统，称为“长河一号”工程。罗兰 A 系统的工作频率为 20MHz，其地波性能稳定，但传播时损耗较大，传播距离有限，其天波虽然传播距离远，但性能不稳定难以满足精度要求。为解决上述问题，又研制了新型的罗兰 C 系统。罗兰 C 系统采用 100KHz 的低频信号，其地波的传播距离更远，一般可达 1500 海里左右。该系统还同时采用了脉冲——相位测量技术，用脉冲法进行粗测，用相位法进行精测，既解决了模糊度问题，又提高了定位精度(一般可达 0. 2～0. 5 海里)。该系统也可在陆地上使用。我国也建立了自己的罗兰 C 系统，称为“长河二号”。该系统已覆盖我国沿海全部海域。从南到北共建造了 6 座脉冲功率达 2MW 的地面无线电信号发射台，组成三个罗兰 C 导航台链。其中北海台链的主台及控制中心位于山东荣成，两个副台分别位于吉林和龙与安徽宣城，监测站位于山东蓬莱。东海台链的主台和控制中心位于安徽宣城，两个副台分别位于山东荣成和广东饶平，监测站位于上海南汇。南海台链的主站及控制中心位于广西贺县，两个副台分别位于广东饶平和广西崇左，监测站位于广东台山。至 2006 年止，在全球共建立了 30 多个罗兰 C 导航台链。

罗兰 C 系统由下列三个部分组成。

1. 信号发射设备

这是整个系统的核心部分，由时频系统、信号发射机和发射天线等部分组成。其主要功能是按照规定格式，在预先设定的时刻，发射大功率的精确的导航信号。其中时频系统是由一组原子钟组成的。当其中某台原子钟出现故障时，时频系统仍可连续地提供精确的时频信号。信号发射机则能依据时频系统输出的信号生成发射台的本地时间基准，并在此基础上生成大功率的罗兰C导航信号并通过发射天线播发给用户。

2. 同步监测与控制设备

为了确保罗兰C导航台链覆盖区域中的用户不会同时收到两个台站的信号以及产生信号的相互干扰，各台站实际上并不是在同一时刻发射导航信号的，系统已对各副台发射信号的延迟时间作出了规定。这里所说的同步监测实际指的是监测各副台是否是在规定的时刻发射信号。因为只有各副台均在预先设定的延迟时间发送导航信号，才能在数据处理时加以精确地改正。虽然系统在投入工作前会进行检测调整，但由于时频系统的授时误差及各副台的仪器误差，上述“同步”一般难以长期维持，因而还需对主、副台的同步加以监测和控制。

3. 用户接收设备

罗兰C接收机是整个系统中的一个终端设备，由用户进行管理和使用，因而也称用户设备。接收机按其工作状态可分为人工搜索接收机、半自动接收机和全自动接收机。按用途不同可分为海用接收机、空用接收机、车载接收机、授时型接收机等。接收机一般由下列几个部分组成：

(1)天线系统。

天线系统通常包含接收天线、天线耦合器和馈线电缆。不同的接收机采用不同的天线，如船用接收机一般采用鞭状天线，空用接收机通常采用抗静电干扰的刀形天线或斜天线，而车载接收机则多采用拉杆天线。天线耦合器的主要功能是：实现天线与接收机间的阻抗匹配，进行天线调谐以获得最佳接收效果、滤波、防止接收机遭雷击等。

(2)射频信号处理单元。

该单元由带通滤波器、射频放大器、自助增益控制电路、延迟相加电路等组成。主要功能是抑制外来噪声和干扰，对信号进行放大、限幅和延迟相加，提取载波相位和脉冲包络信息。

(3)数字信号处理单元。

该单元包含定时计数器、取样和数模转换器、微处理器和多种接口电路。其最主要的功能为：完成信号的搜索、锁定和跟踪，时差测量，计算地理经纬度和各种导航参数，为其他设备和外设提供相应接口。

(4)键盘及显示单元。

其主要功能是实现人机间的信息交换。

(5)电源。

电源可采用三种形式：电池、直流电源和交流转直流电源。

20世纪80年代以来，以GPS为代表的卫星导航系统迅猛发展，快速占领导航领域的市场。为应对这种挑战，罗兰C系统也在不断的提升自己的性能，主要表现在下面几个方面：

(1)采用混合自适应滤波信号处理技术(DSP)和线性平均数字技术(LAD)，系统性能大幅提升，如信号有效覆盖半径可增加约300km，接收机能同时跟踪接收40个台站的信号等。

(2)研制了小型罗兰C磁场天线，能有效消除雨雪静电干扰，还能与GPS接收天线合并在一起，实现组合导航。

(3)在不影响导航、定位、授时等功能的前提下，实现了数据传输功能，可播发GNSS系统的差分改正信号及完备性信息，以组成经济有效的GNSS增强系统。

10.2.2　用多普勒测量进行距离差交会的导航系统

利用多普勒观测值进行导航、定位、定轨的系统有美国的子午卫星系统(前苏联的CICADA系统)、法国的DORIS系统，以及多普勒雷达导航系统等。但DORIS(Doppler Orbitography and Radiopositioning Integrated by Satellite)系统是一种利用多普勒测量方式来进行卫星定轨和无线电定位的综合系统，一般并不用于导航。而多普勒雷达则是通过测定由地面反射回来的雷达信号的多普勒频移来测定飞机的速度进而推算出航位的一种导航系统，并不利用距离差交会的方法来确定自己的位置，所以严格来说它们都不能归入利用多普勒测量来进行距离差交会的导航系统内。下面将以子午卫星导航系统为例来加以介绍。

子午卫星导航(Transit)是美国研制的第一代卫星导航定位系统，也称海军导航卫星系统NNSS(Navy Navigation Satellite System)。系统于1964年1月建成并投入军用。1967年7月系统解密，同时供民用。最终用户数达9.5万个。

整个系统由空间部分、地面控制部分和用户部分组成。

1. 空间部分

子午卫星星体的直径约为50cm，重量为45~73kg，卫星由太阳能电池提供能量。卫星可接收来自地面控制系统的卫星星历及有关命令，并存入存储器中。卫星上有一台相当稳定的石英钟来作为时频标准，产生频率为4.9996MHz的基准信号。该信号经倍频30倍和80倍后形成149.988MHz和399.968MHz的载波供卫星使用。子午卫星分两类：一类是1963年设计的奥斯卡卫星，另一类是1979年设计制造的性能更为优越的诺瓦卫星。

子午卫星在圆形极轨道上运行，轨道倾角$i=90°$，卫星高度为1075km，运行周期为107分钟。整个星座一般由6颗卫星组成，均匀地分布在地球四周。相邻两个卫星的轨道平面之间夹角为30°。但由于各个卫星受到的轨道摄动并不完全相同，经过一段时间后各个轨道面之间的夹角就会变得不同。在中纬度地区的用户平均每隔1.5h有一颗卫星通过视场，但在最不利的情况下可能要等待10h左右才有卫星通过。

2. 地面控制系统

地面控制系统负责提供卫星星历以及对整个系统进行管理。它是由卫星跟踪站、计算中心、注入站，以及控制中心等组成的。

(1)卫星跟踪站：也称监测站，整个系统共设立4个卫星跟踪站。跟踪站的站坐标精确已知，当子午卫星通过时跟踪站就对它们进行多普勒测量，然后将观测数据传送给计算中心。

(2)计算中心：依据各跟踪站36h的观测资料来计算各子午卫星的轨道，并外推16h，然后按规定格式编码并播发给注入站。

(3)注入站：注入站接收并储存由计算中心传送的导航电文，每12h左右向卫星注入一次导航电文，电文长度为16h(诺瓦卫星的导航电文长度为8d，每天注入一次)。这里所说的注入就是指通过地面天线向卫星传输相关信息。

(4)控制中心：负责协调、管理整个系统的工作。此外，美国海军天文台还负责进行时间比对，求出卫星钟的改正数及频率改正数。

3. 用户部分

用户通过多普勒接收机来接收卫星信号以获得多普勒计数(相当于距离差)，并利用由卫星星历所提供的卫星位置来实现导航、定位、授时等目的。

子午卫星系统存在许多局限性，主要是：

(1)一次定位所需时间过长。采用子午卫星系统进行距离差交会时，各旋转双曲面的焦点S_1，S_2，S_3，…是由同一颗子午卫星在飞行过程中逐步形成的(见图8-4)。为了使距离差交会时有较好的几何强度，这些焦点的地面测站之间的夹角不能过小，因而定位时一般均需观测一次卫星通过，通常需花费8~18min的时间，这就意味着该系统只能为船舶等低动态用户进行导航定位，而无法为飞机、卫星、导弹等高动态用户服务。

(2)子午卫星导航系统不是一个连续的导航定位系统，而只能为惯导系统等连续的导航系统提供间断的修正，以避免惯导系统误差的积累，也就是说子午卫星系统无法成为一个独立的导航系统，而只能与惯导系统等配合使用。

(3)定位的精度较低。观测一次卫星通过所确定的船位的精度约为数百米，在陆地固定点上观测100次卫星通过所确定的点位精度为3~5m。因而在全球卫星定位系统GPS出现后，子午卫星系统便很快被GPS所取代。

DORIS是一种利用多普勒测量方式来确定卫星轨道以及进行空间定位的系统。该系统在全球较为均匀地分布了70多个地面跟踪站。与子午卫星系统相反，在DORIS中无线电信号发射台是安置在固定的地面跟踪站上的，而接收机则安放在需要定轨的卫星上。卫星用接收到的观测值以及DOIDE软件可实时确定自己的运行轨道，三维点位误差约为±1m。卫星也可将观测资料下传给地面数据处理中心以进行事后精密定轨，轨道的径向误差为±3cm。利用DORIS系统也可进行精密定位，利用1天的观测资料所确定的点位误差约为2~3cm(单日解)，利用7天的观测资料所确定的地面点的点位误差约为1~1.5cm(7天解)。因而该系统也可被用来独立地确定地球自转参数(极移及地球自转)，也可与VLBI、SLR、GNSS等空间大地测量技术一起来确定地球定向参数、测站坐标及坐标的变化率。由于DORIS系统一般并不用于导航，因而在本书中不再详细介绍。

多普勒雷达常被用于飞机导航。机载多普勒雷达以某一固定频率向地面发射一束信号，并接收来自地面的反射信号。由于飞机与地面间存在相对运动，因而反射信号的频率将发生变化。依据这种多普勒频移可推算出飞机的运动速度。如果飞机向四个不同的方向发射信号并接收各反射信号，就能用这种四射束多普勒雷达测定飞机的速度矢量，进而推算出不同时间飞机所在的位置。据报道，在1996年用于固定翼飞机的多普勒雷达所推算出的航程精度为0.14%(标准差)，即飞行100km后航程误差为0.14km(1σ)，横向误差为0.15%(1σ)。由于多普勒雷达是一种测定运动速度来推算航位的系统，与距离差交会有所不同，因而在这里也不再介绍。

10.3 空间距离交会的导航定位系统

采用主动式测距方式的仪器设备较多，如雷达、测距器(DME)和精密测距器(DME/P)等。但这些仪器设备常与其他类型的仪器设备联合工作。例如，把雷达测距功能与测向功能(可以通过一个不断旋转的窄波束定向天线来加以实现)结合在一起，以组成一个采用极坐标法定位的导航雷达系统或避碰撞系统。把 DME 与进行方向测量的 VOR 结合起来组成 VOR/DME 系统，为飞机提供航路导航和终端导航。该系统属短程导航系统，也采用极坐标法进行导航定位。进行航路导航时系统的覆盖半径可达 370km 左右，用于终端导航的系统覆盖半径约为 110km 左右，测距精度不低于 370m(2σ)。而精密测距器则常与微波着陆系统联合工作，用于飞机的精密进场和着陆。系统的作用距离约为 41km，精度则要高得多，为 20~30m(2σ)。由于这些系统并不采用距离交会的方法来进行定位，故不做介绍。

第二代的卫星导航定位系统，如美国的 GPS、俄罗斯的 GLONASS、欧盟的 Galileo 以及我国自行研制组建的 COMPASS 等都采用距离交会的方法来进行导航定位。虽然这些系统的组成、信号结构、性能等都有所不同，但定位原理是一样的。下面我们将以 GPS 为代表来进行介绍。

10.3.1 系统的组成

全球定位系统 GPS 是由三个部分组成：空间部分、地面控制部分及用户部分。

10.3.1.1 空间部分

1. GPS 卫星

GPS 卫星的主体呈圆柱形，两侧有太阳能帆板，能自动对日定向，重量约为 2 吨。太阳能电池为卫星提供工作用电。每颗卫星都配备有多台原子钟，可为卫星提供高精度的时间标准。卫星上带有燃料和喷管，可在地面控制系统的控制下调整自己的运行轨道。GPS 卫星的基本功能是：接收并储存来自地面控制系统的导航电文；在原子钟的控制下自动生成测距码(C/A 码与 Y 码)和载波；采用二进制相位调制法将测距码(已加载导航电文)调制在载波上播发给用户；按照地面控制系统的指令调整轨道、调整卫星钟、修复故障或启用备用件以维护整个系统的正常工作。

目前正在投入使用的有 Block IIA、IIR、IIR-M、IIF 等不同类型的卫星。总的来说，卫星性能在不断改进，其中 Block ⅡA 卫星的工作时间已达 20 年左右，将逐渐淘汰。在 Block IIR-M 卫星上(及随后的各类卫星上)已增设了第二民用测距码 L_2C 码，使一般用户也能采用双频改正法来消除电离层延迟。从 Block IIF 卫星开始将增设第三民用频率 L_5，并在其上调制性能比 L_2C 码更好的 L_5码。新一代的 GPS 卫星 Block III 正在研制中，这类卫星将播发 L_1C 码。

2. GPS 卫星星座

发射入轨能正常工作的 GPS 卫星的集合称 GPS 卫星星座。GPS 卫星星座原计划由 24 颗卫星组成，现在已扩充至 31~32 颗。这些卫星分布在 6 个轨道平面上，相邻轨道的升交点赤经之差为60°。GPS卫星的轨道几乎为圆形，轨道面的倾角为55°。卫星轨道的长半径为26560km，卫星的运行周期为12h(恒星时)，约相当于民用时11h58min。在世界上任意一地点一般能同时观测到4~8颗卫星(截至高度角取15°时)。

需要说明的是，由于卫星星座中有部分卫星为处于工作状态的备用卫星，所以卫星在轨道上的分布不是均匀的，备用卫星处会显得比较拥挤。这样当备用卫星被调往某处去替代出现故障的卫星时，在原处就不会出现一个大的空档。如果所有的GPS卫星都是均匀分布的，那么把备用卫星调往故障卫星处去替代它工作就会失去意义。图10-2为24颗卫星的卫星星座图。

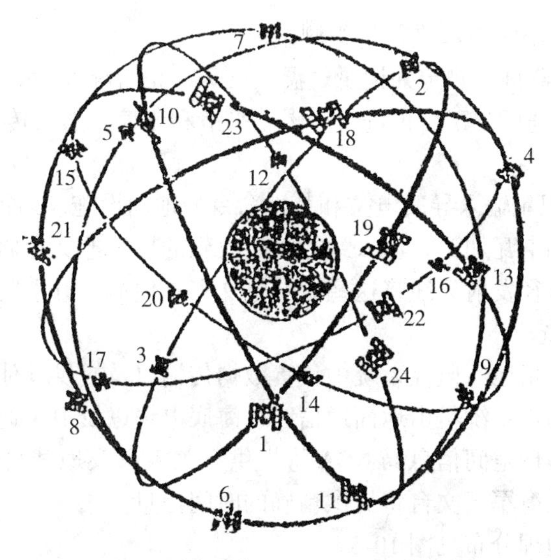

图10-2 24颗卫星的GPS卫星星座

10.3.1.2 地面控制部分

支持整个系统正常运行的地面设施称为地面监控部分，它由主控站、监测站、注入站以及通信和辅助系统组成。

1. 主控站

主控站是整个地面监控系统的行政管理中心和技术中心，位于科罗拉多州的联合空间工作中心。其主要作用是：

(1)负责管理、协调地面监控系统中各部分的工作；

(2)根据各监测站送来的资料，计算、预报卫星轨道和卫星钟改正数，并按规定格式编制成导航电文送往地面注入站；

(3)调整卫星轨道和卫星钟读数，当卫星出现故障时，负责修复或启用备用件以维持其正常工作。无法修复时，调用备用卫星去顶替它，维持整个系统正常可靠地工作。

2. 监测站

监测站是无人值守的数据自动采集中心，目前GPS卫星的广播星历是根据17个监测站的观测资料求得的。在17个监测站中，有6个站为美国空军的监测站，它们分别位于科罗拉多泉城(Colorado Springs)、卡纳维拉尔角(Cape Canaveral)、夏威夷(Hawaii)、阿松森岛(Ascension Island)、迭戈加西亚(Diego Carcia)和卡瓦加兰(Kwajalein)。为了进一步提高广播星历的精度，美国从1997年开始实施精度改进计划(Legacy-Accuracy Improvement Initiative, L-AII)。首期加入了国防部所属的国家地球空间信息局(NGA)的6个监测站。它们分别位于华盛顿特区的美国海军天文台(USNO)、英国(England)、阿根廷(Argentina)、厄瓜多尔(Ecuador)、巴林(Bahrain)和澳大利亚(Australia)。此后又加入了其他5个NGA站：阿拉斯加(Alaska)、韩国(Korea)、南非(South Africa)、新西兰(New Zealand)和塔希提岛(Tahiti)。

监测站的主要功能是：

(1)对视场中的各GPS卫星进行伪距测量；

(2)通过气象传感器自动测定并记录气温、气压、相对湿度(水汽压)等气象元素；

(3)对伪距观测值进行改正后再进行编辑、平滑和压缩，然后传送给主控站。

3. 注入站

注入站是向GPS卫星输入导航电文和其他命令的地面设施。3个注入站分别位于迭戈加西亚、阿松森群岛和卡瓦加兰。注入站能将接收到的导航电文存储在微机中，当卫星通过其上空时，再用大口径发射天线将这些导航电文和其他命令分别“注入”卫星。

4. 通信和辅助系统

通信和辅助系统是指地面监控系统中负责数据传输以及提供其他辅助服务的机构和设施。全球定位系统的通信系统是由地面通信线、海底电缆以及卫星通信等联合组成。

此外，美国国家地球空间信息局NGA将提供有关极移及地球自转的数据以及监测站的精确地心坐标，美国海军天文台将提供精确的时间信息。

地面监控系统的地理分布见图10-3。

显然，按照上述方式运行时，整个GPS系统将过多地依赖地面监控部分。一旦战争爆发，地面监控部分被对方摧毁，全球定位系统将很快失效。虽然卫星中可存储180天的卫星星历，但随着预报时间的增长，星历的精度将迅速下降，致使GPS系统无法使用。为了减少对地面监控系统的依赖程度，增强GPS系统自主导航的能力，在Block IIR卫星中增加了在卫星间进行伪距测量和多普勒测量的能力，以及卫星间进行互相通信的能力。显然，单纯依靠卫星间的距离观测值和多普勒测速观测值是无法确定GPS卫星星座的整体旋转和每个GPS卫星钟的绝对钟差的。研究表明，以IGS的预报星历作为先验值，利用卫星间的距离观测值进行定轨，可以使第180天星历的URA值仍达到6m的水平，从而大大增加了GPS系统的自主导航能力。

10.3.1.3　用户部分

用户部分由用户及GPS接收机等仪器设备组成。虽然用户设备的含义较广，除GPS接收机外，还可包括气象仪器、计算机、钢卷尺、指南针等。但是由于篇幅的限制，加之读者对其他的设备较为熟悉，故在本节中只介绍GPS接收机。

1. GPS接收机

能接收、处理、量测GPS卫星信号以进行导航、定位、定轨、授时等项工作的仪器设备叫做GPS接收机。GPS接收机由带前置放大器的接收天线、信号处理设备、输入输

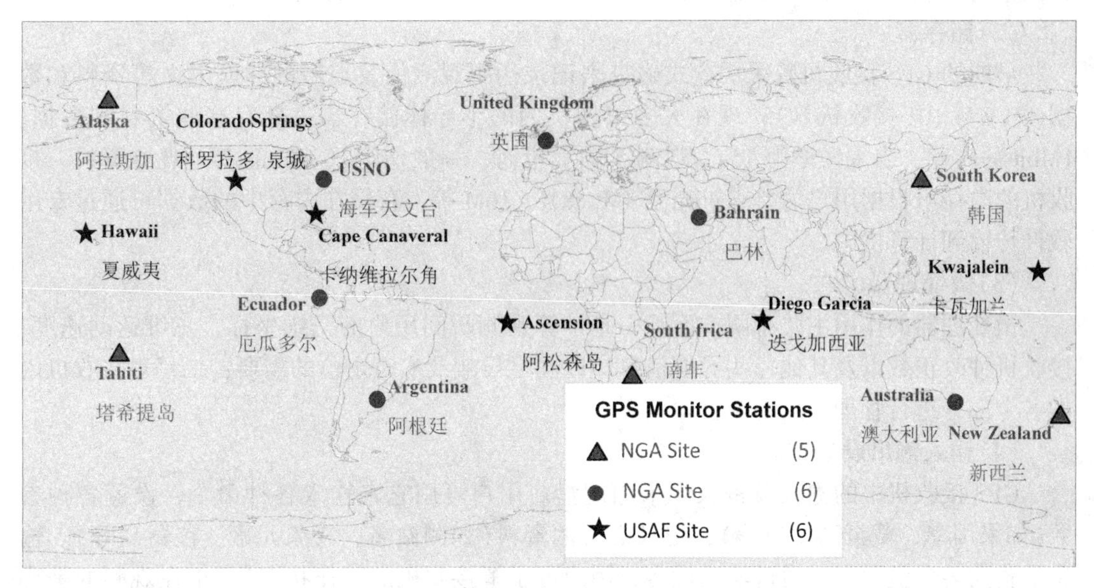

图 10-3　地面监控系统的地理分布

出设备、电源和微处理器等部件组成。根据用途的不同，GPS 接收机可分为导航型接收机、测量型接收机、授时型接收机等。按接收的卫星信号频率数可分为单频接收机和双频接收机等。

2. 天线单元

天线单元由天线和前置放大器组成。接收天线是把卫星发射的电磁波信号中的能量转换为电流的一种装置。由于卫星信号十分微弱，因而产生的电流通常需通过前置放大器放大后才进入 GPS 接收机。GPS 接收天线可采用单极天线、微带天线、锥形天线等。微带天线的结构简单、坚固，既可用于单频，也可用于双频，天线的高度很低，故被广泛采用。这种天线也是安装在飞机上的理想天线。

3. 接收单元

接收单元由接收通道、储存器、微处理器、输入输出设备及电源等部件组成。

(1)接收通道。

接收机中用来跟踪、处理、量测卫星信号的部件，由无线电元器件、数字电路等硬件和专用软件所组成，简称通道。一个通道在一个时刻只能跟踪一颗卫星某一频率的信号。早期为了尽可能“节省”通道数，曾出现过所谓的序贯通道和多路复用通道。这些通道可在接收机软件的控制下依次对多颗卫星进行观测。其中依次对多颗卫星观测一遍所需时间大于 20ms 的通道称为序贯通道，观测一遍所需时间小于或等于 20ms 的通道称为多路复用通道，采用这类通道的接收机一般只需配备极少量的接收通道便能完成导航定位工作。但这些接收机的信噪比比较差，定位精度较低。随着超大规模集成电路等微电子技术的迅速发展，接收机的通道数已不再成为影响接收机的体积、重量、能耗、价格的主要因素，多数接收机都增加了通道数，以便可以让一个通道连续地跟踪视场中的一颗卫星。采用这种技术的导航型接收机的通道数可达4~8个或更多，信噪比大为改善。

(2)储存器。

早期的GPS接收机曾采用盒式磁带来记录伪距观测值及卫星的导航电文等资料和数据(如WM 101接收机等)，现在大多采用机内的半导体储存器来储存这些资料和数据。1Mbit的内存，当采样率为15s，观测5颗卫星时，一般能记录16h的双频观测资料。接收机的内存可根据用户的要求扩充至4M、8M、16M等，存储在内存中的数据可通过专用软件传输到计算机中。

(3)微处理器。

微处理器的作用主要有两方面：一是计算观测瞬间用户的三维坐标、三维运动速度、接收机钟改正数以及其他一些导航信息，以满足导航及实时定位的需要；二是对接收机内的各个部分进行管理、控制及自检核。

(4)输入输出设备。

GPS接收机中的输入设备大多采用键盘。用户可用它来输入各种命令，设置各种参数(如采用率、截至高度角等)，记录必要的资料(如测站名、气象元素、仪器高等)。输出设备大多为显示屏。通过输出设备，用户可了解接收机的工作状态(如正在观测的是哪些卫星，卫星的高度角、方位角及信噪比，余下的内存容量有多少)以及导航定位的结果等。接收机大多设有RS 232接口，用户也可通过该接口用微机来进行输入、输出操作。

(5)电源。

GPS接收机一般采用由接收机生产厂商配备的专用电池作为电源。长期连续观测时，可采用交流电经整流器整流后供电，也可采用汽车电瓶等大容量电池供电。除外接电源外，接收机内部一般还配备有机内电池，在关机后，为接收机钟和RAM存储器供电。

10.3.2 卫星信号

GPS卫星发射的信号由载波、测距码和导航电文三部分组成。

10.3.2.1 载波

可运载调制信号的高频振荡波称为载波。GPS卫星所用的载波有两个，由于它们均位于微波的L波段，故分别称为L_1载波和L_2载波。其中，L_1载波是由卫星上的原子钟所产生的基准频率f_0(f_0=10.23MHz)倍频154倍后形成的，即$f_1 = 154 \times f_0 = 1575.42$MHz，波长$\lambda_1$为19.03cm；$L_2$载波由基准频率$f_0$倍频120倍后形成的，即$f_2 = 120 \times f_0 = 1227.60$MHz，其波长$\lambda_2$为24.42cm。如前所述，随着GPS现代化的实施，在Block IIF卫星中将增设一个新的载波L_5，它是由基准频率f_0倍频115倍后形成的，即$f_5 = 115 \times f_0 = 1176.45$MHz，其波长$\lambda_5$为25.48cm。采用多个载波频率的主要目的是为了更好地消除电离层延迟，组成更多的线性组合观测值。卫星导航定位系统通常都采用L波段的无线电信号来作为载波，频率过低($f<1$GHz)电离层延迟严重，改正后的残余误差也较大；频率过高，信号受水汽吸收和氧气吸收谐振严重，而L波段的信号则较为适中。

在无线电通信中，为了更好地传送信息，我们往往将这些信息调制在高频的载波上，然后再将这些调制波播发出去，而不是直接发射这些信息。在一般的通信中，当调制波到达用户接收机解调出有用信息后，载波的作用便已完成。但在全球定位系统中，情况有所不同，载波除了能更好地传送测距码和导航电文这些有用的信息外(起传统意义上载波的作用)，在载波相位测量中它又被当作一种测距信号来使用。其测距精度比伪距测量的精度高2~3个数量级。因此，载波相位测量在高精度定位中得到了广泛的应用。

10.3.2.2 测距码

测距码是用于测定卫星至接收机间的距离的二进制码。GPS卫星中所用的测距码从性质上讲属于伪随机噪声码。它们看似一组杂乱无章的随机噪声码，其实是按照一定规律编排起来的、可以复制的周期性的二进制序列，且具有类似于随机噪声码的自相关特性。测距码是由若干个多级反馈移位寄存器所产生的 m 序列经平移、截短、求模二和等一系列复杂处理后形成的。目前GPS卫星所播发的测距码中，Y码和M码仅供美国及其盟国的军方用户使用，供普通用户使用的是C/A码、L_2C 码和 L_5 码，此外普通用户还可采用Z跟踪技术从Y码中“分解”出P码来加以使用。下面分别对几种民用码进行简要介绍。

1. C/A码

C/A码是一种经典的民用测距码，也称Gold码。C/A码是一种周期性的二进制序列，一个周期中仅含1023个比特，持续的时间约为1ms。若以50比特/秒的速率进行搜索时，最多只需20.5秒就可捕获C/A码，然后再通过导航电文中所提供的时间信息来快速捕获P(Y)码。因而C/A码也称为捕获码(Acquisition Code)。此外，C/A码也可用来粗略地测定卫星至接收机间的距离。然而，由于C/A码的码速率较低，只有1.023Mbps，即每个码所持续的时间为 $1s/1.023\times10^6\approx0.977517\mu s$。当电磁波信号以光速传播时，一个码的宽度达293m。如果用码相关法来测距时，其实际测距精度为码宽的1/100时，测距精度只能达到2.93m。所以，C/A码也被称为粗码(Coarse Code)。采用C/A码测距的另一个缺点是C/A码只调制在 L_1 载波上，因而普通用户难以通过双频观测来较完善地消除电离层延迟误差。

2. L_2C 码

L_2C 码是调制在 L_2 载波上的第二民用测距码。随着GLONASS、COMPASS、Galileo等卫星导航系统的出现，为继续维持GPS在卫星导航领域内的霸主地位，尽可能多地占领民用卫星导航市场，美国在GPS现代化计划中决定从Block II R-M型卫星起在 L_2 载波上增设第二民用测距码 L_2C 码，以免部分用户因GPS系统无法采用双频改正的方法来消除电离层延迟而改用其他卫星导航系统。L_2C 码是由一个长度为10230比特的中等长度的码 L_2CM 码以及一个长度为767250比特的长码 L_2CL 码组合而成的。由于在长码上不调制导航电文，因而在树林等地区可以通过延长积分间隔的方法来更好地捕获卫星信号。这是 L_2C 码比C/A码优越的地方。但 L_2C 码的码速率仍为1.023Mbps，一个码的宽度约为293m，因而与C/A码相比，测距精度并无实质性的改进。

3. L_5 码

按GPS现代化计划，从Block II F型卫星开始，卫星信号中将增设第三民用频率 L_5 载波，并在该载波上调制 L_5 测距码。L_5 载波是一个同相(In-Phase)分量和一个滞后90°的正交(Quadrature-Phase)分量组成的。两个几乎是正交(互相关系数很小)的，结构不同的测距码被调制在这两个载波分量上。其中调制在同相分量上的测距码被称为 I_5 码，调制在正交分量上的测距码被称为 Q_5 码。I_5 码与 Q_5 码也均为周期性的二进制序列，其周期为1ms，每个周期中有10230个比特。码速率为10.23Mbps，为C/A码的10倍，与P(Y)码相同。在I_5码上调制导航电文，Q_5码上则不调制导航电文。

与前两种民用测距码C/A码和L_2C码相比，L_5码具有以下优点：

(1) L_5载波位于"航空无线电导航服务"(ARNS)频段内(930~1215MHz，1559~1610MHz)，其余用户不得使用该频段信号。由于受到制度性的保护，因为该频段内的无线电信号干扰较少。例如，与供工业、医务、科研使用的ISM频段相比，ARNS频段内的地面自然干扰(指无意识的干扰)要低20~30dB。因而L_5信号可用于生命安全服务领域。

(2)由于L_5码的码宽为C/A码和L_2C码的1/10，只有29.3m，因而其测距精度将比C/A码与L_2C码的精度高得多。

(3) L_5码的码长是C/A码的10倍，而且在Q_5码上又没有调制导航电文，因而在树林等隐蔽地区L_5码具有比C/A码更好的信号捕获能力。

(4)具有更好的抗射频干扰能力。在卫星信号频段上的人为信号对卫星信号所产生的干扰称为射频干扰。L_5码的码速率为C/A码和L_2C码的10倍，扩频后信号功率可以扩展到一个很宽的频带上，可以更有效地提高抗窄带射频干扰能力。L_5码的抗射频干扰的能力比C/A码和L_2C码大10dB，再加上L_5码的信号发射功率比C/A码的发射功率大4dB，所以抗射频干扰能力也要比C/A码大14dB。

4. P码

P码原来是一种供军方使用的保密码，其周期是1星期，码速率为10.23Mbps，为C/A码的10倍，具有高精度测距的能力，因而也被称为精码，其后情况有所变化，P码的结构已公开。为防止战时敌对方对美国及其盟国的军方用户实施电子欺骗，从1994年起美国又将P码与一种保密的W码进行模二相加以生成Y码。因而从理论上讲GPS卫星已不发P码，而用Y码去取代它了。但一般用户若采用Z跟踪技术可以从Y码中将其分离出来，进行测距。采用Z跟踪技术的目的是为了获得双频P码观测值进行电离层延迟改正，并提高测距精度。但随着GPS现代化的实施，L_2C码，特别是L_5码的出现，这种技术可能将逐渐退出历史舞台，希望了解更多有关测距码的相关信息的读者可参阅参考文献[5-9]。

除了用测距码外，用户也可以用载波相位测量的方法来精确地测定从卫星至接收机间的距离。用测距码测距的精度一般为分米级至米级，而用载波相位测量则可达毫米级至厘米级。但进行载波相位测量时，不但会对GPS接收机提出更高的要求，而且数据处理也会变得更加复杂，因而仅在一些需要特别高的精度的特殊场合中才会使用，由于篇幅的限制，这部分内容将留在卫星导航学等专业课中再加以介绍。

10.3.2.3 导航电文

把卫星作为移动的空间无线电信标台来进行距离交会时，用户除了用接收机来测定至各卫星的距离外，还必须知道观测瞬间各卫星在空间的位置等信息。在全球定位系统中，这些信息是通过下列途径来播发给用户的：首先由分布在全球的地面监测站对视场中的GPS卫星进行距离测量，并定期将上述观测资料传递给主控站，然后由主控站进行数据处理求得各卫星的运行轨道并进行外推(预报)求得预报轨道，最后再将这些预报轨道传递给地面注入站，由注入站送往卫星，调制在卫星信号上，由卫星定期播发给用户。这些调制在卫星测距码上的有关卫星在空间的位置以及卫星钟差、卫星的工作状态是否正常、近似的电离层延迟改正等信息的编码就称为导航电文。

提供卫星在空间的位置可采用不同的方式：例如以一定的时间间隔(比如说 30 秒或 60 秒)直接给出不同时刻卫星的空间直角坐标 (X, Y, Z) 以及三维运动速度 $(\mathrm{d}X/\mathrm{d}t, \mathrm{d}Y/\mathrm{d}t, \mathrm{d}Z/\mathrm{d}t)$，这样用户就不难求得观测时刻卫星的位置。另一种方法是将一段时间内(例如 2 小时内)的卫星位置拟合为某一种函数。这种函数不仅需有足够高的拟合精度而且也不应过于复杂。人卫轨道理论告诉我们，影响人卫轨道运动的主要因素是地球万有引力。如果将地球近似地看做是一个质点(该质点位于地球的质量中心，且地球的全部质量都集中在该质点上)，在质点的万有引力作用下，卫星的运行轨道应该是一个椭圆。该椭圆被称为开普勒轨道椭圆。卫星的轨道运动(如轨道的形状、大小、在空间的位置及卫星在轨道的位置等)可以用 6 个开普勒轨道根数(参数)来表示。然而，实际的地球是一个形状不规则，质量分布也不均匀的物体，实际地球的万有引力与地球质点的万有引力并不完全相同。此外，卫星还会受到太阳、月球等其他天体的万有引力作用，大气阻力及太阳光压力的作用等。在这些因素的作用下，卫星的实际运行轨道会与开普勒椭圆轨道略有不同，在人卫轨道理论中将其称为轨道摄动。在一段时间内(例如 2 小时)，这种轨道摄动也可以用少量的摄动参数来加以描述。在 GPS 导航电文中就是用开普勒轨道根数加上摄动参数的方法来描述卫星在 2 小时内的运动状态的。采用这种方法时，卫星向用户播发的数据量较少，而且卫星运行轨道的几何特性明确，较为直观。对于卫星钟差也采用同样的方法来进行处理，即用一个二次多项式 $\delta t = a_0 + a_1(t - t_0) + a_2(t - t_0)^2$ 来拟合 2 小时内的卫星钟差，而不再以一定的时间间隔一一给出各时刻卫星钟的钟差。至于导航电文的具体结构及解码方法等将在卫星导航等专业课中进行介绍。

10.3.3 导航定位方法

用户利用全球定位系统 GPS 进行导航定位时，一般可采用下列几种方法：

10.3.3.1 单点定位

根据卫星星历所给出的卫星在空间的位置以及用一台 GPS 接收机所测定的至各卫星的距离来独立地确定该接收机在地球坐标系中的绝对坐标的方法称为单点定位，也称绝对定位。单点定位的优点是用户只需用一台接收机就可独立地完成定位工作，外业观测(数据采集)方便灵活。但单点定位结果受卫星星历误差、卫星钟的误差以及卫星信号传播过程中的大气延迟误差的影响较为显著，其中有些误差难以建立精确的误差改正模型，而且工作量也比通过观测值相减来直接消除来得大。用广播星历所给出的卫星位置以及用测距码所测定的距离所进行的单点定位也被称为标准单点定位。用该方法来测定动态用户的瞬时位置时，其精度一般为 10m 左右。经平滑、滤波处理后有可能获得米级的定位精度。

与标准单点定位相对应的另一种单点定位方法是精密单点定位(Precise Point Positioning：PPP)。PPP 是利用由 IGS 等组织所提供的高精度的卫星星历所给出的卫星位置和卫星钟差，由载波相位测量所测定的精确的距离观测值以及更为严密的数学模型而进行的单点定位，利用这种方法来进行导航时可获得分米级的定位精度(或更好)。但是由于涉及周跳的探测及修复、整周模糊度的确定以及精密星历的实时获取等问题，而且数学模型也更为复杂，因而一般只在精度要求较高的少数领域中使用。

10. 3. 3. 2　相对定位

确定同步跟踪相同卫星信号的若干台接收机之间的相对位置（坐标差）的定位方法称为相对定位。一般来说在导航中这若干台接收机中至少有一台应安置在已知点上，其余的则为流动用户接收机。用同步观测值进行相对定位时，这些接收机所受到的许多误差是相同的或大体相同的，如卫星钟差、卫星星历误差、电离层延迟、对流层延迟等误差，在求坐标差时这些误差或其影响可得以消除或大幅度削弱，从而获得高精度的相对定位结果。

实时动态定位 RTK 就是一种常用的相对定位技术。在 RTK 中，需要把一台接收机安置在一个已知点上（称为基准站），基准站通过数据链将自己的载波相位观测值及站坐标等信息实时播发给用户。用户进行相对定位后就可实时求得自己的坐标。当整周模糊度能正确固定时，其实时定位精度可达厘米级。RTK 的适用范围一般不超过 15km。距离更长时应改用网络 RTK 技术。在 50~70km 的距离内，网络 RTK 仍可达到厘米级的定位精度。

10. 3. 3. 3　差分 GPS

1. 差分 GPS 的基本原理

影响 GPS 实时单点定位精度的因素很多，其中主要的因素有卫星星历误差、大气延迟（电离层延迟、对流层延迟）误差和卫星的钟差等。误差的估算见表 10-2。上述误差从整体上讲有较好的空间相关性，因而相距不太远的两个测站在同一时间分别进行单点定位时，上述误差对两站的影响就大体相同。如果我们能在已知点上配备一台 GPS 接收机并和用户一起进行 GPS 观测，就能求得每个观测时刻由于上述误差而造成的影响（如将 GPS 单点定位所求得的结果与已知站坐标比较，就能求得上述误差对站坐标的影响）。假如该已知点还能通过数据通信链将求得的误差改正数及时发给附近工作的用户，那么这些用户在施加上述改正数后，其定位精度就能大幅度提高，这就是差分 GPS 的基本工作原理。该已知点称为基准站。从表 10-2 可以看出，采用差分 GPS 技术后，用户实时导航定位的精度可从原来的±14m 提高至 4~6m（用户离基准站的距离为 100~500km 时）。

表 10-2　**单点定位和差分定位时的误差估值**　（单位：m）

误差类型	GPS	DGPS 间距/km			
		0	100	200	500
卫星钟误差	2. 4	0	0	0	0
卫星星历误差	2. 4	0	0. 04	0. 13	0. 22
大气延迟误差：电离层延迟	3. 0	0	0. 73	1. 25	1. 60
大气延迟误差：对流层延迟	0. 4	0	0. 40	0. 40	0. 40
基准站接收机误差噪声和多路径误差		0. 50	0. 50	0. 50	0. 50
基准站接收机误差：测量误差		0. 20	0. 20	0. 20	0. 20
DGPS 误差（RMS）		0. 54	0. 99	1. 42	1. 75
用户接收机误差	1. 0	1. 0	1. 0	1. 0	1. 0
用户等效距离误差（RMS）	4. 66	1. 14	1. 40	1. 74	2. 01
导航精度（2D RMS）HDOP＝1. 5	14. 0	3. 4	4. 2	5. 2	6. 0

2. 位置差分与距离差分

根据基准站所提供的改正数的类型的不同，差分 GPS 可分为位置差分和距离差分两种形式。

(1)位置差分。

采用位置差分时，基准站和用户分别利用同一观测时刻所获得的观测值进行单点定位，基准站可依据已知站坐标及单点定位结果求得该时刻的坐标改正数 ΔX，ΔY，ΔZ（或 ΔL，ΔB，ΔH）并通过数据通信链实时播发给用户，而用户将该坐标改正数加到同一时刻的单点定位结果上即可。换言之，位置差分是对用户用单点定位所求得的站坐标进行改正。采用位置差分时计算较为简单，数据传输量也较少。但位置差分存在下列缺点：当一个基准站要同时为不同部门、不同单位的用户提供服务时，在基准站上一般都配备通道数较多、能同时跟踪视场中所有 GPS 卫星的接收机，而用户则大多配备通道数较少的导航型接收机，当视场中的 GPS 卫星较多时，基准站根据所有可见卫星所求得的坐标改正数与用户仅根据其中部分卫星(由于通道数所限)所求得的结果之间往往会不太匹配，相关性较差，从而影响其精度，使得这种方法的效果不如距离差分好。但是由于接收机制造技术的进步，目前导航型接收机往往也有较多的接收通道，这种状况会得到改善。

(2)距离差分。

进行距离差分时首先由基准站将 t_j 时刻所获得的至各卫星的距离观测值 ρ_i^o 与根据卫星星历和已知站坐标反算出来的距离 ρ_i^c 进行比较，求出距离改正数 $V_i=\rho_i^c-\rho_i^o$。式中，下标 i 表示第 i 颗卫星的距离，上标 o 表示观测值(Observation)，c 表示计算值(Calculation)。基准站通过数据通信链实时将距离改正数播发给用户，用户则将接收到的距离改正数分别加到 t_j 时刻的距离观测值上，然后再用改正后的距离进行单点定位。

当基准站对视场中所有卫星均进行了观测并播发了所有卫星的距离改正数时，只对其中部分卫星进行了观测的用户(由于接收机通道数的限制)仍可利用相应的距离改正数对观测值一一加以改正，获得较好的效果。

10.4 方向交会的导航定位系统

10.4.1 VOR/DME 系统

甚高频全向信标系统 VOR 被广泛用于飞机导航，目前仅美国就有约 950 个 VOR/DME 台站，VOR 系统的工作频率为 108~118 MHz，每隔 50kHz 为一个频道，共 200 个频道。其中 112~118 MHz 用于航路导航，共 120 个频道，航路导航 VOR 台的发射功率为 100~200W，作用距离为 370km 左右。108~112 MHz 用于终端导航，终端(机场)VOR 发射功率为 50W，作用距离为 40~50km。

机场上的 VOR 台可用于飞机的出航和归航，终端 VOR 台安置在跑道轴线的延长线上，可用于飞机的进场和着陆，航路上的 VOR 台与 DME 组合在一起，即可用极坐标法确定飞机的位置，用于航路导航和空中交通管制。

10.4.2　塔康(TACAN)系统

战术空中导航系统塔康(Tactical Air Navigation，TACAN)是在美国军方支持下研制的一个军用导航系统，1955 年解密，也可供民用。目前全球有 30 多个国家使用该系统，仅美国本土所设立的塔康地面台就超过 1 千个，使用该系统的飞机数量也超过 7 万架。我国从 20 世纪 60 年代起也开展了相关研究工作，并不断对设备进行改进，以改善当前飞机导航的状况，适应国防现代化的要求。

塔康系统的测向方法与 VOR 大致相仿，其差异主要有两点：

第一，塔康系统是用地面信标台所播发的应答脉冲信号的包络相位来进行测向，因而测向和测距可共用一个通道；

第二，地面天线的方向图是在心脏形曲线上再叠加一个 9 波瓣图形，可使测向精度相应地提高 9 倍。

塔康系统中的一个地面信标台一般可同时为一百架飞机提供服务，在繁忙的大型机场上还可通过提高应答脉冲数量、降低跟踪询问脉冲数等措施来增加其服务的飞机数量。

在正常情况下，一个地面信标台的工作区域如图 10-4 所示。信号的作用距离将随着飞机高度的增加而增加，在无线电视线以下存在一个盲区，称为低空盲区。这是由于信号直线传播的特性与地球曲率所造成的，在无线电视线以上理论上信号可到达的区域分为两种情况：在进行测向时在天线天顶方向会存在一个圆锥形的盲区，其顶角一般为 90° ~ 120°，在此区域无法测向，而测距一般只能在 400 km 内进行，超过此距离只能测向而无法测距。

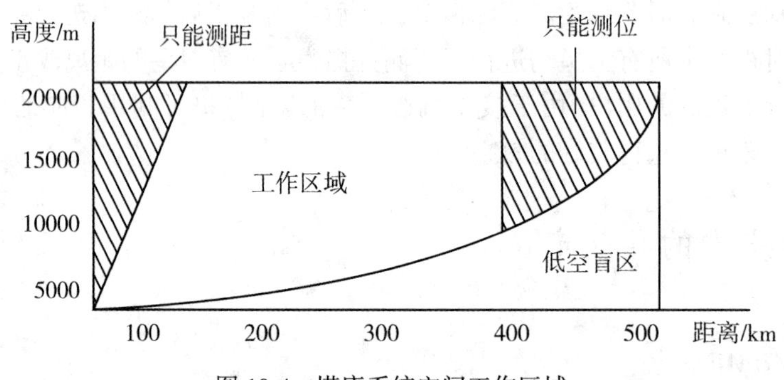

图 10-4　塔康系统空间工作区域

塔康系统的测向误差为 0.75° 左右(95%的置信度，即 2 倍中误差)。塔康系统的测距误差如下：当距离 $S<18.5$km，测距误差的中误差为±233m，当 $S>18.5$km 时，测距误差的中误差为±249m。即使当信号很弱时，测距误差的中误差也在±305m 以内，对塔康系统来说当距离 $S>40$km 时，测向误差就会大于测距误差。

塔康系统的优点是可用一个射频通道同时完成测向和测距工作，用一台地面信标台就可完成飞机的导航，机载设备简单，操作方便，显示直观，天线小，便于安置，地面设备机动灵活，小型设备可安装在吉普车上，特别适用于野战机动。缺点是作用范围小，且存在低空盲区和顶空盲区。

有关塔康系统的详细情况可查阅有关参考文献。

10.4.3 雷达(Radar)

雷达(Radio Detection and Ranging, Radar)是一种无线电探测和测距系统，可用于侦察、警戒、跟踪、导航、制导和气象探测等工作。雷达中的发射机产生足够的电磁能量并通过天线将其集中到一个很窄的波束内发射出去，当该信号碰到反射物时就能向各方向反射，如果雷达中的接收机能接收和检测出这种回波信号就能根据信号的往返传播时间来测定至反射目标的距离，上述波束还能快速旋转并借此测定反射目标的方向，然后通过极坐标法确定目标的位置。现代雷达还可以从回波信号中提取目标的形状。

雷达通常由发射机、脉冲调制器、收发开关、天线、接收机及显示器等部件组成，为了提高雷达的测向精度，要求天线发射很窄的波束，搜索目标时天线波束在一定的空域中进行扫描，扫描时可采用机械转动天线的方法，也可采用电子扫描方法，现代雷达多采用后一种方法。

雷达获得的结果将送往显示器加以显示。较为简单的雷达是将模拟处理后的结果直接送往显示器加以显示，而现代雷达可以将数字处理后的相关信息送往显示器，不仅可以将地图叠加到显示器上，还可以在表格显示器中给出目标的平面坐标、高程及其他相关信息。

雷达在许多领域得到了广泛应用。军方用户常利用雷达来探测敌对方的军事目标并确定其位置，交通部门常用雷达来进行导航和空中交通管制，船舶可用雷达在雾天来进行避免碰撞等，此外也可用雷达来进行遥感、气象探测等。

10.5 惯性导航系统

惯性导航系统(Inertial Navigation System, INS)是完整的三维航位推算导航系统，包括一组惯性传感器，称为惯性测量单元(Inertial Measurement Unit, IMU)和导航处理器。惯性传感器通常包含3个相互正交的加速度计和与之安装在一起的3个陀螺仪。导航处理器对惯性测量单元的输出进行积分，产生速度、位置和姿态等导航参量，如图10-5所示。

陀螺仪可以测量出运动载体在各个方向角速度的变化，它的构造原理与地平仪相同。加速度计是用来测量运动载体在各个轴直线方向上速度的变化。加速度计的构造原理不算复杂。当人在面朝前方乘车时，如果车辆迅速启动，人就会被一个力压到座椅靠背上。如果车辆急刹车，人的身体又会被抛向前方，这些都是加速度的作用。把一个质量块用弹簧和飞机结构连在一起，此质量块和它下面的支持面如果摩擦极小，可以自由移动的话，那么当运动载体减速时，质量块向前运动，弹簧会被压缩；运动载体加速时，质量块后移，弹簧就被拉长。测量此时弹簧的长度就可以算出加速度的大小。相对运动载体的三个轴分别安装三个专用的加速度计，这样就可以测出运动载体在每个轴方向上的加速度。根据物理定理和数学运算得知，如果知道了物体每一时刻的加速度，只要再知道了它的起始速度就能得出任一时刻的速度。如果知道物体出发的位置，运用数学公式可以得出此物体离开

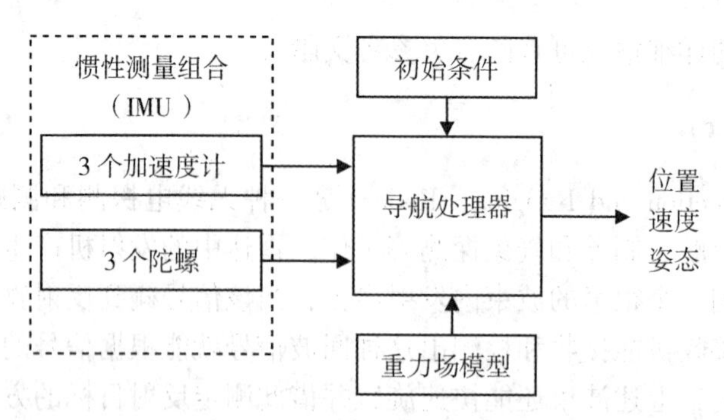

图 10-5　基本的惯性导航系统示意图

出发点的距离。

陀螺测量角速率，惯性导航系统中的导航处理器根据角速率得到姿态计算结果。加速度计测量的是比力(在惯性坐标系中敏感的、作用于单位质量物体上的除引力之外的力)，即引力之外所有外力引起的加速度。在捷联惯性导航系统中，加速度计安装在导航载体上，因而需要采用姿态解算结果将比力测量值投影到导航计算机采用的导航坐标系统中。采用重力模型，结合位置解算结果，由比力获得加速度。积分加速度得到速度结果，积分速度得到位置结果。惯性导航系统依靠在初始的位置上把以后得到的数据不断加上去来得到所需的数据，因此初始的位置数据如果不精确，以后所得出的一系列数据就都不准确。所有的惯性导航系统都需要对位置、速度初始化(初始对准)，对于低精度系统还需要对航向初始化，然后才能够计算导航结果。惯性导航在数学运算方面，主要是使用连续相加(积分)的办法，如果每一个数据出现一点微小的误差，经过多次相加，累积起来，最后得出的数据将会与真实情况出现很大的误差，这是它长期得不到实用的主要原因。如今惯性导航仪的误差已缩小到飞行10 000km只有不到 400m 的程度。惯性导航数据处理方法将在《惯性导航》中学习。

可实际应用的陀螺和加速度计有多种不同的设计，成本、尺寸、重量、性能千差万别。成本高、性能好的传感器通常尺寸较大。陀螺设计可分为 3 种主要类型：转子陀螺、光学陀螺(包括环形激光陀螺、干涉型光纤陀螺)和振动陀螺等。加速度计技术包括摆式加速度计和振梁加速度计。采用微机电系统(MEMS)技术生产陀螺、加速度计具有低成本、小型化、重量轻、抗强冲击的优势，但性能相对差。

由于加速度计、陀螺误差的持续累积，惯性导航误差将随时间增长。通过重力模型反馈可以稳定水平位置和速度，但垂直通道仍不稳定。惯性传感器性能不同，导航系统的整体性能会变化几个数量级。最高等级的惯性导航系统主要用于舰船、潜艇和飞机。在军用和商用飞机上的惯性导航系统，在工作的第一个小时内水平位置误差漂移小于 1500m，价格在 10 万欧元左右。而用于轻型飞机、直升机和制导武器的惯性导航系统，其典型性能与上述军用飞机的惯性导航系统相比会差两个数量级，但成本要低得多，通常与其他导航系统如 GNSS 组合(组合导航的知识在后续课程中学习)。最便宜、最小的 MEMS 惯性传感器不适合惯性导航，但可以用作行人航位推算(Pedestrian Dead Reckoning，PDR)。

从结构上来说，惯性导航系统有两大类：平台式惯导和捷联式惯导(Strapdown Inertial Navigation)。平台式惯导把加速度计放在实体导航平台上，导航平台由陀螺保持稳定。捷联式惯导是把加速度计和陀螺仪直接固连在载体上。导航平台的功能由计算机来完成，有时也称作“数学平台”。平台式和捷联式主要区别在于是否有实体的导航平台，除此以外，其他导航计算则基本相同。

惯性导航完全依靠载体上的导航设备自主地完成导航任务，和外界不发生任何光电联系。因此，它是一种自主式导航。惯性导航系统的优点是自主性和隐蔽性好，连续工作、采样率高(至少 50Hz)、短期噪声小，在提供位置、速度的同时，能够提供姿态、角速率和加速度测量值，同时具有全天候、多功能，机动灵活等特点，其缺点是定位误差随时间积累，初始对准比较困难，且成本高。

10.6 地形辅助导航系统

10.6.1 TERCOM 系统

TERCOM(Terrain Contour Matching)系统是由英国不列颠宇航公司研制的地形辅助导航系统，该系统最初用于巡航导弹制导。TERCOM 系统中使用雷达测高仪(Radar Altimeter)测量地形，将雷达测高计测量得到的地形断面信息、存储在导航计算机中的地形信息以及惯性测量信息进行融合得到运载体的位置与姿态等导航参数，并以此修正惯性导航系统的误差。相对于纯惯性导航系统而言，TERCOM 系统极大地提高了导弹的制导精度，使导弹能够以更低的飞行高度更精确的接近目标。该系统主要装备于飞机与巡航导弹中，F-16 战机以及 Storm Shader 巡航导弹等均装备了 TERPROM 地形辅助导航系统。TERCOM 系统的硬件设施包括：惯性导航系统(INS)、雷达高度表、气压高度表、存储器、导航计算机及数字相关器等。

10.6.2 SITAN 系统

SITAN(Sandia Inertial Terrain Aided Navigation)桑迪亚惯性地形辅助导航系统是美国设计研制的一种典型的地形辅助导航系统，该系统使用扩展卡尔曼滤波器进行滤波，利用高度计测量的地形高度信息或者声呐测量得到的水深信息与预存在导航计算机中的地形数据进行匹配，与惯性测量信息进行联合滤波，得到运载体的位置以及姿态等运动参数。

10.6.3 Honeywell PTAN 系统

Honeywell PTAN 系统采用合成孔径雷达测量飞行器到地面的高度，将测量结果与存储在导航计算机中的地形图进行匹配，该系统的匹配算法融合了 TERCOM、SITAN 以及 TERPROM 等算法，具有较高的稳健性，该系统在 30000ft.(约 9km)航高时的高程定位精度达到 100ft(约 30m)，在 5000ft(约 1.5km)航高时高程定位精度达到 10ft(约 3m)。该系统的系统工作原理如图 10-6 所示。

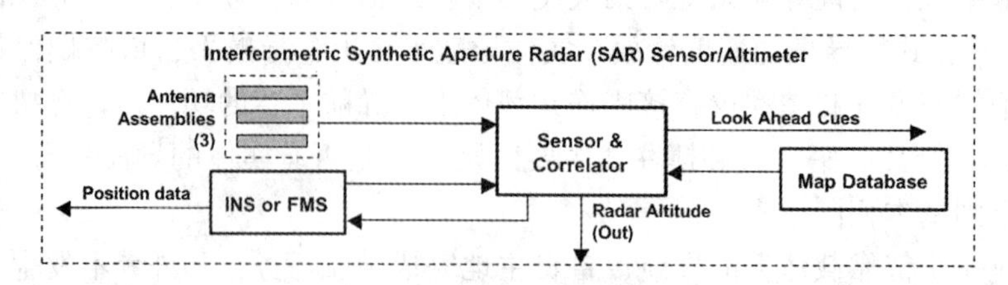

图 10-6　Honeywell PTAN 系统原理图

10.7　INS/地磁匹配组合导航系统

惯性/地磁匹配组合导航是由惯性导航系统、地磁传感器、地磁图以及解算计算机等组成，其本质就是在载体运动过程中，传感器获得地磁数据，同时根据惯性导航系统所输出的位置信息，从数字化的地磁图中某一区域内查找相应的数据信息，利用匹配算法进行匹配以获得最佳匹配位置，并利用位置信息校正惯性导航系统。也就是说，将地磁图匹配结果信息作为卡尔曼滤波的观测量对组合导航系统进行滤波，这样就可对惯性导航系统的误差进行抑制从而实现高精度导航。根据对惯性导航系统、地磁模块的分析，组合导航系统的总体方案如图 10-7 所示。

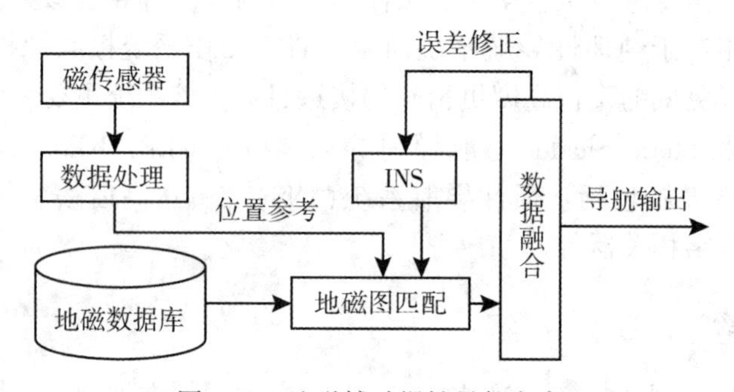

图 10-7　地磁辅助惯性导航方案

在图 10-7 所示的数据融合算法里，多采用扩展卡尔曼滤波(EKF)、多模型自适应估计、神经网络及联邦卡尔曼滤波等算法。在扩展卡尔曼滤波算法里，由于导航位置误差之间是非线性关系，需要进行线性化处理，才能经 EKF 解算，估算出导航系统的位置误差，并对惯导系统进行校正。EKF 是把所有的非线性模型线性化以便于应用传统的线性卡尔曼滤波。尽管 EKF 成为广泛使用的滤波模式，但线性化的过程不可避免产生处理误差，如果局部线性的假设不成立时，这种非线性近似误差可能会造成滤波器发散。为了解决这个问题，国外学者提出了采样卡尔曼滤波(UKF)理论，并在多种试验中证明了它的优越性。

INS/地磁匹配的组合有松散和紧密两种方式。松散组合就是地磁导航系统与 INS 独立工作，其组合作用表现在，匹配点利用地磁导航信息重调 INS 或将地磁导航系统和 INS 输出的位置等信息进行加权平均。紧密组合就是采用某种滤波技术，将地磁辅助导航系统和INS的信息进行融合处理，一般选择INS的姿态角误差、速度误差和陀螺漂移等参量作为状态量，可取地磁导航系统和INS输出的位置和速度信息的差值作为观测量，用滤波器估计出INS的误差然后对INS进行修正，从而获得不随时间发散的高精度导航信息。松散式组合的计算量小、易于实现，但精度较低。紧密式组合实现INS/地磁匹配导航的组合定位精度较高，因而更加常用。研究表明，地磁匹配可有效抑制INS长时间定位精度降低的问题。

10.7.1　地磁辅助导航系统的优势

相比其他辅助导航系统，地磁导航主要有以下优点：

(1)对外无能量辐射，隐蔽性好；

(2)误差不随时间积累；

(3)全天候、中高精度、低成本；

(4)可连续导航，环境适应性好，载体在陆上、水面、水下都可获得地磁修正信息；

(5)实用范围广，除地磁极点外的任何地点均可使用。

INS/地磁匹配组合导航的优点：

一方面，INS为地磁匹配提供位置参考，可提高匹配效率和匹配精度；另一方面，地磁匹配导航定位误差不随时间积累，可以有效地对INS进行精度重调，从而抑制INS定位误差的发散。INS/地磁匹配组合导航具有无源、无辐射、全天时、全天候、全地域、体积小、能耗低等优势，在航空、航天、航海等国民经济建设和国防建设领域具有广泛的应用前景和不可替代的重要作用。

10.7.2　地磁导航需要解决的问题及发展趋势

地磁导航是一个较新的研究领域，虽然目前取得了一些成果，但尚有以下几方面的问题值得关注：

(1)磁强计测量精度的要求。磁强计测量精度直接关系到地磁导航的精度，因此必须制造出高精度的磁强计，为地磁导航提供精确的地磁数据。

(2) 地磁场模型的建立。地磁模型和地磁图是实现地磁导航的基础和工具。因此，地磁场模型的研究必不可少，同时也是地磁导航的难点。对于区域的地磁场研究，必须采用合适的方法建立能精确反映本地区本国情况的地磁场模型。

(3) 地磁匹配特征量的选取。地磁场有7个主要的特征量：总磁场强度$\boldsymbol{T}$、水平强度$\boldsymbol{H}$、东向强度$\boldsymbol{Y}$、北向强度$\boldsymbol{X}$、垂直强度$\boldsymbol{Z}$、磁偏角D和磁倾角I。在不同的情形下选择合适的特征量是实现地磁匹配的关键因素。

(4) EKF算法的实现问题。当系统具有强的非线性时，仍采用Taylor展开的方法进行一阶近似，线性化过程会使系统产生较大的误差，甚至导致滤波发散，难以稳定。因此必须采用合适的EKF的线性化方案。

(5) UKF算法中Unscented变换的参数优化问题。Unscented变换的三个参数需要合理选取才能保证较好的滤波效果，如何选取合适的参数值是决定导航精度的关键问题。

(6)飞行轨迹的优化问题。由于目前的地磁传感器不能完全提供矢量信息导致地磁导航所获得的观测信息有限，系统不完全可观，所以必须对飞行轨迹合理规划才能保证地磁导航精度。

地磁导航的发展受多学科制约，在空间技术、计算机技术、电子技术、通信技术、传感器技术、控制技术的迅猛发展下，地磁导航必将取得更大的研究成果。地磁导航技术的发展有以下几方面的趋势：

(1)地磁导航自身具有的自主性强、隐蔽性好、效费比高、应用范围广等优良特征将在地磁导航技术的发展中进一步得到体现；

(2)导航系统将朝着组合式方向发展。INS+地磁导航、SLAM+地磁导航+INS的组合导航方案更具有应用背景；

(3)新技术、新方法(如新型传感器、信息融合新方法等)将促进地磁导航技术在军用民用领域发挥重要作用。

10.8　重力匹配/INS组合导航系统

10.8.1　概述

重力匹配辅助导航系统的原理与结构如图10-8，水下载体在某些重力场特征明显的区域里，航行过程中采集航迹上一些位置的重力值序列，进行各种改正，归化到大地水准面上，就可以与全球的基准重力图进行匹配，配准位置就是载体的真实位置。在这一过程，重力匹配主要是校正惯性导航系统的积累误差，惯性导航系统为重力匹配提供匹配区域的初始位置(有误差的位置)。在匹配区域外，依靠惯性导航系统进行导航；在匹配区域内，重力匹配和惯性导航同时进行，重力匹配的结果校正惯性导航的误差。因此，完整的INS/重力匹配辅助导航系统包含高精度、高分辨率全球重力场基准数据的构建、重力数据的测量及其改正、重力场特征分析与可匹配区域的选择、重力匹配算法，载体航迹的规划选择等子系统。

重力匹配的基础是要有高精度，高分辨率的重力场数据和高精度的重力仪和重力梯度仪。这些条件已经基本具备，如TOPEX、ERS-2、Envisat等卫星，已使从测高资料反演得到高精度和高分辨率的海洋重力场异常成为现实，同时一些卫星重力测量计划，如CHAMP卫星，GRACE卫星、GOCE卫星使地球的重力场数据更加丰富。目前利用卫星数据已经可以获得$1' \times 1'$的全球海洋重力数据，海军也对重点区域进行了精密的测量，获得了分辨率和精度更高的数据。现有条件下，重力测量精度可以达到亚毫伽量级，重力梯度测量精度可以达到$10^{-4}E$。数据的完备和测量仪器精度的提高必将进一步提高导航系统的实用化。

重力匹配辅助惯性系统在获取重力信息时对外无能量辐射，也不接受电磁信号，具有良好的隐蔽性，是名副其实的无源导航系统。重力匹配可在水下对惯导系统积累误差进行校正，进行高精度的导航，通过美国在局部海域重力匹配技术试验已经得到验证，显示了重力匹配辅助导航技术的重要军事价值和广泛应用前景，引起业内人士的高度重视和关

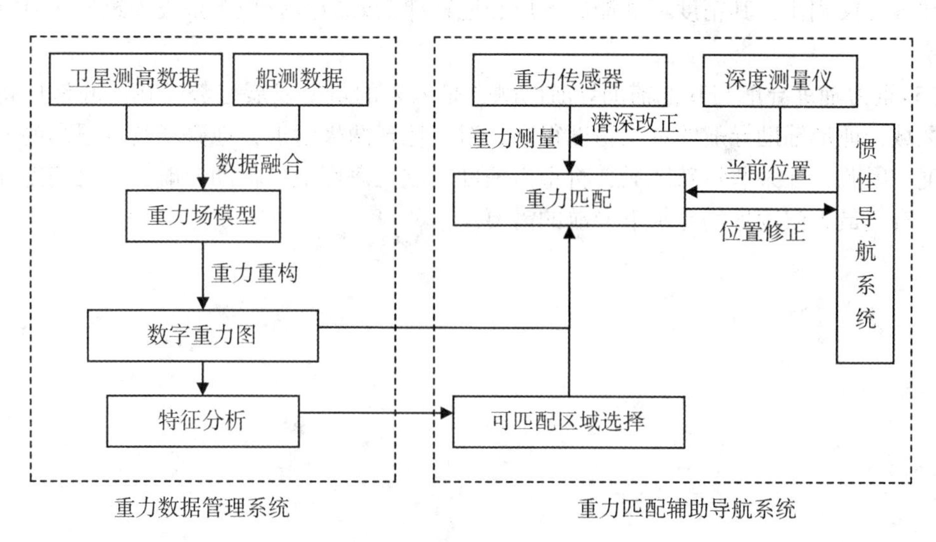

图 10-8 重力匹配辅助导航系统结构图

注。目前，该技术已成为水下导航领域研究的前沿技术。

10.8.2 重力匹配辅助导航的发展趋势

海洋重力辅助导航系统可直接确定相对于地球的导航坐标，无需浮出水面或使用外部导航信标，其精度不随航行时间或航行距离而改变，有望解决潜艇的隐蔽性，符合21世纪水下运载体“高精度、长时间、自主性、无源性”的导航需求，是未来辅助导航的发展方向，并呈现如下发展趋势：

(1)惯性技术的进步凸显了重力补偿的必要性。为了满足美军高精度惯性导航系统的应用需求，美国NGA绘制了全球高精度的垂线偏差和扰动重力矢量图，并将其列为军用高精度惯性导航系统的标准部件。

(2)高效的重力匹配算法是海洋重力辅助导航研究的热点。目前的重力匹配算法大多借鉴了地形匹配的思想，但重力匹配与地形匹配之间存在诸多差异。首先，地形可描述成二维平面坐标的函数，但重力场是三维空间的函数；其次，重力场空间分布一般不如地形特征显著，如缺乏山峰、山脊和峡谷等典型特征；另外，高精度、高分辨率的重力测量及其数据处理远比地形测量复杂。因此，分析已有的地形匹配方法，探索高效的重力匹配方法非常必要。

(3)基于SLAM的海洋重力辅助导航是未来智能导航发展的重要方向。它可在预先没有绘制重力基准图或重力基准图精度不足海域实现推估航行器位置，并绘制附近海域的重力基准图，属广义的重力匹配技术。

(4)随着海洋重力基准图精度的提高以及基于动基座的实时重力测量系统的成熟，海洋重力辅助导航逐步由理论探索转变为工程实践。当前，以卫星测高为代表的现代海洋重力探测技术为绘制全球高精度、高分辨率的海洋重力基准图提供了可能。另外，高精度重力梯度仪已开始走出实验室，它可在动态环境下实时测量重力梯度张量并推估重力矢量，与海洋重力仪相比，其精度不受滞后效应和厄特弗斯效应的影响，是较理想的实时重力测量系统。

(5)重力辅助导航与其他辅助导航的融合是未来的重要发展趋势。在海底地形特征明显的区域，地形辅助导航的定位精度很高；对于地球两极附近，地磁场具有很高的分辨率和精度。因此，在某些特殊区域，将重力辅助导航与海底地形辅助导航、地磁辅助导航相结合，有望最大限度地满足水下导航的需要。

第11章　导航应用

11.1　导航应用分类

根据导航应用的载体类型，可将其分为五类：陆地导航(车辆、人等)、航海导航(船舶)、水下导航(水下潜航器)、航空导航(飞机，飞艇等)和深空导航(航天器)。

导航用户可以分为民用和军用两大类。民用导航又可分为商业应用和大众应用(Recreational application)，军用导航主要应用于武器制导和军用车辆、飞机、舰船导航等。

据运动载体在运动过程的不同阶段对导航指标参数要求的不同，导航可分为不同的导航阶段。

对于陆地导航而言，一般不区分导航阶段。陆地导航可以分为两大类：

(1)交通，包括公路交通和铁路交通。

(2)非交通，包括越野、农业、紧急求援、安保、娱乐、行人导航、机器控制、机器人、动态测量(精密导航)、环境监测、授时，等等。

对于航海导航，可分为四个阶段：远洋航行、沿岸航行、进港和内陆河道导航。

对于航空导航，也可分为四个主要的阶段：航路导航、终端区引导、进近/着陆、地面滑行引导。其中，进近/着陆阶段又可进一步细分为非精密和精密进近两个阶段，精密进近又分为三级(CAT I，II，III)，级别越高，导航精度要求越高。

深空导航包括六个主要的阶段：分离段、巡航段、交会捕获段、大气飞行段、环绕轨道段、下降着陆段。

11.2　海上导航应用

导航对于船舶的安全航行是至关重要的，无论是原始的导航方法还是先进的无线电导航系统均在不同的时期为人类的航海起到过巨大的帮助。卫星导航一经全面投入使用，以其全天候、高精度和连续定位等其他导航系统所不具备的优点，为船舶安全航行起到了重要的保障作用。

在船舶导航过程中，驾驶员需要采用各种方法确定船位、修正航向和速度，从而根据航行条件及任务采取措施，引导船舶安全航行，通过狭水道和进出港，准确、准时、安全地完成航行任务。

自人类开始海上航行以来，船舶导航方法大致经历了如下过程：船位推算导航、陆标导航、天文导航、无线电导航(卫星导航)，目前已经进入了卫星导航时代。

卫星导航用于海上导航可以追溯到20世纪60年代的第一代卫星导航系统TRANSIT，但这种卫星导航系统最初设计主要服务于极区，不能连续导航，其定位的时间间隔随纬度而变化。在南北纬70°以上，平均定位间隔时间不超过30min，但在赤道附近则需要90min，20世纪80年代发射的第二代和第三代TRANSIT卫星NAVARS和OSCARS弥补了这种不足，但仍需10至15min。此外，采用的多普勒测速技术也难以提高定位精度(需要准确知道船舶的速度)，主要用于二维导航。

GPS系统的出现克服了TRANSIT系统的局限性，不仅精度高、可连续导航、有很强的抗干扰能力；而且能提供七维的时空位置速度信息。在最初的实验性导航设备测试中，GPS就展示了其能代替TRANSIT和路基无线电导航系统，在航海导航中发挥了划时代的作用。今天很难想象哪一条船舶不装备GPS导航系统和设备，航海应用已名副其实成为GPS导航应用的最大用户，这是其他任何领域的用户都难以比拟的。GPS导航技术的出现改变了航海的许多观念。

GPS航海导航用户繁多，其分类标准也各不相同，若按照航路类型划分、GPS航海导航可以分为五大类：远洋导航、海岸导航、港口导航、内河导航、湖泊导航。

不同阶段或区域，对航行安全要求也因环境不同而不同，但都是为了保证最小航行交通冲突，最有效地利用日益拥挤的航路，保证航行安全，提高交通运输效益，节约能源。

航海导航的具体应用包括以下几个方面：

(1)船舶航行。

今天的航海已经十分依赖GPS。不论是大洋航行、船舶转向，还是记中午船位、推算船位、对时、拨钟，甚至抛锚都使用GPS。可以看出，GPS在船舶航海中的重要性。大洋航行中使用大圆航法，例如从中国驶往美国西海岸航线，在GPS出现之前，船舶很难按照规划完成高纬度的大圆航行。因为，大圆航法有几十个甚至几百个转向点，这在前GPS时代是非常困难的，也是非常繁琐的，多数是将大圆航线变成了几边形的航线。GPS的出现可以改变这一切，多少个转向点都不困难。船舶转向时，必须确定准确的转向点，不然就会偏航，甚至搁浅。过去，在大风浪以及恶劣天气中，在茫茫大洋上要测出一个准确船位不是一件易事。GPS的出现，解决了全天候的实时船位，船舶可随时记取GPS船位。船舶抛锚时，先选好锚位，量出锚位经纬度，朝着锚位开去，GPS显示进入锚位，抛锚。

(2)港口管理和进港引导。

在进出港时，由于有限的航道和有限的时间，尤其是船只交会的时候，可以选用差分GPS来保证导航的精度，避免搁浅和碰撞。这种系统主要用在港口/码头的船舶调度管理、进港船舶引导，以确保港口/码头航行的安全和秩序。该系统需要双向数据/话音通信，以便于领航员引导船舶；港区情境/海图显示，以表明停泊的船舶和可利用的进港航线，避免冲撞。这种系统对导航系统的精度要求高，要采用差分GPS和其他增强技术。

(3)跟踪监视。

主要用于海上巡逻艇、缉私艇及各种游艇，特别是私人游艇的防盗。根据具体的使用对象，有些系统需要给出导航参量和双向数据/话音通信，如缉私艇。而有时则不需要给出导航参量，如用于私人游艇防盗，仅需要单向数据通信，一旦发生被盗，游艇上的导航系统不断把自己的位置和航向送到有关中心，以便于跟踪。

(4)紧急救援。

系统也包括两栖飞机、直升机和陆地车辆。它适应于所有五类航路，用于搜寻和救援各种海面、湖面、内河上的遇险、遇难船舶和人员。这类系统需要双向数据/话音通信，要求响应时间快、定位精度高。

(5)远洋捕捞和渔船作业。

我国是渔业大国，海洋渔业水域面积300多万平方公里，渔业船舶28.14万多艘，从事渔业生产的渔民有1 000多万人。海洋渔业特点决定了海洋渔业生产是高风险、高危事故高发的行业。目前的海洋渔业生产，因为海上缺乏有效的通信手段和救援手段，使得船只在出现险情时无法得到及时救助。如我国以"北斗"系统为基础构建的"北斗"卫星海洋渔业综合信息服务网，能向渔业管理部门提供船位监控、紧急救援、政策发布、渔船出入港管理服务等；向海上渔船提供导航定位、遇险求救、航海通告、增值信息(如天气、海浪、渔市行情)等服务；提供船与船、船与岸间的短消息互通服务等。"北斗"系统极大地提高了渔业管理部门的渔船安全生产保障水平，提高了渔民收入，减少了外事争端，维护了中国海洋权益。

11.3　航空导航应用

航空是人类利用飞行器在地球大气层内的航行活动，习惯上仅包括有人或无人驾驶的飞机的飞行活动。美国人莱特兄弟在20世纪初制造成功世界上公认的第一架飞机，开创了现代航空的新纪元。这是人类首次实现持续的、有动力的、可操纵的飞行。为了实现飞机的飞行操纵，飞行员必须通过机上机械操纵系统操纵舵面和油门杆，控制飞机的飞行；或者通过飞行自动控制系统操纵舵面和油门杆，自动控制飞机的飞行，包括完成姿态和航向保持、增稳和控制增稳、空速控制、航迹控制、自动导航、自动着陆、地形跟踪或地形回避、自动瞄准、编队飞行、配合自动空中交通管理以及其他特殊任务飞行，如空中搜救、空中加油、海上平台的起降等。所有这些功能的实现都有赖于飞机运动状态(姿态、质心位移、速度、加速度等)的确定，这就要用到导航。

现代航空中，为了保证民航飞机的安全和有效活动，建立了空中交通管理(ATM)系统，它包括空域管理、空中交通流量管理和空中交通服务。其目的是避免飞行中的碰撞，保证飞行中每架飞机的最佳效率，紧急情况下对飞机的援救，以及提供各种必要的信息等。除此之外，通信、导航和监视(Communication，Navigation，Surveillance，CNS)都是现代航空的必要支持。随着21世纪的到来，世界各国及其航空工业正面临前所未有的挑战。这些挑战来自不断但又往往无法预料的空中交通量，不断出现的新技术，迅速变化的商业和管理体系，不断强化的环境保护意识，以及需要对基础设施大量投资。日益繁忙的空中交通量对ATM和CNS提出了更高的要求。为了满足全球范围内民用航空日益增长的要求，提高机场和空域的使用效率，并通过为飞机提供最佳航路来控制费用，世界民航组织(ICAO)1983年成立的新航行系统委员会对现有系统和新技术的应用进行了广泛的研究，得出结论：开发卫星技术是克服现有系统的局限性，并在全球范围内满足未来的成本—效益要求的唯一可行途径。

航空是 GPS 及其相关技术的最大也是最重要的用户之一，迄今为止的试验和开发工作已表明，GPS 可以用于航空飞行的诸多方面。特别是由于它的星基特点，有可能提供一种全球导航—着陆一体化、空地一体化的系统(见图 11-1)，完全改变了 CNS 和 ATM 的方式和概念。总的来说，GPS 在航空方面的应用大约有以下几个方面：

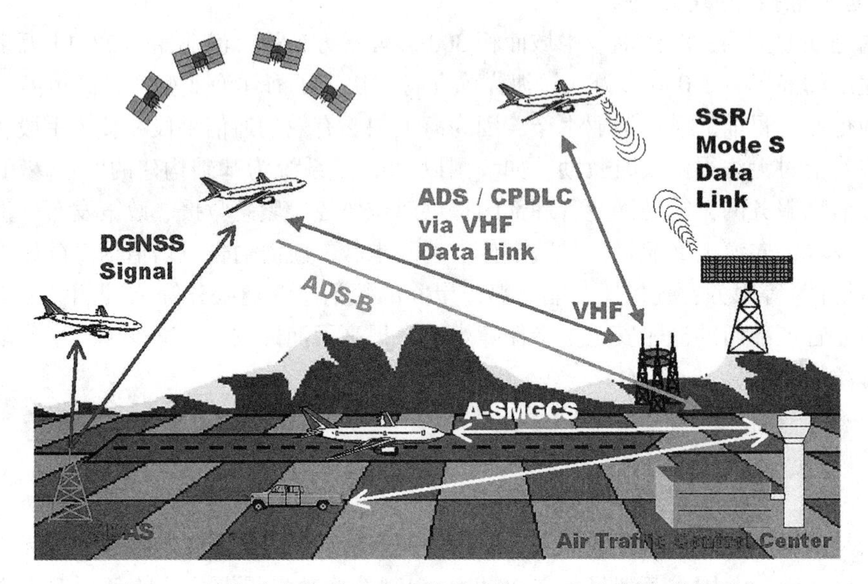

图 11-1　导航及监控/航空交通管理系统——飞机进场/着陆运作

(1)航路导航。

根据 GPS 的精度和动态适应能力，它能直接用于飞机的航路导航。特别是它的全球、全天候、无误差累积的特点，更是中、远程航线上目前最好的导航系统。GPS 不依赖于地面设备，可与机载计算器等其他设备一起进行航路规划和航路突防，为军用飞机的导航增加了许多灵活性。

(2)监视。

目前飞机的监视主要靠雷达来实现，即使建立了全球网络，也不能保证全球全天候工作。利用 GPS 和无线电数据链，报告飞机的运动状态，完成“自动相关监视”，这是 FANS 计划中的 ATM 的一部分。

(3)进场/着陆。

基于 GPS 或差分 GPS 的组合系统将会取代或部分取代现有的仪表着陆系统(ILS)和微波着陆系统(MLS)，并使飞机的进场/着陆变得更为灵活，机载和地面设备更为简单和廉价。来自美国、德国的报道说，GPS 系统已可完成 ICAO 的 III 级精密进场。

(4)机场管理。

包括终端区飞行管理和机场地面管理。由 GPS/数字地图/数据链组合系统可使机场塔台监视和调动机场附近空域的飞机及地面滑行中的飞机和车辆。

(5)特种飞机应用。

航空母舰上飞机着舰/起飞导引系统，直升机临时起降导引，军用飞机的编队飞行、突防、空中加油、空中搜索与求援等。

(6)航测。

除了一般飞机要求导引、起降功能外，用于航空测量的飞机还需要提供与机载测量或摄影设备的位置及时间等关联信息。

以 GPS 为代表的现代卫星导航系统的出现为航空导航应用提供了新的可能手段。卫星导航系统用于航空导航的优点是明显的。由于卫星导航系统可以实现全球覆盖，并具有很高的定位精度，因此有可能取代现有的陆基无线电导航系统，如 VOR、DME、ILS、TACAN 等，从而节省大量的人力和物力；可以显著改善空中交通密集区的导航性能和边远区及跨洋航路的覆盖，从而提高航行的安全和效率；还可以以卫星导航系统为基础，向 CNS/ ATM 空域系统过渡，实现区域导航(RNAV/ RN P) 、自动相关监视(ADS) 等能力。但航空应用的特殊性对卫星导航系统性能具有严格的要求，现有的 GPS 系统自身并不足以满足航空应用的需求，必须进行多种增强技术的支持才能实现基于 GPS 的航空导航应用服务。

航空应用与一般的卫星导航应用不同，它要求卫星导航系统必须提供连续的高性能服务，以保障航行安全。对于卫星导航系统而言，航空应用对卫星导航系统的要求主要集中在精度、完好性、连续性和可用性四个方面。

(1)精度。

精度是描述卫星导航系统用户估计的位置、时间信息与真实值之间重合度的度量，一般用 95% 的置信度水平给出。

(2)完好性。

完好性是对系统提供正确信息的可信度的度量，卫星导航系统的完好性还要求系统在不能满足特定应用需求时应具有向用户及时报警的能力。

(3)连续性。

连续性是指整个系统在将要执行的操作的持续期间内完成其功能而不发生意外中断的能力，即卫星导航系统在满足精度和完好性要求的条件下，在特定飞行操作阶段中能够保持导航精度和完好性的概率。

(4)可用性。

可用性是指系统服务可以使用的时间百分比，即卫星导航系统的导航和差错检测功能正常运行，且同时满足精度、完好性和连续性要求的概率。

11.4　陆地导航应用

陆地导航系统的发展经历了一个从简单到复杂，从低精度向高精度发展的历程。陆地导航系统的应用在不断扩大，未来它将在军用和民用领域发挥更重要的作用。陆地上的许多运动载体和活动目标都离不开导航，在人们日常生活中发挥着越来越重要的作用。

11.4.1.1　车辆导航

GPS 在车辆导航方面扮演了越来越重要的角色，车载设备通过 GPS 精确定位，结合电子地图以及实时的交通路况，自动匹配最优路径，并实行车辆的自主导航，从而降低能源消耗，节省运行成本。

现有的车载导航设备可以提供多种功能的导航服务

1. 地图查询

(1)可以在操作终端上搜索你要去的目的地位置。

(2)可以记录你常去的地方的位置信息，并保留下来，也可以和别人共享这些位置信息。

(3)模糊的查询你附近或某个位置附近的如加油站、宾馆、取款机等信息，

2. 路线规划

(1)GPS 导航系统会根据你设定的起始点和目的地，自动规划一条线路。

(2)规划线路可以设定是否要经过某些途径点。

(3)规划线路可以设定是否避开高速等功能。

3. 自动导航

(1)语音导航。

用语音提前向驾驶者提供路口转向，导航系统状况等行车信息，就像一个懂路的向导告诉你如何驾车去目的地一样。使你无需观看操作终端，通过语音提示就可以安全到达目的地。

(2)画面导航。

在操作终端上，会显示地图以及车子现在的位置、行车速度、目的地的距离、规划的路线提示、路口转向提示的行车信息。

(3)重新规划。

当你没有按规划的线路行驶，或者走错路口的时候，GPS 导航系统会根据你现在的位置，为你重新规划一条新的到达目的地的线路。

11.4.1.2　车辆监控

通过综合利用 GPS 技术、现代网络传输技术、GIS 平台及现代管理信息系统，对营运车辆进行监控和管理

11.4.1.3　智能交通

卫星导航将有利于减缓交通阻塞，提升道路交通管理水平。通过在车辆上安装卫星导航接收机和数据发射机，车辆的位置信息就能在几秒钟内自动转发到控制中心。这些位置信息可用于道路交通管理。例如，指示车辆走畅通的道路，限制进入拥挤的道路，或通告司机前方拥堵的情况，建议走车辆较少的路线。如果车辆超速行驶而发生交通事故，则撞车时的速度、位置和时间信息均会被记录在上，作为判断是否违章的依据。

11.4.1.4　物流管理

通过卫星导航，可实现对贵重货物或危险品运输的远程跟踪与监管，是现代物流业的新应用。为确保特殊货物在交通运输各个环节中的安全，客户希望了解货物在运输途中的有关情况。安装卫星导航终端设备的车辆，支持实时查询货物位置或到达信息，通过与相关设备的配合，在车辆偏离预定路径、发生盗抢、交通事故等意外情况下，可支持车辆位置及有关情况的报告，实现有效的全过程运输监管。

11.4.1.5　特种车辆应用

特种车辆的交通安全对社会、人民群众的影响尤为显著，例如危险品运输车辆、贵重物品运输车辆、医疗物品运输车辆，等等。特种车辆意外事故的发生，必然会给社会秩序的稳定、人民生命财产安全带来危害。如何有效提高特种车辆运输安全，提高对特种车辆的实时监控能力，降低特种车辆运输隐患？如何对特种车辆意外事故的发生做出响应，在最短的时间内做出决策，把损失降到最低？GPS能实现对特种车辆进行实时定位和监控，能极大地提高特种车辆交通运输过程中的监管控制能力和运输安全。

11.4.1.6　铁路和高铁运行管理

卫星导航将促进传统运输方式实现升级与转型。例如，在铁路运输领域，通过安装卫星导航终端设备，可极大缩短列车行驶间隔时间，降低运输成本，有效提高运输效率。未来，北斗卫星导航系统将提供高可靠、高精度的定位、测速、授时服务，促进铁路交通的现代化，实现传统调度向智能交通管理的转型。

11.4.1.7　精细农业

随着卫星导航技术的发展，使得农业生产方式由传统粗放式耕作转为精细管理成为可能。通过将卫星导航和地理信息相结合并应用于农业生产，可有效提高农业产量、降低成本、保护环境。北斗卫星导航系统的定位服务，可有效支持现代精细农业生产方式，充分利用农业资源，保护生态环境，产生显著的经济效益和环境效益。

11.4.1.8　个人位置服务

当你进入不熟悉的地方时，你可以使用装有北斗卫星导航接收芯片的手机或车载卫星导航装置找到你要走的路线。你可以向当地服务提供商发送文字信息告知你的要求，如查询最近的停车位、餐厅、旅馆或其他你想去的任何地方，服务商会立即根据你所在的位置，帮你找到需要的信息。然后，将一张地图发送到你的手机上，甚至还会为你提供酒店房间、餐厅或停车位预订等增值服务。

11.4.1.9　公务车管理

以备受关注的公务车改革为例，从2011年春节开始，广州市率先在市管干部用车中推行安装卫星导航系统、身份识别等科技终端，规范公务用车管理，采用北斗系统对广州的近万台公车进行实时监管，为公务用车监管提供了新的途径，大幅度减少了公车私用现象。据报道，加强公车使用管理后，全市999个单位8316辆安装了北斗车载终端设备的公务车，每月每车平均行驶里程从原来的1769.97千米下降为1265.24千米，下降了28.5%。这种做法有利于有关部门加强对公务车的损耗监管和查处“公车私用”等违规行为，将使公务车监管更加到位、人员行为评估更加科学，有效降低行政成本、提升政府形象。

11.5　水下导航应用

随着陆地资源的消耗，近年来我国对海洋资源开发和海洋工程建设力度越来越大，应用于海底管线探测、水下沉船打捞以及水下资源勘探等领域的水下潜航器（如ROV（Remote Operated Vehicle），AUV（Autonomous Underwater Vehicle））的研究得到了快速发展。同时在军事应用方面，潜艇在整个战略威慑中的地位也越来越重要。随着艇载导弹发射精度和水下工程精密性要求的提高，水下潜航器自身对位置的精度要求也就越来越高，尤其是在长时间、远距离、深海条件下航行时，如何获取高精度的载体自身位置也成为水下潜航器最主要的性能指标。世界各国均在水下潜航器导航方面进行了大量研究，并诞生了一系列导航手段。

当人在茫茫无际的森林、荒凉无边的沙漠或楼房林立的城市迷路后，往往不知道自己所在的位置，甚至辨别不出方向。驾驶核潜艇也存在这个问题，在战事紧张时，是不能浮上水面依靠外界引导的，核潜艇在浩瀚漆黑的海水中航行，必须独闯伸手不见五指的“龙宫”，如果不依靠专门的仪器帮助，就如同“盲人骑瞎马”，必定迷失方向。

现代潜艇和无人潜航器水下作战离不开精确定位与导航。核潜艇在出航前，负责导航的军官和部门，就已经制定出了一条预先航路，并把航路中的各种要素(如岛屿、浅滩、暗礁、水深、地质、海流、沉船等)事先标注在海图上，潜艇出航一般都是按照既定的航路行驶的。但核潜艇在深水之中，无法观察到外界的导航标志，必须要有先进的水下导航仪器随时定位，不断地修正航路，才能确保不偏航。潜艇发射弹道导弹时，必须知道发射时刻潜艇的确切位置、状态和航速，才能进行精确的弹道计算，最终保证落点精度。

潜艇的导航主要是依靠惯性导航系统。惯性导航系统是当前唯一能向核潜艇导航和武器发射提供必要的全部数据的设备，与其他导航方式比较，其优点除了精度高、自动化程度高外，最为突出的是工作完全独立，它依靠自身的惯性元件进行导航，与外界任何参考物(如岸上的物标、星星、太阳、无线电波等)没有任何关系，所以不受干扰和破坏，隐蔽性能好，在军事应用上有着极其重要的意义。此外，宾夕法尼亚州立大学的研究人员为美国海军设计的基于声呐的水下导航系统，能使潜艇和无人潜航器可根据已知的海床地貌特征安全地进行水下定位。

11.6　深空导航应用

深空探测是人类航天活动的重要组成部分，是对月球及月球以外的天体和空间的探测活动，它主要通过月球、太阳系内地球以外的行星及其卫星、小行星和彗星以及太阳等天体的探测，以及太阳系以外的银河系乃至整个宇宙的探测，帮助人类研究太阳系及宇宙的起源、演变，认识地球环境的形成和演变，研究空间现象和地球自然系统之间的关系，以及寻找地外生命和研究生命的起源。

深空探测器的导航是指确定深空探测器的位置、速度和姿态等导航信息，也是轨道确定和姿态确定。深空探测导航是对深空探测器进行控制的基础。对于深空探测器的接近、飞越、伴飞、着陆和撞击等任务，需要精确地获得深空探测器相对目标天体的位置、速度和姿态等信息，进行制导和控制。

1. 分离段

为了及时修正深空探测器入轨偏差，保证后续巡航及交会等阶段的任务精度，需要精确确定探测器从地球停泊轨道逃逸后的轨道姿态和运动状态。在逃逸分离段，地球和月球是探测器的最佳导航目标天体，因此分离段的自主导航系统主要采用基于地月及星光信息的自主导航。定姿方面则使用星光观测结合惯性元件完成。

2. 巡航段

巡航段的探测器运行在地球与探测目标天体之间的广阔空间，与地球及目标天体相距都很远。由于与主要引力体相距遥远，且巡航阶段运行时间长，惯性导航测量仅适用于该阶段姿态确定及中途修正的机动测量。天文导航和图像视觉导航都是满足这一阶段全程应用的可行方案，其中天文导航应用方位更广、成本更低、可靠性更高，因此已在多个深空探测任务巡航段飞行中获得应用。巡航轨道附近的行星、小行星甚至彗星都可以作为导航观测目标。

3. 交会捕获段

在交会捕获段，探测器从巡航轨道向环绕探测目标天体的椭圆或圆轨道过渡，该阶段对探测器导航精度有较高要求，是应用天文导航与图像视觉导航进行组合导航的典型应用。与巡航段相比，该阶段具有下面的特点：导航通常相对于目标天体进行；目标天体作为主要的导航观测目标，可同时提供精确的方向和位置信息，因此不少深空探测任务都设计了针对目标天体观测的导航设备，甚至直接利用探测有效载荷的高精度测量数据进行导航计算。必须注意到，交会捕获过程涉及探测器的多种工作模式，规划和切换策略是保证相应自主导航系统有效工作的关键。

4. 大气飞行段

对金星、火星等具有外围大气层的行星的探测任务常包含在行星大气中飞行的任务过程，例如大气制动变轨或大气进入下降等。该阶段由于距离延迟、大气飞行以及探测目标天体遮挡，地面无线电导航无法完全满足该阶段高实时性、高可靠性以及高精度的导航要求，自主导航系统将承担重要任务。

在不影响天文导航及图像视觉导航工作的情况下，在稀薄大气中飞行的探测器可采用这两种导航方法，同时结合惯性元件、雷达或激光测距测速设备共同完成自主导航。稠密大气飞行带来的高速气流、热效应和频繁的姿态控制往往使得天文导航及图像视觉导航系统无法工作，此时必须充分利用 IMU 以及雷达或激光测距测速设备的测量信息，保证该阶段的导航性能。

另外，对探测器大气飞行段运动有着重要影响的行星大气参数往往有很大不确定性，需要通过导航数据得到大气参数的实时或近实时准确估计，从而使得探测器轨道确定，预报以及下一步制动策略的确定得以及时准确地完成。

5. 环绕轨道段

深空探测到其对目标天体，包括各种行星、彗星等的长期探测中，环绕轨道段是探测器有效载荷工作的主要阶段之一，保证高精度的导航是进行高精度探测的基础。天文导航、图像视觉导航以及雷达或激光测距测速都是该阶段可用的有效导航手段。对于多航天器任务，还可以充分考虑深空中引力场的不对称特性，采用星间测量自主定轨的方案。

6. 下降与着陆段

执行探测任务的深空探测器包括着陆器和行星车等。下降和着陆均要求实时准确的测量和控制，通过地面导航测量无法完成，必须依靠探测器的自主测量导航系统。为了在着陆环境复杂、引力场不确定度大的深空天体表面准确地下降着陆，该阶段需要采用多种快速可靠的导航测量手段，包括导航成像系统、IMU、雷达或激光测距测速系统等，实现轨迹和姿态确定、着陆区域识别、障碍检测等目标，并与探测器自主制导、控制系统密切实时配合完成整个下降着陆过程。该过程的导航算法必须有极强的快速性、鲁棒性、模式识别能力和自适应能力，而且保持很高的测量精度。

参 考 文 献

1. A. 罗宾逊．地图学原理(第五版)．北京：测绘出版社，1989.
2. A. 楚拉多斯，B. 怀特，等．无人机协同路径规划．北京：国防工业出版社，2013.
3. 昂海松，童明波，余雄庆．航空航天概论．北京：科学出版社，2008.
4. 白亮，秦永元，严恭敏，等．车载航位推算组合导航算法研究．计算机测量与控制，2010，18(10)：2379-2381.
5. 边少锋，柴洪洲，金际航．大地坐标系与大地基准．北京：国防工业出版社，2005.
6. 陈高平，邓勇，航空无线电导航原理(上、下册)．北京：国防工业出版社，2008
7. 陈竞男，钱海忠，王骁，等．提高线要素匹配率的动态化简方法．测绘学报，2016，45(4)：486-493.
8. 陈俊勇．远中距离大地主题正算的直接解法．测绘学报．1966，9(2)：87-99.
9. 成跃进．现代卫星导航定位系统发展介绍．空间电子技术，2015(1)：17-25.
10. 丛佃伟．北斗卫星导航系统高动态定位性能检定理论及关键技术研究．测绘学报，2015(12)：1402-1402.
11. 邓勇，陈高平．航空无线电导航原理(上，下)．北京：国防工业出版社，2008.
12. 董挹英，刘彩璋，徐德宝. 实用天文测量学. 武汉：武汉测绘科技大学出版社，1991.
13. 方从法，罗茜．民用航空概论．上海：上海交通大学出版社，2012.
14. 付梦印．Kalman 滤波理论及其在导航系统中的应用．北京：科学出版社，2010.
15. 郭才发，胡正东，张士峰，等．地磁导航综述．宇航学报，2009，30(4)：1314-1319.
16. 郭有光，钟斌，边少锋．地球重力场确定与重力场匹配导航．海洋测绘，2003，23(5)：61-64.
17. 胡毓钜，等．地图投影．北京：测绘出版社，1989.
18. 胡友元，等．计算机地图制图．北京：测绘出版社，1991.
19. 黄永宁，张晓明．民航概论．北京：旅游教育出版社，2009.
20. 霍航宇，张晓林．组合卫星导航系统的快速选星方法．北京航空航天大学学报，2015，41(2)：273-282.
21. 纪兵，边少锋．大地主题问题的非迭代新解．测绘学报．2007，36(3)：269-273.
22. 克拉克．地图学．北京：科学出版社，2014.
23. 孔祥元，郭际明，刘宗泉．大地测量学基础．武汉：武汉大学出版社，2001.
24. 李德仁，郭丙轩，王密，等．基于 GPS 与 GIS 集成的车辆导航系统设计与实现．武汉测绘科技大学学报，2000，25(3)：208-211.
25. 李厚朴．中国大地坐标系 CGCS2000 精密计算与应用研究. 海军工程大学，2010.

26. 李俊，沈安文，宋保维，等．基于多普勒速度声呐的水下航行器导航方法．华中科技大学学报：自然科学版，2004，32(1)：73-75.
27. 李涛，练军想，曹聚亮，吴文启. GNSS 与惯性及多传感器组合导航系统原理. 北京：国防工业出版社，2011.
28. 李征航，魏二虎，等．空间大地测量学．武汉：武汉大学出版社，2010.
29. 李征航，黄劲松．GPS 测量与数据处理．武汉：武汉大学出版社，2005.
30. 李征航，龚晓颖．全球定位系统的新进展(讲座三)——GPS 中的民用测距码．测绘信息与工程．2012，37(3)：50-54.
31. 刘建业．导航系统理论与应用．西安：西北工业大学出版社，2010.
32. 罗佳，汪海洪．普通天文学．武汉：武汉大学出版社，2012.
33. 罗建军，马卫华，袁建平，岳晓奎. 组合导航原理与应用. 西安：西北工业大学出版社，2012
34. 卢导．多模式实时交通网络的最优路径分析的研究. 南京理工大学，2013.
35. 陆锋．最短路径算法：分类体系与研究进展．测绘学报，2001，30(3)：269-275.
36. 宁津生，刘经南，等．现代大地测量理论与技术．武汉：武汉大学出版社，2006.
37. 宁津生，姚宜斌，张小红．全球导航卫星系统发展综述．导航定位学报，2013，1(1).
38. P. 米斯拉，P. 恩格．全球定位系统——信号、测量与性能(第二版). 北京：电子工业出版社，2008.
39. 潘正风，程效军，等．数字测图原理与方法．武汉：武汉大学出版社，2009.
40. 帅平，曲广吉，向开恒．现代卫星导航系统技术的研究进展．中国空间科学技术，2004，24(3)：45-53.
41. 申崇江，冯成涛，崔莹，等．穿戴式室内行人航位推算系统研究．中国卫星导航学术年会，2014.
42. 施文灶，王平．GPS 车载导航系统的设计．软件，2014，(4)：32-36.
43. 苏洁，周东方，岳春生．GPS 车辆导航中的实时地图匹配算法．测绘学报，2001，30(3)：252-256.
44. 孙百生，杨淑敏．互联网络发展对现代地图学的影响．地球，2015(3).
45. 孙红星．差分 GPS/INS 组合定位定姿及其在 MMS 中应用. 武汉大学，2004.
46. 孙达．蒲英霞．地图投影．南京：南京大学出版社，2012.
47. 孙建峰．信息融合理论在惯性/天文/GPS 组合导航系统中的应用．北京：国防工业出版社，1998.
48. 谭述森．卫星导航定位工程．北京：国防工业出版社，2007.
49. 王惠南，等．GPS 导航原理与应用．北京：科学出版社，2003.
50. 王家耀．地图学原理与方法．北京：科学出版社，2014.
51. 王家耀，成毅．论地图学的属性和地图的价值．测绘学报，2015，44(3)：237-241.
52. 王其，徐晓苏．多传感器信息融合技术在水下组合导航系统中的应用．中国惯性技术学报，2007，15(6)：667-672.
53. 谢进一，石丽娜．空中交通管理基础．北京：清华大学出版社，2012.

54. 徐田来．车载组合导航信息融合算法研究与系统实现. 哈尔滨工业大学，2007.
55. 徐遵义，晏磊，宁书年，等．海洋重力辅助导航的研究现状与发展．地球物理学进展，2007，22(1)：104-111.
56. 许大欣．利用重力异常匹配技术实现潜艇导航．地球物理学报，2005，48(4)：812-816.
57. 许其凤．空间大地测量学：卫星导航与精密定位．北京：解放军出版社，2001.
58. 严恭敏．车载自主定位定向系统研究. 西北工业大学，2006.
59. 杨启和．地图投影变换原理与方法．北京：解放军出版社，1990.
60. 杨晓东．地磁导航原理．北京：国防工业出版社，2009.
61. 杨元喜．北斗卫星导航系统的进展、贡献与挑战．测绘学报，2010，39(1)：1-6.
62. 杨元喜，李金龙，徐君毅，等．中国北斗卫星导航系统对全球 PNT 用户的贡献．科学通报，2011，(21)：1734-1740.
63. 杨元喜，李金龙，王爱兵，等．北斗区域卫星导航系统基本导航定位性能初步评估．中国科学：地球科学，2014，(1)：72-81.
64. 杨云涛，石志勇，关贞珍，等．地磁场在导航定位系统中的应用．中国惯性技术学报，2007，15(6)：686-692.
65. 杨智新．基于分层区域限制的车辆导航路径规划问题研究. 天津理工大学，2014.
66. 姚树梅．基于多传感器信息融合的智能导航算法研究. 青岛科技大学，2014.
67. 袁赣南，周卫东，等．导航定位系统工程．哈尔滨：哈尔滨工程大学出版社，2009.
68. 袁勘省．现代地图学教程．北京：科学出版社，2014.
69. 袁书明，孙枫，刘光军，等．重力图形匹配技术在水下导航中的应用．中国惯性技术学报，2004，12(2)：13-17.
70. 袁信．导航系统．北京：航空工业出版社，1993.
71. 赵飞，杜清运．现代专题地图制图研究进展与趋势分析．测绘科学，2016，41(1)：80-84.
72. 赵仁余．航海学．北京：人民交通出版社，2009.
73. 赵亦林．车辆定位与导航系统．北京：电子工业出版社，1999.
74. 张克权．专题地图编制．北京：测绘出版社，1991.
75. 张红梅，赵建虎，杨鲲，田春和. 水下导航定位技术，武汉：武汉大学出版社，2010.
76. 郑昌文，严平，等．飞行器航迹规划．北京：国防工业出版社，2008.
77. 郑昌文，丁明跃．无人飞行器航迹规划．北京：电子工业出版社，2009.
78. 钟海丽，童瑞华，李军，等．GPS 定位与地图匹配方法研究．小型微型计算机系统，2003，24(1)：109-113.
79. 周宝定，李清泉，毛庆洲，等．用户行为感知辅助的室内行人定位．武汉大学学报：信息科学版，2014，39(6)：719-723.
80. 周军，葛致磊，施桂国，等．地磁导航发展与关键技术．宇航学报，2008，29(5)：1467-1472.
81. 祝国瑞，郭礼珍，等．地图设计与编绘．武汉：武汉大学出版社，2001.

82. Adamski M, Vogt R, Cwiklak J. Integrated navigation and pilotage systems. Guidance, Navigation and Control Conference. IEEE, 2014.

83. Bonne U. Motor vehicle having drive motor and navigation system: US, US8935083: [Patent]. 2015.

84. Cherkassky B V, Goldberg A V, Radzik T. Shortest paths algorithms: Theory and experimental evaluation. Mathematical Programming, 1996, 73(2): 129-174.

85. Cho S Y, Wan S C. Robust positioning technique in low-cost DR/GPS for land navigation. IEEE Transactions on Instrumentation & Measurement, 2006, 55(4): 1132-1142.

86. Mccarthy D D, Petit G. Petit. IERS Conventions (2003), DTIC Document, 2004.

87. Farrell J, Barth M. The Global Positioning System & Inertial Navigation. Physics Education, 1999.

88. Fernandez-Prades C, Lo Presti L, Falletti E. Satellite Radiolocalization From GPS to GNSS and Beyond: Novel Technologies and Applications for Civil Mass Market. Proceedings of the IEEE, 2011, 99(11): 1882-1904.

89. Fisher P F. A primer of geographic search using artificial intelligence. Computers & Geosciences, 1990, 16(6): 753-775.

90. Groves P D. Principles of GNSS, inertial, and multisensor integrated navigation systems, 2nd edition [Book review]. IEEE Aerospace & Electronic Systems Magazine, 2015, 30(2): 26-27.

91. Guo Z, Sun F. Research on integrated navigation method for AUV. Journal of Marine Science & Application, 2005, 4(4): 34-38.

92. Goldenberg F. Geomagnetic Navigation beyond the Magnetic Compass. Position, Location, And Navigation Symposium, 2006 IEEE/ION. IEEE, 2006: 684-694.

93. Han Y, Wang B, Deng Z, et al. An Improved TERCOM-Based Algorithm for Gravity-Aided Navigation. IEEE Sensors Journal, 2016, 16(8): 2537-2544.

94. Hays K M, Schmidt R G, Wilson W A, et al. A submarine navigator for the 21 st century. Position Location and Navigation Symposium. IEEE, 2002: 179-188.

95. Hofmann-Wellenhof B, Legat K, Wieser M. Navigation: principles of positioning and guidance. Springer, 2003.

96. Hollowell J. Heli/SITAN: a terrain referenced navigation algorithm for helicopters. Position Location and Navigation Symposium, 1990. Record. The 1990's - A Decade of Excellence in the Navigation Sciences. IEEE PLANS '90. IEEE. 1990: 616-625.

97. Interface Control Working Group (ICWG). IS-GPS-200 Revision E: Navstar GPS Space Segment/ Navigation User Interfaces, http://www.gps.gov, 2010.

98. Interface Control Working Group (ICWG). IS-GPS-705 Revision E: Navstar GPS Space Segment/ User Segment L5 Interfaces, http://www.gps.gov, 2010

99. Spilker J J, Dierendonck A J. Proposed New L5 Civil GPS Codes. Navigation. 2001, 48(3): 135-143.

100. Spilker J J. GPS Navigation Data. Global Positioning System: Theory and applications. 1996, 1: 121-176.

101. Krakiwsky E J. The diversity among IVHS navigation systems worldwide. Vehicle Navigation and Information Systems Conference, 1993. Proceedings of the IEEE. 1993: 433-436.

102. Liu K, Motta G, Ma T, et al. Multi-floor Indoor Navigation with Geomagnetic Field Positioning and Ant Colony Optimization Algorithm. 2016 IEEE Symposium on Service-Oriented System Engineering (SOSE). IEEE, 2016: 314-323.

103. Madry. S. Global positioning systems, inertial navigation, and integration. Global postioning systems, inertial navigation, and integration /. Wiley, 2007: 365-370.

104. Marks K M. Resolution of the Scripps/NOAA Marine Gravity Field from satellite altimetry. Geophysical Research Letters, 1996, 23(16): 2069-2072.

105. Maus S, Macmillan S, Mclean S, et al. The US/UK World Magnetic Model for 2010-2015. 2010.

106. Morgado M, Oliveira P, Silvestre C, et al. Embedded Vehicle Dynamics Aiding for USBL/INS Underwater Navigation System. IEEE Transactions on Control Systems Technology, 2014, 22(1): 322-330.

107. Nakano, Noboru, et al. A high-performance MAV for autonomous navigation in complex 3D environments. International Conference on Unmanned Aircraft Systems 2015: 106-111.

108. Nebot, E. M. Sensors Used for Autonomous Navigation. Advances in Intelligent Autonomous Systems. Springer Netherlands, 1999: 135-156.

109. Rice H, Kelmenson S, Mendelsohn L. Geophysical navigation technologies and applications. Position Location and Navigation Symposium. 2004: 618-624.

110. Ryan J G, Bevly D M. On the Observability of Loosely Coupled Global Positioning System/Inertial Navigation System Integrations With Five Degree of Freedom and Four Degree of Freedom Inertial Measurement Units. Journal of Dynamic Systems Measurement & Control, 2014, 136(2): 729-736.

111. Shorshi G, Bar-Itzhack I Y. Satellite autonomous navigation based on magnetic field measurements. Journal of Guidance Control & Dynamics, 1995, 18(4): 843-850.

112. Taylor A, Talbot N C. Navigation system using both GPS and laser reference: US, US8705022: [Patent]. 2014.

113. Tyrén C. Magnetic Anomalies as a Reference for Ground-speed and Map-matching Navigation. Journal of Navigation, 1982, 35(2): 242-254.

114. Wang H B, Wang Y, Fang J, et al. Simulation research on a minimum root-mean-square error rotation-fitting algorithm for gravity matching navigation. Science China Earth Science, 2012, 55(1): 90-97.

115. Yang Y T, Shi Z Y, Jian-Gang L, et al. A Magnetic Disturbance Compensation Method Based on Magnetic Dipole Magnetic Field Distributing Theory. Binggong Xuebao/acta

Armamentarii, 2009, 5(3): 185-191.

116. Zhang F, Chen X, Sun M, et al. Simulation design of underwater terrain matching navigation based on information fusion. Geoscience and Remote Sensing Symposium, 2004. IGARSS '04. Proceedings. 2004 IEEE International. 2004: 3114-3117 vol. 5.

117. Zhao Y. Vehicle Location and Navigation System. Intelligent Transportation Systems, 1997.

118. Zhu W Q, Song Z G, Xi X L, et al. The improved ICCP algorithm based on Procrustes analysis for geomagnetic matching navigation. Design, Manufacturing and Mechatronics: Proceedings of the 2015 International Conference on Design, Manufacturing and Mechatronics (ICDMM2015). 2016: 623-631.